应用型本科院校"十二五"规划教材/土木工程类

主 编 杨国义

副主编 胡金萍 唐玉玲 李军卫

# 材料力学

## Mechanics of Materials

哈尔滨工业大学出版社

## 内 容 简 介

本书是依据教育部《关于"十二五"普通高等教育本科教材建设的若干意见》和1998年国家教育部关于土建类专业多学时"材料力学课程基本要求",为土木工程专业应用型本科编写的材料力学教材。

全书共14章,内容包括轴向拉伸与压缩,剪切和连接的实用计算,扭转,截面的几何性质,弯曲内力,平面弯曲梁的应力和强度计算,梁的变形,简单超静定问题,应力状态和强度理论,组合变形杆体的强度计算,压杆稳定,能量法基础,动荷载·交变应力。

本教材凝聚了作者多年的教学经验,汲取了同类教材的优点,内容精炼,思路清晰,知识点把握准确,阐述简练透彻,理论结合实际,好学易懂,方法灵活简捷,有许多独到之处。适用于土木工程、道路桥梁、水利、矿业等专业教学,也可以作为上述专业考研和工程技术工作者的参考书。

**图书在版编目(CIP)数据**

材料力学/杨国义主编. —哈尔滨:哈尔滨工业
大学出版社,2012.4(2013.7 重印)
应用型本科院校"十二五"规划教材
ISBN 978 - 7 - 5603 - 3484 - 4

Ⅰ.①材…　Ⅱ.①杨…　Ⅲ.①材料力学-高等学校-
教材　Ⅳ.①TB301

中国版本图书馆 CIP 数据核字(2012)第 012500 号

策划编辑　赵文斌　杜　燕
责任编辑　范业婷
出版发行　哈尔滨工业大学出版社
社　　址　哈尔滨市南岗区复华四道街 10 号　邮编 150006
传　　真　0451 - 86414749
网　　址　http://hitpress.hit.edu.cn
印　　刷　肇东市一兴印刷有限公司
开　　本　787mm×1092mm　1/16　印张 23.25　字数 534 千字
版　　次　2012 年 4 月第 1 版　2013 年 7 月第 2 次印刷
书　　号　ISBN 978 - 7 - 5603 - 3484 - 4
定　　价　39.80 元

(如因印装质量问题影响阅读,我社负责调换)

# 《应用型本科院校"十二五"规划教材》编委会

# 序

哈尔滨工业大学出版社策划的《应用型本科院校"十二五"规划教材》即将付梓,诚可贺也。

该系列教材卷帙浩繁,凡百余种,涉及众多学科门类,定位准确,内容新颖,体系完整,实用性强,突出实践能力培养。不仅便于教师教学和学生学习,而且满足就业市场对应用型人才的迫切需求。

应用型本科院校的人才培养目标是面对现代社会生产、建设、管理、服务等一线岗位,培养能直接从事实际工作、解决具体问题、维持工作有效运行的高等应用型人才。应用型本科与研究型本科和高职高专院校在人才培养上有着明显的区别,其培养的人才特征是:①就业导向与社会需求高度吻合;②扎实的理论基础和过硬的实践能力紧密结合;③具备良好的人文素质和科学技术素质;④富于面对职业应用的创新精神。因此,应用型本科院校只有着力培养"进入角色快、业务水平高、动手能力强、综合素质好"的人才,才能在激烈的就业市场竞争中站稳脚跟。

目前国内应用型本科院校所采用的教材往往只是对理论性较强的本科院校教材的简单删减,针对性、应用性不够突出,因材施教的目的难以达到。因此亟须既有一定的理论深度又注重实践能力培养的系列教材,以满足应用型本科院校教学目标、培养方向和办学特色的需要。

哈尔滨工业大学出版社出版的《应用型本科院校"十二五"规划教材》,在选题设计思路上认真贯彻教育部关于培养适应地方、区域经济和社会发展需要的"本科应用型高级专门人才"精神,根据黑龙江省委书记吉炳轩同志提出的关于加强应用型本科院校建设的意见,在应用型本科试点院校成功经验总结的基础上,特邀请黑龙江省9所知名的应用型本科院校的专家、学者联合编写。

本系列教材突出与办学定位、教学目标的一致性和适应性,既严格遵照学科体系的知识构成和教材编写的一般规律,又针对应用型本科人才培养目标及与之相适应的教学特点，精心设计写作体例，科学安排知识内容，围绕应用讲授理论，做到"基础知识够用、实践技能实用、专业理论管用"。同时注意适当融入新理论、新技术、新工艺、新成果，并且制作了与本书配套的 PPT 多媒体教学课件，形成立体化教材，供教师参考使用。

《应用型本科院校"十二五"规划教材》的编辑出版，是适应"科教兴国"战略对复合型、应用型人才的需求，是推动相对滞后的应用型本科院校教材建设的一种有益尝试，在应用型创新人才培养方面是一件具有开创意义的工作，为应用型人才的培养提供了及时、可靠、坚实的保证。

希望本系列教材在使用过程中，通过编者、作者和读者的共同努力，厚积薄发、推陈出新、细上加细、精益求精，不断丰富、不断完善、不断创新，力争成为同类教材中的精品。

# 前　言

本书是为土木工程类专业应用型本科编写的材料力学教材。从人才的培养方向上来说,应用型本科学生需要有扎实的基础理论和较强的应用能力及实践能力;从人才的社会需求来说,这是厚实而活跃的一个层面。

根据 1998 年国家教育部关于土建类专业多学时"材料力学课程基本要求",结合应用型人才的培养目标和教学实践,本教材从编写的主导思想上注重如下几个方面:

在内容选编上遵循"够用、适用、管用"的原则,以"要求"的基本内容为主,目标是把基本内容学透、用熟、夯实。基于上述指导思想,本教材以杆件的强度、刚度、稳定性为主线,基本内容涵盖杆件的基本变形、应力状态分析、强度理论和组合变形、压杆的稳定性,并编入本教材的第 2~12 章。考虑到不同学校和专业的教学需要,把"能量法基础"和"动荷载·交变应力"两章作为选学内容,分别编入第 13 章和第 14 章。但是,应变能的概念是从杆件基本变形的研究中就开始建立的。因为应变能的概念不仅用于位移的计算,在建立强度理论时也要用应变能的概念。

编写理念上,把教材的架构与认知规律结合起来。对任何事情,一旦掌握了规律,就可以"举一反三","事半功倍"。材料力学对杆件在各种基本变形中强度、刚度的研究,从原理上乃至程序上都是相同的;对组合变形及对压杆稳定性的研究也都有很多内在规律。揭示这些规律,使学生在学习中尽快掌握这些规律,尽快"上手",也是本教材努力追求的目标之一。为此,本教材在架构上把整个内容划分为几个模块,采用了螺旋发展的模式。通过总结、归纳,在每个模块中凸显研究方法上的共性和思路,及模块之间在前后内容发展上和研究方法上的内在逻辑关系。把认知规律融汇于教材的架构之中,思路顺畅,理念清晰,"温故知新",让学习过程的每一环节都变成在巩固基础中开发新知,在自然过渡中节节攀升,降低学习难度,提高学习效率和质量。

培养学生对基础理论的应用能力是应用型本科教育的主要目标。深化基本概念、基本理论的理解是达到这一目标的根基。为此,本教材在处理力学概念和数学基础的关系上,更注重物理概念,之后得出数学模型,以更有利于抓住实质,更有利于理解和掌握计算公式;解决问题的方法是知识运用的工具,许多问题因为有了好的方法而变得简单。为加强学生对知识的应用能力,本教材编写中充分吸收同类教材的长处,并将作者在教学实践中积累的一些既容易掌握,又准确、快捷、切实可行的解题方法总结、编入教材之中。此外,还适当增加了学习引导内容。通过典型案例分析做出范本,从理论与实践的结合上加强对基本理论的理解和运用;通过思考题和习题引导学生对基本知识点的深入思考。对一些综合运用题目,给出必要的提示,引导学生分析和思考的方向。读者在做练习时,最好先做思考题。

本书由杨国义(哈尔滨工程大学教授,黑龙江东方学院兼职教授)主编,写出全部初稿和图稿。参加编写工作的有黑龙江东方学院胡金萍(第5章,第6章,第9章),黑龙江工程学院唐玉玲(第2章,第7章,第8章),黑龙江科技学院闫龙海(第3章,第10章),黑龙江东方学院李军卫(第1章,第13章,第14章),黑龙江工程学院王晓宏(第4章,第11章),黑龙江工程学院贾林立(第12章)。最后由主编定稿。

本书适用于土木工程、道路桥梁、水利、近海海洋工程、矿业等专业,也可作为上述专业研究生考试用书和工程技术工作者的参考书。

对应用型本科教材的编写,我们的工作还属于探讨和摸索,诚请同行专家和广大读者提出改进意见。

编　者
**2011 年 7 月**

# 主要符号表

| | |
|---|---|
| $F, F_P, F_G$ | 集中力(荷载) |
| $F_x, F_y, F_z$ | $x$、$y$、$z$ 方向的轴向分力 |
| $F_A, F_B$ | 支座反力 |
| $F_{cr}$ | 压杆的临界力 |
| $F_d$ | 动荷载 |
| $q$ | 分布荷载集度 |
| $q_{st}, q_d$ | 静荷载集度与动荷载集度 |
| $p$ | 容器内压力(单位为 MPa),轴向均布荷载集度或一点的全应力 |
| $M_e$ | 外力偶矩 |
| $m$ | 分布外力偶集度 |
| $F_N$ | 轴力 |
| $T$ | 扭矩 |
| $M$ | 弯矩 |
| $M_{st}, M_d$ | 静弯矩与动弯矩 |
| $F_s$ | 剪力 |
| $F_{bs}$ | 挤压力 |
| $\sigma, \sigma_\alpha$ | 横截面与斜截面上的正应力 |
| $\tau, \tau_\alpha$ | 横截面与斜截面上的切应力 |
| $\sigma_{bs}$ | 挤压应力 |
| $\sigma_u, \tau_u$ | 失效正应力与切应力(极限正应力与极限切应力) |
| $\sigma_p, \sigma_e, \sigma_s, \sigma_b$ | 材料的比例极限、弹性极限、屈服极限、强度极限 |
| $[\sigma], [\tau], [\sigma_{bc}]$ | 许用正应力、许用切应力、许用挤压应力 |
| $[\sigma_t], [\sigma_c]$ | 许用拉应力与许用压应力 |
| $[\sigma_{cr}]$ | 压杆临界应力的许用值(稳定许用应力) |
| $\sigma_1, \sigma_2, \sigma_3$ | 主应力 |
| $\sigma_m, \sigma_a$ | 平均应力与应力幅 |
| $n$ | 安全因数,转速(单位:r/min) |
| $n_{st}$ | 稳定安全因数 |
| $\varepsilon'$ | 线应变或轴向拉(压)杆的纵向线应变 |
| $\varepsilon$ | 轴向拉(压)杆的横向线应变 |
| $\varepsilon_1, \varepsilon_2, \varepsilon_3$ | 主应变 |
| $\gamma$ | 切应变 |
| $\Delta l$ | 轴向拉(压)杆的纵向伸长(缩短) |
| $\delta$ | 延伸率 |
| $\psi$ | 截面收缩率 |

| | |
|---|---|
| $\varphi$ | 单位长度扭转角(单位为 rad/m 或(°)/m),压杆的稳定安全因数 |
| $\phi$ | 扭转角 |
| $\theta$ | 平面弯曲梁的横截面在挠曲平面内的转角或体应变 |
| $y$ | 挠度 |
| $W$ | 外力功 |
| $V_\varepsilon$ | 应变能 |
| $v_\varepsilon$ | 应变能密度 |
| $E$ | 弹性模量 |
| $\mu$ | 横向变形因数或泊松比(S. D. Poisson),压杆的长度因数 |
| $G$ | 切变模量 |
| $K_{t\sigma}$ | 理论应力集中因数 |
| $k$ | 弹簧刚度系数 |
| $\lambda$ | 压杆的柔度 |
| $\rho$ | 曲率半径(单位为 mm)或材料密度(单位为 kg/m³) |
| $R,r$ | 圆的半径 |
| $D,d$ | 圆的直径 |
| $A$ | 横截面积 |
| $S_x,S_y$ | 对 $x$ 轴、$y$ 轴的静矩或一次矩 |
| $\bar{x},\bar{y}$ | 形心坐标 |
| $I_p$ | 极惯性矩 |
| $I_t$ | 计算极惯性矩 |
| $I_x,I_y$ | 对 $x$ 轴、$y$ 轴的惯性矩 |
| $I_{xy}$ | 惯性积 |
| $i_x,i_y$ | 对 $x$ 轴、$y$ 轴的惯性半径 |
| $W_t$ | 抗扭截面因数 |
| $W_y,W_z$ | 对 $y$ 轴、$z$ 轴的抗弯截面因数 |
| $r$ | 循环特征或应力比 |
| $\sigma_{-1}$ | 材料在对称循环下的持久极限 |
| $\sigma_{-1}^0$ | 构件在对称循环下的持久极限 |
| $K_\sigma,K_\tau$ | 弯曲、扭转变形中有效应力集中因数 |
| $\varepsilon_\sigma,\varepsilon_\tau$ | 尺寸因数 |
| $\beta$ | 角度或表面质量因数 |
| $n_\sigma$ | 交变正应力安全因数 |
| $K_d$ | 动荷因数 |
| $\alpha$ | 角加速度 |
| $\omega$ | 角速度 |
| $a$ | 加速度 |
| $v$ | 速度 |

# 目　　录

# 第 1 章

## 绪　　论

## 1.1　材料力学的基本任务

### 1.1.1　工程构件正常工作的基本条件

各种机械、建筑和结构物等都由若干单个组件构成,工程中统称这些单个组件为构件。构件在机械或结构中的作用是承受和传递外力,例如,汽车作用于桥梁上的力,吊起的重物作用于起重机臂上的力等。这些主动作用于构件上的外力在工程中统称荷载。由于构件受到荷载作用时要产生变形,所以构件的承载能力有限,当荷载超过一定数值时构件就不能再正常工作。例如,房屋中的楼板梁,当受到的荷载过大时就可能断裂,汽车的传动轴荷载过大时有可能产生塑性变形(力取消以后不能再消除的变形),这两种情况统称破坏;再如,机床主轴在荷载作用下即便没有发生断裂或塑性变形,但若弹性变形(力取消以后能够消除的变形)过大,也不能保证加工精度;还有,某些构件,如矿井里的支柱、建筑结构中的立柱等,荷载增加到一定大小时会产生弯曲,不能再保持原有的平衡形式,这种现象称为失稳。无论是破坏、产生过大的弹性变形,还是失稳,构件都不能正常工作,都是工程上所不能允许的。由上述讨论可知,构件若能够正常工作,必须具备以下三个基本条件:

(1)具有足够的抵抗破坏的能力,工程上称为有足够的强度。强度以高低而论。强度高是指能够承受较大的荷载而不易破坏,生活中也称坚固,反之则称强度低。足够的强度,即构件能够安全地承受所要求的荷载,而不致发生断裂或产生塑性变形。

(2)具有足够的抵抗弹性变形的能力,工程上称为有足够的刚度。刚度以大小而论。刚度大是指在荷载作用下不易变形,反之则称刚度小。足够的刚度,即在要求荷载的作用下,构件的最大变形不超过工程容许变形的范围。

(3)具有足够的保持原有平衡形式的能力,工程上称为有足够的稳定性。稳定性以好差而论。稳定性好是指在保持原有平衡形式不变的条件下能够承受较大的荷载,反之则称稳定性差。足够的稳定性,即在要求的荷载作用下,构件足以保持原有的平衡形式。

足够的强度、足够的刚度、足够的稳定性是工程构件正常工作的三个基本条件,这三个条件是彼此独立的,相互不能代替,但对结构中不同的构件可以有主次之分。例如,拉杆就不存在稳定性问题,而对细长压杆,稳定性则是其正常工作的最主要条件。

## 1.1.2　材料力学的任务

如何保证构件具备正常的工作条件,是工程构件设计中必须解决的问题。直观的经验给人的感觉,似乎选用好材料或增加横截面积可以达到目的,但这样做的科学根据并不充分。例如,对用普通碳钢制成的细长压杆,想要通过选用高级钢提高其稳定性,几乎无济于事;再例如,要增加汽车大梁的承载能力,想以截面积较大的实心钢梁代替原来的槽形钢梁,也不一定奏效。第二次世界大战中美国的一些潜艇在大洋中莫名地消失了,后来的调查发现,这些潜艇不是销毁在战火中,而是因为制造时使用的高级钢材对微裂纹敏感而失效。可见经验不是科学,盲目地增加截面面积或选用好材料,不但会使工程造价提高很多,而且造出的东西也不一定适用。科学的作用在于揭示事物的本质和内在规律,使问题得到合理的解决。工程中,"合理"的含义是"既安全可靠,又经济适用",这是一对矛盾。我们不可能忽视安全,那是不容许的;我们也不可能不考虑经济适用,忽视经济条件和适用性也是不容许的。要正确解决这对矛盾必须研究材料的力学性能、构件的形状尺寸、荷载的性质及作用等因素。

实践中我们会注意到,许多时候并不需要增加构件的横截面积或更换好的材料,就可以使其承载能力大大提高。例如,一块狭长矩形截面板,如果按图 1.1(a) 所示方式平放在支座上,它能承受的荷载 $F$ 并不大。可是,若将其按图 1.1(b) 所示的方式侧放,它的承载能力就可以提高许多。再例如,一块竖立在地面上的平板的稳定性很差,承载能力也很小,但若将其做成圆筒,它的承载能力可以提高很多倍,这就是在高层建筑中常常采用筒式结构的力学道理。还有,铁轨的截面为什么是工字形的,汽车的传动轴为什么是空心的,起重机臂的截面为什么是箱形的?等等。诸如此类的例子在工程中随处可见,这其中都包含着诸多材料力学的原理和方法。

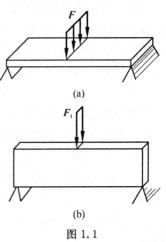

图 1.1

综上所述,材料力学是运用辩证唯物论的观点和多个学科的基础知识(如物理、力学、数学等),在科学研究和生产实践的基础上发展起来的一门研究构件承载能力的科学。它的主要任务就是从保证构件能够正常工作的基本要求出发,研究并提供有关强度、刚度、稳定性方面的理论和计算方法。帮助我们合理地选择构件的材料和形状,确定所需要的尺寸;判断已有构件是否能够正常使用,并考虑如何改进以适应新的要求。

构件的强度、刚度、稳定性主要由材料的力学性能,构件的形状尺寸,荷载的性质、大小及作用方式等决定,学习中对这些要有全面的理解,才能更好地掌握和运用。

还应强调,材料力学不是纯理性的科学,它与工程实际有密切联系,它的研究方法包括实践(验)、理论、再实践再理论的循环发展的全过程。其中,实验研究是材料力学赖以发展的重要方面和分支,有些问题尚无理论解答,有些理论还有待实验验证,有些理论需要依靠实验去发展。因此,理论研究和实验研究在材料力学的发展中,是相辅相成、同等重要的两个方面,认识这一点无论在学习时、科学研究中、还是工程实践上都将有重要意义。

# 1.2　变形固体的概念·材料力学的基本假设

## 1.2.1　变形固体的概念

自然界中的任何固体受力后都会产生或大或小的变形,因此可以说所有的固体都是变形固体。理论力学中,曾经将物体看成刚体,那是一种科学的抽象,是因为当物体的变形很小时,对物体机械运动的影响甚微,因而将其忽略,得出了刚体的概念。材料力学研究的是工程构件的强度、刚度、稳定性,这些都与构件在荷载作用下的变形性质紧密相关,固体的变形性质成为材料力学研究的主要问题,因而不能再忽略,所以材料力学中研究的物体都是变形固体。

固体的变形可分为两种,即弹性变形和塑性变形。弹性变形是指外力消除后能够消失的变形。若构件在荷载作用下的变形是弹性变形,荷载消除后构件会完全恢复原状,不留任何痕迹。例如,弹簧在较小拉(或压)力作用下的变形就是弹性变形。实际上任何构件的弹性变形都与弹簧的弹性变形有同样的特点。由于力消除之后弹性变形可以消失,构件可反复工作,这对机械零件、桥梁和房屋中的大多数构件都有重要意义。如果外力全部卸除后变形不能完全消失,那么遗留下来的部分变形就称为塑性变形,亦称残余变形。构件产生塑性变形后不能再恢复原有形状,这对有些构件是不允许的,但对有些构件则可以允许较小的塑性变形。变形固体能够产生弹性变形的性质称为弹性,能够产生塑性变形的性质称为塑性。一般来说,变形固体既有弹性又有塑性,但当外力在一定范围内时,可以只有弹性,这个范围称为弹性范围。

## 1.2.2　材料力学的基本假设

材料力学的基本假设包括两个方面:一是关于材料的假设;二是关于杆件变形范围亦即材料力学研究范围的假设。

**1. 关于变形固体的基本假设**

变形固体的性质很复杂,不同材料的力学性能不同,即使是同一种材料的不同部分,力学性能也存在各种各样的差别。我们不可能逐点逐块地研究材料的力学性能,不仅不可能,而且也没有科学意义和工程价值。为了使我们的研究具有普遍意义,必须进行科学简化,忽略次要因素,保留主要因素,建立起一个既符合实际又便于计算的材料模型,这就是下面的简化假设。

(1) 连续性假设

连续性假设即认为材料内部没有空隙,或者说,物体的整个体积都为组成它的介质所填满。因为材料是连续的,构件在荷载下的变形也是连续变化的。

（2）均匀性假设

均匀性假设即认为同种材料的力学性能处处相同。按照这一假设，在研究某种材料的力学性能时，可以从中任选一块，做成试件，而得到的结果则可以适用于所有同种材料。在选用材料时，可以只考虑材料牌号，而不必考虑其出处。

应该说明，均匀、连续是指材料的宏观性能，就微观来说远非如此。例如金属，它是由许多微小晶粒组成的，晶粒之间并不连续，各个晶粒的性能也不完全相同，就是同一晶粒的不同方向力学性能也不一样。但是由于这些微粒本身及微粒间的间隙都很微小，它们在物体中的排列也无规则可言，由大量这种微粒组成的材料在受力时所表现的力学性能是整体的统计平均性能，而非个别微粒的性能，因此，均匀、连续就是材料的主要特征。实践检验的结果表明，这些假设也比较符合实际。

（3）各向同性假设

就工程中的材料沿各个方向力学性能的异同来说，可以分为两大类：一类材料沿各个方向的力学性能都相同，称为各向同性材料。例如，铸钢、铸铁、铸铜、玻璃、陶瓷及制造较好的混凝土等；另一类材料在不同方向上的力学性能不同，称为各向异性材料。例如纹络整齐的木材、竹、冷拔钢丝、轧制钢板等。材料的各向异性是微观粒子某种规则排列的结果，这种规则排列有时可以通过某些生产工艺和加工工艺在一定程度上实现。

材料力学通常限于研究各向同性材料及其制造的构件。

**2. 小变形假设**

变形固体在荷载作用下的变形程度由具体情况确定，可以是大变形，也可以是小变形。小变形是指构件的变形远远小于与其对应的原始尺寸。材料力学限于研究小变形问题，这就是小变形假设，或称小变形条件。毋庸置疑，小变形条件并没有削弱材料力学在工程中的广泛应用，因为大量的工程问题都是小变形问题。应该强调的是，小变形条件为材料力学计算的简化带来很大方便。

例如，我们在求梁的支座反力时，一般都以梁的原始尺寸和荷载的原始方位计算，忽略梁的长度及作用在梁上荷载的方位因梁的变形导致的改变带来的影响。

小变形的概念也可以使位移计算大大简化。图 1.2(a) 所示桁架，两杆相同，结构对称。在荷载 $F$ 作用下，结点 $A$ 由最初位置移至位移 $A'$。利用对称性可以断定 $A'$ 仍在对称轴上。若用几何作图法确定点 $A'$ 的位置，需分别以 $B$、$C$ 为圆心，以变形后杆 $BA$ 和杆 $CA$ 的长度为半径作圆弧，两圆弧的交点即点 $A'$。但是，按这样的方法要算出位移的大小将很困难。因为作图时要知道各杆的伸长量，为此要知道各杆内力。要计算各杆变形后的内力必须知道角 $\alpha$ 的变化，而角 $\alpha$ 的变化又必须在知道两杆的伸长量以后才能求出。如果利用小变形的概念将会容易得多。由于杆的变形微小，可以用切线代替圆弧。在图 1.2(a) 中，过点 $A$ 作 $AD \perp A'B$，以垂足 $D$ 作为杆 $BA$ 的原始长度与其伸长量的分割点，则 $DA'$ 即为杆 $BA$ 的伸长量。

由于 $\alpha$ 的改变很微小，可取 $\sin \alpha' = \sin \alpha$。最后由几何关系得到点 $A$ 的位移

$$\Delta = \frac{\Delta l}{\sin \alpha}$$

这样一来，只要求出 $\Delta l$ 即可确定点 $A$ 的位移。计算 $\Delta l$ 时所需的杆的内力 $F_{N1}$ 和 $F_{N2}$，可

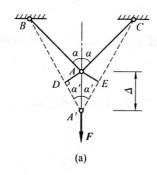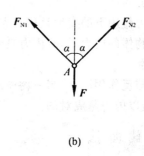

图 1.2

利用图 1.2(b) 所示的、在不考虑 $\alpha$ 变化情况下的平衡关系求得,即

$$F_{N1} = F_{N2} = \frac{F}{2\cos\alpha}$$

整个计算都很简略。实践表明,利用小变形的概念,计算结果能足够精确地满足工程要求。

　　还有,材料力学中的许多原理,例如在内力、应力、变形等计算中广泛应用的叠加原理,也是对线弹性体在小变形条件下得出的计算原理,等等。

　　材料的连续、均匀、各向同性假设及小变形条件,是材料力学的基本假设,是材料力学全部计算和数学建模的基本条件,学习中,它们的意义将体现得越来越重要,不断深化对这些基本假设的认识,对理解、运用材料力学的理论和方法,解决工程问题将大有裨益。

# 1.3　内力·截面法·应力

## 1.3.1　内　力

　　在物理学中曾经讨论过内力,那是指微观内力,即分子间的作用力。分子内力由物质本身的性质决定,所以也称固有内力。由于固有内力的作用,变形固体在不受任何外力作用的情况下具有一定的形状。材料力学中的内力是指宏观内力。当物体在外力作用下形状发生变化时,其体内各部分间的相对位置将发生改变,相邻部分对这种相对位置改变的抵抗力,就是上面所说的宏观内力,简称内力。宏观内力与微观内力密切相关。物体因外力作用产生的变形,导致其内部各微粒位置的改变,原来分子力的平衡被破坏,固有内力要重新调整,从而导致各相邻部分之间的内力增加。因为这种内力是由于外力引起的,在固有内力基础上增加的,所以又称附加内力。宏观内力与微观内力的相关性揭示了内力作用的效果因材料的力学性能不同而不同的原因。

　　内力在材料力学中是十分重要的概念。从上面的讨论可以注意到,内力有如下性质:

　　(1) 有限性

　　内力是由外力引起的,随着外力的增加而增加。但是,内力的增加是有限的。当内力增加超过一定限度时,构件就不能再正常工作了,内力也就不能再增加了。由此可知,内力与构件的强度、刚度、稳定性密切相关。

（2）分布性

物体在外力作用下的变形是体内大量质点相对位移的结果，各质点间对相对位移的抵抗力即构成物体的内力系，故内力是分布力。

（3）成对性

根据作用与反作用原理，当一物体的一部分对另一部分有作用时，另一部分对该部分必有反作用，所以内力是成对的。

### 1.3.2 截面法

计算内力的唯一方法是截面法。设图 1.3(a) 表示任一受力物体，在 $F_1, F_2, \cdots, F_n$ 作用下处于平衡状态，现在欲求其任一截面 $m-m$ 上的内力。为此，设想将物体从 $m-m$ 面切开，取其中的任意一部分为隔离体（例如，部分 Ⅰ），去掉另一部分（例如，部分 Ⅱ）。将去掉的部分对保留部分的作用以相应的力代替，这就是截面上的内力。内力是截面上内分布力的合力，一般情况下包括主矢和主矩。为了计算内力，通常过截面形心建立空间直角坐标系。取 $x$ 轴过截面形心，沿截面外法线，$y$、$z$ 轴位于截面内，如图 1.3(b) 所示。将主矢和主矩沿上述坐标系的轴分解，一般情况下有六个内力分量，表示为 $F_x$、$F_y$、$F_z$、$M_x$、$M_y$、$M_z$，如图 1.3(b) 所示。因为隔离体是平衡的，由平衡条件列出六个平衡方程：

$$\begin{cases} \sum F_{xi} = 0 \\ \sum F_{yi} = 0 \\ \sum F_{zi} = 0 \end{cases} \quad \begin{cases} \sum M_{xi} = 0 \\ \sum M_{yi} = 0 \\ \sum M_{zi} = 0 \end{cases}$$

可以求出六个内力分量。

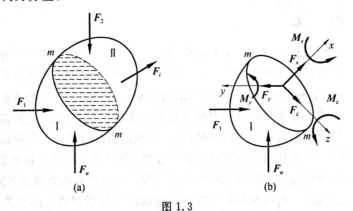

图 1.3

综上所述，截面法可以归纳为三个步骤，即切开、代力、平衡。

（1）切开

在求内力的截面处，用一假想的平面将构件截分为两部分；任取其中一部分为隔离体，去掉另一部分，将隔离体单独画出来，保留其上原有的外力。

（2）代力

将去掉的部分对留下部分的作用以相应的力代替。相应的力是什么样的力，可根据示力对象的平衡分析确定。

（3）平衡

因为示力对象是平衡的，其上的外力与截面上的内力构成平衡力系。根据平衡条件，列出平衡方程，求出内力的大小。

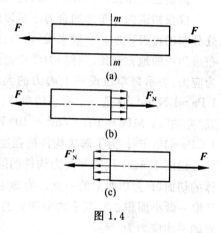

对一个具体的杆件，有些内力分量并不存在，计算过程可以简化。例如，图 1.4(a) 所示两端受到中心拉力 $F$ 作用的直杆，在任一截面 $m-m$ 处切开后，取其左边（或右边）为隔离体，由平衡分析可知，横截面上只有一个沿轴线作用的内力分量，以 $F_N$ 表示。由隔离体的平衡，可得 $F_N = F$。应该指出，用截面法求内力时，"切开"之前一般不允许对构件上的外力进行静力等效变换，如将力沿其作用线滑移、将力偶在其作用面内移动或转动、用合力代替较大范围内的分布力等，因为这样会改变原力系对构件作用的内效应。例如，图 1.5(a) 中所示的直杆

图 1.4

$AC$，当下端面 $C$ 受集中荷载 $F$ 作用时，整个杆的长度内都将产生内力和变形；若将荷载 $F$ 移至杆的中间面 $B$ 处，如图 1.5(b) 所示，毫无疑问，体系的平衡并没有因此而改变，但是，这时只有杆的上半部分有内力和变形，下半部分则处于自然状态，这与图 1.5(a) 表示的情况显然不同；但是，在"切开"之后，计算截面上的内力时，可以对隔离体上的外力进行静力等效变换。因为这时讨论的是平衡问题，可以把隔离体看做刚体，荷载 $F$ 无论滑移到 $BC$ 段杆的哪一个位置，如图 1.5(c)、(d) 所示，截面 $B$ 上内力的大小都与 $F$ 相等。

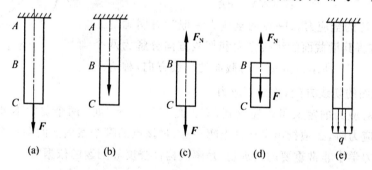

图 1.5

同时还应指出，如果把物体的一小部分边界上的面力，以分布形式不同的另一组面力作静力等效变换，对应力分布的显著影响仅限于在靠近小边界的部分，远处所受影响可以不考虑。这一结论称为圣维南原理[①]。根据此原理，当图 1.5(a) 中杆 $AC$ 的纵向尺寸比横向尺寸大很多时，下端面 $C$ 上的集中荷载 $F$ 可以用均布荷载 $q$ 等效替换，如图 1.5(e) 所示。

[①]圣维南原理可以叙述为：如果把物体的一小部分边界上的面力，变换为分布不同但静力等效的面力（主矢量相同，对同一点的主矩也相同），那么，近处的应力分布将有显著的改变，但远处所受影响可以不计。

### 1.3.3 应 力

前面已经指出,内力是分布力。用截面法求出的内力是截面上内分布力的合力。

仅仅知道内分布力的合力不足以解决强度问题,因为它不能表明内力在截面上各点处分布的疏密程度。一般来说,内力在截面上的分布不均匀,而构件的破坏通常从内力分布最集中的地方开始。材料力学中把内力在截面上分布的疏密程度称为内力集度,也称为应力,表示每单位面积上内力的大小。应力的单位是 Pa,读做“帕斯卡”,简称“帕”,1 Pa =1 N/m²,这是一个很小的单位。工程上常用的应力单位是 MPa,读作“兆帕斯卡”,或“兆帕”,1 MPa = $10^6$ N/m² = $10^6$ Pa。有时还使用 GPa,读作“吉帕斯卡”,或“吉帕”,1 GPa =$10^9$ Pa。为了解决构件的强度问题,首先要确定出截面上各点的应力。

设图 1.6(a) 代表一受力构件的隔离体,平面 CD 为隔离体的切面,P 为切面上的一点。为确定点 P 的应力,可包含点 P 取一微小面积 $\Delta A$,其上内分布力的合力为 $\Delta F$,则 $\Delta A$ 上各点的平均应力为

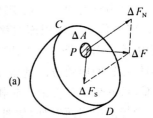

(a)

$$p_m = \frac{\Delta F}{\Delta A}$$

平均应力只能粗略地表示一点的应力数值,其精确程度取决于 $\Delta A$ 的大小。当 $\Delta A$ 趋近于零时,平均应力 $p_m$ 的极限值即点 P 的真实应力 $p$。由此得

$$p = \lim_{\Delta A \to 0} \frac{\Delta F}{\Delta A} = \frac{dF}{dA} \qquad (1.1)$$

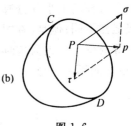

(b)

应力 $p$ 是点 P 的全应力。一点的全应力一般没有明确的工程意义,通常将其沿截面的法线方向和切线方向分解为两个分量,如图 1.6(b) 所示。其中 $\sigma$ 沿截面的法线方向,称为正应力;$\tau$ 沿截面的切线方向,称为切应力。

图 1.6

从上面对应力的定义可以注意到,应力是与“点”和“面”两个要素不可分开的物理量。在讨论应力时,必须指出是构件上哪一点、过该点的哪个截面上的哪一个应力分量。应力是材料力学中非常重要的物理量,是解决构件强度等问题的依据之一。

## 1.4 位移和应变的概念

### 1.4.1 杆件结构变形位移的概念

杆件结构在外力作用下,将要发生变形,一般情况下,其整体以及其上各点、各个截面的空间位置都将发生变化,这个空间位置的改变称为位移。工程上研究位移时,大多数情况是确定构件上某些指定点或指定面的位移,用于构件的刚度度量。

位移分为线位移和角位移。连接构件内某一点原来位置与其新位置的连线称为该点的线位移;构件内某一截面或者线段方位角的改变称为角位移。例如,图 1.7 所示悬臂

梁,在荷载作用下由原来的水平位置移动至图中虚线
所示位置,$A$ 为梁的右端面上的一点,变形后移至 $A'$,
则称线段 $\overline{AA'}$ 为点 $A$ 的线位移。右端面 $m-m$ 变形后
移至 $m'-m'$,则 $m'-m'$ 与 $m-m$ 的夹角为 $\theta$,称 $\theta$ 为
$m-m$ 面的角位移。在平面问题中,确定点的位移,只
需知道线位移即可;而要确定一个面的位移,则既需确
定其形心的线位移,又需确定其角位移。

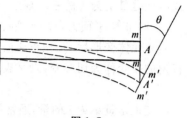

图 1.7

线位移和角位移既包含杆件的变形位移又包含刚体位移,都与构件的原始尺寸有关,
不能说明构件内部各处的变形程度。为此要引入新的物理量,即应变。

## 1.4.2 应 变

构件受力变形后,其上各个微小部分的形状都将改变,应变就是用于度量构件上一点
变形程度的物理量。

研究构件内各点处应变的方法是从指定点处取出微小正六面体,如图 1.8 所示,简称
微分单元体或单元体,单元体各棱边的长度 $\Delta x$、$\Delta y$、$\Delta z$ 都是微小量。为讨论方便,取空间
直角坐标系的三个轴与单元体的三个棱边重合,并称单元体与 $x$ 轴平行的棱边为 $x$ 棱边,
与 $y$、$z$ 轴平行的棱边为 $y$ 棱边和 $z$ 棱边。当单元体各棱边长度趋于零时,单元体趋于一
点,单元体的变形即代表一点的变形。单元体的变形只有两种基本形式。

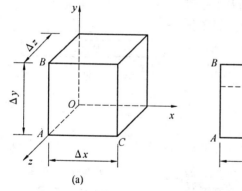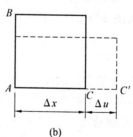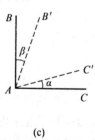

(a)  (b)  (c)

图 1.8

(1) 棱边长度沿其轴线方向的伸长或缩短

以棱边 $x$(如边 $AC$)为例,其原长为 $\Delta x$,变形后的伸长量为 $\Delta u$,如图 1.8(b) 所示,则
棱边 $x$ 平均每单位长度的伸长量为 $\varepsilon_{xm}=\Delta u/\Delta x$。当 $\Delta x \rightarrow 0$ 时,平均单位长度伸长量 $\varepsilon_{xm}$
趋于一个极限,以 $\varepsilon_x$ 表示,则

$$\varepsilon_x = \lim_{\Delta x \to 0} \frac{\Delta u}{\Delta x} = \frac{\mathrm{d}u}{\mathrm{d}x} \qquad (1.2a)$$

称 $\varepsilon_x$ 为点 $O$ 沿 $x$ 方向的线应变。

同理,该点沿 $y$ 方向的线应变可定义为

$$\varepsilon_y = \lim_{\Delta y \to 0} \frac{\Delta v}{\Delta y} = \frac{\mathrm{d}v}{\mathrm{d}y} \qquad (1.2b)$$

线应变是量纲为 1 的量。规定:线应变以使微分线段伸长为正,反之为负。

(2) 正交平面夹角的改变

单元体变形后,互相正交的平面的夹角将会改变,如图 1.8(c) 所示。材料力学中将直角的改变称为切应变,以 $\gamma$ 表示,由图 1.8(c) 可以看出

$$\gamma = \alpha + \beta \tag{1.3}$$

切应变也是量纲为 1 的量,通常用 rad(弧度)度量。规定:切应变 $\gamma$ 以使直角减小为正,反之为负。

一般来说,受力构件上各点的变形程度不完全相同,因此,线应变和切应变都是点及面的位置坐标的函数。在研究构件的变形时,如果能够找出各点的应变函数,则可以确定整个构件的变形。

应该指出,线应变是可以直接测量的物理量,在线性弹性范围内,它与应力有简单的对应关系,从而可以用实验方法,通过应变测量,得出应力的分布规律。

# 1.5 杆件及其变形的基本形式

工程中的构件若按几何特征分类,可以分为杆、板(壳)和块三大类,材料力学研究的主要是杆件。杆件是轴线长度远远大于横向尺寸的构件。图 1.9 为杆件的示意图。杆件的形状决定于两个要素,即轴线和横截面。轴线是杆件各个截面形心的连线,轴线为直线的杆称为直杆(见图 1.9(a)),否则称为曲杆(见图 1.9(b));横截面为与轴线垂直的截面,横截面的形状和面积大小不变的杆件称为等截面杆(见图 1.9(a)、(b)),否则称为变截面杆(见图 1.9(c))。材料力学中研究的杆件大多是等截面杆,而且主要是直杆。在一定条件下,直杆的计算原理也可以推广应用到其他情况,如小曲率杆和截面变化缓慢的变截面杆等。

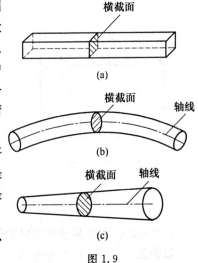

图 1.9

杆件在荷载作用下的变形可以有多种形式,可将其分为两种类型:基本变形和组合变形。基本变形是杆件变形的最简单形式;在小变形条件下,组合变形是指构件同时发生两种以上的基本变形。

杆件的基本变形有四种形式,即轴向拉伸与压缩、剪切、圆轴扭转和平面弯曲。

(1) 轴向拉伸与压缩

轴向拉伸与压缩是指直杆在轴向荷载作用下沿着轴线伸长或缩短的变形形式(见图 1.10(a)、(b))。

(2) 剪切

剪切是指一段等截面直杆在一对等值、反向、作用线相距很近的横向力作用下,相邻的两部分沿外力作用方向发生相对错动的变形形式(见图 1.10(c))。

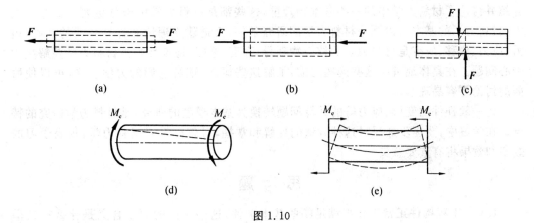

图 1.10

（3）圆轴扭转

圆轴扭转是指圆轴两端受到一对转向相反、作用面与圆轴的轴线垂直的外力偶作用下，轴中纵向线（轴线除外）变成螺旋线、任意两个横截面发生相对转动的变形形式（见图1.10(d)）。

（4）平面弯曲

平面弯曲是指直杆在荷载作用下，轴线在力的作用面内（或与力的作用面内平行的平面内）变成平面曲线的变形形式（见图1.10(e)）。

为了解决杆件的强度、刚度、稳定性问题，材料力学既要研究杆件的内力和应力，也要研究杆件的变形。

材料力学对杆件基本变形的研究通过基本模型实现。研究从实验、假设和静力学理论两个方面进行，得出应力和变形的计算公式，再将由基本模型得出的计算原理推广应用于同种基本变形的一般杆件的计算中。因此可以说，材料力学对杆件基本变形的研究方法为基本模型研究法。

各种基本变形的基本模型都是两端受到相应外力作用的一段等截面直杆。轴向拉、压的基本模型如图1.10(a)、(b)所示，在轴向力 $F$ 作用下，直杆的长度沿轴线伸长（见图1.10(a)）称为轴向拉伸，直杆的长度沿轴线缩短（见图1.10(b)）称为轴向压缩；剪切变形的基本模型如图1.10(c)所示；扭转变形的基本模型如图1.10(d)所示，这是一段等直圆截面杆；平面弯曲的基本模型如图1.10(e)所示，这是一段矩形截面直杆。

对组合变形杆件应力和变形研究的基本理念是将其分解成几个相应的基本变形，再用叠加法。

从上面简要的介绍可以注意到，材料力学的各个部分既是独立的，又是前后贯通、融为一体的。对基本变形的研究又是对组合变形、压杆稳定性研究的基础，对静荷载下杆件强度、刚度、稳定性的研究又是对动荷载问题研究的基础。这就是材料力学解决问题的理念。学习材料力学时，了解它研究问题的理念和方法，纵观全局，既可以更深透地理解局部，又有益于完整、准确地掌握、运用这门科学。

# 本章小结

本章介绍了工程构件正常工作的基本条件、材料力学的任务、材料力学的基本假设，介绍并讨论了材料力学中的一些基本物理量,这些都是材料力学中十分重要的概念。其中,材料力学的基本假设既是材料力学的研究条件,又是建立理论和计算公式的基础;内力、应力、位移、应变是材料力学的核心物理量;强度、刚度、稳定性则是材料力学要解决的中心问题。在具体地解决这些问题之前,了解这些概念、理解它们的力学意义,可以使后面的讨论更容易理解。

将一般杆件的变形、应力等的计算问题转换为基本模型的研究,是材料力学研究的特点。在学习中,要逐步加深对这种方法的理解和掌握,对怎样学习材料力学,提高学习的效率和效果将有重要意义。

# 思 考 题

1.1 工程构件正常工作要满足哪些基本条件,这些条件的力学含义是什么?试举例说明强度与刚度有什么不同。

1.2 材料力学的基本任务是什么?

1.3 设计工程构件的基本理念是什么?

1.4 材料力学有哪些基本假设,为什么把这些假设称为基本假设?

1.5 材料力学为什么只研究附加内力?

1.6 截面法是解决什么问题的,它有几个步骤?截面法求内力时,应该将截面上的内分布力向哪一点简化?

1.7 杆件有哪几种基本变形形式,基本模型的变形是怎样研究的?

1.8 为什么要引用应力和应变的概念,它们各有哪几种基本形式?

1.9 试利用小变形条件,绘出图 1.11 中三角桁架结点 $A$ 的位移与 $BA$、$CA$ 两杆伸长量的几何关系图。

1.10 图 1.12 中,$AB$、$AC$ 表示受力构件上点 $A$ 处的两个正交线段,变形后分别旋转至 $AB'$ 和 $AC'$,试计算该点的切应变。

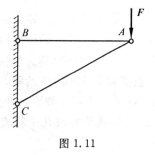

图 1.11

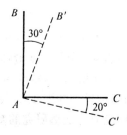

图 1.12

# 第 2 章

# 轴向拉伸与压缩

## 2.1　轴向拉伸与压缩的概念及实例

　　工程中承受轴向拉伸与压缩的构件很多。例如连接内燃机汽缸盖和汽缸体的螺栓杆（见图 2.1），起重机的钢丝绳（见图 2.2），桁架中的某些受拉杆件（图 2.3 中的杆 ①）等，如果把这些杆件单独取出来，将其两端受力情况加以简化，可以发现这些杆件的受力和变形与图 1.10(a) 中所示的基本模型完全相同，都是受到沿轴线的拉力作用而伸长，这些杆件的变形称为轴向拉伸；又如在燃气爆发冲程中内燃机的连杆（见图 2.1），起重机的起重臂（见图 2.2），桁架中的某些受压杆件（图 2.3 中的杆 ②）等，这些杆件的受力和变形与图 1.10(b) 中所示的基本模型完全相同，都是受到沿轴线压力的作用而缩短，这些杆的变形称为轴向压缩。

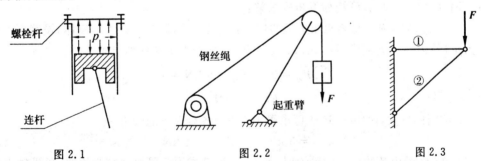

图 2.1　　　　　　　　　　　图 2.2　　　　　　　　　　　图 2.3

　　一般地说，所谓轴向拉伸与压缩，泛指直杆在若干不同的截面上受到方向不同而合力作用线与杆的轴线重合的外力作用下的变形。

　　本章的中心内容是讨论轴向拉、压杆的强度和变形计算，对较长的压杆还存在稳定性问题，本章暂不讨论，其相关内容见第 12 章。

## 2.2　轴力·轴力图

　　内力是杆件抗力研究中重要的物理量，需要首先确定。

　　下面讨论轴向拉（压）杆件的内力计算。取一根两端受到轴向拉力作用的直杆，如图

2.4(a) 所示,求其任一中间截面 $m-m$ 上的内力。按照截面法的步骤:将杆件沿截面 $m-m$ 切开,分为 I、II 两部分。取部分 I 为隔离体,如图2.4(b)所示;将去掉部分对留下部分的作用,用相应的力代替。因为隔离体上外力 $F$ 的作用线沿着杆的轴线,由平衡分析可以判断,截面上的内力也一定沿杆的轴线,将该力用 $F_N$ 表示,并称其为轴力。因为隔离体是平衡的,则由平衡方程

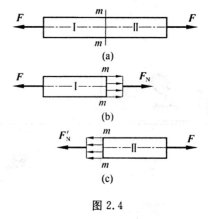

图 2.4

$$\sum F_{xi}=0, \quad F_N-F=0$$

解得
$$F_N=F$$

轴力正负号规定如下:轴力使杆件拉伸时(轴力的方向离开截面)为正,压缩时(轴力的方向指向截面)为负。可以注意到,材料力学中内力的正负是根据杆件变形特征定义的。因此,可根据某段杆轴力的正负,判断其变形是伸长还是缩短。内力的正负号规定后,用截面法求内力时,无论取截面哪一侧为隔离体,所得内力的大小和正负号都将完全相同。

上面的计算与截面 $m-m$ 在两端面中的具体位置无关,说明只在两端受到轴向外力作用的杆件,中间任意截面上的内力都相同。

**【例 2.1】** 图 2.5(a) 表示一个沿轴线受到多个荷载作用的杆件,各力大小已在图中注明,试求该杆各截面上的轴力。

**解** 该杆外力是作用在 $A$、$B$、$C$、$D$ 四个面上的集中力,在 $AB$、$BC$、$CD$ 三段内没有外力作用,由前述讨论可知,只需在 $AB$、$BC$、$CD$ 三段内各选一个截面,求出其轴力,即为杆内各截面的轴力。因此,可按如下步骤求解:

(1) 在 $AB$ 段内用一偏离两端稍远的切面将杆截开[①],取其左边为隔离体,设截面上的轴力为正(拉力),以 $F_{N1}$ 表示,如图 2.5(b) 所示,根据平衡条件列出平衡方程

$$\sum F_{xi}=0, \quad F_{N1}-5\ kN=0 \tag{1}$$

解得
$$F_{N1}=5\ kN$$

(2) 按同样方法,由图 2.5(c) 可求得 $BC$ 段内各截面上的轴力

$$F_{N2}=5\ kN-6\ kN=-1\ kN \tag{2}$$

(3) 求 $CD$ 段内各截面上的轴力时,切开后,取其右边为隔离体较为简略,仍设轴力为正,以 $F_{N3}$ 表示,建立平衡方程

$$F_{N3}+F_4=0 \tag{3}$$

解得

$$F_{N3}=-F_4=-3\ kN$$

---

①实际作用在杆件上的力不可能加在一个几何面上,而是加在狭小范围内的分布力,在加载的狭小范围内,力是如何分布也不清楚。图 2.5(a) 中对集中力的表示是简化后的表示方法,所以在集中力的作用面处,内力没有确切的数值。

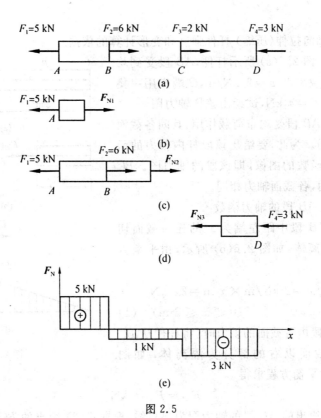

图 2.5

顺便指出,在用截面法求轴力时,总是设截面上的轴力为正号,这样设内力的方法,称为设正法。按设正法,如果计算出的轴力为正号,不仅说明所设轴力与实际轴力方向相同,更重要的是表明该截面的轴力为拉力,杆件在该处的变形为伸长;如果计算出的轴力为负号,表明该截面的轴力为压力,杆件在该处的变形为缩短。不难发现,对外力较多的轴向拉伸和压缩杆件,计算某截面上的内力 $F_{\mathrm{N}i}$ 时,可以像例 2.1 中式(2)那样,不列平衡方程,直接写出算式,即

$$F_{\mathrm{N}1} = \sum F_i \tag{2.1}$$

式(2.1)表明,轴向拉伸与压缩杆件,某截面上的轴力就等于该截面一侧隔离体上所有外力的代数和。用此公式计算截面上的轴力时注意,无论取截面的哪一侧为隔离体,总将该侧截面上的轴力设为正;等式右边各项的正负号则根据截面上所设正的轴力的方向确定:凡是与截面上所设轴力反向者取正号,同向者取负号。

当杆件上受到多个轴向荷载作用时,杆中的轴力将随截面的位置而变化。为了清晰而直观地表达轴力随截面位置变化的情况,工程上习惯于绘出轴力随截面位置变化的图形,这样的图就称为轴力图。绘轴力图时,先要建立一个坐标系。取水平轴 $x$ 与杆的轴线平行,坐标原点 $O$ 与杆的左端对齐。这样,$x$ 轴上的一点即对应杆的一个截面;取纵轴 $F_{\mathrm{N}}$ 与 $x$ 轴垂直,方向向上,其值代表轴力的大小。在此坐标系中描出各截面轴力的代表点,正的轴力绘在 $x$ 轴上方,负的轴力绘在 $x$ 轴的下方,连接这些点的图线即轴力图。轴力图上须标明轴力的大小、正负号和图名($F_{\mathrm{N}}$)。按此方法绘出的例 2.1 的轴力图,如图

2.5(e)所示。

轴力图是轴向拉伸(压缩)杆件强度和变形计算的依据。

**【例 2.2】** 图 2.6(a)所示杆件,AB 段受到均布荷载作用,荷载集度 $p=2$ kN/m,C 端作用一集中荷载,其大小 $F=4$ kN,试绘出该杆轴力图。

**解** 该杆 AB 段受均布荷载作用,其间各截面的内力均不相同。为此,要给出该段杆内轴力的函数,然后再绘出函数的图像,即该段的轴力图。BC 段内无荷载作用,各截面轴力相同。

(1)先确定 AB 段的轴力函数

将杆件从 AB 段中距左端为 $x$ 的任一截面切开,取左边为隔离体,如图 2.6(b)所示,由平衡方程求得

$$F_{N1}(x) = px = 2 \text{ kN/m} \times x \text{ m} = 2x \text{ kN}$$
$$(0 \leqslant x \leqslant 2 \text{ m}) \quad (1)$$

(2)求 BC 段内各截面的轴力时,将杆件从 BC 段内切开,取截面以右的部分为隔离体,如图 2.6(c)所示,由平衡方程求得

$$F_{N2} = F = 4 \text{ kN} \quad (2)$$

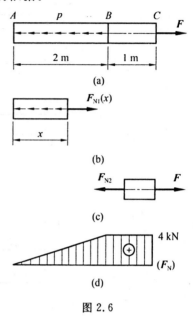

图 2.6

根据式(1)绘出的 AB 段的轴力图为斜直线,根据式(2)绘出的 BC 段的轴力图为水平线。最后的轴力图如图 2.6(d)所示。

# 2.3 轴向拉(压)杆中的应力

计算内力的目的之一就是确定截面上的应力。

轴力确定后,要计算应力,尚需知道应力在截面上的分布规律。下面分别讨论轴向拉(压)杆横截面和斜截面上的应力。

## 2.3.1 横截面上的应力

为计算轴向拉(压)杆件横截面上的应力,首先要确定横截面上的应力及其分布规律。这类问题需要通过实验分析。取一橡胶制成的矩形截面直杆,如图2.7(a)所示。为观察实验现象,实验前在杆的表面画上两条横线(与杆轴垂直的直线)ab 和 cd(图2.7(a)中的实线),在两条横线之间画两条纵线 ef 和 gh(ef 和 gh 平行且等长)。之后,在杆的两端沿杆的轴线加一对拉力 **F**。变形后的杆件如图2.7(a)中的虚线所示。观察实验现象可以发现:变形前两组互相垂直的直线,变形后仍然保持为互相垂直的直线,只是相对原来位置产生一定的平移,横向线 ab 移至 $a'b'$,cd 移至 $c'd'$;两条纵向线 ef、gh 变形前的长度相同,变形后 $e'f'$ 和 $g'h'$ 的长度依然相同。根据上述实验现象和由表及里的判断、推理,可以作出如下假设:轴向拉(压)杆件,变形前的横截面变形后仍然是垂直于杆轴的平

面。这个假设称为杆件的轴向拉(压)平面假设。轴向拉(压)平面假设给出了杆件轴向拉(压)变形的几何特征,即任意两个横截面间所有纵向线段的伸长都相同。根据这个假设,轴向拉压杆变形时,横截面上各点的变形均匀。

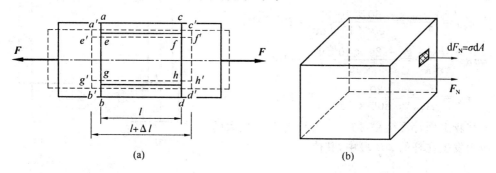

图 2.7

因为横向线与纵向线保持垂直,所以切应变 $\gamma = 0$,横截面上对应的切应力 $\tau = 0$;而在轴线方向,纵向线段有伸长,线应变 $\varepsilon \neq 0$,而且横截面上有轴力 $F_N$,所以横截面上有正应力 $\sigma$。这种变形的特点,就好像杆件是由轴线方向的纵向纤维组成,且在拉伸或压缩过程中纤维之间不发生相互挤压一样。由于变形均匀,材料也均匀(基本假设),所以在同一横截面上各点正应力相同,即

$$\sigma = 常量 \qquad\qquad (a)$$

在杆的横截面上取微面积 $dA$,则作用于其上的法向微内力 $dF = \sigma dA$(见图 2.7(b)),横截面上所有的法向微内力构成与横截面垂直的平行力系,由静力学关系可得

$$F_N = \int_A \sigma\, dA \qquad\qquad (b)$$

将式(a)代入式(b),可得

$$F_N = \int_A \sigma\, dA = \sigma A$$

由此可得轴向拉(压)杆横截面上正应力的计算公式

$$\sigma = \frac{F_N}{A} \qquad\qquad (2.2)$$

式中,正应力 $\sigma$ 的正负号规定与轴力一致,拉应力为正,压应力为负。

应该指出,式(2.2)是根据平面假设得到的结果,平面假设的实验依据是如图 2.7 所示的两端受轴向荷载作用的等截面直杆的拉伸实验。因此,该公式仅适用等截面或截面沿轴线缓慢变化的轴向拉(压)直杆。当截面变化率较大或在截面突然改变以及有集中力作用处的小范围内,截面上应力分布并不均匀,在这样的情况下式(2.2)得出的是横截面的平均应力,而不是其上各点的真实应力。

【例 2.3】　图 2.8(a)表示一圆截面阶梯杆,其中 $AB$ 和 $CD$ 两段横截面的面积 $A_{AB} = A_{CD} = 300\ \text{mm}^2$,$BC$ 段横截面的面积 $A_{BC} = 200\ \text{mm}^2$。杆上受到三个轴向荷载作用,$F_1 = 80\ \text{kN}$,$F_2 = 50\ \text{kN}$,$F_3 = 30\ \text{kN}$,方向如图 2.8(a)所示。试求出该杆横截面上绝对值最大的正应力 $|\sigma|_{\max}$。

**解**　用截面法,先求出各段杆的轴力,绘出轴力图,如图 2.8(b)所示。由于各段杆

的轴力和截面面积都是变化的,不能直接断定 $\sigma_{max}$ 发生在哪个截面。为此先分别算出各段杆横截面上的正应力

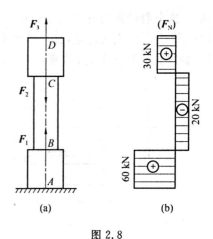

$$\sigma_{AB} = \frac{F_{N,AB}}{A_{AB}} = \frac{60 \times 10^3\,\text{N}}{300 \times 10^{-6}\,\text{m}^2} = 200\,\text{MPa}$$

$$\sigma_{BC} = \frac{F_{N,BC}}{A_{BC}} = \frac{-20 \times 10^3\,\text{N}}{200 \times 10^{-6}\,\text{m}^2} = -100\,\text{MPa}$$

$$\sigma_{CD} = \frac{F_{N,CD}}{A_{CD}} = \frac{30 \times 10^3\,\text{N}}{300 \times 10^{-6}\,\text{m}^2} = 100\,\text{MPa}$$

比较上面计算结果可知,该杆中绝对值最大的正应力发生在杆的 $AB$ 段中,其值

$$|\sigma|_{max} = 200\,\text{MPa}$$

图 2.8

### 2.3.2 斜截面上的应力

应力与截面的方位有关,构件中同一点不同截面上应力不同,杆件的破坏也不总是发生于横截面上;此外,在许多工程测量中,也需要利用斜截面应力和应变间的关系。为了研究杆件的强度以及满足工程测试的需求,尚需研究杆件斜截面上的应力。

图 2.9(a)中给出了杆件的一个任意斜截面 $n$—$n$,斜截面的位置是以横截面为参考面来确定的,设斜截面与横截面 $m$—$m$ 的夹角为 $\alpha$,并规定 $\alpha$ 逆时针为正,顺时针为负。由几何关系可知,斜截面外法线的正方向与杆的轴线夹角也是 $\alpha$,且转向相同。因此也可以用这样的方法确定斜截面的方位。

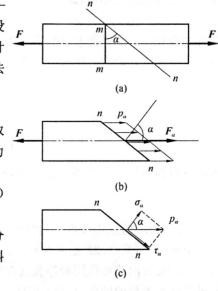

用斜截面 $n$—$n$ 设想将杆件截分为两部分,取其左段为隔离体,以 $F_\alpha$ 表示斜截面 $n$—$n$ 上的内力(见图 2.9(b)),由隔离体的平衡可得

$$F_\alpha = F = F_N \qquad\qquad (a)$$

式中,$F_N$ 为横截面上的轴力。

由实验结果可知,斜截面上的应力也是均匀分布的,如图 2.9(b)所示。设一点的全应力为 $p_\alpha$,斜截面积为 $A_\alpha$,则

$$p_\alpha = \frac{F_\alpha}{A_\alpha} = \frac{F_N}{A_\alpha} \qquad\qquad (b)$$

图 2.9

设横截面积为 $A$,由几何关系可得 $A_\alpha = \dfrac{A}{\cos \alpha}$。把此关系代入式(b),注意到 $F_N/A = \sigma$,可得

$$p_\alpha = \sigma \cos \alpha \qquad\qquad (c)$$

将一点的全应力 $p_\alpha$ 沿斜截面的法线方向和切线方向分解,由图 2.9(c)可得斜截面的正应力 $\sigma_\alpha$ 和切应力 $\tau_\alpha$

$$\sigma_\alpha = p_\alpha \cos \alpha = \sigma \cos^2 \alpha \tag{2.3}$$

$$\tau_\alpha = p_\alpha \sin \alpha = \sigma \cos \alpha \sin \alpha = \frac{\sigma}{2} \sin 2\alpha \tag{2.4}$$

式(2.3)、(2.4)即轴向拉压杆斜截面上应力公式,也就是轴向拉压杆中一点斜截面上应力公式。公式表明,轴向拉压杆斜截面上既有正应力也有切应力,当横截面上的应力确定后,$\sigma_\alpha$ 和 $\tau_\alpha$ 仅仅是截面位置 $\alpha$ 的函数,随截面方位的变化而变化。利用这两个公式,可以得出轴向拉压杆中任意一点所有截面上的应力。

受力构件中一点所有截面上应力的集合称为一点的应力状态,研究一点的应力状态称为应力分析。这个问题在本书第 10 章还要详细讨论。

在平面问题中,关于切应力的正负规定如下:$\tau_\alpha$ 绕隔离体上靠近切面的点顺时针转动为正,反之为负。图 2.9 中表示的切应力即为切应力的正方向。

由式(2.3)、(2.4)可以得出:当 $\alpha = 0$ 时,斜截面即横截面,$\sigma_\alpha$ 达到最大,而 $\tau_{0^\circ} = 0$。这表明轴向拉(压)杆件中,绝对值最大的正应力发生在横截面上,其值

$$\sigma_{\max} = \sigma$$

当 $\alpha = \pm 45^\circ$ 时,$\sigma_{\pm 45^\circ} = \dfrac{\sigma}{2}$,而切应力 $\tau_{\pm 45^\circ}$ 则分别达到了最大和最小,其值

$$\tau_{+45^\circ} = \tau_{\max} = \frac{\sigma}{2}$$

$$\tau_{-45^\circ} = \tau_{\min} = -\frac{\sigma}{2}$$

这表明轴向拉(压)杆件绝对值最大的切应力发生在 $\pm 45^\circ$ 的斜截面上,其大小为横截面上正应力的一半。$+45^\circ$ 斜截面与 $-45^\circ$ 斜截面是互相正交的两个斜截面,上面的结果表明:在互相正交的两个斜截面上,与交线垂直的切应力大小相等,正负号相反,这一结论即切应力互等定理。读者可自行推导,对任意的 $\alpha$,上述结论都是成立的。

当 $\alpha = 90^\circ$ 时,即在纵截面上,$\sigma_{90^\circ} = \tau_{90^\circ} = 0$。这表明轴向拉压杆件中与杆轴平行的纵截面上,没有任何应力。

**【例 2.4】**　图 2.10 表示一焊接钢板,焊缝与钢板的轴线成 $30^\circ$ 角,钢板宽度 $b = 200$ mm,厚度 $t = 10$ mm,两端受轴向拉力作用,$F = 30$ kN。试求焊缝内的正应力和切应力。

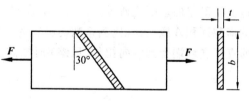

图 2.10

**解**　求焊缝内的应力,实际上即是求倾角 $\alpha = 30^\circ$ 的斜截面上的应力。先计算钢板横截面上的应力,由轴向拉压杆横截面上正应力公式(2.2)可得

$$\sigma = \frac{F_N}{A} = \frac{F}{bt} = \frac{30 \times 10^3 \text{N}}{200 \text{ mm} \times 10 \text{ mm}} = 15 \text{ MPa}$$

再用式(2.3)和(2.4)算出斜截面上的正应力和切应力

$$\sigma_{30^\circ} = \sigma \cos^2 \alpha = 15 \text{ MPa} \times \cos^2 30^\circ \approx 11.3 \text{ MPa}$$

$$\tau_{30^\circ} = \frac{\sigma}{2}\sin 2\alpha = \frac{15\ \text{MPa}}{2} \times \sin 60^\circ \approx 6.5\ \text{MPa}$$

# 2.4 拉（压）杆的变形

研究材料和构件在荷载作用下的变形是材料力学的基本内容。

杆件在轴向拉力或压力的作用下，在产生轴向变形的同时，横向尺寸也会改变。前者称为纵向变形，后者称为横向变形。图 2.11(a)、(b) 中的虚线分别示出了轴向拉伸和轴向压缩基本模型的变形形态。在研究轴向拉(压)杆件的变形时，这两个方向的变形都要讨论。

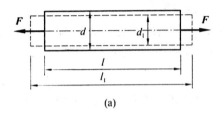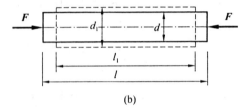

(a)                                        (b)

图 2.11

## 2.4.1 纵向变形·胡克定律

**1. 纵向绝对变形**

设轴向拉(压)杆基本模型变形前的长度为 $l$，变形后的长度为 $l_1$，如图 2.11 所示，则定义杆的绝对伸长

$$\Delta l = l_1 - l \qquad (a)$$

$\Delta l > 0$，杆件绝对伸长；$\Delta l < 0$，杆件绝对缩短。通常规定，$\Delta l$ 伸长为正，缩短为负。

轴向拉(压)杆件基本模型的纵向变形计算公式是由英国科学家胡克(R. Hooke)通过实验确定的。胡克通过大量的实验发现，在弹性范围内，$\Delta l$ 与杆的原长 $l$ 成正比，与杆的横截面积 $A$ 成反比，比例系数与材料的力学性能有关。根据实验，胡克建立了计算等截面直杆在两端受到轴向拉伸(压缩)时轴向变形的计算公式

$$\Delta l = \frac{Fl}{EA} \qquad (2.5)$$

这个公式是胡克于 1678 年发表的，称为胡克定律，该式是计算轴向拉(压)杆件纵向变形的基本公式。式中，$E$ 是与材料弹性性能有关的比例常数，称为材料的弹性模量。不同材料的弹性模量可由实验测定。$E$ 的量纲为 $ML^{-1}T^{-2}$，其单位为 Pa，工程上常用单位为 GPa，例如 Q235 钢的弹性模量 $E = 200\ \text{GPa}$。

从式(2.5)可以看出，$\Delta l$ 与乘积 $EA$ 成反比。当 $Fl$ 一定时，$EA$ 越大，$\Delta l$ 越小；$EA$ 越小，$\Delta l$ 越大。可知 $EA$ 标志杆件抵抗弹性拉伸(压缩)的能力，称为抗拉(压)刚度。

对于基本模型，$F_N = F$，将式(2.5)中的 $F$ 以 $F_N$ 代替，更能反映杆件变形的实质，使用也更方便。于是，轴向拉(压)杆件纵向变形的基本公式通常写成

$$\Delta l = \frac{F_N l}{EA} \tag{2.6}$$

式(2.5)或式(2.6)只适用于计算与基本模型相同的杆件的弹性变形,即在杆的长度 $l$ 内,轴力 $F_N$ 和抗拉刚度 $EA$ 都没有变化。要将基本公式推广应用于一般的轴向拉(压)杆件,需讨论两种情况:

① 在整个杆长 $l$ 内,轴力 $F_N$ 和抗拉刚度 $EA$ 分段为常数,如图 2.12 所示。这种情况下,式(2.6)在杆件的每一段内都适用,求杆的总变形时,先计算每段的变形 $\Delta l_i$,再求各段变形的代数和即得。设第 $i$ 段杆的长度、抗拉刚度和轴力分别为 $l_i$、$EA_i$ 和 $F_{Ni}$,则第 $i$ 段杆的伸长量

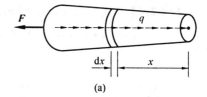

图 2.12

$$\Delta l_i = \frac{F_{Ni} l_i}{EA_i}$$

整个杆的总伸长量

$$\Delta l = \sum_{i=1}^{n} \frac{F_{Ni} l_i}{EA_i} \tag{2.7}$$

② 在杆的某段长度 $l$ 内,轴力 $F_N$ 和抗拉刚度 $EA$ 连续变化,如图 2.13(a) 所示。这时,可先用式(2.6)计算微分杆长 $\mathrm{d}x$ 的变形,在微分杆长 $\mathrm{d}x$ 内,轴力和截面积的改变为微小量,如图 2.13(b) 所示,可以忽略,于是有

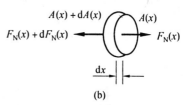

(a)

$$\mathrm{d}(\Delta l) = \frac{F_N(x)\,\mathrm{d}x}{EA(x)} \tag{2.8a}$$

积分上式,即得该段杆的总变形

$$\Delta l = \int_l \frac{F_N(x)}{EA(x)}\,\mathrm{d}x \tag{2.8b}$$

有了上述推广应用方法,可以计算各种拉(压)杆件的轴向变形,也可计算简单桁架结构结点的位移。

图 2.13

**【例 2.5】** 图 2.14(a)表示一阶梯圆杆,图中 $d_1=8$ mm,$d_2=6.8$ mm,$d_3=7$ mm,$l_1=60$ mm,$l_2=40$ mm,$l_3=20$ mm,$l_4=18$ mm,$F=30$ kN,材料的弹性模量 $E=210$ GPa。试计算该杆的伸长量。

**解**　绘出该杆的轴力图,如图 2.14(b) 所示。根据阶梯圆杆横截面面积和轴力图,计算杆的伸长量时将其分为 $l_1 \sim l_4$ 四段,各段杆轴力的值为

$$F_{N1} = F_{N2} = -F_{N3} = -F_{N4} = F = 30 \text{ kN}$$

因为每段杆的截面积和轴力均为常数,杆件的变形可用式(2.7)计算,即

$$\Delta l = \frac{F_{N1} l_1}{EA_1} + \frac{F_{N2} l_2}{EA_2} + \frac{F_{N3}}{EA_3} l_3 + \frac{F_{N4}}{EA_4} l_4 = \frac{4F}{\pi E}\left( \frac{l_1}{d_1^2} + \frac{l_2}{d_2^2} - \frac{l_3}{d_3^2} - \frac{l_4}{d_3^2} \right) =$$

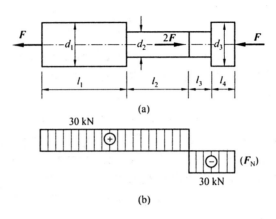

(a)

(b)

图 2.14

$$\frac{4 \times 30 \times 10^{3} \, \text{N}}{3.14 \times 210 \times 10^{9} \, \frac{\text{N}}{\text{m}^{2}}} \left[ \frac{60 \, \text{mm}}{(8 \, \text{mm})^{2}} + \frac{40 \, \text{mm}}{(6.8 \, \text{mm})^{2}} - \frac{20 \, \text{mm}}{(6.8 \, \text{mm})^{2}} - \frac{18 \, \text{mm}}{(7 \, \text{mm})^{2}} \right] \approx$$

$$0.182 \times 10^{-3} \, \text{m} = 0.182 \, \text{mm}$$

计算结果为正值,表明该杆在荷载作用下总变形为伸长。

**【例 2.6】** 在图 2.15(a) 所示结构中,杆 ①、② 的直径分别为 $d_1 = 30 \, \text{mm}$,$d_2 = 20 \, \text{mm}$,结点荷载 $F = 96.7 \, \text{kN}$,若材料的弹性模量 $E = 200 \, \text{GPa}$,$h = 1 \, \text{m}$,试求点 $A$ 的位移 $\Delta_A$。

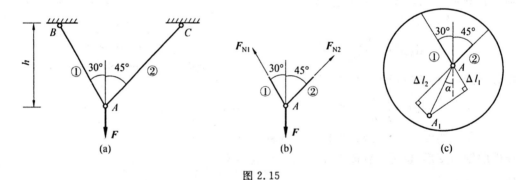

图 2.15

**解** 这是一个计算简单结构结点位移的问题。结构结点的位移取决于结构中各杆的变形量,所以对简单结构结点位移计算的要点:一是计算各杆的变形;二是利用几何分析确定位移后结点的新位置。具体步骤如下:

① 计算各杆内力

取结点 $A$ 为示力对象,设两杆轴力分别为 $F_{N1}$、$F_{N2}$,则结点 $A$ 的受力图如图 2.15(b) 所示,由平衡条件建立平衡方程

$$\sum F_x = 0, \quad F_{N2} \sin 45° - F_{N1} \sin 30° = 0$$

$$\sum F_y = 0, \quad F_{N1} \cos 30° + F_{N2} \cos 45° = F$$

解得
$$F_{N1} = 70.8 \, \text{kN}, \quad F_{N2} = 50.2 \, \text{kN}$$

② 求点 $A$ 的最大位移 $\Delta_A$

根据两杆的轴力和抗拉刚度，可以算出两杆的伸长量分别为

$$\Delta l_1 = \frac{F_{N1}\dfrac{h}{\cos 30°}}{EA_1} = \frac{70.8 \times 10^3\,N \times 1\,m}{200 \times 10^3\,MPa \times 706.5 \times 10^{-6}\,m^2 \times 0.866} \approx 0.58 \times 10^{-3}\,m$$

$$\Delta l_2 = \frac{F_{N2}\dfrac{h}{\cos 45°}}{EA_2} = \frac{50.2 \times 10^3\,N \times 1\,m}{200 \times 10^3\,MPa \times 314 \times 10^{-6}\,m^2 \times 0.707} \approx 1.13 \times 10^{-3}\,m$$

为了确定点 $A$ 的位移，首先应明确结点位移后新位置的确定方法。严格来说，结构变形后结点 $A$ 的位置应在分别以 $B$、$C$ 为圆心，以变形后两杆长度为半径所作圆弧的交点处。但是对小变形问题，在确定结点位移时可以用切线代弧。设想将原结构在铰结点 $A$ 处拆开，让各杆在原方位沿轴线伸长。然后，过各杆变形后的 $A$ 端分别作其轴线的垂线，如图 2.15(c) 所示，则两杆垂线的交点 $A_1$ 即可近似认为是点 $A$ 位移以后的位置，线段 $AA_1$ 的长度即点 $A$ 的位移大小。图 2.15(c) 即点 $A$ 的位移图，图中 $\alpha$ 为线段 $AA_1$ 与过点 $A$ 的铅垂线的夹角。由几何关系可得

$$\frac{\Delta l_1}{\cos(30° + \alpha)} = \frac{\Delta l_2}{\cos(45° - \alpha)} = \Delta_A$$

利用上面关系式中左边两项的相等关系，将式中的 $\cos(30° + \alpha)$ 和 $\cos(45° - \alpha)$ 展开，并代入 $\Delta l_1$、$\Delta l_2$ 的数值，整理后可得

$$\tan \alpha \approx 0.586$$

由此解得

$$\alpha \approx 30.4°$$

将 $\alpha$ 值再代回式 $\Delta_A$ 的算式，得到

$$\Delta_A = 1.17\,mm$$

**2. 纵向线应变**

杆件的纵向绝对变形与杆的原始尺寸有关，不能表明杆的纵向变形程度，为此需求出单位长度的改变。将式(2.8a)的两边都除以 $dx$，可得纵向线应变

$$\varepsilon(x) = \frac{d(\Delta l)}{dx} = \frac{F_N(x)}{EA(x)} = \frac{\sigma(x)}{E} \tag{2.9}$$

式(2.9)即计算轴向拉(压)杆件内任意一点纵向弹性线应变公式。公式表明：在线弹性范围内，材料的应力与应变成正比。因为轴向拉(压)杆处于单轴应力状态，所以式(2.9)即弹性范围内单轴应力状态下的应力－应变关系，通常称其为单轴应力状态下材料的胡克定律。

对两端受力的轴向拉(压)等截面直杆，纵向变形是均匀的，纵向线应变即等于 $\Delta l$ 在杆长 $l$ 上的平均值，则

$$\varepsilon = \frac{\Delta l}{l}$$

$\varepsilon$ 是一个量纲为 1 的量，其正负规定与 $\Delta l$ 相同。

## 2.4.2　横向变形·泊松比

如图 2.11 所示，设轴向拉(压)杆的基本模型变形前的横向尺寸为 $d$，变形后为 $d_1$，则

轴向拉(压)杆横向绝对变形的定义式为

$$\Delta d = d_1 - d$$

轴向拉(压)杆的横向绝对变形 $\Delta d$ 没有直接的计算公式,通常利用横向线应变 $\varepsilon'$ 计算。

轴向拉(压)杆的横向线应变 $\varepsilon'$ 的定义式为

$$\varepsilon' = \frac{\Delta d}{d} = \frac{d_1 - d}{d}$$

实验发现,在弹性范围内,杆的横向线应变 $\varepsilon'$ 与同一状态下杆的纵向线应变 $\varepsilon$ 比值的绝对值是一个常数,即

$$\left| \frac{\varepsilon'}{\varepsilon} \right| = \mu \qquad (2.10a)$$

式(2.10a) 中的常数 $\mu$ 称为横向变形系数,或泊松比,它也是由材料性能决定的弹性常数。各向同性材料的 $\mu$ 值为 $0.1 \sim 0.5$,大多数金属的 $\mu$ 值为 $0.25 \sim 0.35$。为使用方便,表 2.1 给出了一些常用材料的弹性模量及泊松比的约值。

表 2.1　常用材料的弹性模量及泊松比的约值

| 材料名称 | 牌　号 | $E$/GPa | $\mu$ |
|---|---|---|---|
| 低碳钢 | Q235 | $200 \sim 210$ | $0.24 \sim 0.28$ |
| 中碳钢 | 45 | 205 | $0.26 \sim 0.30$ |
| 低合金钢 | 16Mn | 200 | $0.25 \sim 0.30$ |
| 灰口铸铁 | | $60 \sim 162$ | $0.23 \sim 0.27$ |
| 混凝土 | C20 $\sim$ C80 号 | $5.5 \sim 38$ | — |
| 木材(顺纹) | | $9 \sim 12$ | — |
| 石料 | | $6 \sim 9$ | $0.16 \sim 0.28$ |

由于杆的纵向变形与横向变形总是反号的,$\varepsilon > 0$,则 $\varepsilon' < 0$;$\varepsilon < 0$,则 $\varepsilon' > 0$,所以式(2.10a) 可写为

$$\varepsilon' = -\mu\varepsilon \qquad (2.10b)$$

因为轴向拉(压)杆横截面上纵向线应变是均匀的,所以横向线应变 $\varepsilon'$ 沿杆的横截面也是均匀分布的。据此可以得出,轴向拉(压)杆横截面上长度为 $d$ 的任意一条线段的绝对变形

$$\Delta d = \varepsilon' d$$

【例 2.7】　如图 2.16 所示,尺寸为 $a \times b \times l = 50\ \text{mm} \times 10\ \text{mm} \times 250\ \text{mm}$ 的钢板,在两端受到合力 $F = 140\ \text{kN}$ 的均布荷载作用,试求板厚的变化。已知材料的弹性模量 $E = 200\ \text{GPa}$,$\mu = 0.25$。

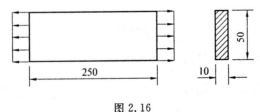

图 2.16

**解**　该杆件在轴对称均布荷载作用下的变形为轴向拉伸。横截面上的正应力

$$\sigma = \frac{F_{\mathrm{N}}}{A} = \frac{F}{ab} \tag{1}$$

由胡克定律可得,纵向线应变

$$\varepsilon = \frac{\sigma}{E} \tag{2}$$

根据泊松比,横向线应变

$$\varepsilon' = -\mu\varepsilon \tag{3}$$

板厚的减少量

$$\Delta b = \varepsilon' b \tag{4}$$

由式(1)～(4)解得

$$\Delta b = -\mu \frac{F}{EA} b = -\mu \frac{F}{Ea} = -0.25 \times \frac{140 \times 10^3 \,\mathrm{N}}{200 \times 10^3 \,\mathrm{MPa} \times 50 \,\mathrm{mm}} = -0.35 \times 10^{-3} \,\mathrm{mm}$$

即钢板的厚度减小了 $0.35 \times 10^{-3}$ mm。

# 2.5　轴向拉(压)杆的应变能

## 2.5.1　应变能的概念

物体受到外力作用时会产生变形。如果变形是弹性的,当外力逐渐消减时,变形将逐渐恢复,从而可以对外做功。例如,钟表、玩具中拧紧的发条在放松时会带动表针、玩具运动,自控机构中变形的弹簧放松时会拉动机构复位等,都是利用物体弹性变形的性质做功。弹性体因机械变形而产生了对外做功的能力,说明弹性体在外力作用下产生变形的同时体内积蓄了一种可释放的能量,这种能量称为弹性变形能或应变能,用 $V_\varepsilon$ 表示。应变能分布于弹性体内的变形部分,每单位体积内的应变能称为应变能密度,用 $v_\varepsilon$ 表示。

应变能的计算要反映两个信息:一是应变能的分布,由应变能密度 $v_\varepsilon$ 体现;一是应变能总量 $V_\varepsilon$。

弹性体中的应变能是外力使物体变形时对物体做功产生的。物体在静荷载作用下变形时其他能量损失很小,可以忽略不计。因此,应变能在数量上就等于外力功,即

$$W = V_\varepsilon \tag{2.11}$$

式(2.11)也称功能原理。功能原理既给出了应变能与外力功的数值关系,也给出了应变能的计算基本途径,即通过计算外力功计算应变能。

## 2.5.2　轴向拉(压)变形的应变能

图 2.17(a)中的拉杆,长为 $l$,抗拉刚度为 $EA$,受到轴向拉力 $F$ 作用。在 $F$ 的作用下拉杆伸长了 $\Delta l$,这也就是力 $F$ 作用点的位移。因为 $F$ 是静荷载,在弹性变形中力 $F$ 与 $\Delta l$ 呈线性关系,如图 2.17(b)所示。所以,力 $F$ 在 $\Delta l$ 上所做的功可以用 $F$ 与 $\Delta l$ 的关系曲线下的面积来计算,即

$$W = \frac{1}{2}F\Delta l$$

将上式代入到式(2.11)中,注意到 $F = F_N$, $\Delta l = \dfrac{F_N l}{EA}$,即得到计算轴向拉(压)杆中应变能的基本公式:

$$V_\epsilon = W = \frac{1}{2}F\Delta l = \frac{F_N^2 l}{2EA} = \frac{EA}{2l}\Delta l^2 \tag{2.12}$$

式(2.12)表明,应变能是荷载或变形的二次函数,计算时不能使用叠加法。式中的轴力 $F_N$、变形 $\Delta l$ 都对应着荷载的最后值,所以应变能与加载的过程无关,仅仅决定于荷载的最后值。

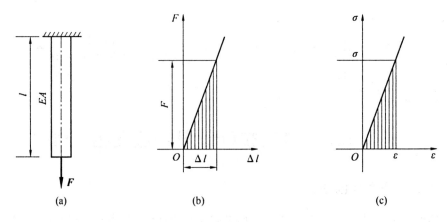

图 2.17

如果轴向拉(压)杆的轴力和截面积都随截面位置连续变化,即 $F_N = F_N(x)$,$A = A(x)$,此时式(2.12)在微段杆中适用。微段杆中的应变能是微分量,即

$$dV_\epsilon = dW = \frac{F_N^2(x)\,dx}{2EA(x)}$$

在 $F_N(x)$ 和 $A(x)$ 连续变化的范围 $l$ 内,总应变能

$$V_\epsilon = \int dV_\epsilon = \int_l \frac{F_N^2(x)}{EA(x)}dx \tag{2.13}$$

在 $F_N(x)$ 和 $A(x)$ 连续变化的范围内,取微分长度 $dx$,可以认为应变能在 $dx$ 内均匀分布。由此,利用 $dV_\epsilon$ 的表达式,得出应变能密度 $v_\epsilon$ 的计算式:

$$v_\epsilon = \frac{dV_\epsilon}{dV} = \frac{F_N^2(x)\,dx}{2EA(x)A(x)dx} = \frac{\sigma^2}{2E} = \frac{1}{2}\sigma\epsilon = \frac{E\epsilon^2}{2} \tag{2.14}$$

在线弹性轴向拉伸变形中 $\sigma = E\epsilon$,$\sigma - \epsilon$ 的关系如图 2.17(c)所示。所以 ,$v_\epsilon$ 在数值上就等于图 2.17(c)中 $\sigma - \epsilon$ 曲线下的面积。

最后说明,以上计算拉杆应变能的各公式也适用于线弹性范围内变形的压杆。从式(2.14)还可以注意到,应变能密度仅与一点的应力状态有关。所以式(2.14)适用于所有单轴应力状态下弹性应变能密度的计算。

【例2.8】 试计算图2.18(a)、(b)中两杆的应变能。图中所示各杆的抗拉刚度和荷载大小为已知量。

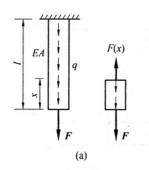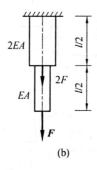

图 2.18

**解**　（1）计算图 2.18(a) 中杆的应变能

任一截面的轴力

$$F_N(x) = F + qx$$

应变能

$$V_\epsilon = \int_0^l \frac{F_N^2(x)\,\mathrm{d}x}{2EA} = \frac{1}{2EA}\int_0^l (F^2 + 2Fqx + q^2x^2)\,\mathrm{d}x = \frac{1}{2EA}\left[F^2 l + Fql^2 + \frac{q^2 l^3}{3}\right]$$

（2）计算图 2.18(b) 中杆的应变能

先分两段计算，再求和。两段杆的轴力分别为 $F_{N1} = F, F_{N2} = 3F$。应变能

$$V_\epsilon = \frac{F^2 \times \dfrac{l}{2}}{2EA} + \frac{(3F)^2 \times \dfrac{l}{2}}{2(2EA)} = \frac{11F^2 l}{8EA}$$

## 2.6　材料拉伸和压缩时的力学性能

材料的力学性能是指材料在外力作用下表现出来的变形、破坏形式等方面的特性。工程构件的强度、刚度、稳定性不仅与构件的尺寸、承受的荷载有关，还与构件材料的力学性能有关。材料的力学性能与许多因素有关，如材料的属性、温度、荷载性质等。本节所介绍的材料在拉伸和压缩时的力学性能，是材料在常温、静载下的力学性能。

材料的力学性能由实验研究。研究材料在常温、静载下力学性能的实验，是材料力学最基本的实验。

为了便于比较不同材料的实验结果，实验时先要把材料制作成标准试件。按照国标[1]规定，拉伸标准试件有圆截面和矩形截面两种，如图 2.19(a)、(b) 所示，试件的中间部分为表面光滑的等截面直杆，两端尺寸稍大，除便于装卡之外也防止试件在试验机内断裂。在试件的中间部分划出一段 $l_0$ 作为实验段（或称工作段），长度 $l_0$ 称为标距。圆截面标准试件直径的比例规定为 $l_0 = 10d$，或 $l_0 = 5d$；矩形截面试件的标距 $l_0$ 与其横截面积 $A_0$ 之比为 $l_0 = 11.3\sqrt{A_0}$，或 $l_0 = 5.65\sqrt{A_0}$。实验之前在试件的实验段 $l_0$ 内轻轻划上若干等分线，以便于观察实验过程中的变形特点。

---

①中华人民共和国国家标准《金属拉伸实验法》(GB 228.87)。

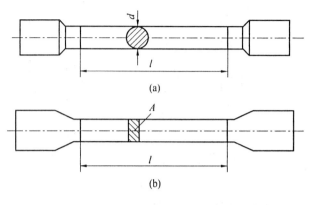

图 2.19

压缩试件通常制成圆截面或正方形截面的短柱体,如图 2.20(a)、(b) 所示,以免实验时被压弯。圆截面试件的高度一般规定为截面直径的 $1.5 \sim 3$ 倍。

材料的拉伸或压缩实验在万能试验机上进行,试件的变形采用应变仪测量。试件装到试验机上后,缓慢加载,每加一定荷载,测一次变形,将数据记入事先准备好的表格中,直至试件破坏,作最后一次测量。实验过程中要注意观察实验现象。

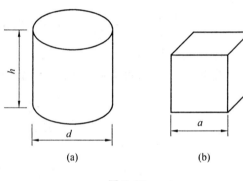

根据实验数据,可在 $F - \Delta l$ 坐标系中绘出实验曲线(一般试验机都可以自动绘出 $F - \Delta l$ 图),称为拉伸图。标准试件的拉伸图因材料不同而异。

图 2.20

工程中的材料按力学性能可分为两大类:一类称为塑性材料,如低碳钢、中碳钢等;另一类称为脆性材料,如铸铁、混凝土等。下面主要介绍低碳钢和铸铁这两种典型材料在拉伸和压缩时的力学性能的实验测量方法。

### 2.6.1　材料在拉伸时的力学性能

#### 1. 低碳钢和其他塑性材料拉伸时的力学性能

低碳钢的 $F - \Delta l$ 曲线如图 2.21 所示。图中 $a$、$b$、$c$、$d$、$e$、$f$ 是实验曲线上的几个特征点,每点的纵坐标和横坐标的值都受试件尺寸的影响,表示试件的变形与荷载的关系,反映试件的力学性能。$dO_1$ 是在点 $d$ 卸载时的实验曲线,它与直线 $Oa$ 平行。$\Delta l_e$ 是试件在点 $d$ 时的弹性变形,卸载后消失;$\Delta l_p$ 是试件在点 $d$ 时的塑性变形,卸载后保留,所以也称为残余变形。

为了得到材料的力学性质,需消除试件尺寸的影响,可分别取 $\sigma$ 和 $\varepsilon$ 为纵横坐标,绘出 $\sigma - \varepsilon$ 曲线,称为材料的应力－应变曲线。这里 $\sigma = \dfrac{F}{A_0}$,$\varepsilon = \dfrac{\Delta l}{l_0}$,其中 $A_0$ 和 $l_0$ 分别为试件变形前横截面积和实验段长度。实际上,试件横截面积和实验段长度在实验过程中在不断改变,所以按上述方法计算出的 $\sigma$ 和 $\varepsilon$ 并不是真实值,而是应力、应变的名义值。

（1）低碳钢的 $\sigma-\varepsilon$ 曲线

图 2.22(a) 为低碳钢的拉伸实验应力—应变曲线，该曲线可分为四个阶段，分析各阶段 $\sigma-\varepsilon$ 曲线的特点和实验现象，可以定量地确定低碳钢的力学性能及产生各种实验现象的原因。这四个阶段是：

① 线弹性阶段（$Oa$ 段）

低碳钢的 $\sigma-\varepsilon$ 曲线中的 $Oa$ 段为一条过原点的斜直线，这说明在这个阶段材料的应力与应变成正比，即 $\sigma$ 与 $\varepsilon$ 呈线性关系；如果在这个阶段卸除荷载，变形可以完全消除，实验曲线沿原路回零，这表明材料的变形是弹性的。既是弹性变形又呈线性

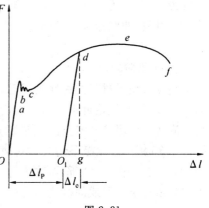

图 2.21

关系，故称线弹性阶段。这一阶段最高点所对应的应力以 $\sigma_p$ 表示，称为材料的比例极限。Q235 钢的比例极限约为 200 MPa。只要 $\sigma \leqslant \sigma_p$，则 $\sigma \propto \varepsilon$。如果用 $E$ 表示比例系数，上述关系可写成等式 $\sigma = E\varepsilon$。

这就是前面曾经讨论过的材料的胡克定律。式中的常数 $E$ 即材料的弹性模量，材料的弹性模量越大，抵抗弹性变形的能力越强。

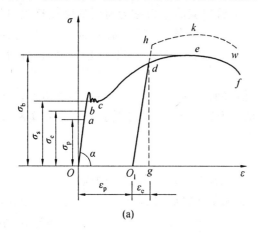

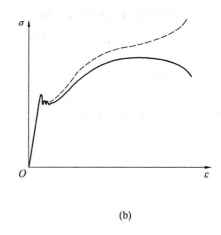

(a)

(b)

图 2.22

由线弹性阶段的 $\sigma-\varepsilon$ 曲线可以得到

$$E = \frac{\sigma}{\varepsilon} = \tan \alpha \tag{2.15}$$

式中，$\alpha$ 为线段 $Oa$ 的倾角，$\tan \alpha$ 为其斜率。

根据式（2.15）可以从 $\sigma-\varepsilon$ 曲线上直观地比较不同材料弹性模量 $E$ 的大小。

当应力 $\sigma$ 超过比例极限 $\sigma_p$ 后，$\sigma-\varepsilon$ 曲线上 $a$、$b$ 两点之间的部分已不再是直线，表明 $\sigma$ 与 $\varepsilon$ 不再成正比，但是如果在此范围内卸载，变形仍能完全消失，这说明变形仍然是弹性的（非线性弹性）。点 $b$ 所对应的应力是材料只产生弹性变形的应力最高值，以 $\sigma_e$ 表示，称为材料的弹性极限。对一般金属材料而言，$\sigma-\varepsilon$ 曲线上的 $a$、$b$ 两点十分靠近，不易区分。工程上规定，当荷载卸除后留下的永久变形为 0.001% 时，与之相应的应力为弹性极限。

通常为了简化,近似认为只要变形是弹性的,材料就服从胡克定律。但是对于橡胶之类的非金属材料,非线形弹性可以有较大的延续,弹性极限远远超过比例极限,上述简化不再适用。

② 屈服阶段($bc$ 段)

当应力超过材料的弹性极限后,$\sigma - \varepsilon$ 曲线的坡度开始变缓,应变增加很快,应力几乎不变,曲线呈现为接近水平的小锯齿形。这种应力变化不大、应变显著增加的现象称为屈服或流动。屈服阶段实验曲线最低点的应力称为材料的屈服极限或流动极限,以 $\sigma_s$ 表示。Q235 钢的屈服极限约为 240 MPa。当材料屈服时,磨光的试件表面将出现与轴线成 $45°$ 的条纹,如图 2.23 所示,称为滑移线。滑移线是金属材料内部相邻部分沿晶面中的某些方向相对滑动形成的痕迹。晶格滑移导致材料产生了部分不可消失的塑性变形。一般情况下,不允许工程构件产生较大的塑性变形,所以屈服极限 $\sigma_s$ 是材料的一个重要强度指标。

③ 强化阶段($ce$ 段)

这是一段斜率为正、曲率为负的上凸曲线,表明材料经过屈服阶段后又恢复了抵抗变形的能力,要使变形增加,必须增加应力,这种现象称为材料的强化,这个阶段也称强化阶段。在强化阶段,试件的横向尺寸明显减小,但测量表明,在应力到达最高点应力之前,整个试件的变形仍然是均匀的。强化阶段最高点 $e$ 所对应的应力称为材料的强度极限,以 $\sigma_b$ 表示,这是表征材料力学性能的一个非常重要的量。Q235 钢的强度极限约为 400 MPa。当应力到达强度极限时材料将发生破坏,因此,强度极限 $\sigma_b$ 也是材料强度性质的重要指标。

由于试件横截面积的减小,强化阶段试件横截面上的真实应力要高于名义应力。真实应力是由荷载除以试件即时截面面积得出的应力。图 2.22(b) 定性地示出了真实 $\sigma - \varepsilon$ 实验曲线(虚线)与名义 $\sigma - \varepsilon$ 实验曲线[①]。

④ 局部变形阶段($ef$ 段)

当应力超过 $\sigma_b$ 之后,由于材料的非均匀性,试件在某局部范围内的横向尺寸将突然急剧收缩,形成图 2.24 所示的"缩颈",称为颈缩现象。之后,试件的纵向变形急剧增加,最后从颈缩处拉断,断口呈杯锥形。若仅从 $\sigma - \varepsilon$ 实验曲线上看,该段曲线的斜率为负,亦即应力下降应变增加。实际上此时应力还在增加(图 2.22 中的虚线示意性地描绘了这种趋势)。但是由于试件横截面积减小更快,试件截面上的内力在减小。

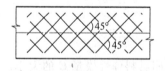

图 2.23

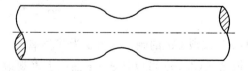

图 2.24

---

①[英]F V 沃诺克,P P 本哈姆.固体力学和材料强度[M].江秉琛,刘相臣,张汝清,等译.北京:人民教育出版社,1983.8:480。

（2）延伸率和截面收缩率

材料力学性能的另一个指标是其经受塑性变形的能力。为了衡量材料的塑性，通常采用延伸率 $\delta$ 或截面收缩率 $\psi$。

延伸率 $\delta$ 的定义式为拉断后试件标距内的伸长量 $\Delta l_0$ 与原始标距 $l_0$ 的比值的百分率，即

$$\delta = \frac{\Delta l_0}{l_0} \times 100\% = \frac{l_1 - l_0}{l_0} \times 100\% \tag{2.16}$$

式中 $l_1$ 为标距刻线间的最后长度。延伸率越大材料的塑性越好。工程上根据 $\delta$ 将材料分为两大类：将 $\delta \geqslant 5\%$ 的材料称为塑性材料。例如钢、黄铜、铝合金等，低碳钢的延伸率为 $20\% \sim 30\%$，是金属中典型的塑性材料；$\delta \leqslant 5\%$ 的材料称为脆性材料，如铸铁、石料、混凝土等。铸铁的延伸率为 $0.4\% \sim 0.5\%$，是金属中典型的脆性材料。

截面收缩率 $\psi$ 的定义式为

$$\psi = \frac{A_0 - A_1}{A_0} \times 100\% \tag{2.17}$$

式中，$A_1$ 为试件断口处最小横截面积。

（3）卸载规律和冷作硬化现象

如果在材料强化阶段的某一状态，如对应图 2.22(a) 中 $\sigma - \varepsilon$ 曲线上的点 $d$，将荷载卸除，卸载过程中 $\sigma - \varepsilon$ 曲线将沿着近似平行于 $Oa$ 的斜线 $dO_1$ 变化，这说明卸载时，应力应变的变化符合弹性规律。荷载完全卸除后，$\sigma - \varepsilon$ 图中 $O_1 g$ 表示消失了的弹性应变 $\varepsilon_e$，$OO_1$ 表示不可消失的塑性应变 $\varepsilon_p$（残余应变），这就表明，当应力超过材料的弹性范围后应变包括两部分，即弹性应变和塑性应变，而总应变

$$\varepsilon = \varepsilon_e + \varepsilon_p$$

卸载后经过短暂时刻若重新加载，实验表明，应力、应变间将重新沿卸载直线 $O_1 d$ 变化，直到点 $d$ 后，曲线又大致与首次加载时的应力－应变曲线重合。可以注意到，在这个过程中，材料的力学性能发生了变化，其屈服极限提高到卸载点 $d$ 的应力值，但塑性变形减小了，即塑性降低了，这种现象称为冷作硬化。由于冷作硬化可以提高材料的弹性承载能力，常为工程上所利用，例如，土建工程中钢筋、空中缆车的钢索投入使用前都要做冷拔处理，就是利用这一性质提高其承载力。由于塑性材料有冷作硬化现象，所以塑性材料屈服之后，仍有可发掘、利用的强度空间。

强化阶段卸载后，若经过十几个小时再对试件加载，$\sigma - \varepsilon$ 将按 $O_1 dhkw$ 变化，可以得到更高的屈服极限 $\sigma_s$ 和强度极限 $\sigma_b$，如图 2.22(a) 所示，但是拉断点 $w$ 的塑性变形比首次实验的拉断点 $f$ 的更小，即材料的塑性更低了。这种现象称为冷拉时效。

工程中的塑性材料种类很多，图 2.25 给出了锰钢、铝合金、球墨铸铁等几种材料的应力－应变曲线。这些曲线有的没有明显的屈服阶段，有的没有颈缩阶段，但是共同的特点是都有弹性阶段和较大的延伸率（$\delta \geqslant 5\%$），因此都属塑性材料。

因为屈服极限是塑性材料的重要强度指标，对于没有明显屈服阶段的塑性材料国家标准（GB 228.87）规定，取塑性应变为 $0.2\%$ 时的应力为名义屈服极限，以 $\sigma_{0.2}$ 表示，如图 2.26 所示。

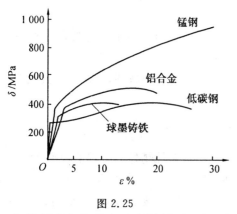

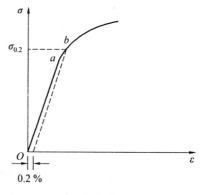

图 2.25                    图 2.26

归纳低碳钢拉伸实验的结果,得到的表征材料力学性能的量有,材料强度性能特征指标:包括比例极限 $\sigma_p$,屈服极限 $\sigma_s$,强度极限 $\sigma_b$ 等;材料弹性指标:弹性模量 $E$;材料塑性指标:包括延伸率 $\delta$ 和截面收缩率 $\psi$。

**2. 铸铁和其他脆性材料拉伸时的力学性质**

灰口铸铁是工程上常用的典型的脆性材料。图 2.27 给出了灰口铸铁拉伸时的应力 — 应变曲线。这是一条微弯的曲线,没有明显的直线部分,在较小的应力下被拉断,断口沿杆的横截面,没有屈服、强化和颈缩现象,直到拉断变形都很小,通常 $\delta < 0.5\%$。由于变形微小,$\sigma-\varepsilon$ 曲线微弯,可以近似地将其绝大部分看成直线,并认为材料直到拉断都服从胡克定律。为了确定弹性模量,可取曲线的绝大部分(总应变为 0.1% 时的 $\sigma-\varepsilon$ 曲线)作一割线,根据割线的斜率确定弹性模量 $E$,称为割线弹性模量。

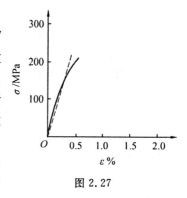

图 2.27

铸铁等脆性材料拉断时的最大应力即其强度极限 $\sigma_b$,这是脆性材料拉伸时的唯一强度指标。这个指标比较真实地反映了脆性材料拉伸时的断裂应力,因为试件在很小的变形下即被拉断,截面尺寸几乎没有变化。

其他一些在土木工程中常用的脆性材料,如混凝土、砖、石等,拉伸时都与铸铁有共同的特点,拉伸强度低,变形小。

由于脆性材料的抗拉强度很低,所以不适合做承拉构件。

## 2.6.2　材料在压缩时的力学性质

低碳钢在压缩时的 $\sigma-\varepsilon$ 曲线如图 2.28 所示,图中虚线为拉伸时的 $\sigma-\varepsilon$ 曲线。实验曲线表明,在应力达到屈服极限之前,压缩曲线与拉伸曲线基本重合。因此塑性材料压缩时,弹性极限、屈服极限、弹性模量等都可以用拉伸时的对应值;应力超过屈服极限后,实验曲线斜率逐渐增大,与拉伸曲线的偏离也越来越大。这是由于材料屈服之后,试件越压越"扁",横截面积越压越大,抗压能力不断提高,所以无法测到材料的抗压强度极限 $\sigma_c$。

大多数金属塑性材料压缩时都有上述特性。但有些金属材料,其抗拉、抗压的性能不同,如铬钼合金、铝青铜等,它们压缩时也能压断,延伸率只有 13% ～ 14%。对这样的塑性材料,压缩时的力学性能须由压缩实验确定。

　　铸铁和混凝土压缩时的 $\sigma-\varepsilon$ 如图 2.29(a)、(b) 所示。为了便于比较,图中还给出了各自拉伸时的 $\sigma-\varepsilon$ 曲线(虚线)。两种材料压缩时的 $\sigma-\varepsilon$ 曲线的共同特点是:① 都没有明显的直线部分,但曲率不大且破坏时的变形很小,可以认为近似地服从胡克定律;② 无论是强度极限还是延伸率都比在拉伸时大得多。

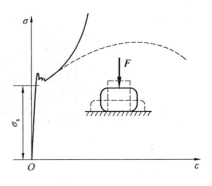

图 2.28

　　由图 2.29(a) 可以看出,铸铁的压缩强度极限 $\sigma_c \approx 600$ MPa,大约是其拉伸强度极限的 $4\sim 5$ 倍。 图 2.30 是铸铁压缩试件破坏时的照片,实验时若在试件的两端涂上石墨(减少摩擦),试件断裂面的方向与轴线的夹角大约接近 45°。

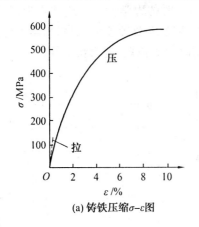

(a) 铸铁压缩$\sigma-\varepsilon$图

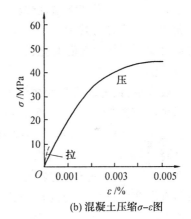

(b) 混凝土压缩$\sigma-\varepsilon$图

图 2.29

　　图 2.29(b) 显示,混凝土的压缩强度极限比其拉伸强度极限大十倍还要多。图 2.31(a)、(b) 是混凝土试件破坏时的两种形状,破坏形状的差别与试件两端的摩擦有关。加力压板与试块间加润滑剂时,试件沿纵向开裂;不加润滑剂,破坏时试件呈两个对接的截锥体,这是试件中间部位材料剥落的结果。

图 2.30

　　其他脆性材料压缩时与铸铁和混凝土有类似的特点,抗压能力大于抗拉能力,所以脆性材料适于做抗压构件。

　　综述两类材料在常温、静载下的拉伸和压缩时的实验结果,可以得出如下结论:塑性材料在断裂前可以产生较大的变形,塑性指标($\delta$ 和 $\psi$)较高,材料的塑性好;塑性材料的工程常用强度指标是屈服极限 $\sigma_s$(或 $\sigma_{0.2}$),一般地说,其拉伸和压缩屈服极限相同,因此塑性材料拉、压承载能力都较好。塑性材料断裂时的应力为其强度极限 $\sigma_b$,且具有冷作硬化和冷拉时效特性,因此可以说,塑性材料具有可开发的强度空间。材料的强屈比 $\sigma_b/\sigma_s$ 越高,强度空间越大。脆性材料在断裂前的变形很小,塑性指标低,材料的塑性差;其唯一的强度指标是

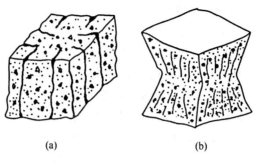

(a)                    (b)

图 2.31

其强度极限,而且其拉伸强度极限 $\sigma_b$ 远低于其压缩强度极限 $\sigma_c$,适合制作承压构件。

### 2.6.3 影响材料力学性能的因素

上面介绍了材料在常温、静载条件下,轴向拉(压)时的力学性能。应该指出,材料力学性能的表现状态与其所处外部环境有关。当外部环境、条件改变时,材料力学性能的状态将会改变。例如温度的变化、变形速率、荷载作用时间的长短、应力状态等。

（1）温度

一般来说,钢材的力学性质受温度变化的影响比较明显。图 2.32 示出了一般钢材的力学性质随温度变化而改变的曲线,从该曲线图中可以看出,温度升高,其 $\sigma_p$、$\sigma_s$ 及 $E$ 将降低。强度极限 $\sigma_b$ 在温度接近240 ℃之前一直是随温度的增高而升高的,此后随着温度的进一步增高而快速降低。塑性指标 $\delta$ 值在200 ℃ 之前、$\psi$ 值在280 ℃ 之前随温度升高而降低,此后则随温度的升高而增高。在低温下,低碳钢的强度指标 $\sigma_s$ 和 $\sigma_b$ 都将提高,但塑性指标 $\delta$ 将降低。

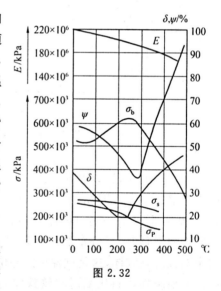

图 2.32

（2）变形速率

实验表明,变形速率提高,材料有变脆的趋势。例如钢材,当加载速率由 10 MPa/s(静载)提高到85 MPa/s时,屈服极限 $\sigma_s$ 增加约20%,同时延伸率将降低。在冲击荷载作用下,变形速率更大,$\sigma_s$ 可提高50% ~ 60%,但由于变形响应滞后,材料常常发生脆性断裂。

（3）长期静荷载作用的影响

实验表明,材料在不变荷载的长期作用下(温度不变),变形将继续缓慢增加,这种现象称为蠕变。拧紧的螺栓经过一段时间后会有一定的松弛,这就是蠕变的结果。蠕变使预应力钢筋混凝土构件中钢筋的预应力经过较长时间后将降低。

还应指出,蠕变变形为塑性变形,不会再消失。

（4）应力状态的影响

实验表明，材料的力学性能将因应力状态的不同呈现不同的状态。例如，钢材在接近三向等值受拉时，将表现出脆性；铸铁在三向等值受压或在周围介质高压作用下做拉伸实验，将表现出塑性[①]。

由于材料的力学性能受诸多因素的影响，在工程计算中必须正确地确定材料所处的条件，以确定其相应性能。

## 2.7　许用应力·安全因数·强度条件

### 2.7.1　许用应力的概念

材料的力学性能决定着材料的承载能力，当应力到达一定的数值，材料就会断裂或产生塑性变形，统称为失效。引起材料失效的应力称为失效应力，以 $\sigma_u$ 表示。不同类型材料失效的形式不同。塑性材料在轴向拉（压）时，当应力达到屈服极限 $\sigma_s$ 时开始产生塑性变形，影响构件的正常工作，所以塑性材料的屈服极限 $\sigma_s$（或 $\sigma_{0.2}$）即为其失效应力；脆性材料在轴向拉伸（压）时，当应力达到拉伸强度极限 $\sigma_b$（或压缩强度极限 $\sigma_c$）时，尽管变形很小，但材料已发生断裂，所以脆性材料的拉伸强度极限 $\sigma_b$（或压缩强度极限 $\sigma_c$）即为其失效应力。

为使构件有足够的强度，保证其不破坏，必须使构件的最大工作应力低于材料的失效应力 $\sigma_u$。工程中解决这个问题的方法是将材料的失效应力 $\sigma_u$ 缩小到 $\frac{1}{n}$（$n>1$）后，作为构件工作时允许使用的最大工作应力值，称为材料的许用应力，其计算式为

$$[\sigma]=\frac{\sigma_u}{n} \tag{2.18}$$

式中，$n$ 为构件的安全因数。

让 $n>1$ 是为了保险，也就是给构件一定的安全储备。因为实际中的构件与设计情况存在许多差异，造成这些差异的主要方面包括：① 实际材料与理想材料的差异。例如，实际材料总是或多或少地存在一些杂质、气泡、微小裂纹等，不可能像理想材料那样均匀、连续、各向同性。② 荷载计算的差异以及偶然因素的影响。例如，超出设计预估的风载、雪载、偶然冲击等。③ 计算简图以及制作误差等。确定构件安全因数是一件重要而严肃的工作，它决定着构件是否安全可靠和经济适用。安全因数取值过低，构件的安全无保障；取值过高会导致材料的浪费乃至影响正常工作。确定安全因数时，通常要考虑材料的力学性能、构件的重要性、使用时限和工作环境等因素，通过大量的实验和工程实践并由专门的机构确定，制成有法规性质的文件。对常用的构件，安全因数可以从相关规范中查到。

---

①干光瑜，秦惠民.建筑力学第二分册（材料力学）[M].北京:高等教育出版社,2002:31.

### 2.7.2　轴向拉(压)杆的强度条件及应用

将材料的许用应力作为构件工作时工作应力的最高值,据此建立的轴向拉(压)构件中最大工作应力应该满足的条件称为轴向拉(压)杆件的强度条件,其表达式可写为

$$\sigma_{max} = \left(\frac{F_N}{A}\right)_{max} \leqslant [\sigma] \tag{2.19a}$$

对等截面杆,上式可简化为

$$\sigma_{max} = \frac{F_{N,max}}{A} \leqslant [\sigma] \tag{2.19b}$$

应用强度条件可以解决构件强度方面的三类问题:

**1. 校核强度**

当杆件的尺寸、荷载确定时,若要考核杆件的强度是否满足工作要求,需要验算强度条件(式(2.19a)或(2.19b))是否满足,即校核强度。

**2. 设计截面**

在设计杆件时,其上的荷载及其材料的许用应力是已知的,需要确定杆件在最危险截面处所需要的最小横截面面积,由式(2.19b)可得

$$A \geqslant \frac{F_{N,max}}{[\sigma]}$$

**3. 确定许用荷载**

若已知杆件的横截面面积及材料的许用应力,可以利用式(2.19b)确定其能够承受的最大轴力,即

$$F_{N,max} \leqslant A[\sigma]$$

根据 $F_{N,max}$ 与荷载的关系进一步确定杆件的许用荷载。

上述的三类问题亦可称为材料力学强度方面的三类问题,因为不只轴向拉(压)是这样,杆件在剪切、扭转等其他变形时,在强度方面也是这样三类问题。求解三类问题的主要步骤为:

(1)求支反力;

(2)计算内力,绘出内力图,判断危险截面;

(3)根据题目要求和危险截面的强度条件建立方程并求解。

轴向拉压杆的危险截面根据轴力、截面积、材料性质综合判断。所谓的危险截面,即构件可能首先发生破坏的位置。危险截面有时不止一个,计算时要根据上面所说的几个方面综合分析判断,找出所有的危险截面。顺便指出,判断杆件危险截面的上述三个方面,是从一般情况提出的,计算时要结合实际。例如,对等截面杆,判断危险截面时就只需考虑轴力和材料的力学性能;对塑性材料杆件,只需考虑轴力和截面,不必考虑拉应力或压应力的差别。

【例2.9】　图2.33所示为一混合屋架的结构计算简图。其下拉杆 *EG* 和斜拉杆 *AE* 采用相同的双等边角钢构成,材料为Q235钢,其许用应力 $[\sigma]=170$ MPa。屋面承受均布荷载作用,荷载集度 $q=20$ kN/m。试选择拉杆 *EG* 和 *AE* 的角钢型号。

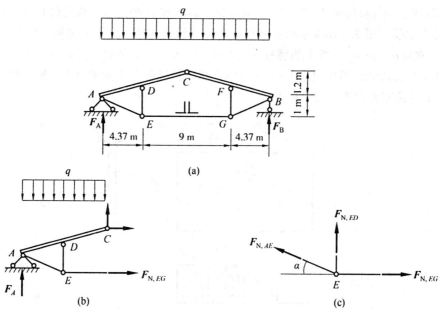

图 2.33

**解**　（1）求支反力

因屋架对称，$AB$ 两端支座反力相等，其值

$$F_A = F_B = \frac{1}{2}ql = \frac{1}{2} \times 20 \text{ kN/m} \times (9 \text{ m} + 4.37 \text{ m} + 4.37 \text{ m}) = 177.4 \text{ kN}$$

（2）计算下拉杆 $EG$ 和撑杆 $DE$ 的轴力

分别取隔离体如图 2.33(b)、(c) 所示。由隔离体 2.33(b) 的平衡方程：$\sum M_C = 0$，得

$$F_{N,EG} \times 2.2 \text{ m} + \frac{1}{2} \times 20 \text{ kN/m} \times \left(\frac{9 \text{ m}}{2} + 4.37 \text{ m}\right)^2 = F_A \times \left(\frac{9 \text{ m}}{2} + 4.37 \text{ m}\right)$$

由隔离体 2.33(c) 的平衡方程 $\sum F_x = 0$，得

$$F_{N,AE} \cos \alpha = F_{N,EG}$$

由几何关系得

$$\cos \alpha = \frac{4.37 \text{ m}}{\sqrt{(4.37 \text{ m})^2 + (1 \text{ m})^2}} \approx 0.974$$

解上述方程，可得

$$F_{N,EG} = 358 \text{ kN}, \quad F_{N,AE} = 368 \text{ kN}$$

（3）计算两拉杆所需截面积

由强度条件计算杆 $EG$ 的横截面面积

$$2A' = \frac{F_{N,EG}}{[\sigma]} = \frac{358 \times 10^3 \text{N}}{170 \times 10^6 \text{ N/m}^2} \approx 2.11 \times 10^{-3} \text{m}^2 = 21.1 \text{ cm}^2$$

同样方法，计算杆 $AE$ 的横截面面积

$$2A'' = \frac{F_{N,AE}}{[\sigma]} = \frac{368 \times 10^3 \text{N}}{170 \times 10^6 \text{ N/m}^2} \approx 2.16 \times 10^{-3} \text{m}^2 = 21.6 \text{ cm}^2$$

因为 $A'' > A'$，故根据 $A''$ 查型钢表，取等边角钢∟$80 \times 80 \times 7$，其截面积为 10.86 cm²。

**【例 2.10】** 图 2.34(a) 中所示钢板条为某一铆钉连接中的一个主板。已知板厚 $t =$ 10 mm，宽度 $b = 80$ mm，板上的铆钉孔直径 $d = 16$ mm。板条的受力如图 2.34(a) 所示，$F = 100$ kN，材料的许用应力 $[\sigma] = 160$ MPa。试校核该板条的拉伸强度。图中的 Ⅰ、Ⅱ、Ⅲ 是为了讨论方便设置的三个截面。

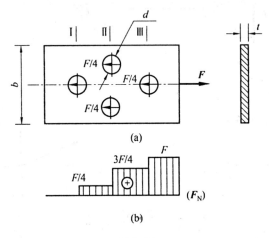

图 2.34

**解** (1) 绘轴力图，判断危险截面板条的轴力图如图 2.34(b) 所示。由于该杆为变截面杆，危险截面的判断应综合考虑截面积和轴力大小两个因素。比较 Ⅰ、Ⅲ 两个截面，可以注意到，这两个截面面积相同，但截面 Ⅲ 处的轴力为 $F$，而截面 Ⅰ 处的轴力只有 $F/4$，故截面 Ⅲ 危险；将截面 Ⅱ 与截面 Ⅲ 比较，截面 Ⅱ 处的轴力为 $3F/4$，虽然小于截面 Ⅲ 处的轴力，但该处的截面积也小，故也为可能的危险截面。

(2) 校核板条强度

截面 Ⅱ 处：

$$\sigma = \frac{\frac{3}{4}F}{t(b-2d)} = \frac{\frac{3}{4} \times 100 \times 10^3 \text{ N}}{10 \text{ mm} \times (80 \text{ mm} - 2 \times 16 \text{ mm})} \approx 156 \text{ MPa} < [\sigma] = 160 \text{ MPa}$$

截面 Ⅲ 处：

$$\sigma = \frac{F}{t(b-d)} = \frac{100 \times 10^3 \text{ N}}{10 \text{ mm} \times (80 \text{ mm} - 16 \text{ mm})} \approx 156 \text{ MPa} < [\sigma] = 160 \text{ MPa}$$

结论：板条安全。

**【例 2.11】** 在例 2.6 所示桁架结构中，若两杆材料的许用应力 $[\sigma] = 160$ MPa，试求结构所能承受的最大荷载 $F$。

**解** 这是一个计算简单结构的承载能力问题。一个基本概念是：在弹性承载力问题中，只要结构中一个杆件的内力超过其承载能力的容许值，则整个结构就失去了承载能力。所以解题的思路是：先建立各杆轴力与荷载间的关系，再根据各杆轴力的许用值确定结构所能承受的最大荷载。

（1）各杆轴力与荷载间的关系

由例 2.6 已经得出

$$F_{N1} = 0.732F, \quad F_{N2} = 0.519F$$

（2）计算各杆的承载能力

由杆①、②的强度条件，应有

$$[F_{N1}] = [\sigma]A_1 = 160 \text{ MPa} \times \frac{3.14 \times (30 \times 10^{-3} \text{ m})^2}{4} \approx 113 \times 10^3 \text{ N} = 113 \text{ kN}$$

$$[F_{N2}] = [\sigma]A_2 = 160 \text{ MPa} \times \frac{3.14 \times (20 \times 10^{-3} \text{ m})^2}{4} \approx 50.2 \times 10^3 \text{ N} = 50.2 \text{ kN}$$

（3）确定结构的承载力

将 $[F_{N1}]$、$[F_{N2}]$ 的值分别代入 $F_{N1}$、$F_{N2}$ 与 $F$ 的关系式中，可得

$$[F'] = \frac{[F_{N1}]}{0.732} = \frac{113 \text{ kN}}{0.732} \approx 154.4 \text{ kN}, \quad [F''] = \frac{F_{N2}}{0.519} = \frac{50.2 \text{ kN}}{0.519} \approx 96.7 \text{ kN}$$

为保证结构安全，取 $F_{max} = 96.7$ kN。

# 2.8　应力集中的概念

如前所述，均质连续材料等截面直杆或截面缓慢改变的直杆，在轴向荷载作用下，除去荷载作用的局部区域外，截面上的应力是均匀分布的。但是当截面形状或截面尺寸有急剧改变时，情况就不再是这样。图 2.35(a) 给出了一带小孔的轴向拉伸板条，在离开小孔稍远处的 Ⅱ－Ⅱ 截面上和过小孔中线 Ⅰ－Ⅰ 截面上应力分布的实验结果分别如图 2.35(b)、(c) 所示。可以注意到：前者应力分布均匀，而后者，特别是在小孔的边界上，应力急剧增加，在离开小孔边缘稍远后，应力分布又渐趋平缓。工程中将构件截面形状或截面尺寸急剧改变的小范围内应力数值急剧增大的现象称为应力集中。

为了增强应力集中的感性概念。图2.36给出一个带中心小孔的橡胶平板在轴向拉力作用下的变形图。为便于观察，实验时在板上画上均匀的网格，如图 2.36(a) 所示，之后加上轴向拉力。图 2.36(b) 是橡胶板变形后网格的照片，可以看到小孔附近的变形很不均匀，越是靠近孔的边缘，网格畸变越大，随着离开小孔渐远，变形亦趋于均匀。这个实验现象清楚地表明了圆孔附近应力集中的变化规律。

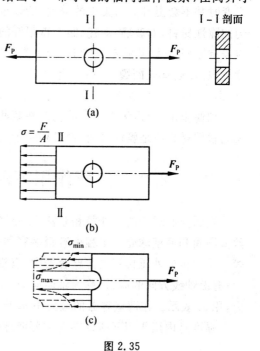

图 2.35

为了表述应力集中的程度，工程上定义最大局部应力 $\sigma_{max}$ 与该截面的平均应力 $\sigma_m$ 之比为理论应力集中系数，即

$$K_{t\sigma} = \frac{\sigma_{max}}{\sigma_m} \qquad (2.20)$$

$K_{t\sigma}$ 是一个大于 1 的系数。实验和理论分析都已表明，截面尺寸改变越急剧，孔越小，开口越尖，应力集中越严重。因此工程上尽量避免带尖角的开口和开槽。

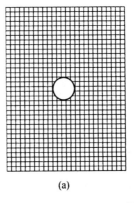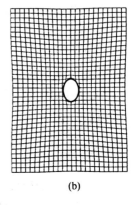

图 2.36

应力集中现象在工程中广泛存在，因为结构的需要，许多构件不可避免地要开口、开槽、钻孔或加工轴肩，从而导致构件截面积或形状的突然改变而引发应力集中。应力集中对构件强度的影响与构件材料对应力集中的敏感程度有关。一般来说，塑性材料因为有屈服特性，在静荷载下，最大集中应力到达材料屈服极限后将不再增加，但变形可以增加，继续增加的荷载由尚未屈服的材料承担，屈服区逐渐扩大，最终可以使截面上的应力趋于均匀，如图 2.35(c) 中虚线所示。因此，在静荷载下塑性材料对应力集中并不敏感，不必考虑应力集中对塑性材料制成的构件强度的影响。脆性材料可分为两种情况：一种是组织不均匀的脆性材料，如铸铁，由于内部本来就存在较大的应力集中，所以当构件的外形突变时并不会提升应力集中的程度，所以也可以不考虑应力集中的影响；另一种是组织均匀的脆性材料，如玻璃、陶瓷、制作得很好的混凝土等，材料中没有固有的应力集中存在，也没有屈服特性，当荷载增加时，应力集中区的最大应力将一直领先，直至达到材料的强度极限，该处首先断裂，构件也随之破坏。由于组织均匀的脆性材料对应力集中十分敏感，即便是静荷载，也必须考虑应力集中的影响。

顺便指出，应力集中是导致构件在某些动荷载作用下破坏的根源，如交变应力，这时，无论塑性材料还是脆性材料，都必须考虑应力集中。动荷载的问题，后面还要讨论。

## 2.9　内压作用下薄壁容器中的应力计算

当圆筒和球壳的内外径相差甚小，壁厚与其内径之比约小于 1/20 时，工程上即称为薄壁圆筒和薄壁球壳。工程上有很多容器都是这类结构，如高压气瓶、油罐、潜艇的浮子等。受内压或外压作用的薄壁容器中，有沿周向切线方向的应力，称为环向应力，用 $\sigma_\theta$ 表示；有沿轴线方向的应力，称为轴向应力，用 $\sigma_x$ 表示；还有沿径线方向的应力，称为径向应力，用 $\sigma_r$ 表示。在薄壁容器的应力中 $\sigma_r$ 可以忽略不计。

强度是内压作用下薄壁圆筒和薄壁球壳安全工作的主要问题。

### 2.9.1　内压作用下薄壁圆筒中的应力

图 2.37(a) 表示一圆柱形薄壁容器，受内压 $p$ 作用，容器的内径和壁厚分别为 $D$ 和 $t$。

（1）环向应力

环向应力 $\sigma_\theta$ 是作用在薄壁圆筒直径截面上的正应力。为了计算 $\sigma_\theta$，可先在离开两端稍远处用两个横截面截取长度为 $a$ 的一段圆筒，再用一直径平面从中截取一半为隔离体，如图 2.37（b）所示，因为内压使圆筒在径向胀大，隔离体的直径截面上产生均匀的环向拉应力 $\sigma_\theta$，由隔离体的平衡得

$$\int_{-\frac{\pi}{2}}^{+\frac{\pi}{2}} pa\,\frac{D}{2}\mathrm{d}\theta\cos\theta - 2\sigma_\theta at = 0 \tag{a}$$

由此解得

$$\sigma_\theta = \frac{pD}{2t} \tag{2.21}$$

式（a）中，积分 $\int_{-\frac{\pi}{2}}^{\frac{\pi}{2}} pa\,\frac{D}{2}\mathrm{d}\theta\cos\theta = pDa$，其中，$Da$ 是该段圆筒直径截面的面积，所以该积分的物理意义可以理解为作用在长度为 $a$ 的一段圆筒直径截面上的内压力的合力。

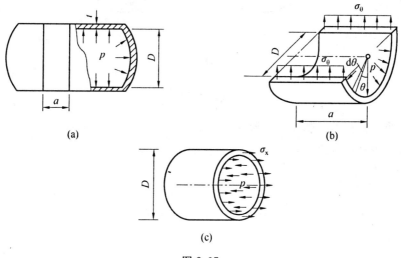

图 2.37

（2）轴向应力

轴向应力 $\sigma_x$ 是作用在薄壁圆筒横截面上的正应力。距两端稍远处用横截面截取筒的左（或右）半部分为隔离体，如图 2.37（c）所示，因为圆筒沿轴向受到轴向拉伸作用，横截面上拉应力 $\sigma_x$ 均匀分布，由平衡方程 $\sum F_{xi} = 0$ 可得

$$\sigma_x \pi Dt - p \times \frac{\pi D^2}{4} = 0 \tag{b}$$

由此解得

$$\sigma_x = \frac{pD}{4t} \tag{2.22}$$

式（2.21）和式（2.22）即薄壁圆筒在内压作用下，直径截面和横截面上正应力计算公式。比较两式可知，薄壁圆筒受内压作用时，纵截面上的应力为横截面上的 2 倍，故可写为 $\sigma_\theta = \sigma_1 = \frac{pD}{2t}$，$\sigma_x = \sigma_2 = \frac{pD}{4t}$。如果容器在圆筒部分发生强度破坏，将沿纵向开裂。

### 2.9.2 内压作用下薄壁球壳中的应力

薄壁球壳受到内压 $p$ 作用时(见图2.38(a)),由对称分析可以判断薄壁中的环向拉应力 $\sigma_\theta$ 均匀分布,利用隔离体的平衡,可以得出其计算公式。设薄壁球壳的内径为 $D$,壁厚为 $t$,切取半球壳为隔离体,如图2.38(b)所示。建立沿切面法线方向的平衡方程,可得 $\sigma_\theta$ 的计算公式,即

$$\sigma_\theta = \frac{pD}{4t} \tag{2.23}$$

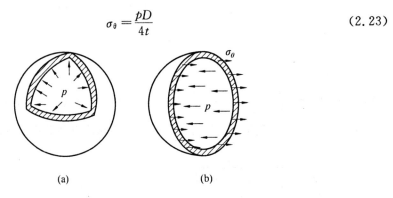

(a)　　　　　　　　(b)

图 2.38

## 本章小结

轴向拉压是杆件的基本变形形式之一。产生轴向拉(压)的外力条件是合外力沿杆件的轴线。本章内容要点有:

(1)内力

轴向拉(压)杆中的内力为轴力 $F_N$,由截面法得出的轴力的计算公式为 $F_N = \sum F_{Pi}$。表示轴力沿杆的轴线变化规律的图形称为轴力图。

(2)应力

轴向拉(压)杆横截面上只有正应力 $\sigma$,其在横截面上均匀分布,计算公式为 $\sigma = \dfrac{F_N}{A}$。

斜截面上既有正应力 $\sigma_\alpha$ 也有切应力 $\tau_\alpha$,计算公式分别为 $\sigma_\alpha = \sigma\cos\alpha$,$\tau_\alpha = \dfrac{\sigma}{2}\sin 2\alpha$。$|\tau|_{\max}$ 发生在 $\pm 45°$ 斜截面上。

(3)轴向拉(压)杆的变形

在线弹性变形中,计算轴向拉(压)杆轴向变形的基本公式和轴向线应变的公式分别为

$$\Delta l = \frac{F_N l}{EA}, \quad \varepsilon = \frac{\sigma}{E}$$

横向线应变

$$\varepsilon' = \mu\varepsilon$$

(4)材料在常温静载下轴向拉伸或压缩时的力学性能通过实验研究。根据材料在常温静载下的延伸率 $\delta$,将材料分为塑性材料和脆性材料两大类。大多数塑性材料屈服以

前抗拉、抗压性能相同,主要的强度指标有 $\sigma_p$、$\sigma_s$($\sigma_{0.2}$) 和 $\sigma_b$,弹性常数有 $E$、$\mu$。塑性指标有 $\delta$ 和 $\psi$。失效应力 $\sigma_u = \sigma_s$(或 $\sigma_{0.2}$),破坏过程是先屈服后断裂。脆性材料的抗压性能好于抗拉性能,拉伸强度极限为 $\sigma_b$,压缩强度极限为 $\sigma_c$。破坏形式是直接断裂或破裂。拉伸失效应力 $\sigma_u = \sigma_b$,压缩失效应力 $\sigma_u = \sigma_c$。

材料的力学性能与温度、应力性质等外部条件有关。

(5) 材料的许用应力 $[\sigma] = \dfrac{\sigma_u}{n}$,安全因数 $n > 1$。杆件轴向拉(压)强度条件可写为

$$\sigma_{max} = \left(\frac{F_N}{A}\right)_{max} \leqslant [\sigma]$$

构件的强度条件既与荷载有关,又与杆件横截面的面积、材料的力学性能和工程设计要求有关。根据强度条件可以解决强度方面的三类问题:校核强度、设计截面、确定许用荷载。

轴向拉压一章是材料力学非常重要的一章,它涵盖了材料力学研究杆件在基本变形中强度、刚度问题的较为完整的思路和研究方法,建立了材料力学的一些基本概念,后续章节中对杆件其他基本变形研究的基本思路、原理与本章基本相同。

实验研究是材料力学研究的基础。对杆件轴向拉(压)强度和刚度的研究,一方面是利用平衡理论计算外力和内力,另一方面是通过实验和根据实验结果、实验现象作出分析、假设,建立应力和变形的基本计算公式,再推广应用。轴向拉(压)实验是基本模型实验,因此可以说材料力学的研究方法是基本模型研究法。理解、掌握材料力学研究杆件在基本变形中强度和刚度的方法,不论是对材料力学的学习,还是对工程实践都有重要作用。

研究杆件轴向拉(压)问题的思路可以用表 2.2 表示。

表 2.2　研究杆件轴向拉(压)问题的思路

$$\text{外力} \underset{(\text{轴力图})}{\overset{\text{截面法}}{\Rightarrow}} \text{内力} \Rightarrow
\begin{cases}
\text{应力} \begin{cases} \text{分布规律:均布} \\ \text{计算公式:} \sigma = \dfrac{F_N}{A} \overset{[\sigma]}{\Rightarrow} \text{强度条件:} \sigma_{max} = \left(\dfrac{F_N}{A}\right)_{max} \leqslant [\sigma] \end{cases} \\[4mm]
\text{变形} \begin{cases} \text{纵向} \begin{cases} \text{绝对:} \Delta l = \dfrac{F_N l}{EA} \\ \text{相对:} \varepsilon = \dfrac{\sigma}{E} \end{cases} \\[3mm] \text{横向} \begin{cases} \text{绝对:} \Delta d = \varepsilon' d \\ \text{相对:} \varepsilon' = -\mu\varepsilon \end{cases} \end{cases}
\end{cases}$$

这个思路可以概括为"两条线路三个阶梯":外力、内力、应力、强度是一条线;外力、内力、变形是一条线。图中每个"⇒"代表一个阶梯。这个思路也是后续各章研究杆件其他基本变形的基本模式。

# 思　考　题

2.1　试指出轴向拉(压)杆件应力、变形、强度的计算中,哪些概念是由实验得出的,哪些公式是在实验的基础上作出假设建立的? 横截面正应力为什么可以按公式 $\sigma = \dfrac{F_N}{A}$ 计算?

2.2 若两杆横截面积 $A$、杆长 $l$ 及杆端轴向荷载 $F$ 相同,材料不同,试问所产生的应力 $\sigma$、变形 $\Delta l$ 及强度是否相同? 为什么?

2.3 能否说"只要有线应变,就有正应力"? 试举例说明。

2.4 轴向拉(压)杆斜截面正应力公式可以写成

$$\sigma_a - \frac{\sigma}{2} = \frac{\sigma}{2}\cos 2\alpha$$

斜截面切应力公式可以写成

$$\tau_a = \frac{\sigma}{2}\sin 2\alpha$$

如果将两式的两边平方相加,会得出一个什么方程,能解释其力学含义吗?

2.5 从轴向拉(压)杆件中任意截取两个正交的斜截面,计算其上的切应力,会发现什么规律?

2.6 如图 2.39 所示,要提高图示起重装置的起重能力,有哪些措施(不考虑压杆的稳定性)?

2.7 已知低碳钢的弹性模量 $E_s = 200$ GPa,混凝土的弹性模量 $E_c = 25$ GPa。试求:

(1) 在横截面上正应力 $\sigma$ 相等的情况下,钢和混凝土杆纵向线应变 $\varepsilon$ 之比;

(2) 在纵向线应变相等的条件下,钢和混凝土杆横截面上正应力 $\sigma$ 之比。

将上述概念应用于实际中,你会得到什么启示?

2.8 两端受轴向拉力的空心圆杆如图 2.40 所示,外径 $D = 100$ mm,内径 $d = 40$ mm,材料的弹性模量 $E = 200$ GPa,比例极限 $\sigma_p = 200$ MPa,泊松比 $\mu = 0.3$。若测得纵向线应变 $\varepsilon = 0.000\ 2$,试求其变形后外圆的周长和壁厚。

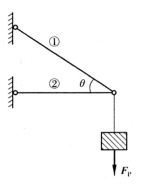

图 2.39

2.9 何谓危险截面? 一个沿轴线受到若干外力作用的阶梯直杆,危险截面是否就是轴力绝对值最大的截面?

2.10 某拉杆材料的屈服极限 $\sigma_s = 350$ MPa,强度极限 $\sigma_b = 598$ MPa,若使其工作应力达到 $\sigma = 400$ MPa 时还在弹性范围内工作,有什么方法吗?

2.11 图 2.41 中给出了三种不同塑性材料的实验拉伸应力—应变曲线,试问哪种材料的(1)强度高;(2)刚度大;(3)塑性好。

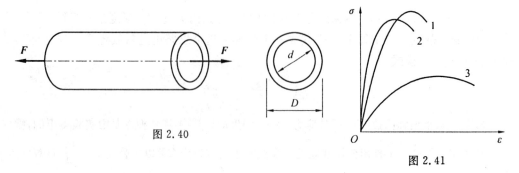

图 2.40

图 2.41

# 习　　题

2.1　试求图 2.42 中各杆 $1-1$、$2-2$、$3-3$ 截面上的轴力,并作轴力图。

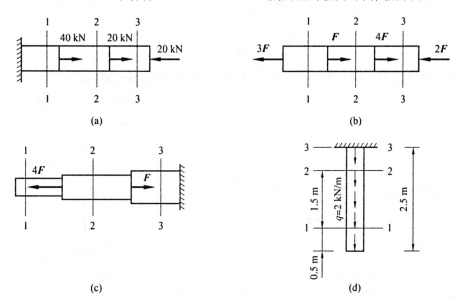

图 2.42

2.2　图 2.43 所示钢杆中,左右两段截面积 $A_1 = 200$ mm²,中间段截面积 $A_2 = 150$ mm²,试求各截面上的应力。

2.3　已知图 2.44 所示钢板中,$1-1$、$2-2$、$3-3$ 截面的宽度依次为 $b_1 = 20$ mm,$b_2 = 25$ mm,$b_3 = 30$ mm,板厚 $t = 2$ mm,板上的结构孔直径 $d = 5$ mm。荷载如图 2.44 所示,其中 $F = 9$ kN。试画出该板的轴力图,并计算板内最大的拉应力。

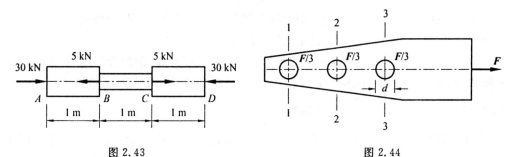

图 2.43　　　　　　　　　　　　　　　　图 2.44

2.4　图 2.45 所示板件,受轴向荷载 $F = 150$ kN 作用。试计算互相垂直的截面 $ab$ 和 $ac$ 上的正应力和切应力。

2.5　计算图 2.43 中钢杆的总伸长量 $\Delta l$。已知材料的弹性模量 $E = 200$ GPa。

2.6　图 2.46 中的杆 $AB$ 为刚性杆,$CD$ 为钢杆,截面积 $A = 5$ cm²,材料的弹性模量 $E = 200$ GPa。试求当力 $F = 50$ kN 时点 $D$ 的铅垂位移。

2.7　结构如图 2.47 所示,$AB$ 为刚性杆,杆 1、2、3 材料相同,其弹性模量 $E = 210$ GPa。已知 $l = 1$ m,$A_1 = A_2 = 150$ mm²,$A_3 = 100$ mm²,$F = 25$ kN。试求点 $C$ 的水

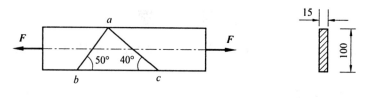

图 2.45

平位移和铅垂位移(提示:求出各杆轴力,判断刚体 $AB$ 的位移特点,再计算)。

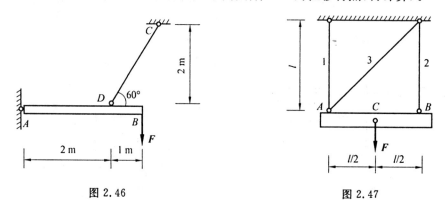

图 2.46

图 2.47

2.8 耳叉的形状、尺寸如图 2.48 所示。已知 $F = 16$ kN,材料的许用应力 $[\sigma] = 200$ MPa。试校核其强度(提示:先判断哪些截面是危险截面,再校核)。

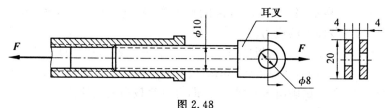

图 2.48

2.9 如图 2.49 所示,起重吊钩上端借螺母固定。若吊钩螺栓的内径 $d = 55$ mm,材料的许用应力 $[\sigma] = 80$ MPa,试确定该吊钩的最大起重量 $F$。

2.10 图 2.50 所示拉杆,横截面积为 $A$,由两段杆沿 $mm$ 面胶合而成,胶合面的倾角 $\alpha$ 限定:$0° \leqslant \alpha \leqslant 60°$。拉杆的强度由胶合缝的强度控制,而胶合缝的强度由其 $[\sigma]$ 和 $[\tau]$ 共同决定。设 $[\tau] = \dfrac{3}{4}[\sigma]$,试确定:

(1) 若使胶合面上的正应力和切应力同时到达各自的许用应力,拉杆的许用荷载 $F$ 有多大?

(2) 为使此杆能承受最大的荷载 $F_{\max}$,$\alpha$ 值应取多少(提示:绘出 $\alpha$ 取值范围内 $\dfrac{1}{\cos^2\alpha}$ 和 $\dfrac{3}{2\sin 2\alpha}$ 曲线,再讨论)?

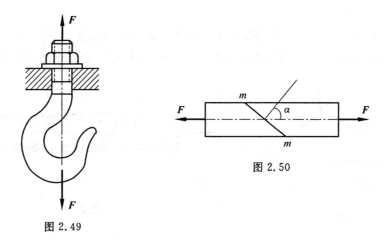

图 2.49

图 2.50

2.11　作用于图 2.51 所示钢拉杆上的轴向拉力 $F=500$ kN,若拉杆材料的许用应力 $[\sigma]=80$ MPa,试设计拉杆截面尺寸。已知拉杆横截面为矩形,且 $b=2a$。

2.12　一嵌入支座中的钢杆如图 2.52 所示,杆的横截面积 $A=200$ mm²,嵌入段和未嵌入段的长度分别为 $l_1=400$ mm,$l_2=150$ mm,自由端受到 $F=20$ kN 的轴向拉力作用,钢杆在支座中受到的摩擦力 $f$ 沿轴向均匀分布。

(1) 绘出该杆内力图,指出危险截面位置;

(2) 求最大工作正应力 $\sigma_{max}$;

(3) 若该杆材料的弹性模量 $E=200$ GPa,屈服极限 $\sigma_s=240$ MPa,强度极限 $\sigma_b=400$ MPa,安全系数 $n=1.5$,试计算该杆的总伸长,并校核其强度。

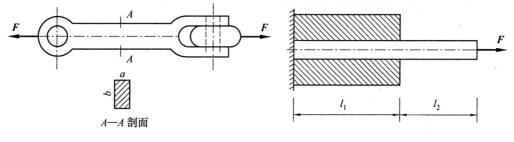

$A$—$A$ 剖面

图 2.51

图 2.52

2.13　如图 2.53 所示三角桁架,各杆均为钢杆。已知杆 $AC$ 和 $BC$ 均由两个等边角钢∟30×30×4 组成。杆 $AB$ 由两个不等边角钢组成。材料的许用应力 $[\sigma]=160$ MPa。试根据 $AC$ 和 $BC$ 两杆确定结构的许用荷载 $F$,并为杆 $AB$ 选择角钢型号。

2.14　如图 2.54 所示,铬锰钢管的外径 $D=30$ mm,内径 $d=27$ mm。在两段钢管的接口处用套管连接,套管材料为低碳钢。已知铬锰钢的屈服应力 $\sigma_s=900$ MPa,低碳钢的 $\sigma_s=250$ MPa。试求套管的外径 $D_1$。

2.15　如图 2.55 所示结构中,杆 1 和杆 2 的许用应力各为 $[\sigma]_1=140$ MPa,$[\sigma]_2=100$ MPa,截面积 $A_1=400$ mm²,$A_2=350$ mm²,试求结构的许用荷载。

2.16　某建筑高度 $h=90$ m,楼内竖直铺设的水管上端的给水压力 $p=2$ MPa,水管内径 $d=40$ mm,壁厚 $t=3$ mm,水管材料为聚乙烯,许用应力 $[\sigma]=15$ MPa,试校核该水管壁的强度。

2.17 桁架受力如图 2.56 所示,各杆均由双等边角钢构成。已知材料的许用应力 $[\sigma] = 160$ MPa,结点力 $F = 100$ kN。试为 $AB$、$AC$ 两杆选择合适的等边角钢。

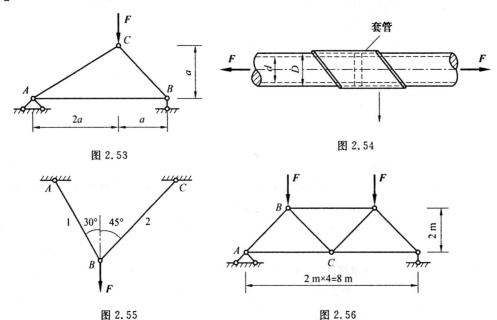

图 2.53

图 2.54

图 2.55

图 2.56

2.18 混凝土柱如图 2.57 所示,两段的截面均为正方形,设混凝土的密度 $\rho = 2.2 \times 10^3$ kg/m³,$F = 800$ kN,许用应力 $[\sigma] = 2$ MPa。试根据强度条件设计此柱横截面尺寸。

2.19 计算图 2.58 所示杆件的应变能。

(1) 图 2.58(a) 中,材料的弹性模量为 $E$,横截面积为 $A$;

(2) 图 2.58(b) 中,材料的弹性模量为 $E$,上、下两段杆横截面积分别为 $2A$ 和 $A$。

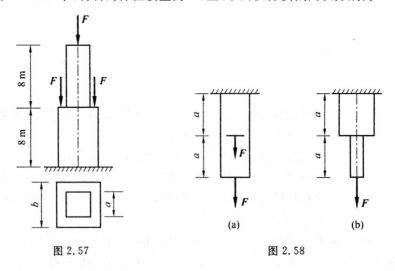

图 2.57

图 2.58

# 第 **3** 章

# 剪切和连接的实用计算

## 3.1 概 述

前面已经指出,剪切是杆件的基本变形形式之一。工程中承受剪切变形的构件很多。图 3.1(a) 表示用铆钉连接两块钢板,钢板是被连接件,也称主板。当两块主板受到向左、向右的拉力时,将会产生左右相对滑动的趋势,这种趋势受到铆钉的阻抗而使主板与铆钉杆相互压紧。铆钉杆上、下两部分在主板向右、向左的压紧力推动下,将在两块主板的分界面处发生相对错动(见图 3.1(b)),这种相邻截面间的相互错动称为剪切变形。发生相互错动的平面称为剪切面。如果把铆钉单独取出来,将主板对铆钉的作用用力表示,则其受力如图 3.1(c) 所示,作用于铆钉两侧的横向分布力的合力大小相等、方向相反、作用线相距很近。图 3.1(d) 是该铆钉的变形示意图,当主板给铆钉的压紧力较大、超出了铆钉杆的剪切抗力时,铆钉杆将沿剪切面断裂,这种破坏称为剪切破坏。

概括起来说,杆件的两部分在大小相等、方向相反、作用线平行且相距很近的一对横向力作用下,沿着力的作用线方向的相对错动称为剪切变形。

以剪切变形为主要变形形式的构件称为抗剪构件。抗剪构件中许多都是连接件,如

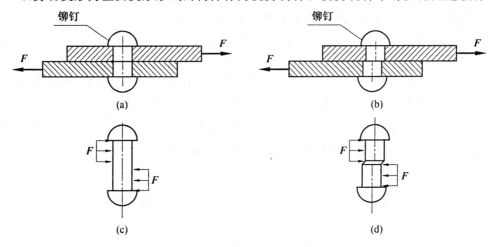

图 3.1

材料力学

铆钉(见图3.1(a))、销钉(见图3.2(a))、键(见图3.2(b))等。连接件的尺寸都比较小,受力情况和剪切面附近的变形都比较复杂,要精确地分析计算很困难。图3.1(c)、(d)是简化后得出的铆钉受力和变形的计算简图。可以看出,若仅仅有图中的力 $F$ 作用,力系并不能平衡,所以还必有其他力作用,如主板对铆钉帽的作用力、铆钉孔与铆钉杆间的摩擦力等。相应的变形也可能存在拉伸、弯曲等一些变形形式。但这些外力和变形都不是主要成分,实际情况又不太清楚。所以,工程中对抗剪构件通常采用实用计算法。

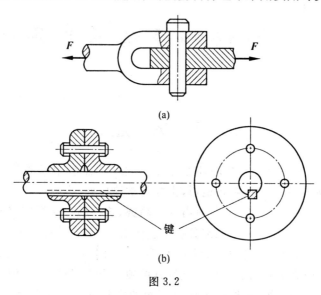

(a)

(b)

图 3.2

## 3.2  剪切和挤压的实用计算

### 3.2.1  剪切强度的实用计算

图3.3(a)所示杆件受到等值、反向、相距很近的一对横向力 $F$ 作用,该杆在两个横向力之间的变形即剪切变形。求内力时,在两个横向力之间设想用截面 $m-m$ 将杆切开,取其左(或右)半部为隔离体。隔离体上的外力 $F$ 与截面平行且相距很近,截面上的主要内力是作用线位于截面内的内力 $F_s$,如图3.3(b)所示,这样的力称为剪力。由平衡方程可以求得 $F_s = F$。材料力学规定,剪力 $F_s$ 以绕隔离体内靠近切面的点顺时针转动者为正,反之为负。按此规定,图3.3(b)中截面左、右两侧的剪力均为正号。

在图3.4(a)所示装置中,抗剪构件 $AB$ 在两个剪切面1—1、2—2上受到剪切作用,称为双剪切。图3.4(b)为其计算简图。由截面法可以求得剪切面上的剪力 $F_s = \dfrac{F}{2}$(见图3.4(c))。

在剪切实用计算中,假设切应力 $\tau$ 在剪切面上均匀分布,于是得出切应力 $\tau$ 的计算公式

$$\tau = \frac{F_s}{A} \tag{3.1}$$

式中,$F_s$ 为剪切面上的切应力;$A$ 为剪切面积。

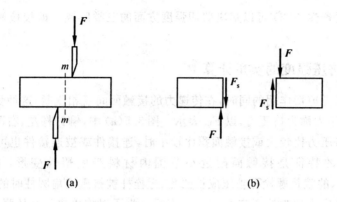

图 3.3

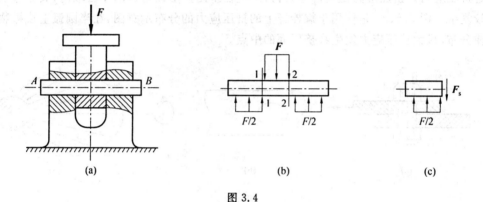

图 3.4

切应力的正负号规定与剪力相同。

式(3.1)是根据假设建立的,由此得出的切应力并不是剪切面上的真实应力,而是该面上的平均切应力,所以又称其为名义切应力。

如果剪切许用应力为$[\tau]$,则构件的剪切强度条件可表示为

$$\tau = \frac{F_s}{A} \leqslant [\tau] \tag{3.2}$$

式中,剪切许用应力$[\tau]$的数值根据构件失效时的极限切应力$\tau_u$除以安全因数得出,即

$$[\tau] = \frac{\tau_u}{n} \tag{a}$$

式中,$n$为安全因数。

失效切应力$\tau_u$由剪切实验确定。与确定轴向拉(压)时材料的失效应力不同,确定直接剪切失效切应力$\tau_u$的实验是直接取同类连接件(不是标准试件)进行破坏实验,并用计算名义切应力的公式(3.1)根据破坏时剪切面上的剪力$F_{u,s}$得出剪断时的失效切应力

$$\tau_u = \frac{F_{u,s}}{A} \tag{b}$$

用这样的实验方法确定失效切应力$\tau_u$,从试件本身、实验条件、计算方法几个方面都减小了试件与实际构件应力计算中非荷载因素带来的差别,增加了实用方法解决强度方面问题的可靠性。

用剪切强度条件(3.2)可以解决剪切强度方面的三类问题。即校核密度、设计截面、确定钢荷载。

### 3.2.2  挤压强度的实用计算

连接件在承受剪切作用的同时,在传递力的接触面间互相压紧,这种受力情况称为挤压,挤压时的作用力称为挤压力,以 $F_{bs}$ 表示。图3.5(a)中,铆钉杆左、右两侧面所受的力即挤压力。当挤压力比较大或接触面积比较小时,连接件或被连接件也可能因挤压而破坏。挤压破坏的特征是接触面附近小范围内材料产生塑性变形,也称压溃。图3.5(b)、(c)所示的就是螺栓孔被挤压成长圆孔、螺栓杆被挤压成扁圆柱时的情形。

挤压面上的应力称为挤压应力,以 $\sigma_{bs}$ 表示。为了对构件进行挤压强度计算,首先要确定挤压应力。挤压应力是局部应力,只发生在挤压接触面附近的小区域内,其分布规律比较复杂。图3.5(d)是作用于螺栓杆上的挤压应力的分布示意图,在半圆弧上成抛物线规律分布,最大挤压应力发生在挤压面的中点。

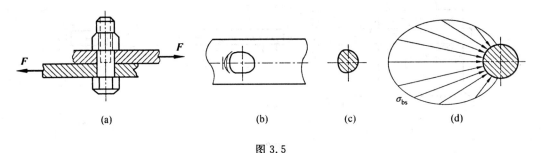

$$\text{(a)} \qquad \text{(b)} \qquad \text{(c)} \qquad \text{(d)}$$

图 3.5

对挤压应力的计算也采用实用计算方法。假设挤压应力在挤压面上均匀分布,由静力关系,可得挤压应力 $\sigma_{bs}$ 的计算式

$$\sigma_{bs} = \frac{F_{bs}}{A_{bs}} \qquad (3.3)$$

式中,$F_{bs}$ 为接触面上的挤压力;$A_{bs}$ 为计算挤压面面积。

当接触面为平面时,$A_{bs}$ 就是接触面的实际面积。如图3.6(a)中平键的挤压面,挤压面积 $A_{bs} = \frac{1}{2} lh$;若接触面为曲面,$A_{bs}$ 则为曲面在与挤压力垂直平面上的投影面积。如图3.6(b)中的圆柱面,$A_{bs} = dh$,也就是挤压接触面长度内圆柱的直径面积。在这种情况下,按式(3.3)算得的挤压应力与接触面中点处的最大挤压应力值接近。

要保证构件不因挤压而破坏,要求挤压应力不能超过许用挤压应力 $[\sigma_{bs}]$。于是,挤压强度条件可表示为

$$\sigma_{bs} = \frac{F_{bs}}{A_{bs}} \leqslant [\sigma_{bs}] \qquad (3.4)$$

根据挤压强度条件(3.4)可以解决挤压强度方面的三类问题。由于挤压应力是局部应力,周围材料的支撑使材料抗挤压的能力比抗轴向压缩的能力要高得多,实验表明 $[\sigma_{bs}] \approx (1.7 \sim 2.0) [\sigma]$。

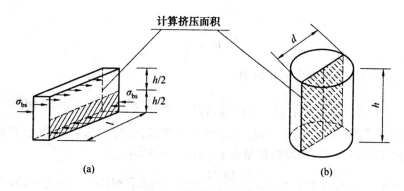

图 3.6

　　应当注意,挤压应力在连接件和被连接件之间相互作用,因而,当两者材料不同时,应校核其中许用挤压应力较低的材料的挤压强度。

　　连接件的实用计算方法对铆钉、销钉或螺栓连接都适用。但是,对于螺栓连接中的紧连接,由于拧紧的螺栓将使螺栓产生预拉应力,同时在贴紧的两层钢板间产生足够的摩擦,以传递荷载。对这种连接(通常称为高强度螺栓连接)的强度计算,可参阅有关钢结构教材。至于焊缝连接,计算的基本原理相同,但在焊缝连接的计算方法上有一些具体规定,在钢结构教材中有详细说明。

　　顺便指出,剪切作用如果用于破坏加工,则破坏条件应为

$$\tau = \frac{F_s}{A} \geqslant \tau_b \tag{3.5}$$

式中,$\tau_b$ 为材料的剪切强度极限。

　　**【例 3.1】** 拖车挂钩的 U 形叉和衔铁由插销连接,如图 3.7(a) 所示,插销材料为 Q235 钢,$[\tau] = 30$ MPa,$[\sigma_{bs}] = 196$ MPa,直径 $d = 20$ mm。U 形叉每股厚度 $t = 8$ mm,衔铁的厚度为 $1.5t = 12$ mm,牵引力 $F = 15$ kN。试校核插销的剪切和挤压强度。

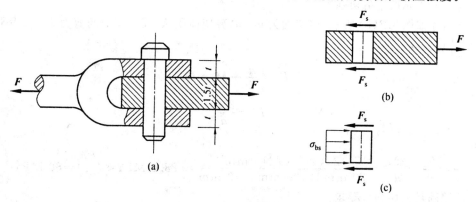

图 3.7

　　**解**　插销受到双剪切作用,沿衔铁的上、下表面将插销切断,取隔离体如图 3.7(b) 所示,由隔离体的平衡方程 $\sum F_x = 0$ 有

$$2F_s - F = 0$$

解得

$$F_s = \frac{F}{2}$$

由式(3.1)得,剪切面上的切应力

$$\tau = \frac{F_s}{A} = \frac{2F}{\pi d^2} = \frac{2 \times 15 \times 10^3 \text{N}}{3.14 \times (20 \text{ mm})^2} \approx 23.9 \text{ MPa} < [\tau] = 30 \text{ MPa}$$

插销的挤压面有上、中、下三段,由已知条件判断,危险截面在中段,挤压面积 $A_{bs} = 1.5dt$,由图 3.7(c) 可得,中段的挤压力 $F_{bs} = 2F_s = F$,于是有

$$\sigma_{bs} = \frac{F_{bs}}{A_{bs}} = \frac{F}{1.5td} = \frac{15 \times 10^3 \text{N}}{1.5 \times 8 \text{ mm} \times 20 \text{ mm}} = 62.5 \text{ MPa} < [\sigma_{bs}] = 196 \text{ MPa}$$

计算结果表明,插销满足剪切及挤压强度要求。

【例3.2】 连接齿轮与轴的平键如图 3.8(a) 所示,已知轴的直径 $d = 70$ mm,键的尺寸 $b \times h \times l = 20 \text{ mm} \times 12 \text{ mm} \times 100 \text{ mm}$,传递的扭矩 $M_e = 2$ kN·m,键的许用应力 $[\tau] = 60$ MPa,$[\sigma_{bs}] = 200$ MPa。试校核键的强度。

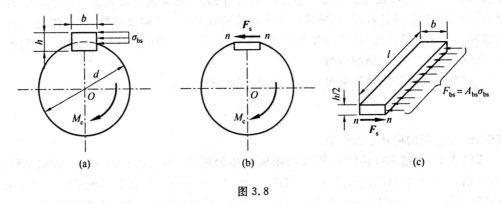

图 3.8

**解** (1) 先讨论剪切强度

隔离体如图 3.8(b) 所示,剪切面为 $n-n$,剪切面积 $A = bl$,其上的剪力为 $F_s$,由平衡方程 $\sum M_O = 0$

$$F_s \times \frac{d}{2} - M_e = 0$$

解得

$$F_s = \frac{2M_e}{d}$$

切应力

$$\tau = \frac{F_s}{A} = \frac{2M_e}{bld} = \frac{2 \times 2 \times 10^6 \text{N} \cdot \text{mm}}{20 \text{ mm} \times 100 \text{ mm} \times 70 \text{ mm}} \approx 28.6 \text{ MPa} < [\tau] = 60 \text{ MPa}$$

此键满足剪切强度要求。

(2) 校核挤压强度

取隔离体如图 3.8(c) 所示,由平衡条件 $\sum F_x = 0$ 可得右侧面上的挤压力

$$F_{bs} = F_s$$

挤压面积 $A_{bs} = \frac{hl}{2}$。按挤压应力的计算公式,可得挤压应力

$$\sigma_{bs} = \frac{F_{bs}}{A_{bs}} = \frac{2F_s}{hl} = \frac{2b\tau}{h} = \frac{2 \times 20 \text{ mm} \times 28.6 \text{ MPa}}{12 \text{ mm}} \approx 95.3 \text{ MPa} < [\sigma_{bs}] = 200 \text{ MPa}$$

此键满足挤压强度要求。

**【例 3.3】**　冲床的工作原理图如图 3.9(a) 所示,冲床的最大冲力 $F = 400$ kN,冲头材料的许用挤压应力 $[\sigma_{bs}] = 440$ MPa,钢板材料的剪切强度极限 $\tau_b = 360$ MPa。试确定:

(1) 该冲床能冲切的最小孔径 $d$;

(2) 该冲床能冲切的钢板最大厚度 $t$。

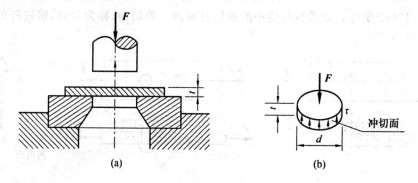

图 3.9

**解**　冲床冲切的最小孔径 $d$ 也就是冲头的直径。冲切过程中,冲头受到挤压,钢板受到挤压和剪切。这个问题求解的要点是,冲切过程中,必须保证冲头不被挤坏,钢板必须被冲切。

(1) 根据冲头的强度条件确定最小冲切孔径 $d$

$$\sigma_{bs} = \frac{F_{bs}}{A_{bs}} = \frac{F}{\pi d^2/4} \leqslant [\sigma]$$

由此解得

$$d \geqslant \sqrt{\frac{4F}{\pi[\sigma]}} = \sqrt{\frac{4 \times 400 \times 10^3 \text{N}}{3.14 \times 440 \text{ MPa}}} \approx 34 \text{ mm}$$

故该冲头能冲剪的最小孔径不能小于 34 mm。

(2) 确定冲头能冲切的钢板最大厚度 $t$

冲头冲切钢板时,冲切面是高度为 $t$、直径为 $d$ 的圆柱面(见图 3.9(b)),其面积 $A_s = \pi dt$。要实现对钢板的冲切,必须使切应力 $\tau$ 超过、至少要等于材料的剪切强度极限 $\tau_b$,即冲穿钢板的切应力应满足钢板的破坏条件

$$\tau = \frac{F_s}{A_s} \geqslant \tau_b$$

由冲切件的平衡可得冲剪力 $F_s = F$。将 $F_s$、$A_s$ 代入破坏条件,解得能冲切的钢板厚度。

当冲切孔径 $d$ 最小时,可冲切厚度 $t$ 最大:

$$t_{max} = \frac{F}{\pi d \tau_b} = \frac{400 \times 10^3 \text{N}}{3.14 \times 34 \text{ mm} \times 360 \text{ MPa}} \approx 10.4 \text{ mm}$$

即该冲头能冲切的钢板最大厚度为 10.4 mm。

# 3.3 铆钉组连接的强度计算

工程中将连接同一主板的若干材料相同、直径相同的铆钉称为铆钉组。铆钉组连接在建筑结构和桥梁等结构中都广泛采用。铆钉组连接的方式可分为搭接(见图 3.10(a))和对接(见图 3.10(b))两种,对接又包括单盖板对接(见图 3.10(b))和双盖板对接(见图 3.10(d))两种。搭接和单盖板对接中的铆钉具有一个剪切面,称为单剪,铆钉杆的受力图如图 3.10(c) 所示。双盖板对接中的铆钉具有两个剪切面,称为双剪,铆钉杆的受力图如图 3.10(e) 所示。

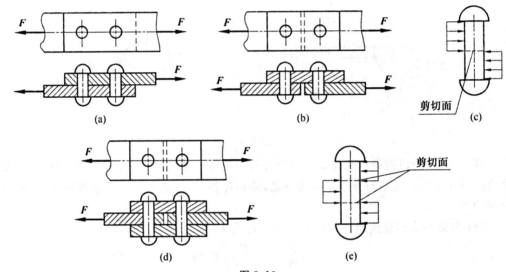

图 3.10

铆钉组在横向荷载作用下的强度计算,关键是计算每个铆钉的受力大小,分为两个基本情况讨论:

(1) 外力作用线通过铆钉组横截面的形心,如图 3.11(a)、(b) 所示。这种情况下,计算时假设每个铆钉的受力都相同。设铆钉组受力为 $F$,任意一个铆钉的受力为 $F_i$,则

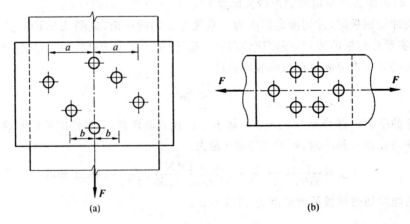

图 3.11

$$F_i = \frac{F}{n} \tag{a}$$

式中，$n$ 为铆钉组中的铆钉个数。

铆钉组中每个铆钉的强度计算与单个铆钉相同。

(2) 铆钉组受到横向平面(与铆钉杆轴线垂直的平面)内的外力偶作用，如图 3.12(a)所示。在外力偶的作用下，主板的转动趋势使每一铆钉的受力将不再相同。计算时，假设不考虑主板的变形，铆钉组中各铆钉的变形都在弹性范围之内。

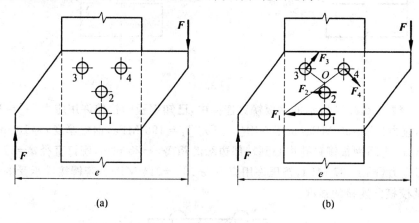

图 3.12

在此条件下，主板传递给各铆钉的力的大小与铆钉截面中心至铆钉组截面形心 $O$ 的距离 $r_i$ 成正比，作用线与 $r_i$ 垂直，方向与外力偶的转向一致，如图 3.12(b)所示。任意两个铆钉上的力 $F_j$ 与 $F_i$ 之比应等于这两个铆钉中心到铆钉组截面形心 $O$ 的距离 $r_j$ 与 $r_i$ 之比，即

$$\frac{F_j}{F_i} = \frac{r_j}{r_i} \tag{b}$$

由合力矩定理：主板作用于铆钉组中各铆钉上的力 $F_i$ 对点 $O$ 力矩的代数和应等于主板上的外力偶矩，$M_e = Fe$，即

$$\sum F_i r_i = M_e = Fe \tag{c}$$

联立(b)、(c)两式，即可解出各个铆钉受力 $F_i$ 的大小。

当铆钉组受到不通过其截面形心的横向力作用时，可以将其转化为上述两种基本情况的叠加。如图 3.13(a)所示，横向力 $F$ 到铆钉组截面形心 $O$ 的距离为 $e$，将 $F$ 向铆钉组截面形心点 $O$ 简化，得到一个通过点 $O$ 的横向力 $F$ 和一个绕点 $O$ 旋转的力矩 $M_e = Fe$，如图 3.13(b)所示。在此图中，$F$ 单独作用时，可按式(a)计算出各铆钉上的力 $F_i'$；$M_e$ 单独作用时，可按式(c)计算出各铆钉上的力 $F_i''$。则作用于铆钉 $i$ 上的力 $F_i$ 为力 $F_i'$ 和 $F_i''$ 的矢量和。例如，图 3.13(b)示出了铆钉 1 的受力分析图。

求得铆钉组中各铆钉的受力 $F_i$ 后，找出其中受力最大的铆钉，按式(3.2)和式(3.4)校核其剪切强度和挤压强度，以保证连接的安全。

还应强调，连接的强度是综合强度，除了连接件和被连接件的剪切、挤压强度外，有时还要考虑被连接件的拉伸强度等。

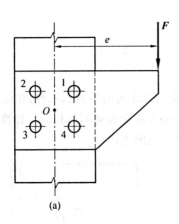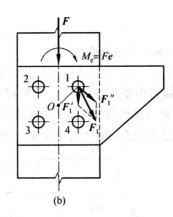

图 3.13

**【例 3.4】** 图 3.14 所示的钢板铆钉连接中,已知钢板的拉伸许用应力 $[\sigma]=98$ MPa,剪切许用应力 $[\tau]=50$ MPa,挤压许用应力 $[\sigma_{bs}]_1=196$ MPa,钢板厚度 $t=10$ mm,宽度 $b=100$ mm,中间钢板铆钉孔中心到端部边缘的距离 $c=25$ mm,铆钉直径 $d=17$ mm,铆钉许用切应力 $[\tau]=137$ MPa,挤压许用应力 $[\sigma_{bs}]_2=314$ MPa。若铆接件承受的荷载 $F=50$ kN,试校核此连接的强度。

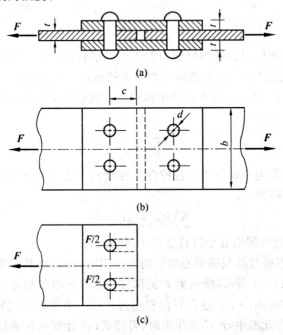

图 3.14

**解** 连接的强度取决于连接件与被连接件的强度,计算如下:

(1) 钢板强度

根据题设,钢板受力后有三种可能的破坏形式:一种是在铆钉孔削弱的截面处拉伸破坏;另外两种是在铆钉孔处因剪切或挤压而破坏。三块钢板同厚,中间层钢板受力最大,故应校核中间层钢板的强度。

拉伸强度:危险面在铆钉孔削弱的截面处。在该截面上

$$\sigma_{max} = \frac{F_N}{A} = \frac{F}{(b-2d)t} = \frac{50 \times 10^3 \text{ N}}{(100 \text{ mm} - 2 \times 17 \text{ mm}) \times 10 \text{ mm}} \approx$$
$$75.8 \text{ MPa} < [\sigma] = 98 \text{ MPa}$$

结果表明,钢板的拉伸强度足够。

剪切强度:中间钢板在铆钉杆的作用下剪切面如图 3.14(c)中虚线所示,每个剪切面上的剪力 $F_s = \frac{F}{4}$,剪切面的面积 $A = tc = 10 \text{ mm} \times 25 \text{ mm} = 250 \text{ mm}^2$,切应力

$$\tau = \frac{F_s}{A} = \frac{F}{4A} = \frac{50 \times 10^3 \text{N}}{4 \times 250 \text{ mm}^2} = 50 \text{ MPa} = [\tau] = 50 \text{ MPa}$$

钢板的剪切强度满足要求。

挤压强度:在图 3.14(a) 所示的受力情况下,作用于中间层钢板每个铆钉孔的挤压力 $F_{bs} = \frac{F}{2}$(见图 3.14(c)),计算挤压面积 $A_{bs} = dt$。挤压应力

$$\sigma_{bs} = \frac{F_{bs}}{A_{bs}} = \frac{F}{2dt} = \frac{50 \times 10^3 \text{N}}{2 \times 17 \text{ mm} \times 10 \text{ mm}} \approx 147 \text{ MPa} < [\sigma_{bs}]_1 = 196 \text{ MPa}$$

钢板的挤压强度足够。

综上结果可知,钢板是安全的。

(2) 铆钉强度

校核剪切强度:在图 3.14(a) 所示情况下,每个铆钉有两个剪切面,每个剪切面上的剪力 $F_s = \frac{F}{4}$,于是有

$$\tau = \frac{F_s}{A} = \frac{\frac{F}{4}}{\frac{\pi d^2}{4}} = \frac{F}{\pi d^2} = \frac{50 \times 10^3 \text{ N}}{3.14 \times (17 \text{ mm})^2} \approx 55 \text{ MPa} < [\tau] = 137 \text{ MPa}$$

铆钉的剪切强度足够。

校核挤压强度:铆钉中间段的挤压力最大,挤压应力与中间层钢板铆钉孔中的相同,而铆钉的挤压许用应力高于钢板,钢板的挤压强度足够,铆钉的挤压强度显然满足。

最后得出结论:整个连接的强度是安全的。

【例3.5】　两块钢板用直径 $d = 20$ mm 铆钉搭接,轴向拉力 $F = 160$ kN,两板尺寸相同:厚度 $t = 10$ mm,宽度 $b = 120$ mm。铆钉和钢板材料相同,许用切应力 $[\tau] = 140$ MPa,挤压许用应力 $[\sigma_{bs}] = 320$ MPa,许用拉应力 $[\sigma_t] = 160$ MPa。

(1)若各铆钉受力大小相同,试根据铆钉强度计算所需的铆钉数目。

(2)若将(1)中算出的铆钉,采用图 3.15(a),(b) 所示两种方式排列,试根据钢板的拉伸强度比较两种方案的优劣。

解　由题设,两种排列方式中,各铆钉受力均相同。设所需铆钉数为 $n$,则每个铆钉所受剪力 $F_s = \frac{F}{n}$,挤压力 $F_{bs} = \frac{F}{n}$。

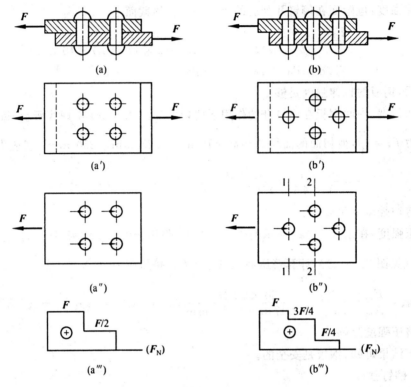

图 3.15

（1）因为材料承受挤压的能力比较强，一般情况下所需铆钉数应根据剪切强度条件确定。设铆钉横截面积为 $A$ ，则

$$\tau = \frac{F_s}{A} = \frac{F}{n\frac{\pi d^2}{4}} = \frac{4F}{n\pi d^2} \leqslant [\tau]$$

于是得

$$n \geqslant \frac{4F}{\pi d^2 [\tau]} = \frac{4 \times 160 \times 10^3 \, \text{N}}{\pi \times (20 \, \text{mm})^2 \times 140 \, \text{MPa}} \approx 3.64$$

取铆钉数 $n=4$。

（2）按挤压强度条件校核上述设计

挤压面积为 $A_{bs} = td$ ，则

$$\sigma_{bs} = \frac{F_{bs}}{A_{bs}} = \frac{F}{ntd} = \frac{160 \times 10^3 \, \text{N}}{4 \times 10 \, \text{mm} \times 20 \, \text{mm}} = 200 \, \text{MPa} < [\sigma_{bs}] = 320 \, \text{MPa}$$

可知，按上述设计，挤压强度足够。

（3）校核钢板拉伸强度

分别绘出图 3.15(a) 和图 3.15(b) 两种铆钉排列方式，下钢板的轴力图如图 3.15(a‴)、3.15(b‴) 所示。

按图 3.15(a) 排列，取左侧被铆钉削弱的截面为危险截面，拉应力为

$$\sigma_{1-1} = \frac{F}{A} = \frac{F}{(b-2d)t} = \frac{160 \times 10^3 \, \text{N}}{(120 \, \text{mm} - 2 \times 20 \, \text{mm}) \times 10 \, \text{mm}} = 200 \, \text{MPa} > [\sigma]$$

即按图 3.15(a) 方式排列铆钉时，钢板拉伸强度不满足要求。

按图 3.15(b) 排列，分别校核 1—1、2—2 两个截面：

$$\sigma_{1-1} = \frac{F_1}{A_1} = \frac{F}{(b-d)t} = \frac{160 \times 10^3 \, \text{N}}{(120 \, \text{mm} - 20 \, \text{mm}) \times 10 \, \text{mm}} = 160 \, \text{MPa} = [\sigma]$$

$$\sigma_{2-2} = \frac{3F/4}{A_2} = \frac{3F}{4(b-2d)t} = \frac{3 \times 160 \times 10^3 \, \text{N}}{4(120 \, \text{mm} - 2 \times 20 \, \text{mm}) \times 10 \, \text{mm}} = 150 \, \text{MPa} < [\sigma]$$

即按图 3.15(b) 方式排列铆钉时，钢板拉伸强度满足要求。

计算结果表明，图 3.15(b) 中的铆钉排列方式较合理，因为这种排列方式在轴力较大的截面配置较少的铆钉孔，在轴力较小的截面配置较多的铆钉孔，从而降低最大拉伸应力值。

由上例可以注意到，对铆钉组连接的设计，首先是铆钉布置方案的选定，之后才是铆钉截面尺寸的设计。

**【例 3.6】**　托架受力如图 3.16(a) 所示，已知 $F = 100 \, \text{kN}$，铆钉直径 $d = 26 \, \text{mm}$，求铆钉横截面最大切应力（铆钉受单剪，即每个铆钉只有一个剪切面）。

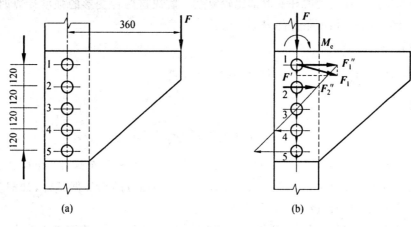

图 3.16

**解**　将外力 $F$ 平移至通过铆钉组截面形心 $O$ 的垂线处，得附加力偶矩

$$M_e = 100 \, \text{kN} \times 360 \, \text{mm} = 36\ 000 \, \text{kN} \cdot \text{mm}$$

在通过铆钉组截面形心的力 $F$ 作用下，各铆钉的受力均为

$$F' = \frac{F}{5} = \frac{100 \, \text{kN}}{5} = 20 \, \text{kN}$$

力偶矩 $M_e$ 引起的各铆钉受力用 $F_i''$ 表示。铆钉组截面形心与铆钉 3 截面形心重合，铆钉 1 与铆钉 2 受力之比其与到铆钉组截面形心的距离 $r_1$、$r_2$ 成正比：

$$\frac{F_1''}{F_2''} = \frac{r_1}{r_2} = \frac{240}{120} = 2 \tag{1}$$

根据对称性，应有

$$F_5'' = F_1'', \quad F_4'' = F_2'' \tag{2}$$

根据平衡条件 $\sum F''_i r_i = M_e$，考虑式(2)，有

$$2F''_1 r_1 + 2F''_2 r_2 = M_e \tag{3}$$

将式(1)代入式(3)，解得

$$F''_1 = \frac{M_e}{2r_1 + r_2} = \frac{36\ 000\ \text{kN} \cdot \text{mm}}{2 \times 240\ \text{mm} + 2 \times 120\ \text{mm}} = 50\ \text{kN}$$

容易判断，该铆钉连接中，铆钉 1 和 5 受力最大，其值

$$F_1 = \sqrt{F'^2 + F''^2_1} = \sqrt{(20\ \text{kN})^2 + (50\ \text{kN})^2} \approx 53.9\ \text{kN}$$

这两个铆钉剪切面上的切应力即最大切应力，其值为

$$\tau_{\max} = \frac{53.9\ \text{kN}}{\dfrac{3.14 \times (26\ \text{mm})^2}{4}} \approx 102\ \text{MPa}$$

# 本章小结

本章介绍了剪切和挤压及铆钉连接的实用计算。

(1)方法和要点

剪切和挤压变形的受力和变形都比较复杂。解决这两种变形的强度计算时，采用的都是实用计算方法。强度条件的表达式为：

直接剪切

$$\tau = \frac{F_s}{A} \leqslant [\tau]$$

挤压

$$\sigma_{bs} = \frac{F_{bs}}{A_{bs}} \leqslant [\sigma_{bs}]$$

实用计算方法解决强度计算的要点是：① 假设应力的分布规律，计算名义应力。② 采用直接实验法测定材料的抗剪能力，即直接采用相应的构件做试件，加载直至其破坏得出极限荷载，再得出极限应力和许用应力。

用实用方法建立强度条件，适用于尺寸较小、受力比较复杂、次要外力模糊的构件。

(2)计算直接剪切构件中切应力和挤压应力的关键是，正确判断剪切面和计算挤压面的位置、形状及面积的计算。一般来说，剪切面是同一构件的两部分可以发生相对错动的平面，剪切面与外力 $F$ 的作用线平行；挤压面是传力时两个物体的接触面，与挤压应力垂直。

(3)关于铆钉组连接的强度计算，重点是两个基本情况下单个铆钉受力的计算：① 横向力通过铆钉组截面形心，各铆钉受力相同；② 横向平面内的力偶矩作用，各铆钉受力的大小与其到铆钉组截面形心的距离成正比。利用这个条件和力矩平衡方程，计算每个铆钉受力大小。

## 思　考　题

**3.1** 研究剪切、挤压强度的计算方法与研究轴向拉压杆时是否相同？举例说明。工程实用方法在什么条件下比较适用？

**3.2** 挤压和轴向压缩有什么区别？挤压面积和计算挤压面积是否相同？

**3.3** 试确定如图 3.17 所示连接或接头中的剪切面和挤压面。

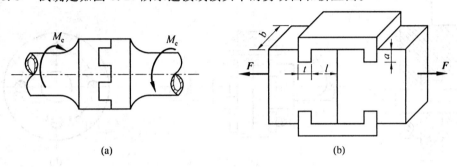

(a)　　　　　　　　　　　　(b)

图 3.17

## 习　　题

**3.1** 夹剪如图 3.18 所示,销子 $C$ 的直径 $d = 5$ mm,当加力 $F = 0.2$ kN,剪切直径与销子直径相同的铜丝时,求铜丝与销子横截面的平均切应力。已知 $a = 30$ mm,$b = 150$ mm。

**3.2** 压力机的压环式保险器如图 3.19 所示。当压力机过载时,保险器先被剪断,以保护压力机的其他主要零件。压环式保险器材料的失效切应力 $\tau_u = 200$ MPa,图中尺寸 $\delta = 20$ mm,压力机的最大许用压力 $[F] = 630$ kN。试指出保险器剪切面位置和形状,并设计保险器剪切部分的直径 $D$。

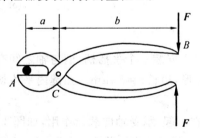

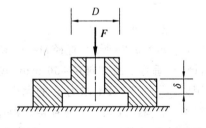

图 3.18　　　　　　　　　　　图 3.19

**3.3** 试校核图 3.20 所示连接中销钉的剪切强度。已知 $F = 100$ kN,销钉直径 $d = 30$ mm,材料的许用切应力 $[\tau] = 60$ MPa。若强度不够,应改用多大直径的销钉？

**3.4** 图 3.21 所示凸缘联轴节传递的力偶矩为 $m = 200$ N·m,凸缘之间用四只螺栓连接,螺栓内径 $d = 10$ mm,对称地分布在 $D_0 = 80$ mm 的圆周上。如螺栓的许用切应力 $[\tau] = 60$ MPa,试校核螺栓的剪切强度。

**3.5** 图 3.22 所示机床花键轴有八个齿。轴与轮的配合长度 $l = 60$ mm,外力偶矩 $M_e = 4$ kN·m。轮与轴的挤压许用应力为 $[\sigma_{bs}] = 140$ MPa。试校核花键轴的挤压强度

（提示：花键轴每个齿上的挤压力作用于齿高中点，八个挤压力构成四对力偶，与外力偶构成平衡力系）。

3.6　销钉式安全联轴器如图 3.23 所示。允许传递的力矩 $M_e=300\ \text{kN}\cdot\text{m}$，销钉材料的剪切强度极限 $\tau_b=320\ \text{MPa}$，轴的直径 $D=300\ \text{mm}$。欲保证 $M_e>300\ \text{N}\cdot\text{m}$，销钉即被剪断，试设计销钉直径 $d$ 的大小。

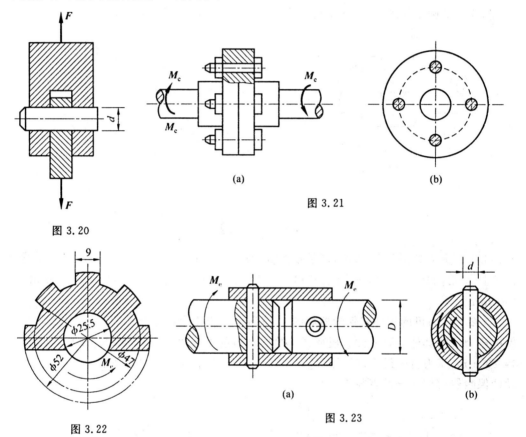

图 3.20

图 3.21

图 3.22

图 3.23

3.7　如图 3.24 所示，直径 $D=40\ \text{mm}$ 的心轴上安装一个手摇柄，柄与轴之间有一个键 $K$，键长（垂直纸面方向）$l=36\ \text{mm}$，截面为正方形，边长 $b=8\ \text{mm}$。如键内平均切应力的许用值 $[\tau]=56\ \text{MPa}$，求力 $F$ 的大小。

3.8　木构件 $A$ 和 $B$ 由两片层合板用胶黏接在一起，承受轴向载荷作用，如图 3.25 所示。已知 $A$ 和 $B$ 的空隙为 8 mm，板宽 $b=100\ \text{mm}$，胶层的许用剪应力 $[\tau]=800\ \text{kPa}$。欲使结构在给定拉力作用下不破坏，试确定层合板的最小长度 $l$。

3.9　水轮发电机组的卡环尺寸如图 3.26 所示。已知轴向荷载 $F=1\ 450\ \text{kN}$，卡环材料的许用剪应力 $[\tau]=80\ \text{MPa}$，许用挤压应力 $[\sigma_{bs}]=150\ \text{MPa}$。试对卡环进行强度校核。

3.10　高压泵安全阀如图 3.27 所示，要求当作用在活塞上的高压液体的压强 $p=3.6\ \text{MPa}$ 时安全销被剪断，以使高压液体流出，保证泵体安全。已知活塞直径 $D=50\ \text{mm}$，安全销材料的剪切强度极限 $\tau_b=320\ \text{MPa}$，试确定安全销的直径 $d$。

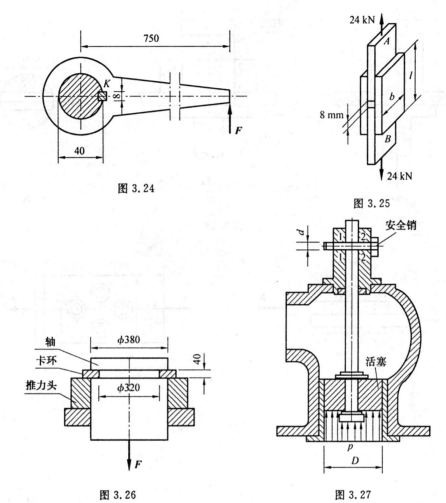

图 3.24

图 3.25

图 3.26

图 3.27

3.11　直径为 $d$ 的钢杆,用楔固定于平板上,如图 3.28(a) 所示,杆上受有拉力 $F$。已知连接件和被连接件的材料相同,杆的许用拉应力为 $[\sigma]$,许用切应力 $[\tau]=0.6[\sigma]$,许用挤压应力 $[\sigma_{bs}]=2[\sigma]$。若要求接头各部分强度与杆体强度相同(这样的结构称为等强度结构),试求图 3.28 中 $D$、$b$、$h$、$H$ 与 $d$ 的关系。

3.12　拉力 $F=80$ kN 的螺栓连接如图 3.29 所示。已知 $b=80$ mm,$t=10$ mm,$d=22$ mm,螺栓的许用剪应力 $[\tau]=130$ MPa,钢板的许用挤压应力 $[\sigma_{bs}]=300$ MPa,许用拉应力 $[\sigma]=170$ MPa。试校核该接头的强度。

3.13　设图 3.13(a) 所示铆钉连接中,集中力 $F=12$ kN,铆钉直径 $d=20$ mm。$F$ 至铆钉组截面形心的距离 $e=100$ mm。四个铆钉布置于边长 $a=60$ mm 的正方形的四个角点上。试求受力最大的铆钉剪切面上的切应力。

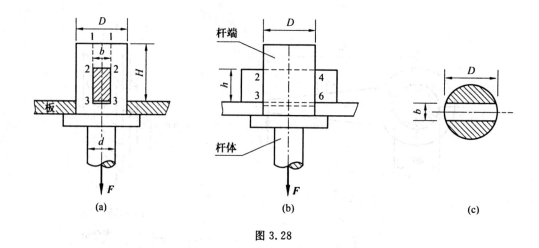

图 3.28

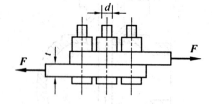
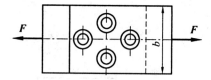

图 3.29

# 第 4 章

# 扭 转

## 4.1 概 述

工程中有一些构件,例如图 4.1(a) 所示搅拌器的主轴,图 4.1(b) 所示汽车的主传动轴等,工作时荷载是作用面与其轴线垂直的外力偶,在这样的外力作用下,杆件的相邻横截面发生相对转动,原来与轴线平行的直线(除轴线外)变成螺旋线,如图 4.1(c) 所示,杆件的这种变形称为扭转变形。一般情况下,使直杆产生扭转变形的荷载可以是与其轴线垂直的若干平面上转向不同的外力偶,如图 4.2 所示,任意两个横截面绕轴线的相对扭转角 $\varphi$,称为这两个横截面间的相对扭转角。

圆轴扭转是杆件基本变形形式之一,其基本模型示于图 1.10(d) 中。

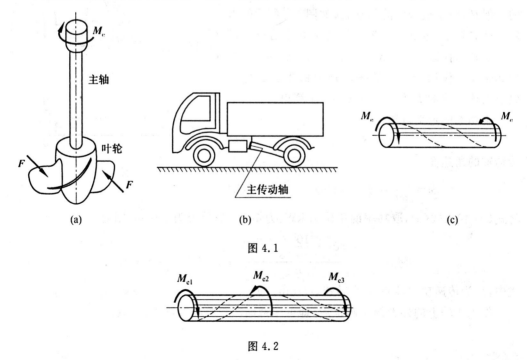

(a)          (b)          (c)

图 4.1

图 4.2

以扭转变形为主要变形形式的杆件称为轴,最常用的是圆截面轴。本章主要讨论工程中圆轴受扭时的强度和刚度计算问题。关于矩形截面杆件扭转和薄壁杆件的自由扭转仅简要介绍弹性力学的结果。讨论的程序仍然是外力 → 内力 → 应力和变形。

建筑结构中,产生纯扭转变形的构件比较少。图 4.3 所示的雨篷梁、边梁等一般为矩形截面,在外荷载作用下处于弯曲与扭转的组合变形中。关于组合变形的强度将在第 11 章讨论,本章只讨论扭转变形的部分。

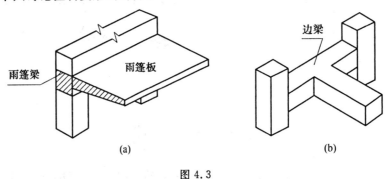

图 4.3

# 4.2 扭转外力及内力

## 4.2.1 扭转外力偶矩的计算

使轴产生扭转变形的外力偶矩 $M_e$ 一般是已知的。但是,对于机械中的传动轴,如图 4.4 所示的齿轮传动装置中,电机的主轴 $AB$ 通常并不给出作用于轴上外力偶矩 $M_e$ 的大小,而是给出轴的额定功率和转速。作用于轴上的扭转外力偶矩的数值可以根据传递功率 $P$ 及转速 $n(\text{r}/\min)$ 算出。

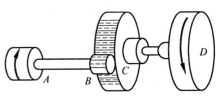

由功率的定义可知

$$P = M_e \omega \qquad (\text{a})$$

传动轴的角速度

图 4.4

$$\omega = \frac{2\pi n}{60} = \frac{n\pi}{30} (\text{rad}/\text{s}) \qquad (\text{b})$$

将式(b)代入式(a),取功率的单位为 kW,力矩 $M_e$ 的单位为 N·m,则有

$$M_e = \frac{P}{\omega} = \frac{30s \times \frac{10^3 \text{ N} \cdot \text{m}}{s} P}{n\pi} \approx 9\ 554 \times \frac{P}{n} \text{ N} \cdot \text{m} \qquad (4.1)$$

式中,$P$ 为传递功率,kW;$n$ 为转速,r/min。

作用于轴上的外力偶矩确定后,即可用截面法计算横截面上的内力。

### 4.2.2　扭矩和扭矩图

（1）扭矩

求扭转变形杆件横截面上内力的方法仍然是截面法。图 4.5 表示一个两端受到一对扭转外力偶矩 $M_e$ 作用的圆轴，在求其任一指定横截面 $m-m$ 上的内力时，按截面法的步骤，首先设想把轴从截面 $m-m$ 切开，分为两段，取其中的一段（如左段）为隔离体；截面上的内力可由隔离体的平衡来判断。因为隔离体上的外力只有外力偶 $M_e$，根据力偶只能用力偶平衡的理论，截面上的内力也只能是力偶，用 $T$ 表示，如图 4.5(b) 所示，$T$ 称为扭矩；最后根据平衡条件 $\sum M_x = 0$，列出隔离体的力矩平衡方程，可得 $T = M_e$。对扭矩 $T$ 的正负号规定如下：按右手螺旋法则把 $T$ 表示为矢量，如果扭矩 $T$ 方向与截面的外法线方向一致，则 $T$ 为正；反之为负。扭矩的正负规定以后，求内力时无论取截面的哪一侧为隔离体，所得扭矩大小和正负号将完全相同。顺便强调，在计算扭矩时，通常约定把待求扭矩的方向假设为正。

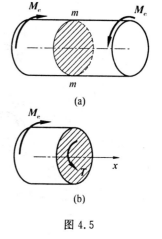

图 4.5

从上面的讨论中可以注意到，如果一段轴只在两端面受到扭转外力偶矩作用，则其两端面之间各截面的扭矩都相同。与此对照，如果某段轴上有连续分布的外力偶作用，则该段轴内各截面的扭矩也将连续变化，这种情况下计算截面扭矩时，应先写出扭矩关于截面位置的函数 $T(x)$，再求指定截面的扭矩。

【例 4.1】　图 4.6(a) 所示传动轴受四个外力偶作用，各力偶矩的大小依次为 $M_{e1} = 4\ \text{kN}\cdot\text{m}$，$M_{e2} = 6\ \text{kN}\cdot\text{m}$，$M_{e3} = 18\ \text{kN}\cdot\text{m}$，$M_{e4} = 8\ \text{kN}\cdot\text{m}$，各力偶矩的转动方向如图 4.6(a) 所示。试计算该轴各截面的扭矩。

**解**　（1）扭矩计算

因为扭转外力为集中力偶，轴的每一段都是两端受力，同一段内的各个截面扭矩相同，因此欲求轴中各截面的扭矩，只需在每段内各计算一个截面的扭矩即可。

在 1—2 段内，设想用截面 Ⅰ—Ⅰ 将轴截开，取左段为隔离体，如图 4.6(b) 所示，由隔离体的平衡，可得

$$T_{12} = M_{e1} = -4\ \text{kN}\cdot\text{m}$$

结果中的负号表示该段轴横截面扭矩为负值。

在 2—3 段内，用截面 Ⅱ—Ⅱ 将轴截开，取左段为隔离体，如图 4.6(c) 所示，由隔离体的平衡，可得

$$T_{23} = -(M_{e1} + M_{e2}) = -(4\ \text{kN}\cdot\text{m} + 6\ \text{kN}\cdot\text{m}) = -10\ \text{kN}\cdot\text{m}$$

在 3—4 段内，用截面 Ⅲ—Ⅲ 将轴截开，取右段为隔离体，如图 4.6(d) 所示，由隔离体的平衡，可得

$$T_{34} = M_{e4} = 8\ \text{kN}\cdot\text{m}$$

从图 4.6(b)、(c)、(d) 中可以看出，任一横截面的扭矩 $T$ 与其一侧的所有外力偶构成平衡力系，其大小等于其一侧所有外力偶矩的代数和，即

$$T = \sum M_{ei} \tag{4.2}$$

计算时,设截面上的扭矩 $T$ 为正。等式右边求和符号中的 $M_{ei}$ 是隔离体上的一个外力偶矩,计算时与 $T$ 的方向相反,取正号;与 $T$ 的方向相同,取负号。

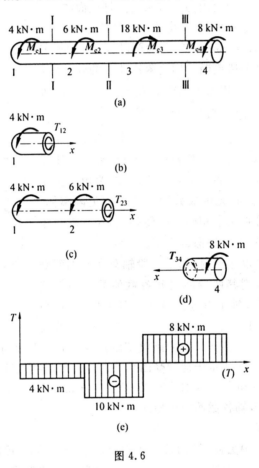

图 4.6

**(2) 扭矩图**

为了直观地表示出扭矩沿杆长不同截面上的变化情况,以便于判断最大扭矩产生的横截面位置,通常要求绘出横截面上的扭矩沿轴线变化的图像,这样的图像称为扭矩图。作扭矩图与作轴力图的方法类似:取一与杆轴平行的直线为横轴 $x$,坐标原点与轴的一端对正,如图 4.6(e) 所示。横轴上的一点对应杆上的一个截面;纵轴 $T$ 与横轴垂直,方向向上,代表截面上扭矩的大小。在此直角坐标系中,按照选定的比例尺,描出杆中每个截面上扭矩值的对应点,连接每个截面扭矩值对应点的曲线,即为杆的扭矩图。

按照上述绘图方法,图 4.6(a) 中的圆轴的扭矩图如图 4.6(e) 所示。

为了使图面清晰、美观,绘图时也可以不画出 $x-T$ 坐标系,只画一条与杆的轴线平行且两端与杆轴对齐的直线,以这条直线为基线,然后按比例将正的扭矩绘在基线上方,负的扭矩绘在基线下方,在基线的右侧标明 $(T)$,表明是扭矩图。从图 4.6(e) 所示扭矩图可以看出,在集中力偶作用的横截面两侧,扭矩发生了突变,突变值的大小就等于集中力偶矩的值。

扭矩确定之后,还需确定圆轴扭转时横截面上的应力。为此,首先要确定圆轴扭转时横截面上应力的分布规律,再利用静力关系得出应力的计算公式。应力的分布规律是由实验及依据实验现象所作出的假设确定的,过程可分为两步:第一步,通过实验观察圆轴扭转时的变形现象,确定圆轴扭转的变形规律,建立变形几何关系;第二步,通过实验得出应力和变形的关系,亦称物理关系。根据物理关系,将变形几何关系转换,得出应力的分布规律。

为使后面的讨论更清晰、紧凑,富于逻辑性,下面先用薄壁圆筒的扭转实验建立物理关系。

## 4.3  薄壁圆筒的扭转

### 4.3.1  薄壁圆筒扭转实验及横截面上的切应力

取一段薄壁圆筒,如图4.7(a)所示,设其长为$l$,壁厚为$t$,平均半径为$R$。薄壁圆筒是指其平均半径$R$与壁厚$t$之比满足条件$\frac{R}{t} \geqslant 10$的圆筒。为观察实验现象,实验前在圆筒表面画出若干等间距的纵向直线和圆周线,它们将圆筒的表面划分为许多相同的小矩形。之后,将其一端固定,在另一端加一扭转外力偶矩$M_e$。当变形很小时可以观察到如下实验现象:

① 各圆周线的大小、形状和间距均无改变,只是绕圆筒轴线发生相对转动。

② 纵向线仍然为直线,但都倾斜了一个相同的小角度$\gamma$。

③ 原来的小矩形$abcd$都变为相同的小平行四边形,其直角的改变量(亦即切应变)为$\gamma$,但各边的长度可以认为没有改变,只是左、右两边发生相对错动。

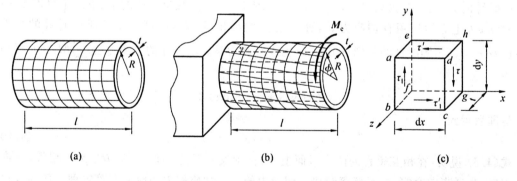

图 4.7

根据实验现象可以设想,薄壁圆筒在扭转变形中,横截面仍保持为平面,形状、大小及横截面间的间距均无改变。因此在薄壁圆筒的纵截面和横截面上均不可能有正应力;但是由于相邻的横截面发生了相对错动,横截面上应有切应力$\tau$,切应力$\tau$的方向必与圆周相切,与截面扭矩$T$的转向一致,不可能有径向分量;又因为薄壁圆筒表面各点的切应变

$\gamma$ 相同,材料均匀连续,切应力 $\tau$ 沿圆周均匀分布;又考虑圆筒壁很薄,可以认为沿薄壁圆筒壁厚 $\tau$ 的大小也不变,即在薄壁圆筒的整个截面上切应力 $\tau$ 的大小均匀分布。

根据上述结果可以得出薄壁圆筒扭转时横截面上的切应力 $\tau$ 的计算公式。从薄壁圆筒中切取任一横截面如图 4.8 所示,截面上的扭矩 $T$ 转向如图 4.8 所示。从截面上任取一微分面积 $\mathrm{d}A$,其上与径向线垂直的切向微内力为 $\tau\mathrm{d}A$。应用静力条件可得

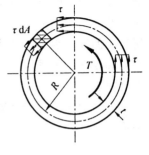

图 4.8

$$\int_A R\tau\mathrm{d}A = T \tag{a}$$

上式中,$\tau$、$R$ 均为常数,于是可得

$$\tau = \frac{T}{2\pi R^2 t} \tag{4.3}$$

式(4.3)即薄壁圆筒扭转时,横截面上切应力 $\tau$ 的计算公式。

取 $A_0 = \pi R^2$,$A_0$ 为等厚薄壁圆筒厚度中线围成的圆的面积,则式(4.3)可写为

$$\tau = \frac{T}{2A_0 t} \tag{4.4}$$

式(4.4)是由式(4.3)得出的,但是,理论分析表明,它适用于各种形状的闭口薄壁筒,在此推广中,$A_0$ 表示薄壁筒横截面厚度中线围成的面积。

### 4.3.2 切应力互等定理

用两个相邻的横截面和径向截面从受扭薄壁圆筒上截取一单元体,如图 4.7(c)所示。单元体沿轴向、周向和径向的边长依次为 $\mathrm{d}x$、$\mathrm{d}y$ 和 $t$。单元体的前、后两面 $abcd$ 和 $efgh$ 分别为圆筒的内外自由表面,左、右两侧面 $abfe$ 和 $dcgh$ 为圆筒的横截面,其上只有切应力 $\tau$。由 $\sum F_y = 0$ 可证明,两个面上的 $\tau$ 大小相等,方向相反。它们的合力组成一个顺时针的力偶,其矩为 $(\tau t\mathrm{d}y)\mathrm{d}x$。因为单元体是平衡的,故单元体的上、下两个纵面 $adhe$ 和 $bcgf$ 上必然作用有切应力 $\tau'$,而且也是大小相等,方向相反,以组成逆时针的力偶 $(\tau' t\mathrm{d}x)\mathrm{d}y$,与顺时针的力偶 $(\tau t\mathrm{d}y)\mathrm{d}x$ 构成平衡力系。单元体的平衡方程 $\sum M_z = 0$,可写为

$$(\tau t\mathrm{d}y)\mathrm{d}x = (\tau' t\mathrm{d}x)\mathrm{d}y$$

整理后得到

$$\tau = \tau' \tag{4.5}$$

式(4.5)说明:在相互垂直的两个微面上,与微面交线垂直的两个切应力大小相等,方向相反,或者指向交线,或者背离交线。切应力的这个性质称为切应力互等定理。该定理也可以叙述为:在相互垂直的两个微面上,如果一个面上有与交线垂直的切应力,则另一个面上也必有与交线垂直的切应力,这两个切应力大小相等,正负号相反。所以该定理又称为切应力双生定理。该定理具有普遍性,无论单元体各面上是否有正应力 $\sigma$ 作用,该定理都成立。

图 4.7(c)中的单元体各面上只有切应力而无正应力,单元体的变形也只有切应变,

没有线应变,这种应力状态简称为纯剪状态。纯剪状态在材料力学研究中有重要应用。

### 4.3.3　剪切胡克定律

在薄壁圆筒扭转实验中,由图 4.7(b) 可得几何关系:$\gamma l = R\phi$,由此得

$$\gamma = R\frac{\phi}{l} \tag{b}$$

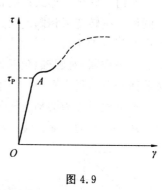

图 4.9

式中,$\phi$ 为圆筒两端横截面的相对扭转角,可以从试件上测出;$R$、$l$ 是试件尺寸,则切应变 $\gamma$ 可由式(b)算出。实验时改变扭转外力偶矩 $M_e$ 的数值,可以得到相应的切应力 $\tau$、切应变 $\gamma$ 两组数据,每一对 $\tau$ 和 $\gamma$ 值,都可以在 $\tau - \gamma$ 坐标系中确定一个点,用光滑曲线连接这些实验点,可以绘出 $\tau$ 与 $\gamma$ 的关系曲线。低碳钢的 $\tau - \gamma$ 关系曲线如图 4.9 所示(图中虚线表示薄壁圆筒已经失稳,实验已不能继续进行)。它的形状(实线部分)与低碳钢在轴向拉伸或压缩时的 $\sigma - \varepsilon$ 曲线相似。图中 $OA$ 段为一条斜直线,表明当应力不超过斜直线最高点 $A$ 的应力时 $\tau$ 与 $\gamma$ 成正比。若用 $\tau_p$ 表示点 $A$ 的切应力,并称 $\tau_p$ 为材料的剪切比例极限,则只要 $\tau \leqslant \tau_p$,就有 $\tau \propto \gamma$,写成等式,即

$$\tau = G\gamma \tag{4.6}$$

式(4.6)称为材料的剪切胡克定律。式中,比例系数 $G$ 称为材料的切变模量,取决于材料的力学性能,如低碳钢 $G$ 的值约为 80 GPa。其他材料的 $G$ 值也可通过类似的实验测得。

### 4.3.4　$E$、$G$、$\mu$ 之间的关系

在此前的讨论中,已经用到了材料的三个弹性常数:$E$、$G$、$\mu$,根据理论研究和实验证实,材料的三个弹性常数 $E$、$G$、$\mu$ 之间有如下关系:

$$G = \frac{E}{2(1+\mu)} \tag{4.7}$$

式(4.7)表明,三个材料常数中只有两个是独立的。对于各向同性材料,只要用实验得出 $E$、$G$ 和 $\mu$ 中的任意两个的数值,就可根据式(4.7)求得另一个的数值。

对于金属材料,$\mu = 0.25 \sim 0.35$,则 $G = (0.37 \sim 0.38)E$;对于混凝土,$\mu = 0.15$,则 $G = 0.425E$。

## 4.4　圆轴扭转时的应力·强度条件

### 4.4.1　横截面上的应力

现在讨论圆轴扭转时横截面上的应力计算。按前述程序,先确定变形几何关系,然后确定物理关系,最后,利用静力学条件得出应力计算公式。

（1）变形几何关系

变形几何关系是由实验确定的,试件是如图 4.10(a) 所示的一段长为 $l$ 的等截面的实心圆轴。实验方法与薄壁圆筒扭转实验相同。在小变形情况下观察到的实验现象与薄壁圆筒扭转实验完全一样。根据实验现象可以作如下推断:设想实心圆轴是由直径连续变化的若干纵向纤维形成的薄壁圆筒(轴线除外)组合而成。在扭转外力偶矩作用下,这些薄壁圆筒以整体的形式产生扭转变形,其中任意一个薄壁圆筒的扭转变形与单独一个薄壁圆筒的扭转变形相同。因为在小变形条件下,每个薄壁圆筒在扭转中,横截面的形状、大小及间距都不变,所以这些薄壁圆筒变形前共同的横截面,变形后仍然在原平面中。根据这个推断,对圆轴(包括厚壁圆筒)扭转变形可作出如下假设:圆轴扭转时,变形前的横截面变形后仍为平面,它们的大小、形状及相互距离不变,横截面的直径仍保持为直线。这个假设称为圆轴扭转的平面假设。根据平面假设,圆轴扭转时各个横截面就像刚片一样在原来的平面内绕着杆的轴线旋转了一个角度 。

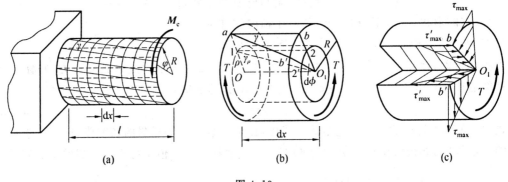

图 4.10

平面假设有两重意义:其一,表明圆轴扭转时横截面上只有切应力没有正应力,不然各截面的间距会改变;其二,给出了圆轴扭转变形的基本特征 —— 平面假设。根据平面假设可以得出圆轴扭转的变形几何关系:设想从圆杆内截取长为 $dx$ 的微段,放大后绘于图4.10(b) 中,由于扭转变形,右截面相对于左截面转过了一个微小角度 $d\varphi$,变形前纵向线 $ab$ 变形后倾斜了 $\gamma$ 角;与纵向线 $ab$ 对应的半径 $O_1b$ 转到了 $O_1b'$。由几何关系得

$$\gamma dx = R d\phi$$

由此得

$$\gamma = R \frac{d\phi}{dx} \qquad\qquad (a)$$

式中,$\dfrac{d\phi}{dx}$ 为单位长度的扭转角或扭转角的变化率。因为 $\gamma$、$R$ 都是确定的,故在同一截面 $\dfrac{d\phi}{dx}$ 为常数。

式(a) 给出了圆轴表面点的切应变与截面扭转角变化率的关系。为了建立圆轴内任意点(轴线上的点除外)的变形几何关系,可在圆轴内任取一半径为 $\rho(\rho>0)$ 的薄壁圆筒,点 1 为该薄壁圆筒上的一点,过点 1 与轴线 $OO_1$ 平行的线段与半径 $O_1b$ 交于点 2,如图 4.10(b) 所示。当圆轴发生扭转变形时,点 2 随同半径 $O_1b$ 移到 2'。利用薄壁圆筒扭转

实验结果,点 1 的切应变 $\gamma_\rho$ 可按下式计算:

$$\gamma_\rho dx = \rho d\phi$$

由此得切应变

$$\gamma_\rho = \rho \frac{d\phi}{dx} \qquad\qquad (b)$$

式(b)即圆轴扭转时的变形几何关系。因为 $\dfrac{d\phi}{dx}$ 为一常数,该式说明,圆轴扭转时,横截面上任意一点在垂直半径平面内的切应变 $\gamma_\rho$ 与该点到圆心 $O$ 的距离 $\rho$ 成正比。

(2) 物理关系

在线弹性范围内切应力 $\tau$ 与切应变 $\gamma$ 的关系已由薄壁圆筒扭转实验结果得出,即式(4.6),故圆轴中距圆心为 $\rho$ 的任意点:

$$\tau_\rho = G\gamma_\rho \qquad\qquad (c)$$

将式(b)代入式(c),可得

$$\tau_\rho = G\rho \frac{d\phi}{dx} \qquad\qquad (d)$$

式(d)即受扭圆轴横截面上切应力 $\tau$ 的分布规律,因为 $G$、$\dfrac{d\phi}{dx}$ 为常数,所以横截面上任意点的切应力 $\tau_\rho$ 的大小与该点到圆心的距离 $\rho$ 成正比。如果从横截面上任取一条半径,其上各点切应力沿半径按直线规律变化,其分布如图 4.10(c) 所示,最大切应力 $\tau_{\max}$ 发生于截面边缘各点。因为 $\gamma_\rho$ 发生于垂直于半径的平面内,所以 $\tau_\rho$ 也与半径垂直。

横截面上的切应力 $\tau$ 分布规律确定后,由切应力互等定理可知,纵截面上切应力沿半径的变化规律与横截面上的相同,图 4.10(c) 中绘出了 $O_1b$ 和 $O_1b_1$ 两条半径上各点在纵截面内的切应力分布示意图。但是由于 $\dfrac{d\varphi}{dx}$ 尚未确定,运用式(d) 还不能计算 $\tau_\rho$ 的数值。

(3) 静力关系

从受扭圆轴横截面上任取一微分面积 $dA$,其到圆心的距离为 $\rho$,如图 4.11 所示,由合力矩定理,应有

$$\int_A \rho\tau_\rho dA = T \qquad\qquad (e)$$

这个静力学条件亦称静力关系。

将式(d) 代入式(e),注意到 $G$ 和 $\dfrac{d\phi}{dx}$ 都是常数,可写到积分符号的外边,于是得到

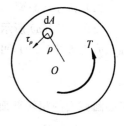

图 4.11

$$G \frac{d\phi}{dx} \int_A \rho^2 dA = T \qquad\qquad (f)$$

式中的积分 $\displaystyle\int_A \rho^2 dA$ 仅仅和截面的尺寸有关,截面尺寸确定后它是一个常数,令

$$I_p = \int_A \rho^2 dA \qquad\qquad (4.9)$$

式中,$I_p$ 称为圆截面对圆心的极惯性矩,其量纲为[长度]$^4$,单位为 m$^4$。它是截面的一种几何性质量。

将式(4.9)代入式(f),得

$$\frac{\mathrm{d}\phi}{\mathrm{d}x}=\frac{T}{GI_\mathrm{p}}$$ (4.10)

式(4.10)是圆轴扭转变形的基本公式,公式的左边是单位长度扭转角。从公式的右边可以看出,当扭矩 $T$ 一定时,$GI_\mathrm{p}$ 越大,$\frac{\mathrm{d}\phi}{\mathrm{d}x}$ 越小,即单位长度的扭转变形越小。可见 $GI_\mathrm{p}$ 是圆轴抵抗扭转变形的能力,称为抗扭刚度。

将式(4.10)代入式(b),得到

$$\tau_\rho=\frac{T\rho}{I_\mathrm{p}}$$ (4.11)

式(4.11)即圆轴扭转横截面上距圆心为 $\rho$ 的任意点的切应力计算公式。由式(4.11)可知,当 $\rho=R$ 时,即横截面边缘各点,$\tau_R=\tau_{\max}$,其大小为

$$\tau_{\max}=\frac{TR}{I_\mathrm{p}}$$ (g)

引入记号

$$W_\mathrm{t}=\frac{I_\mathrm{p}}{R}$$ (4.12)

式中,$W_\mathrm{t}$ 称为扭转截面系数,其量纲为[长度]³,单位为 m³。于是式(g)可写成

$$\tau_{\max}=\frac{T}{W_\mathrm{t}}$$ (4.13)

式(4.13)即圆轴扭转时横截面上最大切应力公式。

### 4.4.2　$I_\mathrm{p}$ 和 $W_\mathrm{t}$ 的计算

为计算方便,下面导出实心和空心圆截面的极惯性矩 $I_\mathrm{p}$ 和扭转截面系数 $W_\mathrm{t}$ 的计算公式。

(1)实心圆截面

设图 4.12(a)所示圆截面的直径为 $D$,在截面上取半径为 $\rho$,厚为 $\mathrm{d}\rho$ 的微元面积 $\mathrm{d}A=2\pi\rho\mathrm{d}\rho$,代入式(4.9),可得实心圆截面的极惯性矩

$$I_\mathrm{p}=\int_0^{D/2}2\pi\rho^3\mathrm{d}\rho=\frac{\pi D^4}{32}$$ (4.14)

实心圆截面的扭转截面系数

$$W_\mathrm{t}=\frac{I_\mathrm{p}}{D/2}=\frac{\pi D^3}{16}$$ (4.15)

(2)空心圆截面

设图 4.12(b)所示空心圆截面的外径为 $D$,内径为 $d$,其比值 $\alpha=\frac{d}{D}$。计算 $I_\mathrm{p}$ 和 $W_\mathrm{t}$ 时要扣除空心部分。仍取环形微元面积 $\mathrm{d}A=2\pi\rho\mathrm{d}\rho$,但 $\rho$ 的取值范围应为 $\frac{d}{2}\leqslant\rho\leqslant\frac{D}{2}$,则由式(4.9)可得空心圆截面的极惯性矩

$$I_\mathrm{p}=\int_{d/2}^{D/2}2\pi\rho^3\mathrm{d}\rho=\frac{\pi}{32}(D^4-d^4)=\frac{\pi D^4}{32}(1-\alpha^4)$$ (4.16)

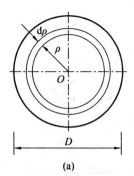 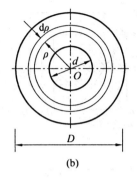

(a)                              (b)

图 4.12

由扭转截面系数的定义式(4.12)得空心圆截面的扭转截面系数

$$W_t = \frac{\pi D^3 (1 - \alpha^4)}{16} \tag{4.17}$$

对薄壁圆截面,由于内外径差值很小,可取平均半径 $R_0$ 代替式(4.16)中的 $\rho$,于是,薄壁圆截面的极惯性矩为

$$I_P = \int_A \rho^2 \, dA \approx R_0^2 \int_A dA = 2\pi R_0^3 t \tag{4.18}$$

抗扭截面系数

$$W_t = \frac{2\pi R_0^3 t}{R_0} = 2\pi R_0^2 t \tag{4.19}$$

### 4.4.3  斜截面上的应力

前面讨论了圆轴扭转时横截面上任意一点的切应力。现在进一步讨论圆轴扭转时一点斜截面上的应力,以了解轴内一点所有截面上的应力情况。讨论时仍然是用横截面的应力表示斜截面上的应力,因为圆轴扭转时横截面上各点的切应力都不同,所以对斜截面上应力的研究必须逐点进行。用两个横截面、两个径向截面和两个与圆轴同轴线的柱面切取轴内任一指定点(轴线上的点除外)的微分正六面体,如图 4.13(a)所示,这是一个纯剪状态单元体,其简化图如图 4.13(b)所示,图中 $af$ 是单元体内与横截面 $ab$ 夹角为 $\alpha$ 的斜截面。为了确定 $\alpha$ 斜截面上的应力,设想将单元体沿斜截面 $af$ 切开,取其左边部分的部分 $abf$ 为隔离体,如图 4.13(c)所示。设斜截面 $af$ 上的正应力为 $\sigma_\alpha$,切应力为 $\tau_\alpha$。$\sigma_\alpha$ 和 $\tau_\alpha$ 可以利用平衡方程求出。为方便,设斜截面的面积为 $dA$,则直角面 $ab$ 和 $bf$ 面的面积分别为 $dA\cos\alpha$ 和 $dA\sin\alpha$。选择与斜截面 $af$ 垂直和平行的一对坐标轴 $\xi$ 和 $\zeta$,如图 4.13(c)所示。则平衡方程可写为

$$\sum F_\xi = 0, \quad \sigma_\alpha dA + (\tau dA\cos\alpha)\sin\alpha + (\tau dA\sin\alpha)\cos\alpha = 0$$

$$\sum F_\zeta = 0, \quad \tau_\alpha dA + (\tau dA\cos\alpha)\cos\alpha + (\tau dA\sin\alpha)\sin\alpha = 0$$

由此可得 $\alpha$ 斜截面上的正应力及切应力的计算公式

$$\sigma_\alpha = -\tau\sin 2\alpha \tag{4.20}$$

$$\tau_\alpha = \tau\cos 2\alpha \tag{4.21}$$

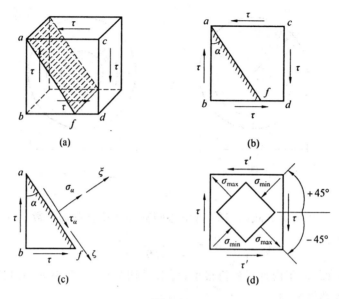

图 4.13

由式(4.20)和式(4.21)可得,受扭圆轴上任意一点(轴线上的点除外),横截面和径向截面($\alpha = 0°$ 和 $\alpha = 90°$)上切应力的绝对值最大,都等于 $\tau$;在 $\alpha = 45°$ 的斜截面上,$\tau_{45°} = 0$,$\sigma_{45°} = \sigma_{min} = -\tau$;在 $\alpha = -45°$ 的斜截面上,$\tau_{-45°} = 0$, $\sigma_{-45°} = \sigma_{max} = \tau$。即当一点横截面上的切应力为正时,在 $\pm 45°$ 斜截面上,正应力分别取得最小值和最大值,数值都等于 $\tau$(见图 4.13(d))。

斜截面上的应力可以用于分析材料破坏的原因。圆杆扭转实验时,对低碳钢等塑性材料,试件最后是沿杆的横截面断裂的(见图 4.14(a))。注意到,试件上各点横截面上的切应力 $\tau$ 与斜截面上最大拉应力 $\sigma_{max}$ 和最大压应力 $\sigma_{min}$ 数值上相等,而断裂发生于横截面,可见塑性材料圆轴扭转时,是从试件的最外层开始因剪切而逐层破坏。铸铁等脆性材料破坏时,断口与轴线成45°角(见图 4.14(b)),显然是沿45°的斜截面因拉伸而断裂。

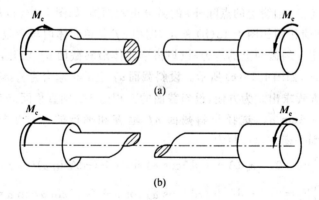

图 4.14

### 4.4.4　圆轴扭转强度条件

圆轴扭转时,体内各点均处于纯剪状态,只要整个轴中最大工作切应力 $\tau_{max}$ 不超出材料的许用应力 $[\tau]$,就不会因强度不足而破坏,故扭转的强度条件为

$$\tau_{max} = \left(\frac{T}{W_t}\right)_{max} \leqslant [\tau] \tag{4.22a}$$

对等截面圆轴,$W_t$ 为常数,上式可写成

$$\tau_{max} = \frac{T_{max}}{W_t} \leqslant [\tau] \tag{4.22b}$$

实际应用中,材料的扭转许用切应力 $[\tau]$ 可从有关材料设计手册或规范中查得。一般来说,

塑性材料　　　　　　　　　$[\tau] = (0.5 \sim 0.6)[\sigma]$

脆性材料　　　　　　　　　$[\tau] = (0.8 \sim 1.0)[\sigma]$

上式中 $[\sigma]$ 是材料拉伸许用应力。应该注意,扭转许用切应力与第3章直接剪切杆件的许用切应力不同,因为两种情况下确定失效切应力的理念不同,这个问题将在本教材第5章讨论。

应用扭转强度条件可以解决扭转强度方面的三类问题,即校核强度、设计截面、确定许用荷载。

解决强度问题的主要步骤:

(1) 计算外力偶矩;

(2) 计算截面扭矩,画扭矩图;

(3) 判断危险截面;

(4) 根据强度条件,建立方程求解。

危险截面的判断,一般情况下要综合考虑扭矩、扭转截面系数和材料三个因素。对等截面杆,绝对值最大扭矩 $|T|_{max}$ 所在截面即危险截面,可由扭矩图直接确定。

**【例 4.2】**　某传动轴如图 4.15(a) 所示,转速 $n = 300$ r/min,主动轮 1 输入功率 $P_1 = 500$ kW,从动轮 2、3 输出功率 $P_2 = P_3 = 150$ kW,从动轮 4 输出功率 $P_4 = 200$ kW。

(1) 试作该轴扭矩图;

(2) 若该轴为实心,材料的许用切应力 $[\tau] = 40$ MPa,试根据强度条件设计该轴直径 $d$;

(3) 若将该轴设计为空心轴,内外径之比 $\frac{d}{D} = \alpha = 0.5$,其他条件不变,则空心轴外径应为多大?试比较空心轴与实心轴的重量。

**解**　(1) 计算荷载、截面扭矩,并绘出扭矩图

$$M_{e1} = 9\,554 \times \frac{500}{300} \text{ N} \cdot \text{m} \approx 15\,923 \text{ N} \cdot \text{m}$$

$$M_{e2} = M_{e3} = 9\,554 \times \frac{150}{300} \text{ N} \cdot \text{m} = 4\,777 \text{ N} \cdot \text{m}$$

$$M_{e4} = 9\,554 \times \frac{200}{300} \text{ N} \cdot \text{m} \approx 6\,369 \text{ N} \cdot \text{m}$$

据此,用截面法求出各截面扭矩,绘出扭矩图如图 4.15(b) 所示。

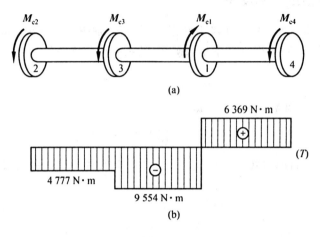

图 4.15

(2) 由扭矩图判断,该轴危险截面为 3-1 段内各截面。按强度条件设计实心轴:

$$W_t = \frac{\pi d^3}{16} \geqslant \frac{|T|_{max}}{[\tau]}$$

由此得

$$d \geqslant \sqrt[3]{\frac{16 |T|_{max}}{\pi[\tau]}} = \sqrt[3]{\frac{16 \times 9\,554 \times 10^3 \text{N} \cdot \text{mm}}{3.14 \times 40 \text{ MPa}}} \approx 107 \text{ mm}$$

(3) 设计空心轴。其外径

$$D \geqslant \sqrt[3]{\frac{16 |T|_{max}}{\pi[\tau](1-\alpha^4)}} = \sqrt[3]{\frac{16 \times 9\,554 \times 10^3 \text{N} \cdot \text{mm}}{3.14 \times 40 \text{ MPa} \times \left(1 - \frac{1}{16}\right)}} \approx 109 \text{ mm}$$

即空心轴的外径为 109 mm。

空心轴与实心轴的重量比(设轴的长度为 $l$):因为物体的重量等于材料的容重 $\gamma$ 与其体积的乘积,所以

$$\frac{G_{空}}{G_{实}} \times 100\% = \frac{\gamma \times \frac{\pi D^2 (1-\alpha^2)}{4} \times l}{\gamma \times \frac{\pi d^2}{4} \times l} \times 100\% = \frac{(109 \text{ mm})^2 \left(1 - \frac{1}{4}\right)}{(107 \text{ mm})^2} \times 100\% \approx 77.8\%$$

即空心轴材料消耗为实心轴材料消耗的 77.8%。这一结果表明,承受同样荷载的空心轴要比相同长度的实心轴轻得多,这不仅可以节约材料,也可以减少传动轴的动力消耗。空心轴之所以节省材料,是因为圆轴扭转时横截面上的切应力沿半径按线性规律分布,越靠近轴心,应力越小,材料发挥的作用越小。把轴心附近的材料外移,制成空心轴,材料的作用可以得到充分的发挥。从截面的几何性质上来说,在扭转截面系数 $W_t$ 相同的条件下,空心轴的截面面积比实心轴的小。

应该指出,上述案例仅仅是从力学原理上分析了空心圆轴设计的合理性,并不能就此认为将圆轴设计成空心一定好。实际工程中,制作空心轴并不总是容易的事,所以,设计中要从实际出发,权衡利弊。

# 4.5　圆轴扭转时的变形·刚度条件

## 4.5.1　圆轴扭转时的变形

式(4.10)已经给出了圆轴扭转变形的基本公式,该式亦即圆轴扭转时单位长度的扭转角。将式(4.10)写成如下形式

$$\mathrm{d}\phi = \frac{T}{GI_{\mathrm{p}}} \cdot \mathrm{d}x$$

则 $\mathrm{d}\phi$ 表示相距为 $\mathrm{d}x$ 的两个横截面之间的相对扭转角。若在长度为 $l$ 的一段轴内扭矩和抗扭刚度均连续变化,即 $T=T(x)$ 和 $I_{\mathrm{p}}=I_{\mathrm{p}}(x)$ 为连续函数,则该段轴两端面的相对扭转角

$$\phi = \int_l \mathrm{d}\phi = \int_0^l \frac{T}{GI_{\mathrm{p}}}\mathrm{d}x \tag{4.23}$$

对等直圆截面轴,且只在两端受扭的情况,$\dfrac{T}{GI_{\mathrm{p}}}=$ 常数,由式(4.23)可得

$$\phi = \frac{Tl}{GI_{\mathrm{p}}} \tag{4.24}$$

若在轴的长度 $l$ 内,截面扭矩 $T$ 和抗扭刚度 $GI_{\mathrm{p}}$ 分段为常数,则在每一段 $l_i$ 内式(4.24)都适用。计算轴的两端面的相对扭转角时,可先用式(4.24)计算出各段轴两端面的相对扭转角 $\varphi_i$,再将各段轴两端面的相对扭转角 $\varphi_i$ 按代数值相加,即得到整个轴两端截面的相对扭转角:

$$\phi = \phi_1 + \phi_2 + \cdots = \sum_{i=1}^{n} \frac{T_i l_i}{GI_{\mathrm{p}i}} \tag{4.25}$$

由于各段轴扭转角 $\phi_i = \dfrac{T_i l_i}{GI_{\mathrm{p}i}}$ 的正负号与 $T_i$ 相同,因此,利用公式(4.25)计算 $\phi$ 时,最好先绘出扭矩图,各段轴扭转角 $\phi_i$ 的正负号可以根据扭矩图直接确定。

## 4.5.2　圆轴扭转时的刚度条件

圆轴扭转时,除了考虑强度条件外,有时还需要满足刚度条件。例如机床的主轴,若扭转变形太大,就会引起剧烈的扭转振动,影响加工工件的质量。

扭转变形的刚度条件是限定单位长度扭转角的最大值 $\varphi_{\max}$ 不超过许用值 $[\varphi]$。按这个概念,圆轴扭转的刚度条件为

$$\varphi_{\max} = \left(\frac{T}{GI_{\mathrm{p}}}\right)_{\max} \leqslant [\varphi] \tag{4.26a}$$

使用式(4.26a)进行刚度计算时,不等式两边的单位要一致。若不等式右边 $[\varphi]$ 的单位是以 $(°)/m$ 给出,则需将不等式的左边乘以 $\dfrac{180°}{\pi}$,将其单位换算为 $(°)/m$,则式(4.24(a))表达为

$$\varphi_{\max} = \left(\frac{T}{GI_p}\right)_{\max} \times \frac{180°}{\pi} \leqslant [\varphi] \qquad (4.26b)$$

如果是等刚度圆轴,上面两式中的 $\left(\dfrac{T}{GI_p}\right)_{\max} = \dfrac{T_{\max}}{GI_p}$。

利用扭转刚度条件,可以解决杆件扭转刚度方面的三类问题,即校核刚度、设计截面、确定许用荷载。解决刚度问题时仍然是先判断危险截面,然后利用刚度条件建立方程求解。

**【例 4.3】** 接续例 4.2,若该轴材料的切变弹性模量 $G=80$ GPa,单位长度许用扭转角 $[\varphi]=0.3(°)/\text{m}$。

(1)校核例 4.2 中对轴径设计是否合理;

(2)若不合理,试根据刚度条件再设计空心轴直径 $D_1$,仍设 $\alpha=\dfrac{1}{2}$。

**解** (1)由例 4.2 的设计结果,空心轴的扭转极惯性矩

$$I_{p空} = \frac{\pi D_1^4(1-\alpha^4)}{32} = \frac{3.14 \times (109 \text{ mm})^4 \left[1-\left(\frac{1}{2}\right)^4\right]}{32} \approx 13.0 \times 10^{-6} \text{ m}^4$$

实心轴的惯性矩

$$I_{p实} = \frac{\pi d^4}{32} = \frac{3.14 \times (107 \text{ mm})^4}{32} \approx 12.9 \times 10^{-6} \text{ m}^4$$

因为 $I_{p空} > I_{p实}$,即空心轴的抗扭刚度较大。检验例 4.2 中对轴径的设计是否合理,只需考虑空心轴,若空心轴的轴径尚不满足要求了,则实心轴的轴径就更不能满足要求。危险截面仍为 3—1 段内的截面。注意刚度校核或设计时,长度单位用 m 较为方便。轴的最大单位长度扭转角

$$|\varphi|_{\max} = \frac{|T|_{\max}}{GI_p} \times \frac{180°}{\pi} = \frac{9\,554 \text{ N} \cdot \text{m} \times 180°/3.14}{80 \times 10^9 \text{ Pa} \times 13.0 \times 10^{-6} \text{ m}^4} \approx$$
$$0.527(°)/\text{m} > [\varphi] = 0.3(°)/\text{m}$$

结果表明,在例 4.2 中根据强度条件设计的该轴直径不满足刚度要求。

(2)根据扭转刚度条件再设计空心轴直径 $D_1$

代入数据整理得

$$D_1 = \sqrt[4]{\frac{32 \times 9\,554 \text{ N} \cdot \text{m} \times 180°}{3.14^2 \times 80 \times 10^9 \text{ Pa} \times \left[1-\left(\frac{1}{2}\right)^4\right] \times 0.3(°)/\text{m}}} \approx 0.125 \text{ m} = 125 \text{ mm}$$

综合例 4.2、4.3 结果可知,该轴若设计为 $\alpha \doteq \dfrac{1}{2}$ 的空心轴,直径应取 125 mm。

一般来说,要保证一个轴能正常工作,既要满足强度要求,也要满足刚度要求。但两个条件总有一个是主要的,起控制作用。当控制条件明确后,强度或刚度方面的问题都可以直接利用控制条件解决,不必用各个条件分别试算。

**【例 4.4】** 图 4.16(a)所示传动轴上有三个齿轮,齿轮 2 为主动轮,齿轮 1、3 均为从动轮,输出功率分别为 $P_1=0.756$ kW,$P_3=2.98$ kW。轴的转速 $n=183.5$ r/min,材料切变模量 $G=80$ GPa,许用切应力 $[\tau]=40$ MPa,许用单位长度扭转角 $[\varphi]=1.5(°)/\text{m}$。

（1）若设计一等刚度实心圆轴，试确定轴的最小直径 $d$；

（2）若轮间距 $l_1 = 0.3$ m，$l_2 = 0.4$ m，求齿轮 3 对齿轮 1 的相对扭转角 $\phi_{13}$。

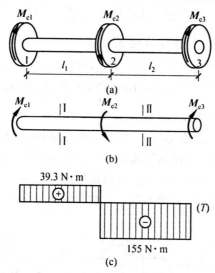

图 4.16

**解**　（1）确定轴的最小直径 $d$

外力偶矩

$$M_{e1} = 9.554 \frac{P_1}{n} \approx 3.93 \times 10^{-2} \text{kN} \cdot \text{m} = 39.3 \text{ N} \cdot \text{m}$$

$$M_{e3} = 9.554 \frac{P_3}{n} \approx 0.155 \text{ kN} \cdot \text{m} = 155 \text{ N} \cdot \text{m}$$

$$M_{e2} = M_{e1} + M_{e3} = 194.3 \text{ N} \cdot \text{m}$$

根据上述外力偶矩，求出截面扭矩，绘出扭矩图如图 4.16(c) 所示。

从扭矩图上可以看出，齿轮 2 与 3 间的扭矩绝对值最大，$|T|_{max} = 155$ N·m。该轴为等截面轴，扭矩绝对值最大的截面即为危险截面。根据危险截面强度条件确定轴的直径，即

$$\tau_{max} = \frac{T_{max}}{W_t} = \frac{16 T_{max}}{\pi d^3} \leqslant [\tau]$$

可得

$$d \geqslant \sqrt[3]{\frac{16 T_{max}}{\pi [\tau]}} = \sqrt[3]{\frac{16 \times 155 \times 10^3 \text{N} \cdot \text{mm}}{3.14 \times 40 \text{ MPa}}} \approx 27 \text{ mm}$$

根据危险截面刚度条件确定轴的直径，即

$$\varphi_{max} = \frac{T_{max}}{G I_p} \times \frac{180°}{\pi} \leqslant [\varphi]$$

可得

$$d \geqslant \sqrt[4]{\frac{32 \times 155 \times 10^3 \text{N} \cdot \text{mm} \times 180°}{80 \times 10^3 \text{ MPa} \times 3.14^2 \times 1.5(°)/10^3 \text{ mm}}} \approx 29.5 \text{ mm}$$

比较可知，该轴最小直径应取 $d_{min} = 30$ mm。

（2）求齿轮 3 对齿轮 1 的转角

$$\phi_{12} = \frac{T_{12}l_1}{GI_P} = \frac{39.3 \times 10^3 \text{N} \cdot \text{mm} \times 0.3 \times 10^3 \text{ mm}}{80 \times 10^3 \text{ MPa} \times \frac{\pi}{32} \times (30 \text{ mm})^4} \approx$$

$$1.85 \times 10^{-3} \text{rad} \approx 0.106°$$

$$\phi_{23} = \frac{T_{23}l_2}{GI_P} = -\frac{155 \times 10^3 \text{N} \cdot \text{mm} \times 0.4 \times 10^3 \text{ mm}}{80 \times 10^3 \text{ MPa} \times \frac{\pi}{32} \times (30 \text{ mm})^4} \approx$$

$$-9.75 \times 10^{-3} \text{rad} \approx -0.559°$$

$$\phi_{13} = \phi_{12} + \phi_{23} = -7.9 \times 10^{-3} \text{rad} \approx -0.453°$$

**【例 4.5】** 已知图 4.17(a) 所示阶梯轴各段直径：$d_1 = 40$ mm, $d_2 = 55$ mm。外力偶矩 $M_A = 630$ N·m, $M_C = 1\,390$ N·m。轴的许用切应力 $[\tau] = 60$ MPa，单位长度许用扭转角 $[\varphi] = 2(°)/\text{m}$，切变模量 $G = 80$ GPa。试校核轴的强度和刚度。

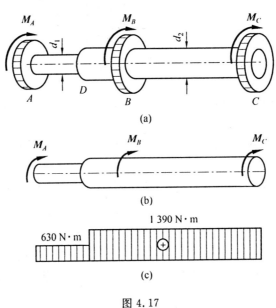

图 4.17

**解** （1）强度校核

由阶梯轴的计算简图 4.17(b) 绘出轴的扭矩图，如图 4.17(c) 所示，$AB$、$BC$ 段的扭矩分别为

$$T_{AB} = M_A = 630 \text{ N} \cdot \text{m}; \quad T_{BC} = M_C = 1\,390 \text{ N} \cdot \text{m}$$

综合考虑扭矩和截面的尺寸，$AD$ 和 $BC$ 两段内的截面都可能是危险截面。强度校核时两段都要计算。

$AD$ 段最大切应力：

$$\tau_{AD\max} = \frac{T_{AB}}{W_{pAD}} = \frac{630 \times 10^3 \text{N} \cdot \text{mm}}{\frac{3.14}{16} \times (40 \text{ mm})^3} \approx 50.2 \text{ MPa}$$

$BC$ 段最大切应力：

$$\tau_{BC\max}=\frac{T_{BC}}{W_{pBC}}=\frac{1\,390\times10^3\,\text{N}\cdot\text{mm}}{\dfrac{3.14}{16}\times(55\,\text{mm})^3}\approx42.6\,\text{MPa}$$

比较可知，该轴的最大切应力发生在 $AD$ 段内，代入强度条件，得

$$\tau_{\max}=\tau_{AD\max}=50.2\,\text{MPa}<[\tau]=60\,\text{MPa}$$

所以轴的抗扭强度足够。

（2）刚度校核

根据强度校核结果，该轴 $AD$ 段最危险，取该段单位长度扭转角进行刚度校核，得

$$\varphi_{AD}=\frac{T_{AB}}{GI_{pAD}}\times\frac{180°}{\pi}=\frac{630\,\text{N}\cdot\text{m}\times180°}{80\times10^9\,\text{Pa}\times\dfrac{3.14}{32}\times(40\times10^{-3}\,\text{m})^4\times3.14}\approx$$

$$1.797\,(°)/\text{m}<[\varphi]=2\,(°)/\text{m}$$

结果表明，该轴刚度足够。

## 4.6　圆杆扭转时的应变能

### 4.6.1　扭转应变能密度

圆轴扭转时截面上各点的切应力和切应变各不相同，大小随各点至圆心的距离而变化，因此应变能在体内分布不均匀。计算某点应变能密度时，围绕该点切取微分单元体如图 4.18(a) 所示。在线弹性范围内应力与应变成正比 $\tau=G\gamma$，$\tau-\gamma$ 关系曲线如图 4.18(b) 所示。当切应力 $\tau$ 产生微分增量 $\text{d}\tau$ 时，切应变 $\gamma$ 的增量为 $\text{d}\gamma$。微元体中应变能的增量为 $(\tau\text{d}y\text{d}z)\cdot(\text{d}x\text{d}\gamma)=\tau\text{d}\gamma\text{d}V$，图 4.18(b) 中有阴影部分的面积即为单位体积中应变能的增量 $\tau\text{d}\gamma$。当切应力从 0 增至 $\tau$ 时，切应变从 0 增至 $\gamma$（见图 4.18(b)），微元体中的应变能

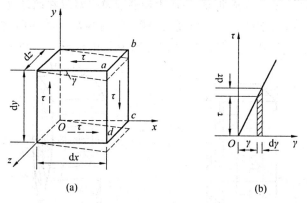

图 4.18

$$\text{d}V_e=\text{d}W=\int_\gamma\tau\text{d}\gamma\text{d}V=\int_0^\gamma G\gamma\text{d}\gamma\text{d}V=\frac{G\gamma^2}{2}\text{d}V=\frac{1}{2}\tau\gamma\text{d}V$$

由上式可得应变能密度

$$v_e=\frac{\text{d}V_e}{\text{d}V}=\frac{1}{2}\tau\gamma=\frac{\tau^2}{2G}=\frac{T^2(x)\rho^2}{2GI_p^2}\tag{4.27}$$

### 4.6.2　轴的应变能

如果将微分体积中的应变能 $\mathrm{d}V_\varepsilon$ 在扭转圆轴的整个体积中积分，即可得扭转圆轴中的总应变能：

$$V_\varepsilon = \int \frac{1}{2} \tau \gamma \mathrm{d}V = \int_l \mathrm{d}x \int_A \frac{T^2(x)\rho^2}{2GI_p^2} \mathrm{d}A \tag{4.28}$$

使用式(4.28)计算圆轴中的应变能时，在长度 $l$ 内，$T(x)$ 和 $I(x)$ 必须是连续函数；如果在长度 $l$ 内，$T(x)$ 和 $I(x)$ 分段连续，可分段计算再求代数和，即

$$V_\varepsilon = \sum_{i=1}^n \int \frac{1}{2} \tau \gamma \mathrm{d}V = \sum_{i=1}^n \int_l \mathrm{d}x \int_A \frac{T^2(x)\rho^2}{2GI_p^2} \mathrm{d}A$$

如果在长度 $l$ 内，$T(x)$ 和 $I_p(x)$ 为常数，即等刚度直杆两端受扭的情况，由式(4.28)可得

$$V_\varepsilon = \frac{T^2 l}{2GI_p} \tag{4.29}$$

上式中 $\dfrac{Tl}{GI_p} = \varphi$，所以对两端受扭的等刚度圆轴，应变能也可以用扭转角计算

$$V_\varepsilon = \frac{1}{2} T\varphi = \frac{GI_p}{2l} \varphi^2 \tag{4.30}$$

## 4.7　矩形截面杆自由扭转时的应力和变形计算

### 4.7.1　非圆截面杆扭转的概念

工程中受扭的杆件除了圆截面杆以外，还有非圆截面杆。非圆截面杆扭转变形的主要特征是，横截面将由平面变成曲面，即产生翘曲现象。对只在两端受到扭转外力偶矩作用的等直非圆截面杆，且在端面没有对翘曲的限制，则各截面的翘曲将完全相同，相邻的两个横截面对应点之间的间距不变，这种情况称为纯扭转或自由扭转。图 4.19(a)、(b)

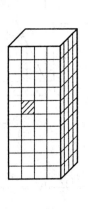
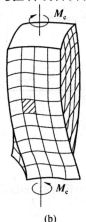

(a)　　　　　　　　　　　　(b)

图 4.19

是一矩形截面杆自由扭转变形前后截面周界的大概形状。由于非圆截面杆自由扭转时相邻的两个横截面对应点之间的间距不变,可以判断横截面上没有正应力,只有切应力;如果在端面设有对翘曲的限制,则称为约束扭转。约束扭转时非圆截面杆各横截面的翘曲程度不同,横截面上除了切应力外,还会引起附加正应力。不过对实体截面杆,扭转附加正应力通常很小,可以不考虑。但在薄壁杆中,这种正应力将不可忽略。

非圆截面杆的扭转要用弹性力学的理论研究,本节主要介绍矩形截面等直杆自由扭转时应力和变形计算的弹性力学结果。

### 4.7.2 矩形截面杆件自由扭转时的应力和变形

矩形截面等直杆自由扭转时横截面上切应力的分布如图 4.20(a) 所示。横截面边缘各点的切应力形成与边界相切的顺流;因为杆的侧表面是自由表面,用切应力互等定理容易证明,截面的四个角点处切应力等于零。同理,在截面中心 $O$ 处切应力也为零;最大切应力 $\tau_{max}$ 发生在矩形长边的中点,短边中点的切应力 $\tau'_{max}$ 为短边各点切应力的最大值。$\tau_{max}$ 和 $\tau'_{max}$ 的计算公式分别为

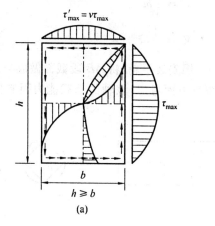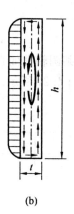

图 4.20

$$\tau_{max} = \frac{T}{W_t} \tag{4.31}$$

$$\tau'_{max} = \nu\tau_{max} \tag{4.32}$$

单位长度扭转角 $\varphi$ 按下面公式计算

$$\varphi = \frac{T}{GI_t} \tag{4.33}$$

式中,$W_t$ 仍称为扭转截面系数;$GI_t$ 称为非圆截面杆的扭转刚度;$I_t$ 称为截面的相当极惯性矩。$W_t$ 和 $I_t$ 分别按下式计算

$$W_t = \beta b^3 \tag{4.34}$$

$$I_t = \alpha b^4 \tag{4.35}$$

式(4.32)、(4.34) 和 (4.35) 中,因数 $\nu$、$\beta$ 和 $\alpha$ 的取值与截面的长、短边的比值 $m = \dfrac{h}{b}$ 有关,可从表 4.1 中查出。

**表 4.1 矩形截面杆扭转时的系数**

| $m = \dfrac{h}{b}$ | 1.0 | 1.2 | 1.5 | 2.0 | 2.5 | 3.0 | 4.0 | 6.0 | 8.0 | 10.0 |
|---|---|---|---|---|---|---|---|---|---|---|
| $\alpha$ | 0.140 | 0.199 | 0.294 | 0.457 | 0.622 | 0.790 | 1.123 | 1.789 | 2.456 | 3.123 |
| $\beta$ | 0.208 | 0.263 | 0.346 | 0.493 | 0.645 | 0.801 | 1.150 | 1.789 | 2.456 | 3.123 |
| $\nu$ | 1.000 | — | 0.858 | 0.796 | — | 0.753 | 0.745 | 0.743 | 0.743 | 0.743 |

注:① 当 $m > 4$ 时,可按下列近似公式计算 $\alpha$、$\beta$、$\nu$:$\alpha = \beta \approx \dfrac{1}{3}(m - 0.63)$,$\nu \approx 0.74$;

② 当 $m > 10$ 时,$\alpha = \beta \approx \dfrac{m}{3}$,$\nu = 0.74$。

当 $m = \dfrac{h}{b} > 10$ 时,截面成为狭长矩形,由表 4.1 可以注意到,此时 $\alpha = \beta \approx \dfrac{m}{3}$。在狭长的矩形截面上,除靠近角点处以外,沿长边各点的切应力数值处处相等(见图 4.20(b)),在靠近角点处迅速减小为零。用 $t$ 表示狭长矩形截面的宽度,其 $I_t$ 和 $W_t$ 的算式可写为

$$I_t = \frac{1}{3}ht^3 \tag{4.36}$$

$$W_t = \frac{1}{3}ht^2 \tag{4.37}$$

**【例 4.6】** 某圆轴截面直径为 $d$。因安装手轮,将 $AB$ 段截面做成与最初的圆截面内接的正方形,如图 4.21 所示。试从强度方面考虑,该轴的承载能力因制作方头降低了多少?

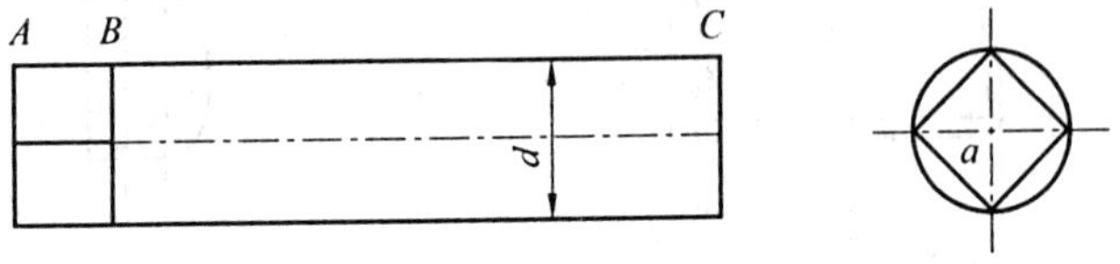

图 4.21

**解** (1)根据强度条件分别计算该轴圆截面段和方头的承载能力

圆截面所能承受的最大扭转外力偶矩

$$[M_e] = W_t[\tau] = \frac{\pi d^3}{16}[\tau] = 0.196d^3[\tau]$$

由已知条件,可以得出正方形截面的边长 $a = \dfrac{\sqrt{2}}{2}d$,$\dfrac{h}{a} = 1$,查表 4.1 得 $\alpha = 0.208$。

设其所能承受的最大扭转外力偶矩为 $[M_e']$,则

$$[M_e'] = W_t'[\tau] = \alpha a^3[\tau] = 0.208\left(\frac{\sqrt{2}}{2}d\right)^3[\tau] = 0.073\,3d^3[\tau]$$

(2)承载能力的比较

$$\frac{[M_e] - [M_e']}{[M_e]} \times 100\% = \frac{0.196d^3[\tau] - 0.073\,3d^3[\tau]}{0.196d^3[\tau]} \times 100\% = 62.9\%$$

计算表明,由于制作方头,轴的承载能力降低了 62.9%。可以算出,方头截面的面积只比圆截面的面积减小 36.3%。

　　工程中有一些承受扭转的杆件,横截面是开口薄壁环。这种杆件在自由扭转时横截面上的扭转切应力和扭转变形可以按狭长矩形截面计算。计算扭转截面系数 $W_t$ 和相当极惯性矩 $I_t$ 时,将截面厚度中线的长度作为狭长矩形截面长边的长度。

　　**【例 4.7】**　两个自由扭转杆件的横截面分别如图 4.22(a)、(c)所示,其中图 4.22(a)为一开口薄壁环形截面,图 4.22(c)为一薄壁圆环截面。两环形的厚度 $t$ 和厚度中线半径 $R$ 都相同。试比较在相同扭矩作用之下两者的抗扭强度和抗扭刚度。

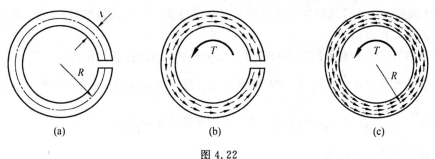

图 4.22

　　**解**　(1)对开口环形薄壁截面可以按狭长矩形截面计算,截面长边 $h=2\pi R$。截面上切应力的分布如图 4.22(b)所示。截面上最大扭转切应力由式(4.29)计算:

$$\tau_{amax}=\frac{T}{W_t}=\frac{T}{\dfrac{ht^2}{3}}=\frac{3T}{2\pi Rt^2}$$

单位长度扭转角用式(4.31)计算

$$\varphi_a=\frac{T}{GI_t}=\frac{3T}{2G\pi Rt^3}$$

　　(2)对薄壁圆环截面,截面中线围成的面积 $A_0=\pi R^2$,中线长度 $S=2\pi R$。截面上最大扭转切应力由式(4.3)计算:

$$\tau_{cmax}=\frac{T}{2\pi R^2 t}$$

单位长度扭转角用式(4.22)(注意对薄壁圆截面 $I_p=2\pi R^3 t$)计算

$$\varphi_c=\frac{\varphi_2}{l}=\frac{T}{2G\pi R^3 t}$$

　　(3)两杆抗扭强度之比即为两杆最大切应力之比

$$\frac{\tau_{amax}}{\tau_{cmax}}=\frac{3R}{t}=3\left(\frac{R}{t}\right)$$

　　(4)两杆抗扭刚度之比即为两杆变形之比

$$\frac{\varphi_a}{\varphi_c}=\frac{3R^2}{t^2}=3\left(\frac{R}{t}\right)^2$$

　　可以看出,由于 $R$ 远大于 $t$,所以开口薄壁杆件的应力和变形都远大于同样情况下的非开口薄壁杆件。

# 本章小结

本章的基本内容是圆轴扭转时的应力和强度、变形和刚度。对非圆截面杆的扭转,重点是介绍矩形等截面直杆自由扭转的弹性力学结果。学习时,注意将本章的研究方法及应力、变形公式与杆件轴向拉(压)的研究方法及应力、变形公式相比较,并进行归纳总结,掌握研究问题的规律。

(1)圆截面等直杆扭转应力的计算公式是通过变形几何关系、物理关系、静力关系三个方面的条件得出的。

圆轴扭转应力和变形的基本概念及基本公式:① 圆轴扭转时横截面上只有切应力 $\tau$,其大小沿截面半径按线性规律分布,横截面上任意一点切应力 $\tau=\dfrac{T\rho}{I_p}$,最大切应力发生在截面边缘各点,其值为 $\tau_{max}=\dfrac{T}{W_t}$;② 单位长度扭转角 $\varphi=\dfrac{T}{GI_p}$。

圆轴扭转强度条件为

$$\tau_{max}=\left(\frac{T}{W_t}\right)_{max}\leqslant[\tau]$$

圆轴扭转刚度条件为

$$\varphi_{max}=\left(\frac{T}{GI_p}\right)_{max}\times\frac{180°}{\pi}\leqslant[\varphi]$$

(2)矩形截面杆自由扭转的应力和变形

矩形截面杆扭转变形的特征是横截面产生翘曲。在自由扭转时,各横截面的翘曲相同,横截面上只有切应力。

最大切应力发生在长边中点,其值为 $\tau_{max}=\dfrac{T}{W_t}$。

短边上中点的切应力 $\tau'$ 最大,与长边中点切应力的关系为 $\tau'=\nu\tau_{max}$。

单位长度的扭转角:$\varphi=\dfrac{T}{GI_t}$。

矩形截面的扭转截面系数 $W_t$ 和相当扭转极惯性矩 $I_t$ 的算式分别为 $W_t=\beta b^2$,$I_t=\alpha b^3$。因数 $\alpha$、$\beta$、$\nu$ 的值取决于 $\dfrac{h}{b}$,可查表得出。当 $\dfrac{h}{b}\geqslant10$ 时,$\alpha=\beta\approx\dfrac{m}{3}$。

# 思 考 题

4.1 圆轴扭转变形的主要特征是什么?是怎样得出的?

4.2 为什么说薄壁圆筒扭转时横截面上没有沿径向的切应力分量?

4.3 圆轴扭转时,横截面上的切应力如何分布?是怎样确定的?截面上任意一点的切应力 $\tau$ 和最大切应力 $\tau_{max}$ 如何计算?空心圆轴受扭时,其横截面外边缘切应力最大,内边缘切应力为零。对否?

4.4 低碳钢和铸铁圆杆扭转时,破坏断面各在什么方位?是什么原因破坏的?

4.5 试从物理意义上比较轴向拉(压)杆件与圆轴扭转两种基本变形中横截面上应

力计算公式 $\sigma = \dfrac{F_N}{A}$ 与 $\tau_{max} = \dfrac{T}{W_t}$、变形计算的基本公式 $d(\Delta l) = \dfrac{F_N dx}{EA}$ 与 $d\phi = \dfrac{T dx}{GI_p}$。你会得出怎样的概念？总结规律，指导你的学习。

4.6　由不同材料制成的两根圆轴，直径、长度都相等，两端受到相同扭转外力偶矩的作用，试问两轴的最大扭转切应力及扭转角各有什么关系？

4.7　横截面积、材料均相同的实心轴与空心轴，哪个承载能力强？试从横截面上扭转切应力的分布规律分析。

4.8　圆轴扭转时，为什么取对单位长度最大扭转角 $\varphi_{max}$ 建立刚度条件？

# 习　题

4.1　试用截面法求图 4.23 所示圆轴各段内的扭矩 $T$，并作扭矩图。

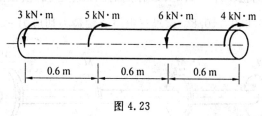

图 4.23

4.2　汽车传动主轴所传递的功率不变，当轴的转速降低为原来的 $\dfrac{1}{2}$ 时，转速降低前后轴所受的外力偶矩的比值为多少？

4.3　如图 4.24 所示，传动轴转速为 $n = 250$ r/min，此轴上轮 $C$ 的输入功率为 $P_C = 150$ kW，轮 $A$、$B$ 的输出功率分别为 $P_A = 50$ kW 和 $P_B = 100$ kW。试作该轴的扭矩图，并求 $|T_{max}|$。欲使轴横截面上最大扭矩最小，轴上三个轮子的布置从左至右应按什么样的顺序安排比较合理？

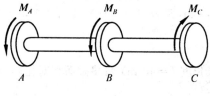

图 4.24

4.4　用功率 $P = 15$ kW，转速 $n = 180$ r/min 电机拖动，从土层中拔出一钢桩，钢桩埋入土层的深度 $l = 45$ m，若土壤对桩的阻力矩在土层内沿桩长均匀分布。试求分布阻力偶集度（单位长度的阻力偶）$m$ 的大小，并绘出该桩的扭矩图。

4.5　某传动轴在传输功率中，受到大小为 $T = 10$ kN·m 的扭矩作用，轴的直径 $d = 80$ mm。试求轴的最大切应力。

4.6　只在两端受到扭转外力偶矩作用的实心轴和空心轴，长度相同。实心轴的直径为 $D_1$，切变模量为 $G_1$；空心轴的外径为 $D_2$，内外径之比为 $d_2/D_2 = 1/2$，切变模量为 $G_2$，两轴切变模量之比为 $G_2/G_1 = 2/3$。若两轴两端所受的扭转外力偶矩及所产生的扭转角都相等，试求二者最大剪应力之比 $\tau_{1,max} : \tau_{2,max}$。

4.7 图 4.25 所示两圆轴最大扭转切应力相同,求此两轴的直径比 $d_1:d_2$。

4.8 直径 $d=75$ mm 的等截面传动轴上,主动轮及从动轮分别作用有外力偶矩:$M_{e1}=1$ kN·m,$M_{e2}=0.6$ kN·m,$M_{e3}=M_{e4}=0.2$ kN·m,如图 4.26 所示。

(1) 绘扭矩图;

(2) 求轴中的最大切应力;

(3) 如欲降低轴中应力,各轮如何安排? 并求此时轴中最大切应力。

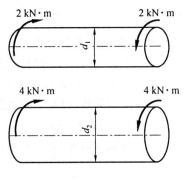

图 4.25

4.9 两端受相同扭转外力偶矩 $M_e$ 作用的三根空心轴,横截面积相等,内、外径的比值 $\alpha\left(\alpha=\dfrac{d}{D}\right)$ 依次为 0.6、0.7、0.8。试求三根空心轴最大切应力 $\tau_{max}$ 的比值。

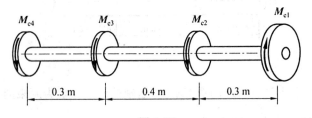

图 4.26

4.10 如图 4.27 所示,某搅拌反应器的功率 $P=5$ kW,空心圆轴内、外径之比 $\alpha=0.8$,材料的切变模量 $G=80$ GPa,$[\tau]=40$ MPa,$[\varphi]=0.5(°)/$m,试计算轴的内、外径尺寸 $d$ 与 $D$ 各为多少?

4.11 一钻机如图 4.28 所示,功率 $P=12$ kW,钻杆外径 $D=60$ mm,内径 $d=50$ mm,转速 $n=180$ r/min,材料扭转许用切应力 $[\tau]=40$ MPa,切变模量 $G=80$ GPa。若钻杆钻入土层深度 $l=40$ m,并假定土壤对钻杆的摩擦阻力偶 $m$ 是均匀分布的力偶。

(1) 绘钻杆扭矩图;

(2) 校核钻杆强度;

(3) 求钻杆入土部分(长度 $l=40$ m)两端截面相对扭转角。

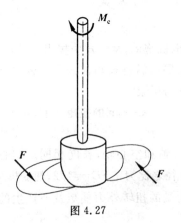

图 4.27

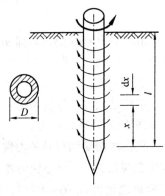

图 4.28

4.12 两轴用套筒连接如图 4.29(a)所示,不考虑键槽对轴和套筒的削弱,若轴和套筒材料的扭转许用切应力分别为$[\tau]_{轴}=45$ MPa 和$[\tau]_{套}=40$ MPa,确定套筒外径 $D$ 和轴径 $d$ 的最合理比值?

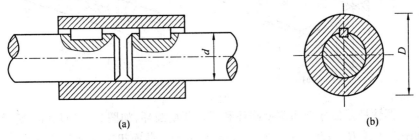

(a)                              (b)

图 4.29

4.13 如图 4.30 所示,一薄壁圆轴的外径 $D_1=76$ mm,壁厚 $t=2.5$ mm,承受扭转外力偶矩 $M_e=1.98$ kN·m,材料的切变弹性模量 $G=80$ GPa,容许切应力 $[\tau]=100$ MPa,容许单位扭转角 $[\varphi]=2$ (°)/m。

(1)试校核该轴的强度、刚度;

(2)若将该薄壁圆轴改为实心圆轴,在保持强度、刚度不变的情况下,试求实心圆轴的直径 $D_2$;

(3)比较空心、实心圆轴的重量。

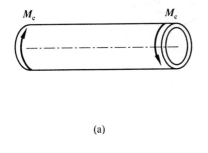

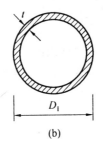

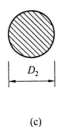

(a)                    (b)                    (c)

图 4.30

4.14 某发动机工作时,曲柄 $AB$ 内的扭矩 $T=500$ N·m,材料的切变弹性模量 $G=80$ GPa,已知曲柄横截面的大小为 $b=30$ mm,$h=120$ mm,如图 4.31 所示。试求此曲柄的最大切应力和单位扭转角。

4.15 一直径 $d=50$ mm 的实心钢轴,材料的许用切应力 $[\tau]=90$ MPa。求当转速 $n=240$ r/min 时该轴容许传送的最大功率 $[P]$。

4.16 图 4.32 所示矩形截面的雨篷梁,由悬挑雨篷板对雨篷梁作用的沿全长的均匀分布的力偶矩为 $M_e=20$ kN·m。已知:$l=2.4$ m,$b=0.2$ m,$h=0.3$ m。

(1)作雨篷梁的扭矩图;

(2)求最大切应力 $\tau_{max}$。

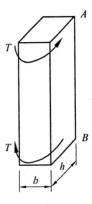

图 4.31

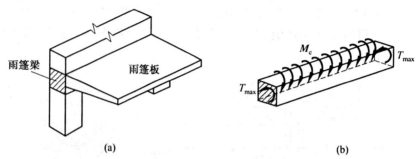

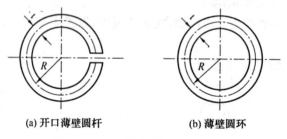

图 4.32

4.17 薄壁杆截面分别为薄壁圆环和开口薄壁圆环,如图4.33(a)、(b)所示,两种截面的厚度中线半径 $R=150$ mm,薄壁厚度$t=6$ mm。截面扭矩 $T=6$ kN·m。试按下列三种方式计算截面切应力:

(1)空心圆轴扭转的精确理论;

(2)薄壁圆杆自由扭转的理论;

(3)开口薄壁杆件自由扭转的理论。

(a) 开口薄壁圆杆      (b) 薄壁圆环

图 4.33

# 第 **5** 章

## 截面的几何性质

构件在外力作用下产生的应力和变形都与构件截面的几何性质有关。例如轴向拉（压）杆件应力和变形计算公式中的截面积 $A$，圆轴扭转应力和变形计算式中的扭转截面系数 $W_t$、极惯性矩 $I_p$ 等，都属于截面几何性质。这表明，构件的强度、刚度、稳定性都与截面的几何性质有关。结构设计中，采用合适的截面是提高结构承载能力的重要方面。因此，截面的几何性质是材料力学计算中的基本量，研究和计算截面的几何性质是材料力学的重要内容，不但要熟练掌握它的定义和计算，还应从力学意义上加深理解，在工程设计中合理运用。为了后续讨论方便，本章对截面的某些几何性质先作必要的讨论。

除本章讨论的内容外，在后续的讨论中还要介绍一些截面几何性质，如弯心、核心等。

## 5.1 静矩和形心

### 5.1.1 静 矩

设面积为 $A$ 的任意截面如图 5.1 所示，坐标系 $xOy$ 为面积平面内任意选取的直角坐标。在截面上任取一微面积 $dA$，$dA$ 的两个坐标为 $x$ 和 $y$，则定义乘积 $ydA$ 和 $xdA$ 为微面积 $dA$ 对 $x$ 轴和 $y$ 轴的静矩，以 $dS_x$ 和 $dS_y$ 表示，则

$$dS_x = ydA$$
$$dS_y = xdA \qquad \text{(a)}$$

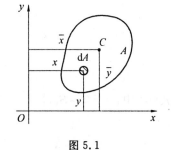

图 5.1

整个截面积对面内 $x$ 轴和 $y$ 轴的静矩显然等于面积内所包含的全部微面积对同一轴的静矩之和。其定义式即式（a）在整个截面上对面积的积分：

$$S_x = \int_A ydA$$
$$S_y = \int_A xdA \qquad \text{(5.1)}$$

静矩是对一定的轴而言的，同一截面对不同轴的静矩不同。根据静矩的定义，其值可正、

可负、可为零,其量纲为[长度]$^3$。

可以注意到,按式(5.1)计算截面积对指定轴的静矩时,关键是找出微面积 $dA$ 的表达式。

**【例 5.1】** 试计算图 5.2 所示半圆面积对与其直径重合的 $x$ 轴的静矩 $S_x$,图中 $r$ 为半径。

**解** 取微面积 $dA$ 如图中阴影所示,则

$$dA = 2\sqrt{r^2 - y^2}\,dy$$

将 $dA$ 的表达式代入静矩的定义式(5.1),得

$$S_x = \int y dA = \int_0^r 2y\sqrt{r^2 - y^2}\,dy = \frac{2r^3}{3}$$

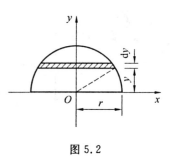

图 5.2

**【例 5.2】** 如图 5.3 所示,三角形面积底边长为 $b$,高为 $h$,试计算其对与底边重合的 $x$ 轴的静矩。

**解** 取微面积 $dA$ 如图中阴影所示,由几何关系可得

$$b(y) = \frac{b}{h}(h - y)$$

微面积算式可写为

$$dA = b(y)\,dy = \frac{b}{h}(h - y)\,dy$$

将 $dA$ 的表达式代入静矩的定义式(5.1),得

$$S_x = \int_A y dA = \int_0^h y \frac{b}{h}(h - y)\,dy = \frac{bh^2}{6}$$

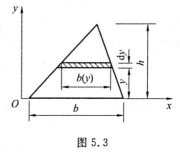

图 5.3

### 5.1.2 形心与静矩的关系

由理论力学可知,在平面直角坐标系 $xOy$ 中,均质等厚度薄板形心坐标(见图5.1)可按下式计算

$$\bar{x} = \frac{\int_A x dA}{A}$$

$$\bar{y} = \frac{\int_A y dA}{A} \tag{b}$$

式(b)中 $\int_A x dA = S_y$,$\int_A y dA = S_x$。因此,由式(b)可得

$$S_x = A\bar{y}$$
$$S_y = A\bar{x} \tag{5.2}$$

式(5.2)即截面图形形心与静矩的关系式。根据此式,如果已知截面的形心坐标和面积,可以很方便地计算截面的静矩;反之,如果已知截面的面积和静矩,可以计算截面在该坐标系中的形心坐标。显然,如果坐标系中的某一坐标轴通过截面图形的形心,则图形对该轴的静矩为零。图形平面内通过图形形心的轴称为形心轴,故上述结论可简述为图形面积对其形心轴的静矩为零。如例 5.1 中,$S_x = \dfrac{2r^3}{3}$,半圆的面积 $A = \dfrac{\pi r^2}{2}$,则形心的坐标 $\bar{y} = \dfrac{S_x}{A} =$

$\dfrac{4r}{3\pi}$。例 5.2 中，$S_x = \dfrac{bh^2}{6}$，三角形的面积 $A = \dfrac{bh}{2}$，于是，形心坐标 $\bar{y} = \dfrac{S_x}{A} = \dfrac{h}{3}$。这些结果都是我们熟知的。在上面两例中，如果使 $x$ 轴通过截面形心，则 $\bar{y} = 0$，由式(5.2)的第一式可得 $S_x = 0$。

### 5.1.3　组合截面的静矩

由几个简单图形组成的截面称为组合截面。简单图形是指图形面积、形心相对图形本身的位置都可以通过简单公式计算的几何图形。理论力学中已经建立了组合图形形心坐标公式，在坐标系 $xOy$ 中，该公式可写为

$$\bar{x} = \frac{\sum \bar{x}_i A_i}{A}$$

$$\bar{y} = \frac{\sum \bar{y}_i A_i}{A} \tag{c}$$

式(c)的第一式中，$\bar{x}A = S_y$，$\bar{x}_i A_i = S_{yi}$，从而有

$$S_y = \sum S_{yi} \tag{5.3a}$$

同理，由式(c)的第二式可得

$$S_x = \sum S_{xi} \tag{5.3b}$$

式(5.3)即组合截面静矩计算公式。公式表明，组合图形对平面内某一轴的静矩，等于其各组成部分对同一轴静矩的代数和。

**【例 5.3】**　试计算图 5.4(a)所示⊥形截面形心轴 $x_C$ 一侧的面积对 $x_C$ 轴的静矩 $S_{x_C}$ 和整个截面对 $x$ 轴的静矩 $S_x$。图中 $y$ 轴为截面的纵向对称轴。

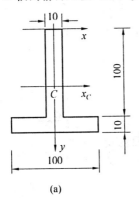

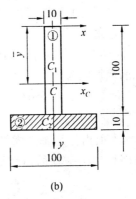

(a)　　　　　　　　　　　　　(b)

图 5.4

**解**　(1) 求形心坐标

选参考坐标系 $x-y$ 如图 5.4 所示，其中 $x$ 轴是与截面上边界重合的水平轴。因为 $y$ 轴为截面的纵向对称轴，根据形心的几何意义，该截面的形心一定在 $y$ 轴上。计算时将截面划分为 ①、② 两部分，如图 5.4(b)所示。

部分 ① 的面积和形心坐标为

$$A_1 = 10^3 \text{ mm}, \quad \bar{y}_1 = 50 \text{ mm}$$

部分 ②（图中阴影部分）的面积和形心坐标为

$$A_2 = 10^3 \text{ mm}^2, \quad \bar{y}_2 = 105 \text{ mm}$$

于是有

$$\bar{y} = \frac{A_1 \bar{y}_1 + A_2 \bar{y}_2}{A_1 + A_2} = \frac{10^3 \text{ mm}^2 \times (50 \text{ mm} + 105 \text{ mm})}{2 \times 10^3 \text{ mm}^2} = 77.5 \text{ mm}$$

（2）计算 $S_{x_C}$

因为 $x_C$ 轴为形心轴，整个截面积对其静矩为零。因此，该轴两侧面积对其静矩，数值上应该相等，正负号相反。为计算简便，取其上面的面积计算 $S_{x_C}$。由上述结果可得

$$S_{x_C} = 10 \text{ mm} \times \bar{y} \times \frac{\bar{y}}{2} = 10 \text{ mm} \times 77.5 \text{ mm} \times \frac{77.5 \text{ mm}}{2} \approx 3 \times 10^4 \text{ mm}^3$$

（3）计算 $S_x$

利用组合截面静矩的概念和计算公式，可得

$$S_x = A_1 \bar{y}_1 + A_2 \bar{y}_2 = 10^3 \text{ mm}^2 \times 50 \text{ mm} + 10^3 \text{ mm}^2 \times 105 \text{ mm} = 1.55 \times 10^5 \text{ mm}^3$$

实际上，若直接利用整个截面的形心与静矩的关系，计算将更简单：

$$S_x = \bar{y} \cdot A = 77.5 \text{ mm} \times (2 \times 10^3 \text{ mm}^2) = 1.55 \times 10^5 \text{ mm}^3$$

由此也验证了上面计算结果的正确性。

# 5.2 惯性矩·惯性积·极惯性矩

### 5.2.1 惯性矩和惯性积

（1）惯性矩

设面积为 $A$ 的任意截面图形如图 5.5 所示，$xOy$ 是截面图形平面内的直角坐标系。图中 $dA$ 是从图形上任取的微面积，若 $dA$ 的两个坐标为 $x$ 和 $y$，则定义微面积 $dA$ 对 $x$ 轴和 $y$ 轴的惯性矩为

$$dI_x = y^2 dA$$
$$dI_y = x^2 dA \tag{a}$$

因为整个截面对平面内任意轴的惯性矩应等于截面内所包含的全部微面积对同一轴的惯性矩之和。将式（a）两边积分，得

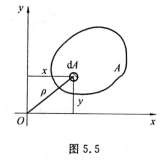

图 5.5

$$I_x = \int_A y^2 dA$$
$$I_y = \int_A x^2 dA \tag{5.4}$$

式(5.4)即截面图形的面积对同平面内两个正交轴（$x$ 轴和 $y$ 轴）的惯性矩 $I_x$、$I_y$ 的定义式。

（2）惯性积

图 5.5 中，微面积 $dA$ 与其面内直角坐标系中两个坐标的乘积 $xydA$ 即定义为 $dA$ 的惯性积，以 $dI_{xy}$ 表示，则

$$\mathrm{d}I_{xy} = xy\,\mathrm{d}A \qquad\qquad (b)$$

若用 $I_{xy}$ 表示截面图形的面积对 $x$、$y$ 的惯性积，则其定义式为

$$I_{xy} = \int_A xy\,\mathrm{d}A \qquad\qquad (5.5)$$

（3）组合截面的惯性矩和惯性积

组合截面中任何一部分面积 $A_i$ 对面内任意坐标轴的惯性矩、或对任意一对正交轴的惯性积都可以按上述关于惯性矩和惯性积的定义式（5.4）、（5.5）计算。因此，组合截面对面内任意指定轴的惯性矩，等于图形各部分对同一轴惯性矩的总和；对面内任意一对正交轴的惯性积等于图形各部分对同一对正交轴惯性积的代数和。即

$$I_x = \sum_{i=1}^{n} I_{x,i}, \quad I_y = \sum_{i=1}^{n} I_{y,i}, \quad I_{xy} = \sum_{i=1}^{n} I_{xy,i} \qquad (5.6)$$

应该强调：惯性矩和惯性积都是对一定的轴（或轴系）而言的，同一截面对不同轴的惯性矩、或对不同直角坐标系的惯性积不同；惯性矩的数值永远为正，而惯性积的数值则可正、可负、可为零；惯性矩和惯性积的量纲均为 $[\text{长度}]^4$。

## 5.2.2　惯性半径

力学计算中，有时将惯性矩表达为图形面积 $A$ 与一个相应长度 $i$ 的平方的乘积，如

$$\begin{aligned} I_x &= i_x^2 A \\ I_y &= i_y^2 A \end{aligned} \qquad\qquad (c)$$

式中，$i_x$、$i_y$ 即分别称为截面图形对同平面内 $x$ 轴和 $y$ 轴的惯性半径。由式（c）可得

$$i_x = \sqrt{\frac{I_x}{A}} \qquad\qquad (5.7a)$$

$$i_y = \sqrt{\frac{I_y}{A}} \qquad\qquad (5.7b)$$

截面图形对某一轴的惯性半径反映了截面面积分布对该轴的靠近程度。例如，取工字钢截面 No.20a 的两个对称轴为 $x$、$y$，如图 5.6 所示，由附录中的型钢表可查得 $i_x = 8.15\ \mathrm{cm}$，$i_y = 2.12\ \mathrm{cm}$。这个结果表明，图 5.6 中工字钢截面面积分布更靠近 $y$ 轴。

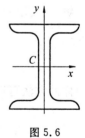

图 5.6

惯性半径的计算在压杆稳定性的研究中应用较多。为了使用方便，根据式（5.7）可以得出工程中一些常见截面惯性半径的简化算式，如，直径为 $d$ 的实心圆截面，对面内过圆心的任意轴的惯性半径 $i = \dfrac{d}{4}$；如图 5.7(a)所示矩形截面，对面内两个对称轴 $y$、$z$ 的惯性半径为

$$i_z = \frac{h}{2\sqrt{3}}, \quad i_y = \frac{b}{2\sqrt{3}}$$

可以注意到，矩形截面对其任意一个对称轴的惯性半径就等于与该轴垂直边的长度除以 $2\sqrt{3}$。

型钢截面的惯性半径可查有关附表得出。

### 5.2.3 极惯性矩

仍用图 5.5 所示截面图形讨论,取微面积 $dA$,设其到面内任意直角坐标系原点 $O$ 的距离为 $\rho$,则 $dA$ 对点 $O$ 的极惯性矩定义为

$$dI_p = \rho^2 dA \qquad\qquad (d)$$

将式(d)两边积分,得整个截面积对点 $O$ 的极惯性矩:

$$I_p = \int_A \rho^2 dA \qquad\qquad (5.8)$$

由图 5.5 所示几何关系可知 $\rho^2 = x^2 + y^2$,将这一关系代入式(5.8)中,注意到惯性矩的定义式,可得

$$I_p = I_x + I_y \qquad\qquad (5.9)$$

即平面图形对同平面内任意一对正交轴的惯性矩之和等于其对这对正交轴交点 $O$ 的极惯性矩。

**【例 5.4】** 试计算图 5.7 所示矩形截面对其对称轴 $y$ 和 $z$ 的惯性矩和惯性积。

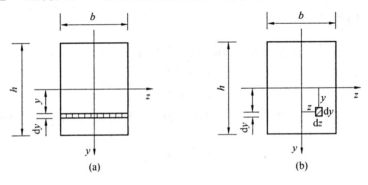

图 5.7

**解** 先求对 $z$ 轴的惯性矩 $I_z$。取平行于 $z$ 轴的微面积 $dA$ 如图 5.7(a) 所示,则

$$dA = b dy$$

$$I_z = \int_A y^2 dA = \int_{-\frac{h}{2}}^{\frac{h}{2}} b y^2 dy = \frac{bh^3}{12}$$

用同样的方法可以求得

$$I_y = \frac{hb^3}{12}$$

上面的两个结果可以作为公式使用,使用时注意:$\frac{1}{12}$ 是常数,分子是与轴平行边的长度的一次方乘以垂直边的长度的三次方。

计算惯性积时,取微面积如图 5.7(b) 所示,则 $dA = dz dy$。由惯性积的定义式,有

$$I_{yz} = \int_A yz dA = \int_{-\frac{b}{2}}^{\frac{b}{2}} z dz \int_{-\frac{h}{2}}^{\frac{h}{2}} y dy = 0$$

结果表明,矩形截面对其两个对称轴的惯性积为零。实际上,可以证明,截面图形只要有一个对称轴,则该图形对包括对称轴的任意一对正交轴的惯性积都为零。

**【例 5.5】** 试计算图 5.8 所示圆截面对其对称轴 $y$ 和 $z$ 的惯性矩和惯性半径。

**解**　由第 4 章的结果已知,圆截面的极惯性矩为

$$I_p = \frac{\pi d^4}{32}$$

因为平面内过圆心的任意一个轴都是圆截面的对称轴,所以有 $I_y = I_z$。再由式(5.9)和上式给出的圆截面的极惯性矩,可得

$$I_y = I_z = \frac{I_p}{2} = \frac{\pi d^4}{64}$$

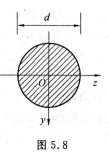

图 5.8

# 5.3　惯性矩和惯性积的平行移轴公式及转轴公式

前面已经指出,截面图形几何性质的量值与坐标轴的位置有关,当坐标轴位置改变时,截面的几何性质的量值将随之改变。坐标轴位置的变化是任意的,但基本形式只有两种,即平移和旋转。下面将讨论对应坐标轴位置的两种基本变换形式,截面图形惯性矩和惯性积的变化规律。

## 5.3.1　平行移轴公式

图 5.9 中,设 $x$、$y$ 是通过截面形心的一对正交轴,$x_1$、$y_1$ 是分别与 $x$、$y$ 平行的另一对正交轴,两对平行轴之间的距离依次为 $a$ 和 $b$。在截面上取微面积 $dA$,其在两个坐标系中的坐标分别为 $(x,y)$ 和 $(x_1,y_1)$。根据定义,截面图形对这两对正交轴的惯性矩和惯性积分别为

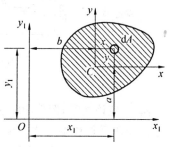

图 5.9

$$I_x = \int_A y^2 dA, \quad I_y = \int_A x^2 dA, \quad I_{xy} = \int_A xy\, dA \quad \text{(a)}$$

$$I_{x_1} = \int_A y_1^2 dA, \quad I_{y_1} = \int_A x_1^2 dA, \quad I_{x_1 y_1} = \int_A x_1 y_1 dA \quad \text{(b)}$$

由图 5.9 可得 $dA$ 在两个坐标系中的坐标关系

$$x_1 = x + b, \quad y_1 = y + a \quad \text{(c)}$$

将式(c)的第二式代入式(b)的第一式,并将结果与式(a)比较,得

$$I_{x_1} = \int_A (y+a)^2 dA = I_x + a^2 A + 2a \int_A y\, dA$$

式中,积分 $\int_A y\, dA$ 是截面面积对 $x$ 轴的静矩 $S_x$,但是,因为 $x$ 为形心轴,所以有 $S_x = 0$。于是得到

$$I_{x_1} = I_x + a^2 A \quad \text{(5.10a)}$$

同理可得

$$I_{y_1} = I_y + b^2 A \quad \text{(5.10b)}$$

$$I_{x_1 y_1} = I_{xy} + ab A \quad \text{(5.11)}$$

式(5.10)即惯性矩的平行移轴公式,该公式表明,截面图形对同平面内任一轴的惯性矩

等于它对与该轴平行的形心轴的惯性矩再加上图形的面积与两轴间距离平方的乘积。因为式中各项均为正值,可见截面图形对同平面内一组平行轴的惯性矩中,以对形心轴的最小。使用平移轴公式时应注意:两平行轴中必须有一个是形心轴。

式(5.11)是惯性积的平行移轴公式,该公式表明,截面图形对同平面内任意一对正交轴的惯性积等于它对与该对正交轴平行的一对形心轴的惯性积再加上图形的面积与两对对应轴间距离的乘积。使用惯性积的平行移轴公式时,应注意公式中的 $a$、$b$ 的正、负:参考坐标系选定后,当移轴方向沿参考轴的正方向时,移轴距离 $a$(或 $b$)取正值;反之取负值。

**【例 5.6】** 三角形如图 5.10(a)所示,已知三角形的面积对与其底边重合的轴(用 $z$ 表示)的惯性矩 $I_z = \dfrac{bh^3}{12}$,$z_1$ 轴与 $z$ 轴平行,两轴间距为 $\dfrac{2h}{3}$。求该三角形面积对 $z_1$ 轴的惯性矩。

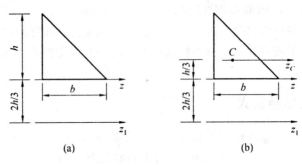

图 5.10

**解** 应该注意,图 5.10(a)中给出的两个平行轴中没有形心轴,故在这两个轴之间不能直接使用平行移轴公式。为此,应首先确定三角形的形心 $C$,并过 $C$ 作与已知轴平行的形心轴 $z_C$,如图 5.10(b)所示。之后,先在 $z$ 轴和 $z_C$ 轴间使用平行移轴公式。已知该三角形对与其底边重合的轴的惯性矩 $I_z = \dfrac{bh^3}{12}$,三角形的面积 $A = \dfrac{bh}{2}$,其形心轴 $z_C$ 到 $z$ 轴的距离为 $\dfrac{h}{3}$。由平行移轴公式可以算出该三角形对其形心轴的惯性矩为

$$I_{z_C} = I_z - \left(\frac{h}{3}\right)^2 A = \frac{bh^3}{12} - \frac{h^2}{9} \times \frac{bh}{2} = \frac{bh^3}{36}$$

再在 $z_C$ 轴和 $z_1$ 轴间使用平行移轴公式。两轴间的距离为 $\dfrac{h}{3} + \dfrac{2h}{3} = h$,并利用上式得出的结果,可得

$$I_{z_1} = I_{z_C} + h^2 A = \frac{bh^3}{36} + h^2 \times \frac{bh}{2} = \frac{19bh^3}{36}$$

**【例 5.7】** 试计算图 5.4(例 5.3)中的 ⊥ 截面对其形心轴($x_C$ 轴)的惯性矩 $I_{x_C}$。

**解** 利用例 5.3 的计算结果,$\bar{y} = 77.5$ mm,作①、②两部分面积与 $x_C$ 轴平行的形心轴 $x_1$、$x_2$,如图 5.11 所示。从图中可以得出轴 $x_1$ 与 $x_C$ 的间距 $a_1 = 77.5$ mm$-50$ mm$=22.5$ mm,轴 $x_2$ 与 $x_C$ 的间距 $a_2 = 105$ mm$-77.5$ mm$=27.5$ mm。组合图形对其形心轴的惯性矩等于其各部分面积对该轴惯性矩之和,各部分面积对截面形心轴的

惯性矩可利用平行移轴公式计算,于是可得

$$I_{x_C} = \left[\frac{b_1 h_1^3}{12} + a_1^2 A_1\right] + \left[\frac{b_2 h_2^3}{12} + a_2^2 A_2\right] =$$

$$\left[\frac{10 \text{ mm} \times (100 \text{ mm})^3}{12} + (22.5 \text{ mm})^2 \times (10^3 \text{ mm}^2)\right] +$$

$$\left[\frac{100 \text{ mm} \times (10 \text{ mm})^3}{12} + (27.5 \text{ mm})^2 \times (10^3 \text{ mm}^2)\right] \approx$$

$$21 \times 10^5 \text{ mm}^4$$

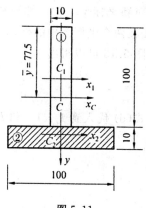

图 5.11

**【例 5.8】** 求图 5.12 所示组合截面对其水平对称轴的惯性矩。截面的上下带阴影的部分是矩形加强条,尺寸如图 5.12 所示。两加强条之间的部分是工字型钢截面 No.22a。

**解** 组合截面对 $z$ 轴的惯性矩包括工字钢 No.22a 截面对 $z$ 轴的惯性矩 $I_z'$ 和两个矩形加强条的面积对 $z$ 轴的惯性矩。

工字钢 No.22a 截面对 $z$ 轴的惯性矩可查型钢表得出:

$$I_z' = 3\,400 \text{ cm}^4$$

同时得出工字钢 No.22a 截面的高度 $h = 22$ cm(图 5.12 中 $h = 220$ mm)。

矩形加强条的面积对通过自己形心的 $z_1$ 轴的惯性矩

$$I_{z_1} = \frac{12 \text{ cm} \times 1 \text{ cm}^3}{12} = 1 \text{ cm}^4$$

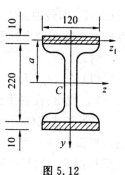

图 5.12

轴 $z_1$ 与 $z$ 的间距 $a = \frac{22 \text{ cm}}{2} + \frac{1 \text{ cm}}{2} = 11.5$ cm。用平行移轴公式

计算出两个矩形加强条对 $z$ 轴的惯性矩 $2[I_{z_1} + a^2 A_1]$,再与 $I_z'$ 相加,整理后得

$$I_z = I_z' + 2[I_{z_1} + a^2 A_1] = 3\,400 \text{ cm}^4 +$$

$$2[1 \text{ cm}^4 + (11.5 \text{ cm})^2 \times (12 \text{ cm} \times 1 \text{ cm})] = 6\,576 \text{ cm}^4$$

## 5.3.2 转轴公式

下面讨论截面图形的惯性矩和惯性积随面内直角坐标系的转动而变化的规律。

设截面图形及面内的右手直角坐标系 $xOy$ 如图 5.13 所示,在该坐标系中微面积 $dA$ 的两个坐标为 $x$ 和 $y$;图中右手直角坐标系 $x_1 O y_1$ 是将正交轴系 $xOy$ 绕原点 $O$ 旋转 $\alpha$ 角后得到的一个新的平面直角坐标系,微面积 $dA$ 在 $x_1 O y_1$ 中的两个坐标为 $x_1$ 和 $y_1$。则该截面图形在两个坐标系中惯性矩和惯性积的定义式仍可用式(a)和(b)表示。现在的目的是得出当坐标系 $xOy$ 绕坐标原点 $O$ 旋

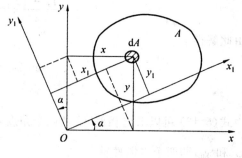

图 5.13

转到 $x_1 O y_1$ 时截面图形的惯性矩和惯性积随之而变化的规律,也即截面图形对原坐标系

和对新坐标系之轴惯性矩和惯性积的关系。研究这个问题的方法仍然是先建立微面积 dA 在两个坐标系中的坐标关系,再把这种坐标关系代入到惯性矩和惯性积的定义式中。由图 5.13 可以得出

$$x_1 = x\cos\alpha + y\sin\alpha$$
$$y_1 = y\cos\alpha - x\sin\alpha \tag{d}$$

将式(d)代入到 $I_{x_1}$、$I_{y_1}$ 和 $I_{x_1y_1}$ 的定义式(b)中,并将其整理成 $2\alpha$ 的函数,最后得到

$$I_{x_1} = \frac{I_x + I_y}{2} + \frac{I_x - I_y}{2}\cos 2\alpha - I_{xy}\sin 2\alpha \tag{5.12a}$$

$$I_{y_1} = \frac{I_x + I_y}{2} - \frac{I_x - I_y}{2}\cos 2\alpha + I_{xy}\sin 2\alpha \tag{5.12b}$$

$$I_{x_1y_1} = \frac{I_x - I_y}{2}\sin 2\alpha + I_{xy}\cos 2\alpha \tag{5.12c}$$

式(5.12)即转轴公式,该公式给出了当坐标系在同平面内绕原点转动时,截面图形的惯性矩和惯性积随坐标系的转动而变化的规律。

讨论:

(1) $I_{x_1}$、$I_{y_1}$、$I_{x_1y_1}$ 都是 $\alpha$ 角的单值连续函数,即 $I_{x_1} = f_1(\alpha)$、$I_{y_1} = f_2(\alpha)$、$I_{x_1y_1} = f_3(\alpha)$。规定:在右手坐标系中,$\alpha$ 以逆时针为正。

(2) 若将式(5.12a)与式(5.12b)相加,可得 $I_x + I_y = I_{x_1} + I_{y_1}$。这表明截面图形对通过平面内同一点的任意一对正交轴的两个惯性矩之和为一常数。由此可推知,当截面图形对正交轴的某一轴的惯性矩为极大值时,对另一轴的惯性矩必为极小值。

(3) 前面已经指出,$I_{x_1} = f_1(\alpha)$、$I_{y_1} = f_2(\alpha)$ 的值永远大于零,$I_{x_1y_1} = f_3(\alpha)$ 的值可正、可负、可为零。据此可以断定,对平面内的任意一点,总可以找到一对正交轴,与参考轴的夹角为 $\alpha_0$,惯性积 $I_{x_0y_0} = f_3(\alpha_0) = 0$,这样的一对正交轴 $x_0$、$y_0$ 称为主惯性轴。截面图形对主惯性轴的惯性矩称为主惯性矩。

### 5.3.3　主惯性轴和主惯性矩的计算

设 $x_0$、$y_0$ 为图形平面内过任意一点 $O$ 与参考轴 $x$、$y$ 的夹角为 $\alpha_0$ 的两个主惯性轴,则根据主惯性轴的概念,由式(5.12c)可得

$$I_{x_0y_0} = \frac{I_x - I_y}{2}\sin 2\alpha_0 + I_{xy}\cos 2\alpha_0 = 0 \tag{e}$$

由此解得

$$\tan 2\alpha_0 = -\frac{I_{xy}}{\dfrac{I_x - I_y}{2}} \tag{5.13}$$

由式(5.13)可以求出相差90°的两个角度 $\alpha_0$ 和 $\alpha_0' = \alpha_0 + \dfrac{\pi}{2}$,可以确定两个互相垂直的轴 $x_0$ 和 $y_0$,即两个主惯性轴。

由式(5.12a)和式(e)可得 $\left(\dfrac{\mathrm{d}I_{x_1}}{\mathrm{d}\alpha}\right)_{\alpha=\alpha_0} = 0$,表明截面图形对过平面内同一点所有轴的

惯性矩中,对主惯性轴的惯性矩是惯性矩的极值。利用式(5.13)求出 $\cos 2\alpha_0$ 和 $\sin 2\alpha_0$,再利用转轴公式(5.12a)和(5.12b)可以求出主惯性矩的大小,即

$$I_{\min}^{\max} = \frac{I_x + I_y}{2} \pm \sqrt{\left(\frac{I_x - I_y}{2}\right)^2 + I_{xy}^2} \tag{5.14}$$

式中,$I_x$,$I_y$,$I_{xy}$ 为图形对参考轴 $x$、$y$ 的惯性矩和惯性积。

式(5.13)和(5.14)即确定主惯性轴的位置 $\alpha_0$ 和 $\alpha_0'$ 和计算主惯性矩数值的公式。至于 $I_{\max}$ 和 $I_{\min}$ 各是图形对哪个主惯性轴的惯性矩,可采用如下方法判断:

(1)如果 $I_x > I_y$,则 $|\alpha_0|$ 和 $|\alpha_0'|$ 中小于 $45°$ 角的那个主惯性轴即是 $I_{\max}$ 的轴;反之,则是 $|\alpha_0|$ 和 $|\alpha_0'|$ 中大于 $45°$ 角的那个主惯性轴是 $I_{\max}$ 的轴。

(2)当 $I_x = I_y$ 时,与参考轴成 $-45°$ 角的轴为 $I_{\max}$ 的轴,与参考轴成 $+45°$ 角的轴为 $I_{\min}$ 的轴。

关于上述结论的论证这里从略。

【例 5.9】　试求图 5.14 所示矩形截面对过其角点 $A$ 的主惯性轴和主惯性矩。

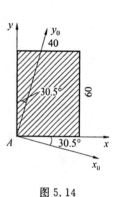

图 5.14

**解**　选过角点 $A$ 且与矩形的两个侧边重合的轴 $x$、$y$ 为参考轴,可以求得 $I_x = 288 \times 10^4 \text{ mm}^4$,$I_y = 128 \times 10^4 \text{ mm}^4$,$I_{xy} = 144 \times 10^4 \text{ mm}^4$。

由式(5.13)可得

$$\tan 2\alpha_0 = -\frac{I_{xy}}{\dfrac{I_x - I_y}{2}} = -\frac{144 \times 10^4 \text{ mm}^4}{\dfrac{(288 - 128) \times 10^4 \text{ mm}^4}{2}} = -1.8$$

由此解得两个主惯性轴的方位角:

$$\alpha_0 = 59.5°, \quad \alpha_0' = -30.5°$$

据此作出过图示矩形截面角点 $A$ 的主惯性轴 $x_0$ 和 $y_0$,示于图 5.14 中。

按式(5.14)计算主惯性矩,得

$$I_{\min}^{\max} = \frac{I_x + I_y}{2} \pm \sqrt{\left(\frac{I_x - I_y}{2}\right)^2 + I_{xy}^2} = \frac{372.7 \times 10^4}{43.3 \times 10^4} \text{ mm}^4$$

由于 $I_x > I_y$,$|\alpha_0'| = 30.5° < 45°$,根据前述原则可以判断 $I_{\max}$ 是对 $x_0$ 轴的惯性矩。

# 5.4　组合截面的形心主惯性轴和形心主惯性矩

过截面图形形心的主惯性轴称为形心主惯性轴,截面图形对形心主惯性轴的惯性矩称为形心主惯性矩。形心的主惯性轴的概念在弯曲理论中有重要意义。

确定一般组合截面形心主惯性轴和形心主惯性矩的主要步骤和方法如下:

(1)选定参考坐标系,确定组合截面形心 $C$ 在参考坐标系中的坐标;

(2)过截面形心 $C$ 建立形心正交轴 $x_C$、$y_C$。选择形心正交轴时,应考虑截面对选定轴的惯性矩和惯性积 $I_{x_C}$、$I_{y_C}$、$I_{x_C y_C}$ 的计算是否简便;

(3)利用转轴公式求形心主惯性轴;

（4）利用主惯性矩公式计算形心主惯性矩。

如果截面具有对称轴,如图 5.15 中所示工字形、T 字形、槽形、箱形等,则对称轴就是形心主惯性轴。

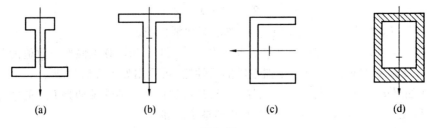

(a)　　　　　　　(b)　　　　　　　(c)　　　　　　　(d)

图 5.15

**【例 5.10】** 试求图示截面的形心主惯性轴的位置和形心主惯性矩的数值。

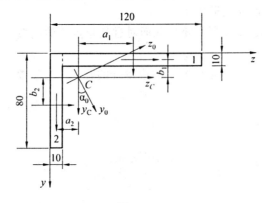

图 5.16

**解** （1）求形心

选参考坐标 $y$、$z$ 如图 5.16 所示。分截面为 1、2 两部分,则

$$A_1 = 110 \text{ mm} \times 10 \text{ mm} = 1\ 100 \text{ mm}^2, \quad \overline{y_1} = 5 \text{ mm}, \quad \overline{z_1} = 65 \text{ mm}$$

$$A_2 = 10 \text{ mm} \times 80 \text{ mm} = 800 \text{ mm}^2, \quad \overline{y_2} = 40 \text{ mm}, \quad \overline{z_2} = 5 \text{ mm}$$

截面形心坐标:

$$\overline{y} = \frac{A_1 \overline{y_1} + A_2 \overline{y_2}}{A_1 + A_2} = \frac{1\ 100 \text{ mm}^2 \times 5 \text{ mm} + 800 \text{ mm}^2 \times 40 \text{ mm}}{1\ 100 \text{ mm} + 800 \text{ mm}} \approx 19.7 \text{ mm}$$

$$\overline{z} = \frac{A_1 \overline{z_1} + A_2 \overline{z_2}}{A_1 + A_2} = \frac{1\ 100 \text{ mm}^2 \times 65 \text{ mm} + 800 \text{ mm}^2 \times 5 \text{ mm}}{1\ 100 \text{ mm} + 800 \text{ mm}} \approx 39.7 \text{ mm}$$

（2）过形心 $C$ 建立形心正交轴系 $y_C$、$z_C$,分别平行于参考轴 $y$、$z$,如图 5.16 所示。

组合截面对轴 $y_C$、$z_C$ 的惯性矩和惯性积等于 1、2 两部分面积对这两个轴的惯性矩和惯性积之和。取两部分面积的形心轴分别与轴 $y_C$、$z_C$ 平行,如图 5.16 所示,从而每部分面积对轴 $y_C$、$z_C$ 惯性矩和惯性积可用平行移轴公式计算。图中两部分面积的形心轴与轴 $y_C$、$z_C$ 对应轴间的间距为

$$a_1 = 65 \text{ mm} - 39.7 \text{ mm} = 25.3 \text{ mm}, \quad b_1 = 19.7 \text{ mm} - 5 \text{ mm} = 14.7 \text{ mm}$$

$$a_2 = 39.7 \text{ mm} - 5 \text{ mm} = 34.7 \text{ mm}, \quad b_2 = 40 \text{ mm} - 19.7 \text{ mm} = 20.3 \text{ mm}$$

于是有

$$I_{y_C} = I_{y_C,面积1} + I_{y_C,面积2} =$$

$$\left[ \frac{10 \text{ mm} \times (110 \text{ mm})^3}{12} + 1\,100 \text{ mm}^2 \times (25.3 \text{ mm})^2 \right] +$$

$$\left[ \frac{80 \text{ mm} \times (10 \text{ mm})^3}{12} + 800 \text{ mm}^2 \times (34.7 \text{ mm})^2 \right] \approx 2\,783.2 \times 10^3 \text{ mm}^4$$

$$I_{z_C} = I_{z_C,面积1} + I_{z_C,面积2} =$$

$$\left[ \frac{110 \text{ mm} \times (10 \text{ mm})^3}{12} + 1\,100 \text{ mm}^2 \times (14.7 \text{ mm})^2 \right] +$$

$$\left[ \frac{10 \text{ mm} \times (80 \text{ mm})^3}{12} + 800 \text{ mm}^2 \times (20.3 \text{ mm})^2 \right] \approx 1\,003.2 \times 10^3 \text{ mm}^4$$

$$I_{y_C z_C} = I_{y_C z_C,面积1} + I_{y_C z_C,面积2} =$$

$$[1\,100 \text{ mm}^2 \times (-25.3 \text{ mm}) \times 14.7 \text{ mm}] +$$

$$[800 \text{ mm}^2 \times 34.7 \text{ mm} \times (-20.3 \text{ mm})] \approx -973 \times 10^3 \text{ mm}^4$$

（3）确定形心主惯轴 $y_0$、$z_0$ 的位置

$$\tan 2\alpha_0 = -\frac{2 \times I_{y_C z_C}}{I_{y_C} - I_{z_C}} = -\frac{2 \times (-973 \times 10^3 \text{ mm}^4)}{2\,783.2 \times 10^3 \text{ mm}^4 - 1\,003.2 \times 10^3 \text{ mm}^4} \approx 1.09$$

由此解得

$$\alpha_0 = 23.8°, \quad \alpha_0' = 113.8°$$

据此画出截面的形心主惯轴 $y_0$、$z_0$，如图 5.16 所示。

（4）计算形心主惯性矩

由主惯性矩的公式可得

$$I_{\substack{\max \\ \min}} = \frac{I_{y_C} + I_{z_C}}{2} \pm \sqrt{\left( \frac{I_{y_C} - I_{z_C}}{2} \right)^2 + (I_{y_C z_C})^2} =$$

$$\frac{2\,783.2 + 1\,003.2}{2} \times 10^3 \text{ mm}^4 \pm 1\,318 \times 10^3 \text{ mm}^4 = \frac{3\,212 \times 10^3}{576 \times 10^3} \text{ mm}^4$$

因为 $I_{y_C} > I_{z_C}$，$\alpha_0 = 23.8° < 45°$，$I_{\max}$ 是截面对 $y_0$ 轴的惯性矩。

# 本章小结

本章讨论了截面图形的某些几何性质。杆件横截面的几何性质与工程构件的变形和承载能力有直接关系。因此，截面几何性质是材料力学计算的基本量。无论解决构件的强度问题、刚度问题还是稳定性问题，都少不了对截面几何性质的计算。

本章讨论的截面几何性质包括：静矩、形心、惯性矩、惯性积、极惯性矩、主惯性轴和主惯性矩、形心主惯性轴和形心主惯性矩。

对截面几何性质的学习，应理解每个几何性质的力学意义、定义式及相互关系式。定义式是计算几何性质的基本公式，利用相关关系常常使计算灵活、简便，如形心和静矩的关系、惯性矩和极惯性矩的关系等。

截面几何性质都与坐标的选取有关，坐标系不同截面几何性质的数值不同；因此，在某些量的计算中，坐标系选择得好，可以使计算简化。

平行移轴公式及转轴公式是在坐标变换的两种基本形式中,截面图形的惯性矩和惯性积随坐标轴(系)变化的规律式,也是简化计算惯性矩和惯性积的方法,必须熟练掌握。

形心主惯性轴和形心主惯性矩的概念在弯曲理论中有重要意义。对组合截面形心主惯性轴和形心主惯性矩的计算,是本章内容的综合应用,要熟悉其计算步骤和计算方法。

## 思 考 题

5.1 图 5.17 中,$x$ 为图形的形心轴,图中有阴影的面积对 $x$ 轴的静矩与没有阴影的部分对 $x$ 轴的静矩有什么关系?如果将 $x$ 轴在图平面内绕形心 $C$ 旋转一个角度(不穿过阴影区),这个关系还成立吗?

5.2 求图 5.18 所示开孔圆面积对图中指定轴的静矩 $S_x$。

5.3 试证明外径为 $D$、内径为 $d$(空心度为 $\alpha = \dfrac{d}{D}$)的空心圆截面的惯性半径

$$i = \frac{\sqrt{D^2 + d^2}}{4}$$

5.4 已知图 5.19 所示三角形对与其底边重合的轴的惯性矩为 $I_x = \dfrac{bh^3}{12}$,试求该三角形对通过其顶点且与底边平行的 $x_1$ 轴的惯性矩 $I_{x_1}$。

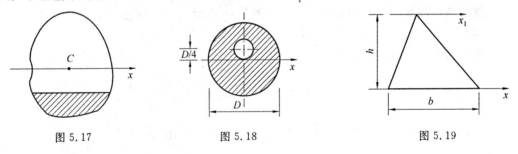

图 5.17          图 5.18          图 5.19

5.5 图 5.20 中 $C$ 为截面的形心,$x$、$y$ 为形心轴。试判断哪些图中的 $x$、$y$ 轴是截面的形心主惯性轴,哪些不是?

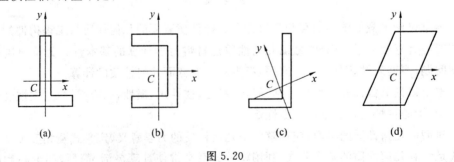

(a)          (b)          (c)          (d)

图 5.20

5.6 箱形截面如图 5.21(a)、(b) 所示,$x$、$y$ 为截面的形心主惯性轴,则两截面对图中 $x$ 轴的惯性矩 $I_x = \dfrac{BH^3}{12} - \dfrac{bh^3}{12}$ 对否?如果有错误,请给出正确答案。

5.7　图 5.22 表示一矩形截面，$z$ 轴是截面的对称轴。实验证图中点 $a$ 以下的面积和点 $a$ 以上的面积对 $z$ 轴的静矩相等，并解释为什么？

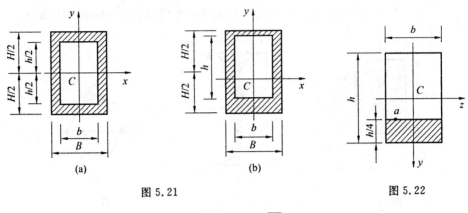

图 5.21　　　　　　　　　　　　　图 5.22

# 习　　题

5.1　试求图 5.23 所示 $\frac{1}{4}$ 圆截面积对给定轴的静矩和形心。

5.2　求图 5.24 中阴影面积对过其截面形心的水平轴的静矩 $S_x$。

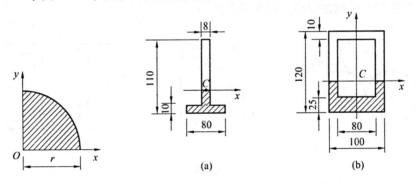

图 5.23　　　　　　　　　　　　　图 5.24

5.3　求图 5.25 所示截面对其对称轴 $x$ 的惯性矩。

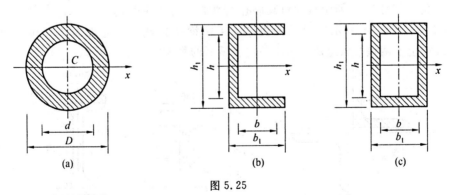

图 5.25

5.4　已知矩形截面对与其底边重合的 $x$ 轴的惯性矩 $I_x = \dfrac{bh^3}{3}$，求该截面对 $x_1$ 轴的惯性矩。如图 5.26 所示，$x_1$ 轴与 $x$ 轴平行，间距为 $h/3$。

5.5 求图 5.27 所示截面对图中 $x$ 轴的惯性矩。

5.6 如图 5.28 所示，求菱形截面对与其水平对角线重合的 $x$ 轴的惯性矩 $I_x$。

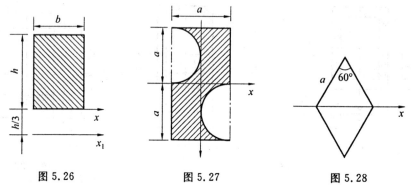

图 5.26      图 5.27      图 5.28

5.7 求题 5.2 中的截面对中性轴 $x$ 的惯性矩。

5.8 试计算图 5.29 所示组合截面对形心轴 $x$ 的惯性矩。

5.9 求图 5.30 所示矩形截面对 $x$、$y$ 轴的惯性矩、惯性积和极惯性矩。

5.10 图 5.31 所示截面由两个 18 号槽型钢组成，若使此截面对两个对称轴的惯性矩 $I_x$、$I_y$ 相等，则两槽钢的间距 $a$ 应为多大？

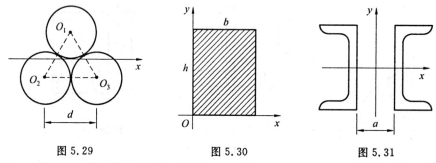

图 5.29      图 5.30      图 5.31

5.11 图 5.32 所示截面由两个 125 mm×125 mm×10 mm 的等边角钢及缀板（图中虚线）组合而成，试求该截面的形心主惯性矩。

5.12 求图 5.33 所示截面对其形心主惯轴 $x$ 的惯性矩 $I_x$。

5.13 图 5.34 所示组合截面由 32a 工字钢型材截面与宽度为 130 mm、厚度为 10 mm 的上下两块板条组成。试求该组合截面的最大形心主惯矩 $I_{\max}$。

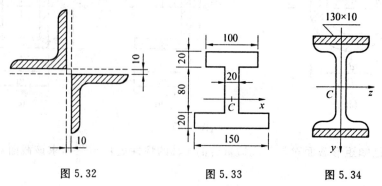

图 5.32      图 5.33      图 5.34

5.14 图 5.35 所示正方形截面的边长为 $a$，轴 $x$、$y$ 为截面的两个形心主惯性轴，$x_1$、$y_1$ 为过截面形心的任意一对正交轴，$x_1$ 轴与 $x$ 轴间夹角 $\alpha$ 设为已知。试求 $I_{x_1}$、$I_{y_1}$、$I_{x_1 y_1}$。如果由任意正多边形可以得出与正方形一致的结果，由此可以得出什么结论？

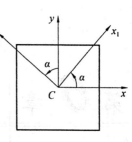

图 5.35

5.15 试计算图 5.27 所示截面的形心主惯性轴和形心主惯性矩。

5.16 试画出图 5.36 中各截面的形心主惯性轴的大致位置，图中 $C$ 表示截面形心。

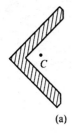　　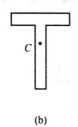　　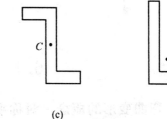　　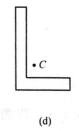

(a)　　　　　　(b)　　　　　　(c)　　　　　　(d)

图 5.36

5.17 求图 5.37 所示截面形心主惯性轴的位置和形心主惯性矩的数值。

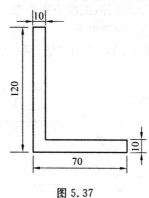

图 5.37

# 第 *6* 章

# 弯曲内力

## 6.1 概 述

### 6.1.1 弯曲变形的概念·对称平面弯曲

直杆受到与其轴线垂直的外力或与轴线平行平面内的外力偶作用时,轴线将变成曲线,这种变形称为弯曲。与杆件轴线垂直的外力称为横向力,变弯以后的轴线称为挠曲线。以弯曲变形为主要变形形式的杆件,工程中称为梁。

弯曲变形是工程中最常见的一种变形形式。不论在建筑工程中还是在机械工程中,受弯构件都是最多的。例如图 6.1(a) 所示吊车梁,图 6.2(a) 所示屋面悬挑梁等都是受弯构件。

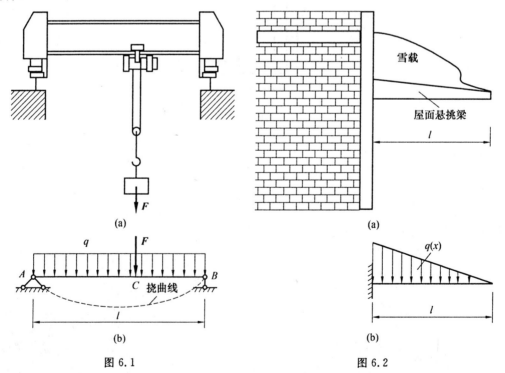

雪载

屋面悬挑梁

$l$

(a)

(a)

$q$     $F$

$A$          $C$  挠曲线  $B$

$l$

(b)

图 6.1

$q(x)$

$l$

(b)

图 6.2

如果一个梁发生弯曲变形时,挠曲线是一条平面曲线且与外力所在的平面相重合,这样的弯曲称为平面弯曲。工程中常见梁的截面多采用对称形状,如图6.3所示的矩形、箱形、工字形、环形等,这些梁的横截面的对称轴(图6.3中的$y$轴)与梁的轴线构成一个纵向对称面。当梁上所有外力(包括荷载和约束反力)都在纵向对称面内或可以简化到纵向对称面内时,如图6.4(a)所示,则梁的挠曲线将保持在纵向对称面内(见图6.4(b)),这是平面弯曲中最基本的情况,称为对称平面弯曲。对称平面弯曲虽然是平面弯曲的一个特例,但在工程中应用很广,也是本教材讨论的重点。对没有纵向对称面的直梁,也可以产生平面弯曲,称为非对称的平面弯曲。产生非对称平面弯曲的条件将在第7章简要介绍。

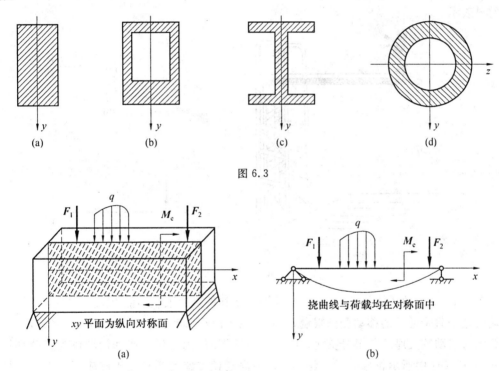

图 6.3

图 6.4

杆件弯曲的内容十分丰富,本教材分第6、7、8三章,依次讨论弯曲内力、弯曲应力和弯曲强度、弯曲变形。

## 6.1.2 梁的计算简图

工程实际中,梁的构造和荷载作用情况等都较复杂,不可能完全按照真实情况进行力学计算。因此,在对梁进行力学分析时,必须进行简化,用一个简化的力学模型来代替原来的梁,即梁的计算简图。例如,图6.1(b)即为图6.1(a)所示吊车梁的计算简图,图6.2(b)即为图6.2(a)所示悬挑梁的计算简图。计算简图既要便于分析与计算,又要反映实际结构的主要特点,使分析结果符合实际。为此必须抓住主要因素,略去次要因素。可见,建立计算简图需要对工程实际有清晰的了解、必要的力学知识和经验的积累,重要结构还要通过实验检验。

梁的计算简图包括结构简化和荷载简化两个方面。

（1）结构简化

梁的结构主要包括梁的本身和支座。对梁本身，通常取梁的轴线代替梁。为表现其截面形状，可单独绘出梁的剖面图。

对梁的支座的简化，要根据支座对梁的约束作用而定。例如图 6.5(a) 中的跳板，在其与支座连接的一端既不能移动，也不能转动。凡是具有这种作用的支座都可以简化为固定端支座。在建筑结构中，柱与杯口形预置基础之间若填充细石混凝土，则柱与杯口的联结是牢固的，也简化为固定端支座。绘制计算简图时，固定端支座统一用图 6.5(b) 所示符号表示。

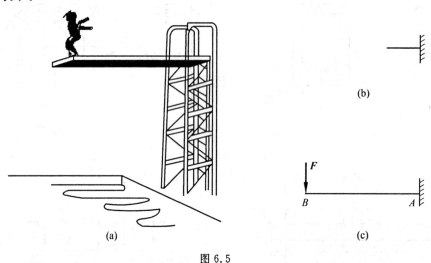

图 6.5

图 6.6(a) 中的桥式吊车，当其一端的轮子受到铁轨的限制不能上下、左右移动时，另一端的轮子只是上下的移动受到限制，左右可以有微小移动。前者简化为固定铰支座，后者简化为活动铰支座或称链杆支座。绘制计算简图时，固定铰支座和活动铰支座分别用图 6.6(b)、(c) 中所示符号表示。建筑结构中固定铰支座和活动铰支座应用很多。如柱与预置杯口形基础之间若填充沥青麻丝，基础对柱端的约束仅起到阻止移动、不能限制其转动，从而将其简化为固定铰支座。

固定端支座简称固端支座，固定铰支座简称铰支座，活动铰支座简称滚动支座。这三种支座也是梁支座的三种基本形式。根据梁的支座特征，单跨静定梁的常见形式也有三种，即悬臂梁（见图 6.5(c)）、简支梁（见图 6.6(d)）、伸臂梁。伸臂梁的支座与简支梁的相同，只是其一端或两端伸出支座之外。图 6.7 中示出的就是一个两端外伸的伸臂梁的计算简图。

（2）荷载简化

作用于梁上的常见荷载有三种类型，即集中力、集中力偶和分布荷载。

集中力实际上是指作用在很短一段梁上的分布力（见图 6.8(a)），其分布规律可以未知，但合力可知。如火车、汽车车轮对铁轨的压力等。在计算简图中用作用于一点的力 $F$

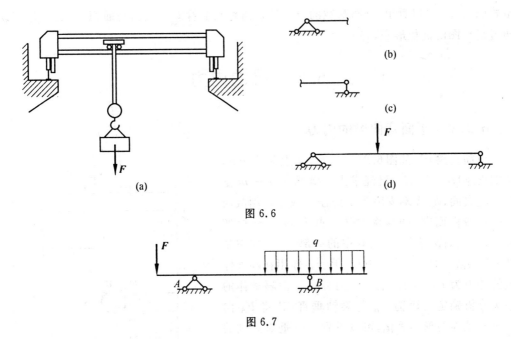

图 6.6

图 6.7

表示。

集中力偶是指作用在微小梁段上的外力偶。在计算简图中,把它简化为作用于一个几何面上的外力偶 $M_e$。

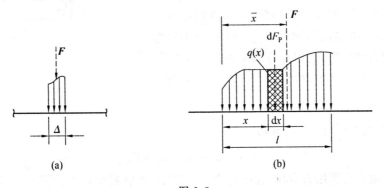

图 6.8

分布荷载是指连续作用于一段梁上的力(见图 6.8(b))。分布荷载的强度用单位长度上分布荷载的大小度量,称为荷载集度。荷载集度用 $q$ 表示,单位为 kN/m。在梁的计算中,有时要计算分布荷载的合力及合力作用线的位置。利用高等数学的知识可得,分布荷载的合力

$$F_P = \int_l q(x)\,\mathrm{d}x \tag{a}$$

合力作用线的位置可用合力矩定理得出:

$$\bar{x} = \frac{\int_l x q(x)\,\mathrm{d}x}{\int_l q(x)\,\mathrm{d}x} \tag{b}$$

由式(a)、(b)可以看出,分布荷载的合力从几何意义上看即荷载图的面积,合力的作用线通过荷载图的面积形心。

# 6.2  梁的内力

## 6.2.1  平面弯曲梁的内力

设简支梁 $AB$ 如图 6.9(a) 所示,梁上荷载为 $F$,两端支座反力 $F_A$、$F_B$ 已经求出。横截面 $m-m$ 是两支座之间、距 $A$ 端支座为 $a$ 的任一截面。用截面法计算该截面内力时,将梁从横截面 $m-m$ 处切开,分为左右两部分,任取其中的一部分(例如左半部分)为隔离体,如图 6.9(b) 所示。作用在隔离体上的外力为 $F_A$。截面上的内力分量可由隔离体的平衡分析确定。因为 $F_A$ 与梁轴垂直,若将 $F_A$ 向 $m-m$ 截面的形心简化,可以得到一个垂直梁轴的主矢(大小、方向与 $F_A$ 相同)和一个作用在纵向对称面内的主矩(大小为 $F_A a$,顺时针旋转)。因为隔离体平衡,截面 $m-m$ 上的内力必有一个与梁轴垂直分量 $F_s$ 和一个作用在纵向对称面内绕截面形心转动的力偶矩 $M$(见图 6.9(b))。$F_s$ 和 $M$ 分别称为横截面的剪力和弯矩,它们是右段梁对左段梁的作用力。由隔离体的投影平衡方程 $\sum F_{yi}=0$,可得

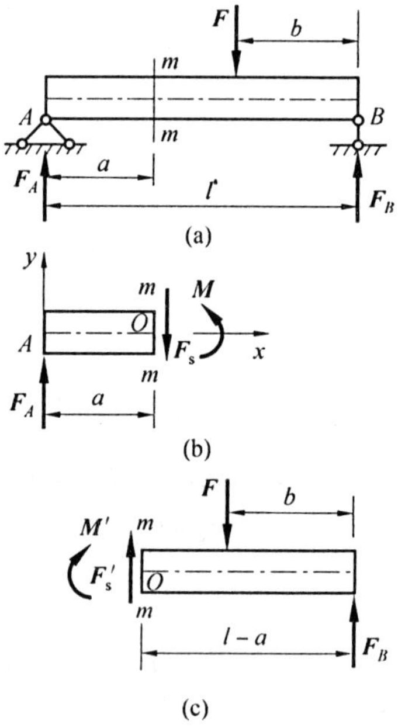

$$F_s - F_A = 0, \qquad F_s = F_A$$

由力矩平衡方程 $\sum M_\alpha = 0$,可得

$$M - F_A a = 0, \qquad M = F_A a$$

根据作用力反作用力定律,在上述内力计算中,若取截面右边的部分为隔离体,如图 6.9(c) 所示,得到的剪力 $F_s'$、弯矩 $M'$ 将与 $F_s$ 和 $M$ 数值相同,但是方向相反。为了使同一截面上内力的正负号不会因隔离体选择不同而异,对剪力和弯矩的正负号作如下规定:剪力 $F_s$ 以绕隔离体上靠近截面的点顺时针旋转为正,逆时针旋转为负;弯矩 $M$ 以使截面处梁的下部受拉为正,反之为负。按此正负号规定,图 6.10(a)、(b) 所示的剪力和弯矩均为正值。顺便指出,对弯矩正负号的这种规定,在建筑工程中有特殊意义,这一点在后面的内容中将会有所体现。

为减少内力计算中正负号的错误,在计算内力时约定,将截面上的内力一律按正方向假设。按此,计算结果的正负号,也就是该截面上内力的实际正负号。

【例 6.1】 求图 6.11(a) 所示外伸梁指定截面 1—1、2—2 和 3—3 上的剪力和弯矩。

**解** (1)求约束反力

图 6.9

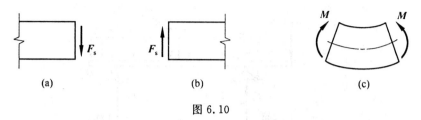

图 6.10

取整个梁为隔离体,由平衡方程$\sum M_C(F)=0$ 和 $\sum M_B(F)=0$ 可得

$$F_B=17 \text{ kN}(\uparrow), \quad F_C=28 \text{ kN}(\uparrow)$$

(2) 求截面 1−1 上的剪力和弯矩

取 1−1 截面以左部分为隔离体,受力图如图 6.11(b) 所示。由平衡方程

$$\sum F_y=0, \quad -9 \text{ kN}-F_{s1}=0$$

$$\sum M_1=0, \quad M_1+9 \text{ kN}\times 2 \text{ m}=0$$

解得 $\qquad F_{s1}=-9 \text{ kN}, \quad M_1=-18 \text{ kN}\cdot\text{m}$

(3) 求截面 2−2 上的剪力和弯矩

取 2−2 截面以左部分为隔离体,受力图如图 6.11(c) 所示。由平衡方程

$$\sum F_y=0, \quad 17 \text{ kN}-9 \text{ kN}-F_{s2}=0$$

$$\sum M_2=0, \quad M_2+9 \text{ kN}\times 2 \text{ m}=0$$

解得 $\qquad F_{s2}=8 \text{ kN}, \quad M_2=-18 \text{ kN}\cdot\text{m}$

(4) 求截面 3−3 上的剪力和弯矩

取 3−3 截面以右部分为隔离体,受力图如图 6.11(d) 所示。由平衡方程

$$\sum F_y=0, \quad F_{s3}+28 \text{ kN}-6 \text{ kN}\times 3.5 \text{ m}=0$$

$$\sum M_3=0, \quad 28 \text{ kN}\times 2.5 \text{ m}-M_3-6 \text{ kN}\times 3.5 \text{ m}\times\frac{3.5 \text{ m}}{2}=0$$

解得 $\qquad F_{s3}=-7 \text{ kN}, \quad M_3=33.25 \text{ kN}\cdot\text{m}$

从上面对梁的内力计算过程可以注意到,梁中某个截面的剪力 $F_s$ 就等于该截面一侧所有外力在截面上投影的代数和,弯矩就等于该截面一侧所有外力对截面形心力矩的代数和。这个结论的表达式即

$$F_s=\sum F_{yi}^{L} \quad (\text{或 } F_s=\sum F_{yj}^{R}) \tag{6.1}$$

$$M=\sum M_C(F_{yi}^{L}) \quad (\text{或 } M=\sum M_C(F_{yj}^{R})) \tag{6.2}$$

式(6.1) 和(6.2) 是由平衡方程得出的,利用这两个公式计算指定截面的剪力和弯矩减少了建立平衡方程的过程,物理概念清楚,计算简便。使用公式的关键是正确确定等式右边各项的正负号。方法是:设隔离体截面上待求内力为正号,写在等式左边。求剪力时,隔离体上的外力与截面上正剪力方向相同者取负号,方向相反者取正号;求弯矩时,隔离体上的外力对截面形心的力矩与截面上所设正弯矩方向相同者取负号,方向相反者取正号。

对水平梁,上述计算可直观进行,隔离体可以不必绘出,只需心里明确即可。

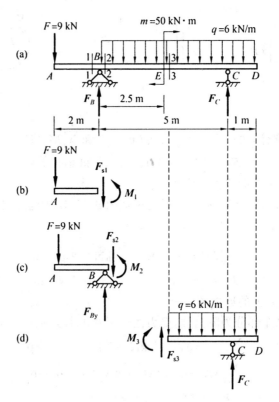

图 6.11

求剪力:若取截面左侧外力计算时(即取左侧部分为隔离体),向上的外力取正号,向下的外力取负号,依次写在等式右侧,求和即得;取截面右侧外力计算时(即取右侧部分为隔离体),向上的外力取负号,向下的外力取正号。

求弯矩:无论取截面左侧还是右侧外力计算,向上的外力对截面形心的力矩均取正号,向下的外力对截面形心的力矩均取负号,依次写在等式右侧。但是,当取截面左侧外力计算时,外力中有力偶,则顺时针的外力偶矩取正号;取截面右侧外力计算时,逆时针的外力偶矩取正号。

用上述方法计算截面内力,经过两三次练习即可熟练,计算速度可以大幅度提高。例如,要计算上例梁中 3-3 截面上的剪力和弯矩,取该截面左侧梁上的外力计算:

$$F_{s3} = -9 \text{ kN} + 17 \text{ kN} - 6 \text{ kN/m} \times 2.5 \text{ m} = -7 \text{ kN}$$

$$M_3 = -9 \text{ kN} \times 4.5 \text{ m} + 17 \text{ kN} \times 2.5 \text{ m} -$$

$$\frac{1}{2} \times 6 \text{ kN/m} \times (2.5 \text{ m})^2 + 50 \text{ kN} \cdot \text{m} =$$

$$33.25 \text{ kN} \cdot \text{m}$$

结果与例 6.1 中的计算结果完全相同。

## 6.2.2 剪力方程和弯矩方程·剪力图和弯矩图

一般来说,梁横截面上的内力将随截面位置的变化而变化,即梁横截面上的剪力 $F_s$

和弯矩 $M$ 都是截面位置的单值连续函数。通常把表示剪力 $F_s$ 和弯矩 $M$ 随截面位置变化的函数分别称为剪力方程和弯矩方程。对直梁,若取梁轴上的一点为坐标原点 $O$,沿梁的轴线建立坐标轴 $x$,横截面的位置可以用横坐标 $x$ 表示,则剪力方程和弯矩方程可写为

$$F_s = F_s(x), \quad M = M(x) \tag{a}$$

通常把这两个函数分别称为剪力方程和弯矩方程。

建立剪力方程和弯矩方程时,坐标轴的原点可以视方便任意选择。为讨论方便,通常取梁的左端截面形心为坐标原点 $O$,轴线 $x$ 的方向自左向右。

剪力方程 $F_s(x)$ 和弯矩方程 $M(x)$ 都是截面位置的单值连续函数,当函数值不连续时要分段写出。

剪力图和弯矩图是表示沿梁的轴线横截面上剪力、弯矩变化情况的图形。绘剪力图和弯矩图的方法较多,也很灵活。根据剪力方程和弯矩方程绘梁的剪力图和弯矩图是其中最基本的方法。

绘剪力图和弯矩图时首先要建立坐标系,如图 6.12(b)、(c) 所示。剪力图的坐标系为 $x-F_s$ 坐标系,弯矩图的坐标系为 $x-M$ 坐标系。两个坐标系的 $x$ 轴相同,且与建立剪力(弯矩)方程时的 $x$ 轴一致;纵轴不同:剪力图的 $F_s$ 轴向上,故正剪力应绘在 $x$ 轴上侧,负剪力绘在 $x$ 轴下侧,同时要在图上标出正负号和控制截面的剪力值。弯矩图的 $M$ 轴向下,在这样的 $x-M$ 坐标系中绘出的各段梁的弯矩图均在其受拉的一侧,这符合土木工程的习惯,因为在土木工程中,梁中的配筋是在梁的受拉一侧。弯矩图上只标控制截面弯矩值不标正负号。

控制截面一般是指剪力方程和弯矩方程的分段截面及剪力、弯矩取得极值的截面。

下面通过几个典型例题,说明建立剪力方程和弯矩方程及根据剪力方程、弯矩方程绘剪力图和弯矩图的方法。

【例 6.2】　图 6.12(a) 所示简直梁长为 $l$,在 $C$ 点处有集中力偶 $M_e$ 作用,$M_e$ 作用面的位置用 $a$、$b$ 表示,并设 $a > b$。试建立该梁剪力方程和弯矩方程,绘出剪力图和弯矩图。

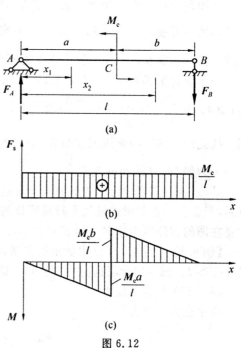

(a)

(b)

(c)

图 6.12

**解**　(1) 先建立剪力方程和弯矩方程

由平衡方程可得该梁支反力

$$F_A = \frac{M_e}{l}, \quad F_B = \frac{M_e}{l}$$

$F_A$、$F_B$ 的方向如图 6.12(a) 所示。

梁上的荷载只有一个外力偶,梁内各截面剪力连续,只需建立一个剪力方程。但在集中力偶作用面两侧弯矩不连续,需分 $AC$ 和 $CB$ 两段建立弯矩方程。各方程形式如下:

$$F_s(x) = F_A = \frac{M_e}{l} \qquad (0 < x < l)$$

AC 段 $\qquad M(x_1) = F_A x_1 = \dfrac{M_e}{l} x_1 \qquad (0 \leqslant x_1 < a)$

CB 段 $\quad M(x_2) = -F_B \cdot (l - x_2) = -\dfrac{M_e}{l}(l - x_2) \qquad (a < x_2 \leqslant l)$

上述剪力方程和弯矩方程的定义域表示在各方程后面的括弧中。可以注意到，剪力方程 $F(x)$ 的左、右两端都是开域，原因是梁的两端都有集中力（支反力）作用。当用一个截面在该处将梁切开时，截面上的剪力不能确定。在建立剪力方程时，避开这一微小范围，即在方程中不包含 $x = 0$ 和 $x = l$ 的截面，在数学上称为开域。开域实际上是将作用在梁上很小范围内的分布力简化为集中力带来的结果。如果恢复分布力原来的情况，如图 6.13(a) 所示，内力的变化总是连续的，就像图 6.13(b) 所示那样。同样道理，在集中力偶作用处，

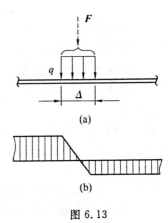

图 6.13

截面上的弯矩值无法确定。故在上面的弯矩方程中，集中力偶作用面 C 处，AC、CB 两段梁的弯矩方程均为开域。概括来说，写剪力方程时，在有集中力作用处取开域，其他情况下均取闭域；写弯矩方程时，在有集中力偶作用处取开域，其他情况下均取闭域。

(2) 绘剪力图和弯矩图

剪力图：由剪力方程可知，在梁的全长上的剪力均为常数 $\dfrac{M_e}{l}$，绘出的剪力图为 $x$ 轴上方的水平线，如图 6.12(b) 所示。

弯矩图：AC 段的弯矩方程是一个正比例函数，斜率为正，从左向右绘图时，其图像是右下斜的斜直线。当 $x_1 = 0$ 时，$M(0) = 0$；当 $x_1 \Rightarrow a$ 时，$M(a) \Rightarrow \dfrac{M_e a}{l}$，这就是这段梁弯矩图的两个控制截面及弯矩控制值。连接这两点即得 AC 段梁的弯矩图。CB 段的弯矩方程也是一个正比例函数，斜率也为正，其图像是斜直线。控制截面和控制截面弯矩值分别为：当 $x_2 \Rightarrow a$ 时，$M(a) \Rightarrow -\dfrac{M_e b}{l}$；当 $x_2 = l$ 时，$M(l) = 0$。连接这两点即得 CB 段梁的弯矩图。按此绘出该梁的弯矩图如图 6.12(c) 所示。因为 $a > b$，最大弯矩 $M_{max} = \dfrac{M_e a}{l}$，发生在集中力偶 $M_e$ 作用面的左侧。

顺便说明，工程中绘梁的剪力图和弯矩图时，为了使图面简洁清晰，也可以不绘出坐标系，只需作一条与梁的轴线平行且等长的直线，称为基线，但上述绘图的规则不变，同时注意在图的右侧写出图名 $(F_s)$ 或 $(M)$。

**【例 6.3】** 图 6.14(a) 中所示简支梁，在截面 C 处受集中力 F 作用，梁长为 $l$，设图中尺寸 $a > b$。试写出此梁的剪力方程和弯矩方程，绘出其剪力图和弯矩图。

**解** (1) 求支座反力

由平衡方程求得

$$F_A = \dfrac{bF}{l}, \qquad F_B = \dfrac{aF}{l}$$

（2）建立剪力方程和弯矩方程

根据梁上荷载情况，集中力 $F$ 两侧剪力和弯矩均不连续，将梁分为 $AC$ 和 $CB$ 两段，剪力和弯矩方程分别如下：

$AC$ 段：

$$F_s(x_1) = \frac{bF}{l} \quad (0 < x_1 < a)$$

$$M(x_1) = \frac{bF}{l}x_1 \quad (0 \leqslant x_1 \leqslant a)$$

$CB$ 段：

$$F_s(x_2) = -\frac{aF}{l} \quad (a < x_2 < l)$$

$$M(x_2) = \frac{aF}{l}(x_2 - a) \quad (a \leqslant x_2 \leqslant l)$$

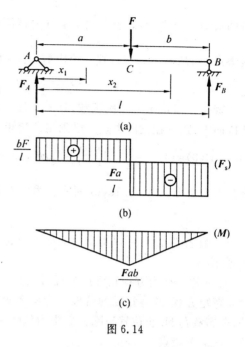

图 6.14

根据剪力方程和弯矩方程画出的剪力图和弯矩图分别如图 6.14(b)、(c) 所示。两段梁的剪力图都是水平线，表示每段梁内各截面上的剪力都是常数。因为 $a > b$，所以，绝对值最大的剪力发生在 $CB$ 段梁内，其值为 $|F|_{max} = \frac{aF}{l}$。弯矩图是三角形，三角形的三个顶点与梁上的三个集中力相对。最大弯矩发生在荷载 $F$ 作用截面 $C$ 处，其值 $M_{max} = \frac{Fab}{l}$。

【例 6.4】 图 6.15(a) 所示简支梁上受均布荷载 $q$ 作用，梁长为 $l$，试写出该梁的剪力方程和弯矩方程，并绘出剪力图和弯矩图。

解 （1）求支座反力
由平衡方程可得

$$F_A = F_B = \frac{ql}{2}$$

（2）剪力方程和弯矩方程

整个梁上荷载，剪力和弯矩都连续变化，不需分段。剪力方程和弯矩方程为

$$F_s(x) = \frac{1}{2}ql - qx \quad (0 < x < l)$$

$$M(x) = \frac{1}{2}qx(l - x) \quad (0 \leqslant x \leqslant l)$$

（3）剪力图和弯矩图

剪力方程为一次函数，其图像为斜直线，斜率为负。剪力图的两个控制截面和控制截

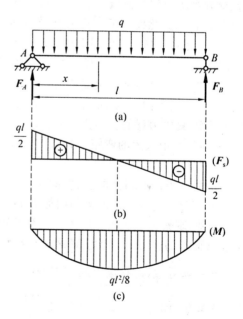

图 6.15

面的剪力值分别为：靠近左端支座 $A$ 的截面（$x \Rightarrow 0$）处，$F_s \Rightarrow \frac{1}{2}ql$；靠近右端支座 $B$ 的截面（$x \Rightarrow l$）处，$F_s \Rightarrow -\frac{1}{2}ql$。据此绘出剪力图，如图 6.15(b) 所示。在梁的中间截面（$x = \frac{l}{2}$）处，$F_s = 0$。

弯矩方程是 $x$ 的二次函数，其图像是二次抛物线，在上述 $M-x$ 坐标系中，抛物线的开口向上，顶点在梁的中点。要画出该弯矩图的大致形状，至少要确定曲线上的三个点：$x = 0, M(0) = 0$；$x = \frac{l}{2}, M\left(\frac{l}{2}\right) = \frac{1}{8}ql^2$；$x = l, M(l) = 0$。用光滑曲线连接上述三点，即得该梁的弯矩图，如图 6.15(c) 所示。最大弯矩发生在梁的中点，其值 $M_{max} = \frac{ql^2}{8}$，在此处，剪力 $F_s = 0$。

归纳上述各例，可以得出建立剪力方程和弯矩方程、绘梁的剪力图和弯矩图的如下一些规律：

（1）建立剪力方程和弯矩方程、绘剪力图和弯矩图要根据梁上外力情况分段。其中，建立弯矩方程、绘弯矩图的分段点为梁上所有外力不连续点（包括集中力、集中力偶作用处，分布载荷起、止位置）；除去集中力偶作用处，其他外力不连续点也是建立剪力方程，绘剪力图的分段点。

（2）剪力图和弯矩图都是自行封闭的，即剪力和弯矩沿截面位置而变化的曲线与基线构成封闭图形。

（3）剪力图和弯矩图都有突变规律。从上面几例梁的剪力图和弯矩图中可以注意到，图中有些地方的图线是与 $x$ 轴垂直的竖线。剪力图中的竖线与梁上集中力作用点对应（此处剪力方程为开域），竖线两侧的剪力值有突然改变；弯矩图中的竖线与梁上集中力偶作用面对应（此处弯矩方程为开域），竖线两侧的弯矩值有突然改变。此外，在与梁上集中力作用点对应处，弯矩图的斜率有突然改变。这些现象统称突变。若约定绘图顺序从左向右，则剪力图和弯矩图的突变有如下规律：在有集中力作用处剪力图突变，突变方向与集中力的方向相同，突变数值与力的大小一样。弯矩图的斜率有突变，突变形成的尖角凸向与力的矢向一致；在有集中力偶作用处，弯矩图突变，集中力偶的转向为顺时针时向下突变，集中力偶的转向为逆时针时向上突变，突变的数值与集中力偶的大小一样。

（3）绝对值最大的弯矩 $|M|_{max}$ 出现的位置：

① 集中力作用处；

② 集中力偶作用处的左、右截面；

③ 有分布荷载作用的梁段内剪力 $F_s = 0$ 的截面。

此外，观察上述各例的剪力方程和弯矩方程，可以注意到，作用于梁上的分布荷载集度 $q$、截面上的剪力 $F_s$、弯矩 $M$ 之间存在微（积）分关系。以例 6.3 为例，如果将剪力方程对 $x$ 求一次导数，即得梁上对应点处的分布荷载集度，即 $\frac{dF_s}{dx} = -q$；如果将弯矩方程对 $x$ 求一次导数，即得对应截面剪力，即 $\frac{dM}{dx} = F_s = \frac{1}{2}ql - qx$；如果将弯矩方程对 $x$ 求二次导数，即得梁上对应点处的分布荷载集度，即 $\frac{d^2M}{dx^2} = -q$。其实这是一个普遍的规律。

微分关系的逆运算，即 $q$、$F_s$、$M$ 之间的积分关系。

荷载集度 $q$、剪力 $F_s$、弯矩 $M$ 之间的微（积）分关系应用广泛。下面先推证这些关系。

## 6.3 弯矩·剪力·荷载集度间的微（积）分关系

### 6.3.1 分布荷载集度、剪力、弯矩之间的微分关系

图 6.16(a) 所示的梁上作用有连续变化的分布荷载，集度 $q=q(x)$。规定分布荷载集度 $q$ 方向向上为正，向下为负。取梁的左端为坐标轴 $x$ 的原点，$x$ 轴正向向右。在分布荷载作用范围内用 $x$ 和 $x+dx$ 两个截面从梁中截取一微段 $dx$，图 6.16(b) 为该微段梁的放大图。设微段左、右两侧横截面上的剪力和弯矩均为正号。左侧面上的剪力和弯矩为 $F_s(x)$ 和 $M(x)$；右侧面上的剪力和弯矩分别为 $F_s(x)+dF_s(x)$ 和 $M(x)+dM(x)$。由于 $dx$ 很微小，作用在微段梁上的分布荷载可视为均布。由微段梁的投影平衡方程 $\sum F_y = 0$ 和对右侧面形心的力矩平衡方程 $\sum M_{O_2}=0$ 得

$$F_s + q(x)dx - (F_s + dF_s) = 0 \tag{a}$$

$$M + dM - q(x)dx\frac{dx}{2} - F_s dx - M = 0 \tag{b}$$

整理(a)、(b) 两式，并略去高阶微量 $q(x)dx\frac{dx}{2}$，即可得到

$$\frac{dF_s}{dx} = q(x) \tag{6.3}$$

$$\frac{dM}{dx} = F_s \tag{6.4}$$

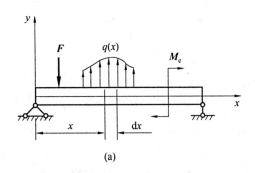
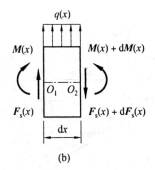

(a)　　　　　(b)

图 6.16

再将式(6.3) 两边对 $x$ 求一次导数，与式(6.4) 联立，即得

$$\frac{d^2M}{dx^2} = \frac{dF_s}{dx} = q(x) \tag{6.5}$$

则式(6.3)～(6.5) 即分布荷载集度 $q$、剪力 $F_s$ 与弯矩 $M$ 间的微分关系。

在绘制剪力图和弯矩图时,$q$、$F_s$ 与 $M$ 间微分关系的重要作用在于它们的几何意义。由微分学理论可知,函数的一阶导数在几何上表示该函数曲线的切线斜率。因此,式 (6.3) 表明:剪力图某处的切线斜率等于梁在该处的分布荷载集度 $q$;式 (6.4) 表明弯矩图某处的切线斜率等于梁在对应截面的剪力。至于函数的二阶导数,其数值正负与函数曲线的凸凹方向有关。按前述荷载集度的正负规定和 $x-M$ 坐标系的选定,弯矩图的凸向总与分布荷载集度 $q$ 的矢向一致。

有了 $q$、$F_s$、$M$ 间的微分关系,在绘制梁的剪力图和弯矩图时可将梁分为有载段和无载段,之后利用 $q$、$F_s$、$M$ 间的微分关系就可以判断出各段梁剪力图和弯矩图的线形。下面讨论几种常见情况,并约定绘图的顺序从左向右。

(1) 无荷载作用的梁段

由于 $q=0$,$F_s(x)$ = 常量,$M$ 为 $x$ 的线性函数。该梁段的剪力图是一条与基线平行的直线,弯矩图为斜直线。当 $F_s(x)$ = 常量 $>0$ 时,$M$ 图向右下方倾斜;当 $F_s(x)$ = 常量 $<0$ 时,$M$ 图向右上方倾斜。作为验证,可参看例 6.2 中的 $F_s$ 图和 $M$ 图。

(2) 有均布荷载 $q$ 作用的梁段

由于 $q$ = 常量,$F_s(x)$ 为 $x$ 的线性函数,$M(x)$ 为 $x$ 的二次函数。该梁段的剪力图为斜直线,弯矩图为二次抛物线。当 $q$ = 常量 $<0$ 时,$F_s$ 图向右下方倾斜,$M$ 图为下凸曲线(抛物线开口向上);当 $q$ = 常量 $>0$ 时,$F_s$ 图向右上方倾斜,$M$ 图为上凸曲线(抛物线开口向下)。作为验证,可参看例 6.3 中的 $F_s$ 图和 $M$ 图。

为便于查看,上述 $q$、$F_s$、$M$ 间的微分关系及对应的 $F_s$、$M$ 图或其变化的特点已列于表 6.1 中。

表 6.1　几种常见荷载下剪力图和弯矩图的线形特征

| 梁段上的外力 | 无荷载 | 均布荷载 | 集中力 | 集中力偶 |
|---|---|---|---|---|
| 剪力图线形特征 | ① ⊕ 或② $F_s=0$ 或③ ⊖ | ① 或② 或③ （两侧） | $K$ 截面两侧剪力有突变 | $K$ 处剪力无变化 |
| 弯矩图线形特征 | ① 或② 或③ | 二次抛物线 | $K$ 截面处弯矩图斜率有突变 | $K$ 截面两侧弯矩有突变 |
| $\lvert M \rvert_{max}$ 截面的可能位置 | | $F_s=0$ 的截面 | 剪力图突变的截面 | 紧靠 $K$ 的某一侧截面弯矩 |

### 6.3.2　分布荷载集度、弯矩、剪力之间的积分关系

分布荷载集度、剪力与弯矩间的微分关系的逆运算即积分关系。取坐标系与图 6.16(a) 相同，积分关系可以分为两个基本情况讨论。

(1) 无集中荷载的梁段

由式(6.3)的逆运算可得

$$F_s^R = F_s^l + A_q \tag{6.6}$$

由式(6.4)的逆运算可得

$$M^R = M^L + A_s \tag{6.7}$$

上两式中，$F_s^R$、$M^R$ 和 $F_s^l$、$M^L$ 分别表示梁段左、右端面上的剪力和弯矩；$A_q$、$A_s$ 分别表示该段梁(长为 $l$)上荷载图和剪力图的面积，其中 $A_q = \int_l q \mathrm{d}x$，$A_s = \int_l F_s \mathrm{d}x$。$q$ 为作用于梁段长度上的分布荷载集度。$A_q$ 的正负号与 $q$ 相同，$A_s$ 的正负号与 $F_s$ 相同。

式(6.6)、(6.7)分别表示，在有分布荷载 $q$ 作用的梁段上，右端面上的剪力 $F_s^R$ 等于左端面上的剪力 $F_s^l$ 加上分布荷载图的面积 $A_q$。右侧面的弯矩 $M^R$ 等于左侧面弯矩 $M^L$ 加上该段梁剪力图的面积 $A_s$。

如果梁段内 $q = 0$，则段内各截面剪力相同。

如果梁段上 $F_s^R$ 与 $F_s^l$ 正负号相反，如图 6.17 所示，则在该段梁内必有剪力为零的截面。因为 $F_s = 0$ 的截面弯矩有极值，所以这个截面的位置很重要。设剪力为零的截面到该段梁左端面的距离为 $a$，到右端面的距离为 $b$，则有

$$a = \frac{F_s^l}{q}, \quad b = \frac{F_s^R}{q} \tag{6.8}$$

即剪力为零的截面到该段梁左端面的距离等于左端面的剪力 $F_s^l$ 除以荷载集度 $q$ 的大小，到右端面的距离就等于右端面的剪力 $F_s^R$ 除以荷载集度 $q$ 的大小。得出 $a$ 或 $b$ 的数值后，即可用式(6.7)计算弯矩的极值。

(2) 包含集中荷载的微分梁段

对包含集中力 $F$ 的微段梁，如图 6.18(a) 所示

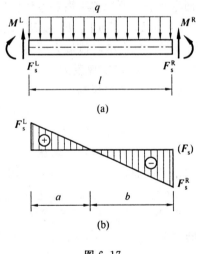

图 6.17

(图中未绘出截面上的弯矩)，根据集中力的概念，积分 $\int_\Delta q \mathrm{d}x = F$，式(6.6) 写为

$$F_s^R = F_s^l + F \tag{6.9}$$

式(6.8)表示，在有集中力 $F$ 作用的微段梁，右侧截面剪力等于其左侧截面剪力加上集中力的值。计算时规定：$F$ 向上为正，向下为负，这个结果就是前面所说的剪力突变规律。

对包含集中力偶 $M_e$ 的微段梁，如图 6.18(b) 所示(图中未绘出截面上的剪力)，根据集中力偶的概念，可以得出

$$M^R = M^L + M_e \tag{6.10}$$

式(6.10)表示,在集中力偶 $M_e$ 作用的微段梁,右侧截面弯矩等于其左侧截面弯矩加上集中力偶。计算时规定:$M_e$ 顺时针为正,逆时针为负。这个结果也就是前面所说的弯矩突变规律。

绘梁的内力图时,内力计算中若利用 $q$、$F_s$ 和 $M$ 间的积分关系,可以使计算更为简便、快捷。计算时将梁分为有载段(均布荷载)和无载段。因为每次计算都是利用同一梁段左端面上的内力及该段梁上的荷载(见图 6.17 和图 6.18(a))计算右端面上的内力,且隔离体上荷载很简单。

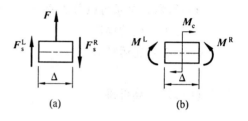

图 6.18

利用 $q$、$F_s$、$M$ 间的微(积)分关系可直接绘制梁的剪力图和弯矩图,或检查已绘出的剪力图和弯矩图是否正确。绘制剪力图和弯矩图的主要步骤如下:

① 首先根据荷载情况将梁分段。比较简单的方法是将梁分为有载段和无载段。

② 利用微分关系判断出各段梁的剪力图或弯矩图的线形。

③ 用截面法或积分关系求出每一梁段控制截面上的内力值,绘内力图。

④ 检查剪力图和弯矩图的正确性。

作为检查手段,如果绘出的梁的剪力图和弯矩图都是自行封闭的(从零开始,最后自然回零),表明所绘剪力图和弯矩图正确。

【例 6.5】 利用 $q$、$F_s$ 和 $M$ 间的微(积)分关系,绘出图 6.19(a)所示外伸梁的 $F_s$ 图和 $M$ 图,并确定绝对值最大的剪力 $|F_s|_{max}$ 和弯矩 $|M|_{max}$。

**解** (1)求支座反力

由例 6.1 的结果知

$$F_B = 17 \text{ kN}, \quad F_C = 28 \text{ kN}$$

(2)绘剪力图和弯矩图

根据梁上的外力情况将梁分为 $AB$、$BE$、$EC$、$CD$ 四段。为叙述简化,用 $B^L$ 表示点 $B$ 左侧相邻截面,$B^R$ 表示点 $B$ 右侧相邻截面。依此类推。

$AB$ 段:该段梁无荷载作用($q=0$),各截面的剪力相同,剪力图为水平线。各截面剪力为 $-9$ kN,故剪力图在基线下方;该段梁弯矩图为斜直线,斜率为负(剪力为负)。左端面 $A$ 的弯矩 $M_A = 0$,右端面 $B$ 的弯矩等于该段梁剪力图的面积,即

$$M_B = -9 \text{ kN} \times 2 \text{ m} = -18 \text{ kN} \cdot \text{m}$$

依据上述结果绘出该段梁的剪力图、弯矩图,如图 6.19(b)、(c)的 $AB$ 段所示。

该梁从 $B$ 到 $D$ 都受均布荷载 $q = -6$ kN/m 作用,在前面规定的剪力图和弯矩图的坐标系中,此范围内各段梁的剪力图都是斜率相同的斜直线,斜率为负(荷载集度为负);弯矩图都是二次抛物线,开口都向上。为了绘出各段梁的剪力图和弯矩图,只需求出各段梁剪力图和弯矩图在控制截面处的数值。

$BE$ 段:剪力图的控制截面为 $B^R$ 和 $E$ 截面。$B^R$ 截面的剪力值等于其左侧梁上外力的代数和,即

$$F_{sB}^R = -9 \text{ kN} + 17 \text{ kN} = 8 \text{ kN}$$

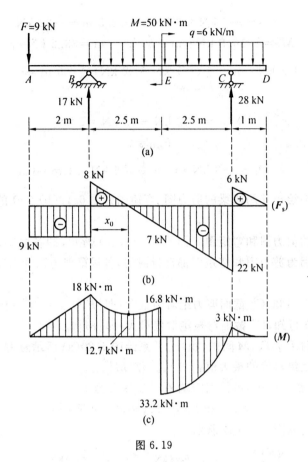

图 6.19

截面 $E$ 的剪力等于该段梁左端截面的剪力加上该段梁上荷载图的面积，即

$$F_{sE} = 8 \text{ kN} - 6 \text{ kN/m} \times 2.5 \text{ m} = -7 \text{ kN}$$

由于左、右两端截面的剪力变号，段内必有剪力为零的截面，其位置用 $x_0$（见图 6.19(b)）确定，由式(6.7)可得

$$x_0 = \frac{8 \text{ kN}}{6 \text{ kN/m}} \approx 1.33 \text{ m}$$

该段梁弯矩图的控制截面为 $B$ 截面、$x_0$ 截面和 $E^L$ 截面。$B$ 截面的弯矩 $M_B$ 已经得出。$x_0$ 截面的弯矩为极值，等于截面 $B$ 的弯矩 $M_B$ 再加上从截面 $B$ 到截面 $x_0$ 梁段剪力图的面积，即

$$M_{max} = -18 \text{ kN} \cdot \text{m} + \frac{1}{2} \times 8 \text{ kN} \times 1.33 \text{ m} \approx -12.7 \text{ kN} \cdot \text{m}$$

$E^L$ 截面的弯矩等于 $x_0$ 截面的弯矩加上从 $x_0$ 截面到 $E^L$ 截面梁段剪力图的面积，即

$$M_E^l = -12.7 \text{ kN} \cdot \text{m} + \frac{1}{2} [-7 \text{ kN} \times (2.5 \text{ m} - 1.33 \text{ m})] \approx -16.8 \text{ kN} \cdot \text{m}$$

依据上述结果绘出该段梁的剪力图、弯矩图，如图 6.19(b)、(c) 的 $BE$ 段所示。

根据同样道理，计算出 $EC$ 段、$CD$ 段剪力图和弯矩图控制截面的剪力值和弯矩值。

$EC$ 段：

$$F_{s,C}^{L} = -7 \text{ kN} - 6 \text{ kN/m} \times 2.5 \text{ m} = -22 \text{ kN}$$

$$M_E^R = -16.8 \text{ kN} \cdot \text{m} + 50 \text{ kN} \cdot \text{m} = 33.2 \text{ kN} \cdot \text{m}$$

$$M_C = 33.2 \text{ kN} \cdot \text{m} + \frac{1}{2}(-7 \text{ kN} - 22 \text{ kN}) \times 2.5 \text{ m} \approx -3 \text{ kN} \cdot \text{m}$$

CD 段：

$$F_{s,C}^{R} = -22 \text{ kN} + 28 \text{ kN} = 6 \text{ kN}$$

$$F_{s,D} = 0$$

$$M_D = -3 \text{ kN} \cdot \text{m} + \frac{1}{2} \times 6 \text{ kN} \times 1 \text{ m} = 0$$

依据上述结果绘出这两段梁的剪力图、弯矩图如图 6.19(b)、(c) 的 EC 段和 CD 段所示。

整个梁最后的剪力图和弯矩图如图 6.19(b)、(c) 所示，即各段梁的剪力图和弯矩图依次首尾衔接。因为剪力图和弯矩图都自行封闭，各段梁剪力图和弯矩图线形无误，可以断定结果正确。

由图 6.19(b) 可知，$C^L$ 截面剪力绝对值最大：即 $|F_s|_{max} = |F_{s,C}^{L}| = 22$ kN；

由图 6.19(c) 可知，$E^R$ 截面弯矩绝对值最大：即 $|M|_{max} = M_E^R = 33.2$ kN·m。

【例 6.6】 利用 $q$、$F_s$、$M$ 间微（积）分关系绘图 6.20(a) 所示悬臂梁的 $F_s$ 图和 $M$ 图，并确定剪力和弯矩绝对值的最大值：$|F_s|_{max}$ 和 $|M|_{max}$。

**解** 由梁的整体平衡，可得固定端 $A$ 的支座反力

$$F_A = 29 \text{ kN}, \quad M_A = 52.5 \text{ kN} \cdot \text{m}$$

支反力的方向如图 6.20(a) 所示。

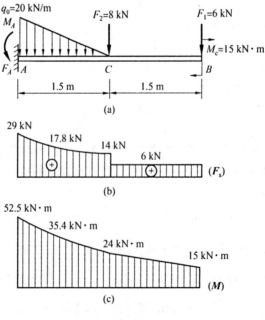

图 6.20

根据梁上的荷载，绘剪力图和弯矩图时均分为 AC 和 CB 两段。

(1) 剪力图

$AC$ 段梁受线性分布荷载作用,剪力图为二次抛物线,因为 $\dfrac{\mathrm{d}^2 F_s}{\mathrm{d}x^2} = \dfrac{\mathrm{d}q}{\mathrm{d}x} > 0$,抛物线开口向上。剪力图的控制截面为 $A^R$ 和 $C^L$($A$、$C$ 处都有集中力)。由突变规律可得截面 $A^R$ 的剪力

$$F_{s,A}^R = F_A = 29 \text{ kN}$$

截面 $C^L$ 的剪力等于 $F_{s,A}^L$ 加上该段梁上荷载图的面积(负面积),即

$$F_{s,C}^L = 29 \text{ kN} - \frac{1}{2} \times 20 \text{ kN/m} \times 1.5 \text{ m} = 14 \text{ kN}$$

$CB$ 梁段上 $q = 0$,剪力图为水平线。剪力图的控制截面为 $C^R$ 和 $B^L$($C$、$B$ 处都有集中力)。由突变规律可得截面 $B^L$ 的剪力

$$F_{s,B}^L = F_1 = 6 \text{ kN}$$

这也就是 $C^R B^L$ 梁段各截面的剪力。据此绘出该梁的剪力图如图 6.20(b) 所示。

(2) 弯矩图

$AC$ 段为三次抛物线,$\dfrac{\mathrm{d}^2 M}{\mathrm{d}x^2} = q < 0$,抛物线开口向上。弯矩图的控制截面为 $A^R$($A$ 截面处有集中力偶) 和 $C$。由突变规律可得截面 $A^R$ 的弯矩

$$M_A^R = M_A = 52.5 \text{ kN} \cdot \text{m}$$

截面 $C$ 的弯矩用 $CB$ 梁段上的荷载计算比较方便。由式(6.2)可得

$$M_C = -6 \text{ kN} \times 1.5 \text{ m} - 15 \text{ kN} \cdot \text{m} = -24 \text{ kN} \cdot \text{m}$$

$CB$ 梁段上 $q = 0$,弯矩图为斜直线,因为该段梁的剪力为正,弯矩图的斜率为正。弯矩图的控制截面为 $C$ 和 $B^L$($B^L$ 截面处有集中力偶)。$M_C$ 已经得出,$M_B^L$ 可由突变规律得出,即

$$M_B^L = -M_e = -15 \text{ kN} \cdot \text{m}$$

据此绘出该梁的弯矩图如图 6.20(c) 所示。

两图均自行封闭,各段梁剪力图和弯矩图的线形无误,可以断定正确。

根据图 6.20(b)、(c),可得绝对值最大的剪力和弯矩分别为

$$|F_s|_{max} = |F_{s,A}^R| = 29 \text{ kN}, \qquad |M|_{max} = |M_A^R| = 52.5 \text{ kN} \cdot \text{m}$$

# 6.4　叠加法作弯矩图

## 6.4.1　叠加法绘内力图的概念

在横向荷载作用下变形很小的直梁,各个荷载的作用是独立的,支反力和内力与梁上荷载呈线性关系,即支反力和截面上的内力分量等于各荷载分别、单独作用所产生的支反力和同一内力分量的代数和,这就是叠加法的概念。将叠加法的概念应用于绘梁的弯矩图时,先按同一比例绘出梁上各个荷载分别单独作用时的弯矩图,再将同一截面处各个荷载的弯矩图的竖标代数相加,就得到在这些荷载共同作用下梁的弯矩图。这样绘弯矩图的方法即用叠加法作弯矩图。

例如图 6.21(a) 所示的简支梁,受到均布荷载及右端支座处的力偶作用,均布荷载集度为 $q$,外力偶的力偶矩 $M_e = \dfrac{ql^2}{8}$。用叠加法绘其弯矩图时,将荷载分为集中力偶 $M_e$ 和均布荷载 $q$ 两组,使两组荷载分别单独作用于该梁上,如图 6.21(b)、(c) 所示。集中力偶 $M_e$ 单独作用时的弯矩图为 $(M')$,均布荷载 $q$ 单独作用时的弯矩图为 $(M'')$,分别如图 6.21(e)、(f) 所示。将两图中基线上同一点处(即梁的同一截面处)$(M')$ 的竖标与 $(M'')$ 的竖标代数相加,即得到两组荷载共同作用的弯矩图,如图 6.21(d) 所示。最大弯矩 $M_{max} = \dfrac{9ql^2}{128}$,发生在距 $B$ 端支座 $\dfrac{3l}{8}$ 的截面上。

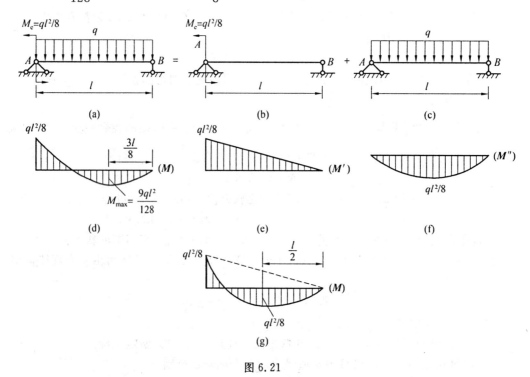

图 6.21

上述叠加 6.21(e)、(f) 两图的过程,原理上相当于将 $(M'')$ 图的基线重叠于 $(M')$ 图的斜线上(即以 $M'$ 的斜线为基线绘 $M''$ 图),两图重叠的部分抵消,不重叠的部分就是图 6.21(d) 中的最后弯矩图。在熟知单个荷载下单跨静定梁弯矩图的条件下,用上述叠加方式绘弯矩图可以提高绘图速度,这种方式称为快捷叠加方式。但是应该指出,按快捷叠加方式绘弯矩图时,各个荷载单独作用时弯矩图中弯矩极值位置与叠加后弯矩图的弯矩极值位置不一定一致。例如在本例中,图 6.21(g) 就是用快捷叠加方式绘出的弯矩图,图中的弯矩 $M_A = -\dfrac{ql^2}{8}$ 是外力偶矩 $M_e = \dfrac{ql^2}{8}$ 单独作用时弯矩的极值,也是 $M_e$ 与均布荷载共同作用时弯矩的极值。而 $M_{l/2} = \dfrac{ql^2}{8}$ 则只是均布荷载 $q$ 单独作用时弯矩的极值,而不是 $M_e$ 与均布荷载共同作用时弯矩的极值。实际应用中快捷叠加方式多用于初步计算。

### 6.4.2 区段叠加法

叠加法是小变形条件下计算杆件内力的普遍方法。因此,绘弯矩图时,叠加法可以在任意一段梁上使用。在区段上使用叠加法绘 $M$ 图称为区段叠加法。使用区段叠加法绘弯矩图时,将每一段梁都看成"简支梁"。各"简支梁"上的荷载,除作用于原梁在该区段有的荷载外,分段面上的弯矩也看做荷载,然后,用叠加法绘出该简支梁在两类荷载下的弯矩图,即该段梁的弯矩图。例如图 6.22(a) 中梁的 $DB$ 段,其上荷载有集中力 $F=15$ kN,均布荷载 $q=5$ kN/m。用截面法可以求得两端面上的弯矩分别为 $M_D=15$ kN·m,$M_B=10$ kN·m,如图 6.22(b) 所示。将该段梁作为"简支梁",梁上的荷载如图 6.22(c) 所示。用叠加法绘出这个"简支梁"的弯矩图,如图 6.22(d) 所示,这也就是该梁段的弯矩图。图中作用于分段面上的集中力,相当于作用在"简支梁"支座上,对"简支梁"的弯矩图无影响。

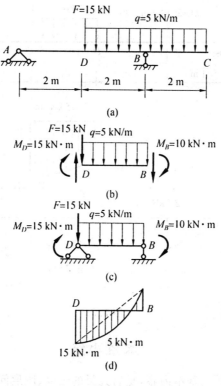

图 6.22

用区段叠加法绘梁的弯矩图,因为每一梁段上荷载比较简单,绘图简便,容易掌握。在梁上荷载比较多的情况下使用这种方法更为有效。区段叠加的要点一是根据梁上的荷载,将梁分为若干段。分段的方法比较灵活,最简单的方式是将梁分为有载段和无载段。有载段内的荷载是指连续分布于该梁段长度上的均布荷载和集中力。若梁上有集中力偶作用或将其划分在某段端部,或将其划分在各段之外;二是熟练掌握绘简支梁弯矩图的叠加法。

【例6.7】  试利用区段叠加法作图6.23(a)所示简支梁的弯矩图。设梁上荷载 $M_e =$ 20 kN · m,$q = 20$ kN/m,$F = 40$ kN。

**解**  该梁荷载较多,弯矩图的分段较多,用区段梁叠加法绘弯矩图较为方便。

求出两支座反力

$$F_A = 22.5 \text{ kN}(\uparrow), \quad F_B = 37.5 \text{ kN}(\uparrow)$$

将梁分为 $AC^L$、$C^R D$、$DE$、$EB$ 四段。梁的两端面弯矩 $M_A = M_B = 0$。用截面法求出中间各分段面弯矩,依次为,$M_C^L = 22.5$ kN · m,$M_C^R = 2.5$ kN · m,$M_D = 25$ kN · m,$M_E = 37.5$ kN · m。 四段梁中,只有 $DE$ 段上有均布荷载,用区段叠加法绘出其弯矩图如图 6.23(b)所示。其余各段梁内都没有荷载,弯矩图均为直线。绘这几段梁的弯矩图时,将其两端的弯矩值绘到基线上,再用直线连接即得。该梁最后弯矩图如图 6.23(c)所示。最大正弯矩出现在 $E$ 截面,其值为 $M_E = 37.5$ kN · m。

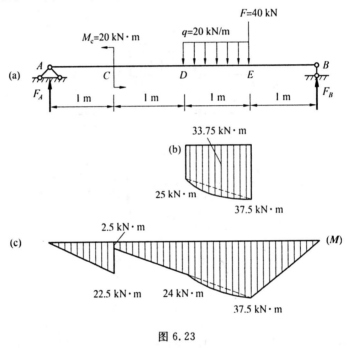

图 6.23

# 本章小结

梁的内力是弯曲问题的基本内容,是研究梁的强度、刚度问题的基础。

(1)基本要求:① 熟练计算指定截面内力;② 熟练写出梁的剪力方程和弯矩方程;③ 熟练、正确地绘制梁的剪力图和弯矩图。本章没有难理解的概念,关键在熟练。尤其是绘梁的剪力图和弯矩图,应用很广。

(2)截面法计算内力的要点:① 总是设截面上剪力 $F_s$ 和弯矩 $M$ 为正号;② 计算截面内力的基本方法是隔离体的平衡。注意练习使用简化计算方法。

(3)梁的剪力和弯矩方程是表示剪力和弯矩随截面位置变化的函数 $F_s = F_s(x)$、$M = M(x)$。写剪力方程和弯矩方程实际上就是用截面法得出任意截面 $x$ 的剪力和弯矩。注意:列 $F_s(x)$ 方程和弯矩 $M(x)$ 方程时应注意正确分段。分段原则是使所计算的内力分量在每一梁段内连续。为了简化,也可以按有载和无载分段,即把梁分为有载段和无载段。在写每段梁的 $F_s(x)$ 方程和弯矩 $M(x)$ 方程的同时,要写出定义域。要点是把握每一内力分量函数不连续的位置。

(4) 本教材介绍了三种画剪力图、弯矩图的方法:即,① 基本方法;② 利用 $q$、$F_s$、$M$ 间的微(积)分关系作图的方法;③ 叠加法。

$q$、$F_s$、$M$ 间的微(积)分关系是绘梁剪力图和内力图的重要工具。对微分关系,主要是利用其几何意义判断剪力图和弯矩图的线形;积分关系用于计算内力、确定均布荷载作用范围内 $F_s = 0$ 的位置快捷而方便。

<h1 style="text-align:center">思 考 题</h1>

6.1　在写 $F_s(x)$、$M(x)$ 方程时,分段的原则是什么? 按着这一原则,分段点应包括哪些位置? 用截面法求梁的内力 $F_s$ 和 $M$ 时,如果取截面以左的部分为隔离体,截面上的剪力和弯矩是不是就和截面右侧部分梁上的外力无关了?

6.2　直接用指定截面一侧梁上的外力计算该截面内力时,计算式 $F_s = \sum F_i$, $M = \sum M_i$ 右边每一项的正负如何确定?

6.3　何谓剪力图、弯矩图的控制截面? 控制截面和分段截面有何不同?

6.4　绝对值最大的弯矩 $|M|_{max}$ 可能出现在哪些位置?

6.5　若绘制图 6.24(a)、(b)所示梁的剪力图和弯矩图,应分几段? 各段梁剪力图的斜率是否相同,为什么? 有没有 $F_s = 0$ 截面? 若有,如何确定其位置? 剪力图在何处有突变? 弯矩图在何处有突变?

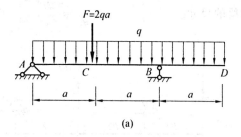
(a)

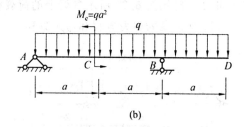
(b)

图 6.24

6.6　利用荷载集度 $q$、剪力 $F_s$、弯矩 $M$ 间的微(积)分关系绘制梁的剪力图和弯矩图时,如何检查剪力图和弯矩图是否正确? 若 $F_s$ 图和 $M$ 图线形都正确,但是只有一个图是自行封闭的,能否肯定这个图一定正确? 为什么?

6.7　如何绘制图 6.25 所示梁的弯矩图? 确定该梁弯矩出现极值的截面并给出 $|M|_{max}$。

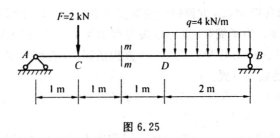

图 6.25

# 习　题

6.1　试求图 6.26 所示各梁中截面 1—1、2—2、3—3、4—4 上的剪力和弯矩。

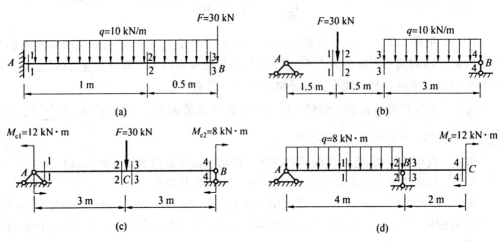

图 6.26

6.2　已知图 6.27 所示各梁上的荷载和梁的尺寸。

（1）列出梁的剪力方程和弯矩方程；

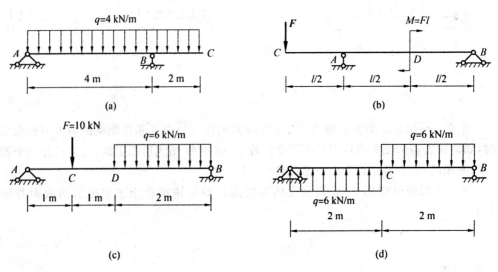

图 6.27

（2）作剪力图和弯矩图；

（3）确定 $|F_s|_{max}$ 及 $|M|_{max}$。$M_e = 80$ kN·m，$F_P = 20$ kN，$q = 20$ kN/m。

6.3　用弯矩、剪力与荷载集度之间的微（积）分关系作题 6.2 中各梁的 $F_s$ 和 $M$ 图。

6.4　用弯矩、剪力与荷载集度之间的微（积）分关系作图 6.28 所示各梁的 $F_s$ 和 $M$ 图。

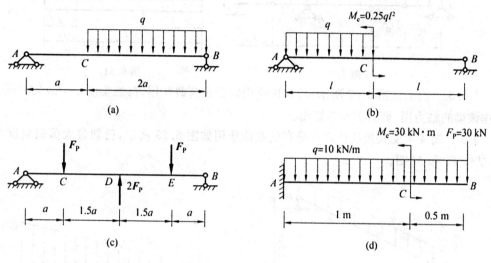

图 6.28

6.5　绘出图示简支梁的剪力图和弯矩图，其中图 6.29(a) 中的结构是对称的，荷载是反对称的；图 6.29(b) 中的结构是对称的，荷载也是对称的。试根据这两个梁的剪力图和弯矩图的特征总结对称结构在对称、反对称荷载作用下剪力图和弯矩图规律。

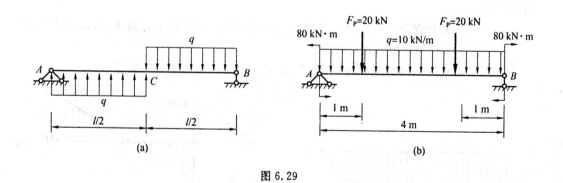

图 6.29

* 6.6　试作图 6.30 中具有中间铰的两跨静定梁的 $F_s$ 和 $M$ 图。

6.7　如图 6.31 所示钢筋混凝土等直梁，长为 $l$，自重荷载集度为 $q$。向上吊起时若要保证梁内绝对值最大的弯矩最小，则绳索所系位置应在何处？

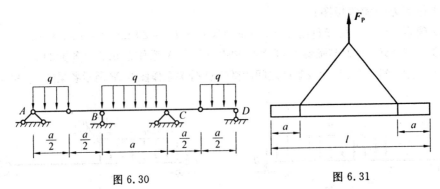

图 6.30            图 6.31

*6.8 斜梁如图 6.32 所示,沿梁长受均匀分布荷载作用,荷载集度 $q = 20$ kN/m。试作该梁的轴力图、剪力图和弯矩图。

6.9 简支梁受到按线性规律分布的载荷作用如图 6.33 所示,已知最大荷载集度为 $q_0$,试作 $F_s$ 和 $M$ 图。

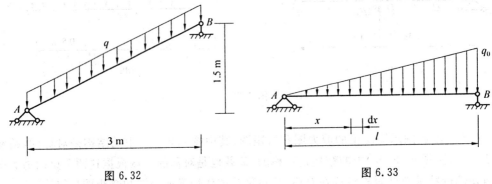

图 6.32            图 6.33

6.10 试根据弯矩、剪力与荷载集度之间的微分关系指出图 6.34 所示各梁 $F_s$ 和 $M$ 图的错误。

6.11 已知悬臂梁的固定端在梁的 $A$ 端,且知梁上没有集中力偶作用,其剪力图如图 6.35 所示,作梁的弯矩图和荷载图。

6.12 简支梁的弯矩图如图 6.36 所示,试作出梁的剪力图与荷载图。

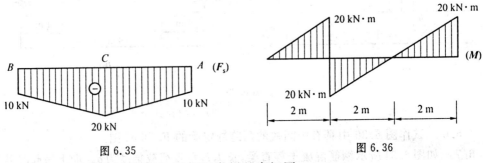

图 6.35            图 6.36

6.13 试用叠加法作图 6.37 所示各梁的弯矩图。

6.14 试用区段叠加法作图 6.38 所示梁的 $M$ 图。

6.15 综合运用 $q$、$F_s$ 和 $M$ 间的微(积)分关系和叠加法,作图 6.39 所示梁的剪力图

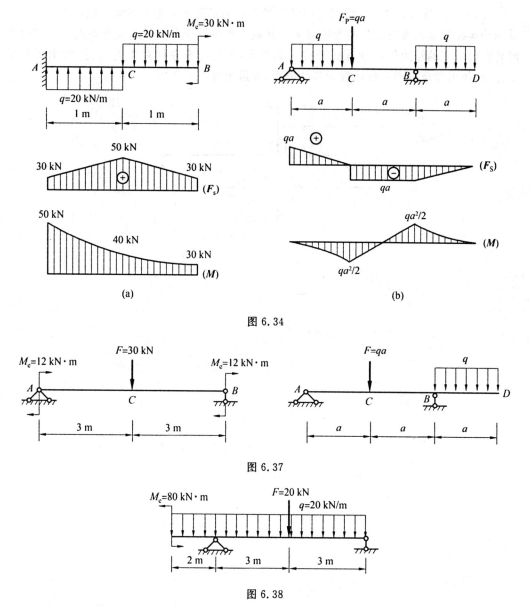

图 6.34

图 6.37

图 6.38

和弯矩图,求出 $|M|_{max}$ 并指出其发生在何处横截面上(提示:求出支反力后先绘剪力图,得出剪力为零的截面后再绘弯矩图)。

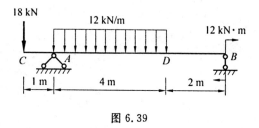

图 6.39

6.16 如图 6.40 所示,桥式起重机大梁上的小车的每个轮子对大梁的压力均为 $F_P$,试问小车在什么位置时梁内的弯矩最大?其最大弯矩等于多少?最大弯矩的作用截面在何处?设小车的轮距为 $d$,大梁的跨度为 $l$(提示:先设小车在任意位置 $x$ 处,写出梁的弯矩方程,找出弯矩方程一阶导数为零的位置,即最大弯矩的作用面。)。

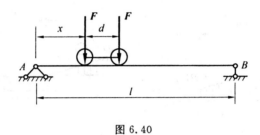

图 6.40

# 第 **7** 章

## 平面弯曲梁的应力和强度计算

## 7.1 平面弯曲梁的正应力

梁在产生平面弯曲时,一般情况下横截面上有弯矩 $M$ 和剪力 $F_s$ 两个基本内力分量,相应的应力也有正应力 $\sigma$ 和切应力 $\tau$ 两个分量。图 7.1 所示为梁的一个截面,从其上任取一微小面积 $\mathrm{d}A$,微面积上的正应力 $\sigma$、切应力 $\tau$ 可认为均匀分布。

微面积上的法向微内力 $\mathrm{d}F_N = \sigma \mathrm{d}A$,切向微内力 $\mathrm{d}F_s = \tau \mathrm{d}A$。利用法向微内力 $\mathrm{d}F_N$,切向微内力 $\mathrm{d}F_s$ 与 $M, F_s$ 的关系可以证明正应力 $\sigma$ 只与弯矩 $M$ 有关;切应力 $\tau$ 只与剪力 $F_s$ 有关。根据弯曲应力与弯曲内力这种对应关系,如果梁的横截面上只有弯矩 $M$,则横截面上的应力只有正应力 $\sigma$,这样的弯曲称为纯弯曲;如果梁的横截面上既有弯矩 $M$ 又有剪力 $F_s$,则应力既有正应力也有切应力,这样的弯曲称为横力弯曲。应该强调,横力弯曲和纯弯曲是根据内力来划分的,而不是外力。如图 7.2 中的简支梁,在图示横向力的作用下,剪力图和弯矩如图 7.2(b)、(c)所示,则该梁的 $CD$ 段为纯弯曲,$AC$ 和 $DB$ 段为横力弯曲。

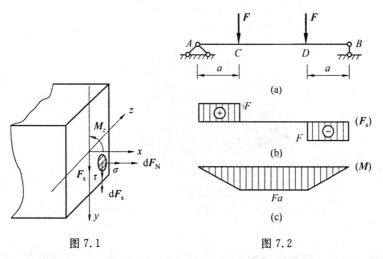

图 7.1             图 7.2

### 7.1.1 纯弯曲梁横截面上的正应力

先讨论纯弯曲梁横截面上的正应力。建立纯弯曲梁横截面上正应力 $\sigma$ 计算公式的过程与建立圆轴扭转横截面上切应力的过程相似,需要综合考虑几何、物理、静力学三个方面的关系。其中几何关系、物理关系是通过实验和假设得出的。

(1)变形几何关系

研究纯弯曲梁变形几何关系的实验,通常是取一矩形截面杆为试件。为便于观察实验现象,实验前在梁的侧表面画上两条横向线 $mm$ 和 $nn$,在横向线之间画两条比较靠近顶面和底面的纵向线 $aa$ 和 $bb$,如图 7.3(a)所示。在梁的两端加一对作用面与梁的纵向对称面重合的力偶,力偶矩的大小为 $M_e$。观察实验现象,可以注意到:

① 纵向线 $aa$、$bb$ 变弯,凹边的纵向线缩短,凸边的纵向线伸长,如图 7.3(b)所示,但两条纵向线间的间距不变。如果把纵向线看成是纵向纤维,因为材料是连续的,纵向纤维的变形由缩短到伸长也应该是连续变化的。因此必然有一层纵向纤维既不伸长也不缩短,该层称为中性层,如图 7.3(c)所示。中性层与横截面的交线称为中性轴。由于梁的弯曲是与纵向对称面平行的平面弯曲,中性层与梁的纵向对称面始终正交,故任一横截面的中性轴垂直于纵向对称轴。至于中性轴的位置尚有待确定。

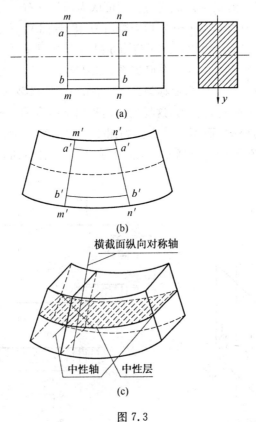

图 7.3

② 横向线 $mm$、$nn$ 仍然保持为直线,并且与变弯后的纵向线保持正交,只是两条横向

线间相对旋转了一个角度,如图 7.3(b) 所示。由于中性层的长度不变,可以断定,各横截面是绕中性轴旋转的。

根据实验现象和判断推理,对纯弯曲变形可作如下假设:

① 由于横向线保持为直线,可以推断横截面保持为平面,故此可以作出平面假设:即认为梁在发生纯弯曲时,变形以前与杆的轴线垂直的横截面,变形后仍然保持为与(变弯的)梁的轴线垂直的平面,只是绕各自的中性轴相对其他截面旋转了一个角度。

② 由于各条纵向纤维间距不变,可以推断梁在发生纯弯曲变形时纵向纤维间没有牵拉和挤压。故此可以作出单向拉伸(或压缩)状态假设:即梁在发生纯弯曲时各条纵向纤维的每一点都处于单向拉伸(或压缩)应力状态。

平面假设确定了平面纯弯曲变形的基本特征。为了建立平面弯曲变形几何关系,从梁上截取长为 $dx$ 的一微段,如图 7.4(a) 所示。取 $x$ 轴与梁的轴线重合,$y$、$z$ 分别为截面的纵向对称轴和中性轴。微段梁变形后如图 7.4(b) 所示,由于横截面保持为平面,两个端面相对转角为 $d\theta$;中性层 $O_1O_2$ 变为圆弧,其曲率半径为 $\rho$,但其长度不变,因此有 $dx = \rho d\theta$。变形前与中性层相距为 $y$ 的纵向纤维 $bb$,变形后成为曲线 $b'b'$,与中性层的距离仍为 $y$。过 $O_2'$ 作 $O_1'b'$ 的平行线 $O_2'b''$,则 $b''b'$ 即纵向纤维 $bb$ 的伸长量,由图 7.4(b) 可得 $b''b' = yd\theta$,由此可得纵向线应变

$$\varepsilon(y) = \frac{b''b'}{bb} = \frac{yd\theta}{dx} = \frac{yd\theta}{\rho d\theta} = \frac{y}{\rho} \tag{a}$$

式(a) 即纯弯曲梁的变形几何关系。因为式中 $\rho$ 为常数,故截面上各点 $\varepsilon \propto y$,即截面上各点的纵向线应变与该点到中性轴的距离成正比。

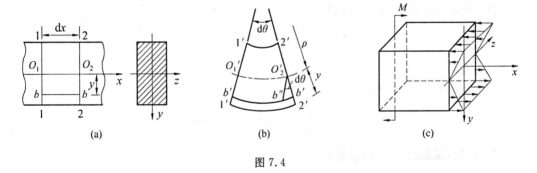

图 7.4

(2) 物理关系

由纯弯曲梁的变形假设,当梁的变形在弹性范围内时,由单向拉、压的胡克定律可知

$$\sigma = E\varepsilon = \frac{E}{\rho}y \tag{b}$$

式(b) 即纯弯曲梁的变形物理关系。该式表明:纯弯曲梁横截面上的一点的正应力 $\sigma$ 与该点到中性轴的距离 $y$ 成正比,中性轴上各点 $y = 0$,正应力 $\sigma = 0$。从中性轴开始,正应力沿截面高度成线性规律分布,如图 7.4(c) 所示。式(b) 给出了弯曲正应力的分布规律,但 $\sigma$ 的数值还不能计算,因为还不知道中性轴的位置和曲率半径 $\rho$ 的大小,这两个问题要由静力学解决。

（3）静力关系

从纯弯曲梁横截面上取微面积 $dA$，如图 7.5 所示，其上的法向微内力 $dF_N = \sigma dA$，横截面各个微面积上的法向微内力构成空间平行力系。将力系向截面形心简化，一般情况下应有三个内力分量，即轴力 $F_N$，弯矩 $M_z$ 和 $M_y$。由第 6 章的结果已知，平面纯弯曲梁横截面上的内力只有弯矩 $M_z = M$，$F_N = M_y = 0$，从而有如下静力关系：

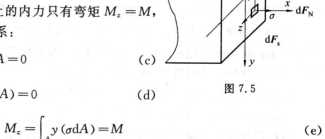

图 7.5

$$F_N = \int_A \sigma dA = 0 \qquad (c)$$

$$M_y = \int_A z(\sigma dA) = 0 \qquad (d)$$

$$M_z = \int_A y(\sigma dA) = M \qquad (e)$$

现在分别讨论这几个静力关系。将式（b）代入式（c），注意到 $\int_A y dA = S_z$（截面面对中性轴 $z$ 的静矩），得

$$F_N = \int_A \sigma dA = \frac{ES_z}{\rho} = 0 \qquad (f)$$

因为 $\frac{E}{\rho} \neq 0$，所以必有 $S_z = 0$。这一结果表明，中性轴 $z$ 通过截面形心。前面已经明确，在对称弯曲中，中性轴 $z$ 与截面的纵向对称轴 $y$ 垂直。概而言之，纯弯曲梁横截面的中性轴是通过截面的形心并与纵向对称轴垂直的一条直线。

将式（b）代入式（d），可以得到

$$M_y = \frac{E}{\rho} \int_A zy dA = \frac{EI_{yz}}{\rho} = 0$$

因为 $y$ 为截面的对称轴（主惯性轴），从而 $I_{yz} = 0$，故此式自然满足。

将式（b）代入式（e），得

$$M_z = \frac{E}{\rho} \int_A y^2 dA = \frac{EI_z}{\rho} = M \qquad (g)$$

由此解得中性层的曲率 $\frac{1}{\rho}$ 的表达式

$$k = \frac{1}{\rho} = \frac{M}{EI_z} \qquad (7.1)$$

式（7.1）即梁的平面弯曲变形的基本公式。式中，曲率 $k$ 表示梁的弯曲变形程度。该式表明，平面弯曲中，梁的轴线在任意截面处的曲率与该截面上的弯矩 $M$ 成正比，与该截面的 $EI_z$ 成反比。当 $M$ 确定后，$EI_z$ 越大，$k$ 就越小；反之，$EI_z$ 越小，$k$ 就越大。由此可知，$EI_z$ 即是截面抵抗弯曲变形的能力，称为抗弯刚度。如果一个梁各个截面的 $EI_z$ 都一样，就称为等刚度梁。

将式（7.1）代入式（b）得到

$$\sigma = \frac{My}{I_z} \qquad (7.2)$$

式(7.2)即直梁纯弯曲时横截面上正应力计算公式。式中,$M$ 是横截面上的弯矩;$y$ 是计算应力的点到中性轴的距离;$I_z$ 是横截面对中性轴的惯性矩。

使用式(7.2)计算横截面上某点的正应力时,$M$ 和 $y$ 均以绝对值代入,应力 $\sigma$ 的正负则根据变形直接从图中判断。例如图 7.6(a)中,截面上的弯矩使梁变形后上凹下凸,中性轴以下的纵向纤维伸长,应力为拉应力,即 $\sigma$ 为正号;中性轴以上的纵向纤维缩短,应力为压应力,即 $\sigma$ 为负号。图 7.6(b)中,变形情况与图 7.6(a)中相反,中性轴以上的应力为正号,以下的应力为负号。

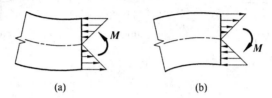

(a)　　　　　　　　(b)

图 7.6

由式(7.2)可知,当 $y = y_{\max}$ 时,应力 $\sigma$ 达到最大值,即横截面上最大正应力发生在距中性轴最远点,其大小

$$\sigma_{\max} = \frac{My_{\max}}{I_z} \tag{7.3a}$$

式(7.3a)即横截面上最大弯曲正应力计算公式。对于中性轴为对称轴的截面,最大拉应力点与最大压应力点到中性轴的距离相等,此式算出的 $\sigma_{\max}$ 也就是截面上绝对值最大的正应力;对于中性轴为非对称轴的截面,最大拉应力点与最大压应力点到中性轴的距离不等,即 $y_{t,\max} \neq y_{c,\max}$,这时 $\sigma_{t,\max}$ 与 $\sigma_{c,\max}$ 要分别计算。

为计算简便,引入量

$$W_z = \frac{I_z}{y_{\max}} \tag{7.4}$$

则截面上最大的弯曲正应力公式(7.3a)可以写成如下形式,即

$$\sigma_{\max} = \frac{M}{W_z} \tag{7.5}$$

式中,$W_z$ 是截面几何性质中的抗弯截面系数,下角标是中性轴的代号,$W_z$ 的量纲为[长度]$^3$,单位为 $mm^3$ 或 $m^3$。

使用式(7.5)计算 $\sigma_{\max}$ 时应注意,对关于中性轴非对称的截面,最大拉应力点和最大压应力点到中性轴的距离不等,相应的 $W_z$ 应分别计算。实际上,这种情况下直接利用式(7.3)计算 $\sigma_{t,\max}$ 和 $\sigma_{c,\max}$ 比利用式(7.5)要简便。

### 7.1.2　常见截面的 $W_z$ 的计算

为便于计算最大弯曲正应力及后面将要讨论的弯曲强度,熟悉常见截面的抗弯截面系数的算式很必要。

(1)矩形截面

设矩形截面如图 7.7(a)所示,$z$ 为中性轴,惯性矩 $I_z = \dfrac{bh^3}{12}$,则

・ 143 ・

$$W_z = \frac{I_z}{h/2} = \frac{bh^2}{6} \tag{h}$$

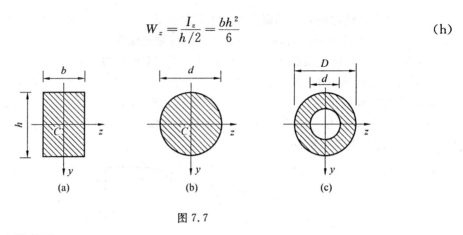

图 7.7

（2）实心圆截面

设实心圆截面如图 7.7(b) 所示，$z$ 为中性轴，惯性矩 $I_z = \frac{\pi d^4}{64}$，则

$$W_z = \frac{I_z}{d/2} = \frac{\pi d^3}{32} \tag{i}$$

（3）环形截面

设环形截面如图 7.7(c) 所示，取 $z$ 为中性轴，惯性矩 $I_z = \frac{\pi D^4 (1 - \alpha^4)}{64}$，$\alpha = \frac{d}{D}$，则

$$W_z = \frac{I_z}{D/2} = \frac{\pi D^3 (1 - \alpha^4)}{32} \tag{j}$$

（4）型钢截面

查附录 2 型钢规格表。

### 7.1.3　横力弯曲梁横截面上正应力的计算

横力弯曲梁横截面上的内力除弯矩 $M$ 之外还有剪力 $F_s$，剪力引起的剪切变形使横截面发生翘曲，如图 7.8 所示，在各截面翘曲不同的情况下，纵向纤维间产生相互牵拉或挤压的现象，不再处于单向拉（压）应力状态。因此，梁在纯弯曲中的平面假设和纵向纤维单向拉压假设已不再成立。纯弯曲的变形几何关系不再适用，横截面上正应

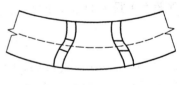

图 7.8

力的分布不再像纯弯曲那样从中性轴开始到截面的上、下边缘呈线性规律变化。因此，一般来说，纯弯曲横截面正应力的计算公式在横力弯曲正应力的计算中不再适用。但是，理论和实验研究都已证明，当梁的跨长与其截面高度之比 $\frac{l}{h}$ 大于 5 时，若按纯弯曲理论计算横力弯曲横截面上最大正应力，尽管所得结果比实际情况偏低，但其误差不超过 $1\%$，且梁的跨高比越大，误差越小。这样的误差是工程所允许的。因此在工程中对 $\frac{l}{h} > 5$ 的横力弯曲梁，横截面上的弯曲正应力仍可用纯弯曲梁正应力公式计算。注意到横力弯曲梁截面上的弯矩一般是随截面位置而变化的，利用这些公式时，各截面的弯矩应为截面位置

$x$ 的函数。故横力弯曲梁横截面最大正应力公式应写成如下形式：

$$\sigma_{max} = \frac{M(x)\,y_{max}}{I_z} \tag{7.3b}$$

或写为

$$\sigma_{max} = \frac{M(x)}{W_z} \tag{7.3c}$$

**【例 7.1】**　简支梁如图 7.9(a) 所示，梁的长度 $l=4$ m，梁的截面为 100 mm × 200 mm 的矩形，梁上受到均布荷载作用，荷载集度 $q=60$ kN/m。试绘制该梁剪力图和弯矩图，并求其危险截面上 $a$、$b$ 两点的正应力。

**解**　(1) 绘梁的剪力图、弯矩图，如图 7.9(b)、(c) 所示。最大弯矩在梁的中间截面，其值 $M_{max}=120$ kN·m。由于该梁为等截面梁，最大弯矩作用面即危险截面。

(2) 计算截面的几何性质。由题设 $h=200$ mm，$b=100$ mm，则

$$I_z = \frac{bh^3}{12} = \frac{100 \text{ mm} \times (200 \text{ mm})^3}{12} \approx 0.667 \times 10^8 \text{ mm}^4$$

$$W_z = \frac{I_z}{h/2} = 0.667 \times 10^6 \text{ mm}^3$$

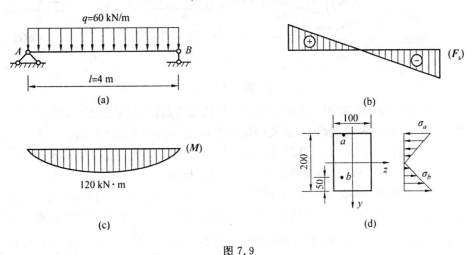

图 7.9

(3) 计算危险截面指定点的正应力

根据平面弯曲梁横截面上正应力的分布规律，点 $a$ 是危险截面上最大压应力点，其值

$$\sigma_a = \sigma_{c,max} = \frac{M_{max}}{W_z} = \frac{120 \times 10^6 \text{ N·mm}}{0.667 \times 10^6 \text{ mm}^3} \approx 180 \text{ MPa}$$

点 $b$ 位于拉应力区，其正应力值

$$\sigma_b = \frac{M_{max}y_b}{I_z} = \frac{120 \times 10^6 \text{ N·m} \times (100 \text{ mm} - 50 \text{ mm})}{0.667 \times 10^8 \text{ mm}^4} \approx 90 \text{ MPa}$$

如果利用平面弯曲梁横截面上正应力沿截面高度的直线分布的特点，在求得 $\sigma_a$ 以后，其余各点的应力利用比例关系计算将更简便，但是要注意正负。本例中危险截面上点 $b$ 的正应力

$$\sigma_b = \frac{|\sigma_a| \times (100 \text{ mm} - 50 \text{ mm})}{100 \text{ mm}} = \frac{180 \text{ MPa}}{2} = 90 \text{ MPa}$$

**【例 7.2】** 图 7.10(a) 所示槽形截面伸臂梁,材料为铸铁,受均布荷载 $q$ 和集中力 $F$ 作用。已知均布荷载集度 $q = 10 \text{ kN/m}$,集中力 $F = 20 \text{ kN}$,截面对中性轴的惯性矩 $I_z = 4.0 \times 10^7 \text{ mm}^4$,截面上、下边缘到中性轴的距离分别 $y_1 = 60 \text{ mm}$、$y_2 = 140 \text{ mm}$,长度尺寸 $a = 2 \text{ m}$。试求该梁横截面上最大拉应力 $\sigma_{t,max}$ 和最大压应力 $\sigma_{c,max}$。

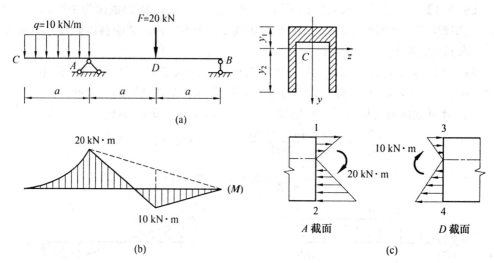

图 7.10

**解** 绘梁的弯矩图如图 7.10(b) 所示。该梁为等截面,但中性轴 $z$ 到截面上下边缘的距离不相等。对这种等截面梁,最大的拉应力 $\sigma_{t,max}$ 和最大的压应力 $\sigma_{c,max}$ 不一定出现在同一截面上,所以最大负弯矩截面 $A$ 和最大正弯矩截面 $D$ 都是危险截面,$\sigma_{t,max}$、$\sigma_{c,max}$ 发生的位置需要利用危险截面的弯矩和应力分布图分析确定。

图 7.10(c) 绘出了危险截面 $A$、$D$ 的应力分布图。图中点 1、2 分别为 $A$ 截面的最大拉应力点和最大压应力点;点 3、4 分别为 $D$ 截面的最大压应力点和最大拉应力点。因为等截面梁各截面的惯性矩 $I_z$ 相同,由弯曲正应力计算公式 $\sigma = \dfrac{My}{I_z}$ 可知,两个截面中哪个截面上乘积 $My$ 大,那个截面上的最大拉应力就大。同理,对最大压应力也如此判定。由截面中性轴位置和图 7.10(c) 可知,$M_D y_2 = 1.4 \text{ kN} \cdot \text{m}^2 > M_A y_1 = 1.2 \text{ kN} \cdot \text{m}^2$,故最大拉应力 $\sigma_{t,max}$ 发生于 $D$ 截面下边缘点 4;同理,$M_A y_2 = 2.8 \text{ kN} \cdot \text{m}^2 > M_D y_1 = 0.6 \text{ kN} \cdot \text{m}^2$,最大压应力 $\sigma_{c,max}$ 发生于 $A$ 截面下边缘点 2。

根据上述分析结果,计算该梁的 $\sigma_{t,max}$ 和 $\sigma_{c,max}$,得

$$\sigma_{t,max} = \frac{M_D y_2}{I_z} = \frac{10 \times 10^6 \text{ N} \cdot \text{mm} \times 140 \text{ mm}}{4.0 \times 10^7 \text{ mm}^4} = 35 \text{ MPa}$$

$$\sigma_{c,max} = \frac{M_A y_2}{I_z} = \frac{20 \times 10^6 \text{ N} \cdot \text{mm} \times 140 \text{ mm}}{4.0 \times 10^7 \text{ mm}^4} = 70 \text{ MPa}$$

在本题的计算中,确定危险截面后,也可以不作危险点的位置分析,直接计算出 $A$、$C$ 两截面各自最大拉应力和最大压应力之后再作比较。但是计算过程比较繁琐。先分析后

计算,不仅概念清晰,而且有利于得出简便的计算方法。

# 7.2　横力弯曲梁横截面上的切应力

横力弯曲梁横截面上切应力 $\tau$ 的分布与截面的形状有关,所以对切应力 $\tau$ 的讨论要结合截面形状分别进行。因为矩形截面弯曲切应力的分析、计算有一定的典型性,所以先研究矩形截面上切应力的分析和计算,再将得出的结果推广到其他形状的截面。

## 7.2.1　矩形截面梁的切应力

设矩形截面梁的横截面如图 7.11 所示,截面的高为 $h$、宽为 $b$,且设 $h > b$,截面上的剪力为 $F_s$。在对称平面弯曲中,$F_s$ 的作用线与截面的对称轴 $y$ 重合。

与纯弯曲梁横截面上正应力的研究方法不同,由于横力弯曲横截面上既有正应力又有切应力,无法利用实验单独观察与切应力分布规律有关的现象。故在建立弯曲切应力的计算公式时,是利用可能得出的分析结果及推理假设,给出弯曲切应力的某些分布规律。

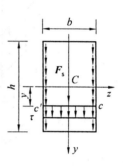

图 7.11

对矩形截面梁横截面上切应力分布规律的假设如下:

(1)横截面上各点切应力 $\tau$ 的方向与截面剪力 $F_s$ 平行;

(2)同一条宽度线上各点的切应力大小相等。

弹性理论的解答已经证明,对狭长的矩形截面,上述假设是符合实际的。对一般高度大于宽度的矩形截面,按上述假设计算,结果也能满足工程要求。

因为上述假设未能给出切应力沿整个截面高度的分布规律,因此不能利用静力关系得出截面上任意一点切应力的计算公式。但是有了这些结果为利用平衡关系建立切应力计算公式提供了条件。

图 7.12(a) 表示一横力弯曲梁,用截面 $x$ 和 $x + dx$ 从中截取长为 $dx$ 的一个微段,微段梁两侧面上的剪力和弯矩如图 7.12(b) 所示。因为微段梁上没有外力,左、右两侧面上的剪力均为 $F_s$;弯矩分别为 $M(x)$ 和 $M(x) + dM(x)$。两侧面上的应力分布如图7.12(c)所示。由于两侧面上的剪力相等,两侧面在距离中性轴为 $y$ 的对应点处切应力 $\tau$ 相等。但是由于两侧面的弯矩不相等,两侧面上对应点的正应力不相等。左侧面上距离中性轴为 $y_1$ 的点的正应力 $\sigma' = \dfrac{My_1}{I_z}$,右侧面上对应的点的正应力 $\sigma'' = \dfrac{(M + dM)y_1}{I_z}$。

用距离中性轴为 $y$ 的纵截面从微段梁 $dx$ 上切取隔离体如图 7.12(d) 所示,该纵截面与横截面的交线为 $c-c'$。由切应力互等定理可知,宽度线 $c-c'$ 上各点在横截面上的切应力 $\tau$ 与其在纵切面上的切应力 $\tau'$ 相等。隔离体的受力图示于图 7.12(e) 中。由平衡方程 $\sum F_x = 0$ 得

$$F_{N1} + dF_s' = F_{N2} \tag{a}$$

式中,$F_{N1}$、$F_{N2}$ 分别为隔离体左右两侧面上的法向内力;$dF_s'$ 为隔离体纵截面上切向微内

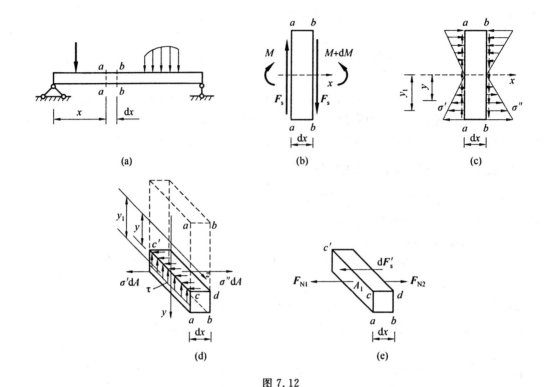

图 7.12

力 $\tau' \mathrm{d}A$ 的合力（由于 $\mathrm{d}x$ 是微分长度，计算时忽略切应力在 $\mathrm{d}x$ 内的变化，取 $\tau'$ 作为纵截面上各点的切应力）。

各力的计算式分别为

$$F_{N1} = \int_{A_1} \sigma' \mathrm{d}A = \frac{M}{I_z} \int_{A_1} y_1 \mathrm{d}A = \frac{M S_z^*}{I_z} \tag{b}$$

$$F_{N2} = \int_{A_1} \sigma'' \mathrm{d}A = \frac{M + \mathrm{d}M}{I_z} \int_{A_1} y_1 \mathrm{d}A = \frac{(M + \mathrm{d}M) S_z^*}{I_z} \tag{c}$$

$$\mathrm{d}F_s' = \tau' b \mathrm{d}x = \tau b \mathrm{d}x \tag{d}$$

将式(b)、(c)、(d) 代入式(a)，得

$$\frac{M S_z^*}{I_z} + \tau b \mathrm{d}x = \frac{(M + \mathrm{d}M) S_z^*}{I_z} \tag{e}$$

注意到 $\dfrac{\mathrm{d}M}{\mathrm{d}x} = F_s$，整理后得到

$$\tau = \frac{F_s S_z^*}{I_z b} \tag{7.6}$$

式(7.6)即矩形截面等直梁在对称弯曲时横截面上任意一点处切应力计算公式。式中 $F_s$ 为横截面上的剪力；$S_z^*$ 为欲求切应力的点所在宽度线一侧面积对中性轴的静矩，通常取面积 $A_1$ 计算（见图 7.12(e)）；$I_z$ 为截面对中性轴的惯性矩；$b$ 为矩形截面的宽度。

式(7.6)中，除 $S_z^*$ 以外，其余各量都是已知量。$S_z^*$ 的算式可由图 7.13 导出。由静矩的概念

$$S_z^* = A_1 \bar{y}_1 = b\left(\frac{h}{2}-y\right) \times \left[y + \frac{\frac{h}{2}-y}{2}\right] = \frac{b}{2}\left(\frac{h^2}{4}-y^2\right) \tag{f}$$

式中，$\bar{y}_1$ 是面积 $A_1$ 的形心到中性轴 $z$ 的距离。将式(f)代入式(7.6)得

$$\tau = \frac{F_s}{2I_z}\left(\frac{h^2}{4}-y^2\right) \tag{7.7}$$

从式(7.7)可以看出，矩形截面上的弯曲切应力 $\tau$ 沿截面高度按二次抛物线规律变化。在截面的上下边缘 $y=\pm\frac{h}{2}$，切应力等于零；在中性轴上各点 $y=0,\tau=\tau_{max}$。据此，绘出切应力 $\tau$ 沿矩形截面高度的分布图，如图 7.13(b) 所示。注意到矩形截面 $I_z = \frac{bh^3}{12}$，代入式(7.7)，整理后得

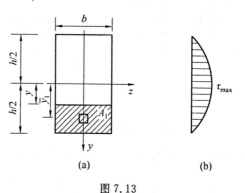

图 7.13

$$\tau_{max} = \frac{3}{2}\frac{F_s}{bh} = \frac{3F_s}{2A} \tag{i}$$

即矩形截面的最大弯曲切应力发生在中性轴上各点，其值为截面平均切应力的 1.5 倍。

应该强调，切应力公式(7.6)实质上是横力弯曲梁横截面一条宽度线上切应力(或切应力分量)的计算公式。因为在用隔离体(见图 7.12(d)、(e))的平衡方程导出公式(7.6)时，仅仅利用了同一宽度线上各点切应力 $\tau$ 与剪力 $F_s$ 平行且均布这样的条件，并引用了纯弯曲梁横截面上正应力公式(该公式是材料处于线弹性范围内且在拉伸和压缩弹性模量相同的条件下得出的)。因此，只要横力弯曲梁横截面某条宽度线上的切应力(或切应力分量)具备上述特征，材料具有上述性能，就可以用式(7.6)计算。但在一般情况下使用该公式时应注意，公式中的 $b$ 是计算切应力点处截面的宽度，$S_z^*$ 是这条宽度线一侧横截面积对中性轴的静矩。

还应指出，对矩形、圆形、工字形等对称截面，最大切应力均出现在中性轴上各点。但是对那些在靠近中性轴处截面宽度骤然增加的截面(如十字形截面)和某些渐变宽度截面(如等腰梯形截面等)没有这样的结果。

### 7.2.2　工字形截面上的切应力

如图 7.14(a) 所示，工字形截面由三个狭长矩形截面组成，中间的矩形称为腹板，上下两个矩形称为翼缘。当截面上有剪力 $F_s$ 时，腹板和翼缘上都将产生切应力。

(1) 腹板上的切应力

由于工字形截面的腹板是狭长矩形截面，切应力的分布符合前述假设条件。因此在弹性变形中，截面上的切应力可用式(7.6)计算。取距中性轴为 $y$ 的宽度线如图 7.14(b) 所示，宽度线一侧的面积(取图 7.14(b) 中有阴影的部分，包括部分腹板的面积和一个翼缘的面积)对中性轴的静矩表达式可写为

$$S_z^* = \frac{B}{2}\left(\frac{H^2}{4}-\frac{h^2}{4}\right) + \frac{b}{2}\left(\frac{h^2}{4}-y^2\right) \tag{j}$$

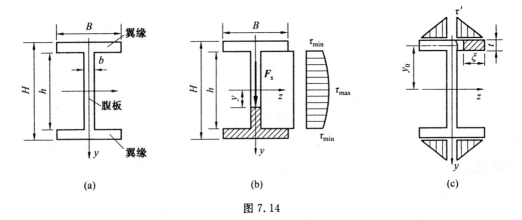

图 7.14

由于 $S_z^*$ 是 $y$ 的二次函数,腹板上的切应力 $\tau$ 也是 $y$ 的二次函数,沿腹板的高度按二次抛物线规律变化。当 $y=0$ 和 $y=\pm\dfrac{h}{2}$ 时,$S_z^*$ 分别取得极大值和极小值:

$$S_{z,\max}^* = \frac{BH^2}{8} - \frac{(B-b)h^2}{8}$$

$$S_{z,\min}^* = \frac{BH^2}{8} - \frac{Bh^2}{8}$$

这表明,工字形截面的最大切应力 $\tau_{\max} = \dfrac{F_s S_{z,\max}^*}{I_z b}$ 仍然发生在中性轴上各点;最小切应力 $\tau_{\min} = \dfrac{F_s S_{z,\min}^*}{I_z b}$ 发生在腹板与翼缘交界处。按上述讨论绘出的工字形截面腹板上切应力的变化规律示于图 7.14(b) 中。可以注意到 $\tau_{\max} \approx \tau_{\min}$。这是因为 $B \gg b$,从而 $S_{z,\max}^* \approx S_{z,\min}^*$。

由于最大切应力与最小切应力相差不大,所以对组合工字截面,当其高宽比大于型钢截面的高宽比时,可以近似认为腹板上的切应力均匀分布,即 $\tau \approx \dfrac{F_s'}{A'}$。这里 $F_s'$、$A'$ 分别为腹板上的剪力和腹板的横截面积。计算表明 $F_s' \approx 95\% F_s$,因此实际计算时可以取 $\tau \approx \dfrac{F_s}{A'}$。

对轧制工字钢截面,最大切应力算式 $\tau_{\max} = \dfrac{F_s S_{z,\max}^*}{I_z b}$ 中的 $\dfrac{I_z}{S_{z,\max}^*}$ 可从型钢规格表中查得。

(*2) 翼缘上的切应力

翼缘上的切应力比较复杂,既有与翼缘长边垂直的分量,也有与翼缘长边平行的分量,但主要是与翼缘长边平行的分量。与翼缘长边平行的切应力沿翼缘宽度均匀分布,方向与翼缘上的剪力平行。满足切应力公式(7.6)的适用条件,可用式(7.6)计算,即

$$\tau' = \frac{F_s S_z^*}{I_z t} \tag{k}$$

式中,$I_z$ 是整个截面对中性轴的惯性矩;$t$ 是翼缘的宽度;$S_z^*$ 是翼缘上计算切应力的点所

在宽度线以外的面积(图 7.14(c) 中带阴影的部分) 对中性轴的静矩,其算式为

$$S_z^* = t \xi y_0 \tag{1}$$

式中,$y_0$ 是与翼缘长边平行的中线到截面中性轴 $z$ 的距离;$\xi$ 是宽度线到翼缘外端的距离。

由式(k)、(l) 可知,翼缘上与长边平行的切应力呈线性规律分布,如图 7.14(c) 所示。$\tau'$ 的方向可以根据从翼缘上切取的隔离体的平衡判断。一种比较简单的判断方法是利用“切应力流”的概念确定翼缘上切应力 $\tau'$ 的方向。这种方法是:设想把开口薄壁截面上的横力弯曲切应力的方向比做水流方向,则工字形截面腹板和翼缘上切应力方向的关系就好像供水管网的主干管与分支管中水流方向的关系一样,彼此一致。因为腹板上切应力的方向与截面上的剪力 $F_s$ 方向一致,按着这一规律,翼缘上切应力的方向可以很容易判定。

图 7.15 中给出了用这种方法确定开口薄壁截面切应力方向的几个例子,图中 $y,z$ 轴为形心主惯性轴,供学习参考。

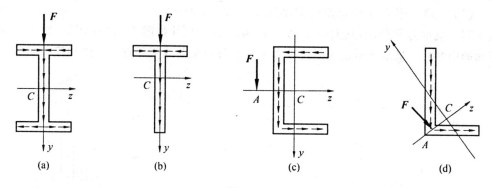

图 7.15

## 7.2.3　圆截面和薄壁环形截面上的切应力

(1)圆截面

对称平面弯曲中,圆截面上切应力的分布也是关于截面的对称轴 $y$ 对称的。如果取一条距中性轴为 $y$ 的宽度线 $aa'$,其两端点 $a$ 和 $a'$ 处的切应力作用线必交于 $y$ 轴上同一点 $O'$,如图 7.16 所示。$aa'$ 线与 $y$ 轴交点处的切应力必沿 $y$ 轴,作用线也交于点 $O'$。据此可以假设:同一宽度线上各点的切应力都汇交于对称轴 $y$ 上的同一点,各点处切应力沿 $y$ 轴方向的分量 $\tau_y$ 相等且与 $F_s$ 平行。因此,$\tau_y$ 可用式(7.6)计算。之后,可根据一点的切应力 $\tau$ 与 $\tau_y$ 的夹角,求出该点的切应力 $\tau$。

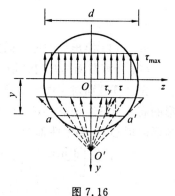

图 7.16

圆截面中性轴上各点,弯曲切应力的方向都与 $F_s$ 平行,是截面上的最大切应力 $\tau_{max}$,其值等于

$$\tau_{max} = \frac{F_s S_{z,max}^*}{I_z d} = \frac{F_s \times \frac{\pi d^2}{8} \times \frac{2d}{3\pi}}{\frac{\pi d^4}{64} \times d} = \frac{4}{3} \frac{F_s}{A} \qquad (\mathrm{m})$$

（2）薄壁环形截面

薄壁环形截面上弯曲切应力的分析与圆截面的相同。注意到当环壁的厚度较薄时，可以认为切应力沿环壁厚度无变化，但是在不同的宽度线上，切应力的大小不同，如图 7.17 所示。中性轴上各点切应力相等，方向与 $y$ 轴平行（由对称性和薄壁条件判断），故可以用式（7.6）计算，其值

$$\tau = 2 \frac{F_s}{A} \qquad (\mathrm{n})$$

这也是薄壁环形截面上数值最大的切应力。

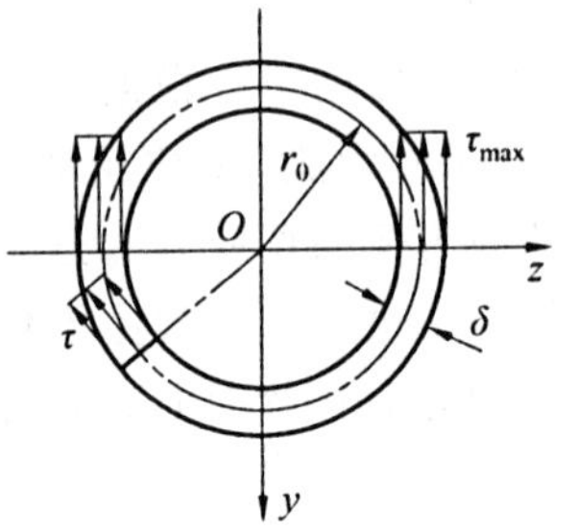

图 7.17

【例 7.3】 图 7.18 所示简支梁，跨长 $l = 2$ m，梁的中点受到一集中力 $F$ 作用，其大小为 60 kN。梁的截面尺寸如图 7.18(c) 所示，图中 $z$ 轴为截面的中性轴。试求该梁最大的切应力 $\tau_{max}$ 及腹板和翼缘交界点 $a$ 处的切应力 $\tau_a$。

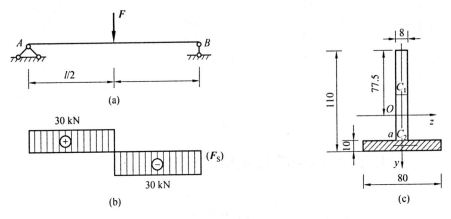

图 7.18

**解** （1）绘出梁的剪力图如图 7.18(b) 所示，最大剪力 $F_s = 30$ kN。

（2）计算截面的几何性质

先计算截面对中性轴的惯性矩 $I_z$。将截面划分为竖直和水平两个狭长矩形。竖直矩形的高 $h = 110$ mm $- 10$ mm $= 100$ mm，其形心 $C_1$ 到中性轴 $z$ 的距离为 27.5 mm；水平矩形的形心 $C_2$ 到中性轴的距离为 27.5 mm。由移轴公式可得

$$I_z = \left[ \frac{8 \text{ mm} \times (100 \text{ mm})^3}{12} + 8 \text{ mm} \times 100 \text{ mm} \times (27.5 \text{ mm})^2 \right] +$$
$$\left[ \frac{80 \text{ mm} \times (10 \text{ mm})^3}{12} + 80 \text{ mm} \times 10 \text{ mm} \times (27.5 \text{ mm})^2 \right] =$$
$$1.88 \times 10^6 \text{ mm}^4$$

截面对中性轴的最大静矩，取中性轴以上的面积计算，可得

$$S_{z,\max}^* = (77.5 \text{ mm} \times 8 \text{ mm}) \times \frac{77.5 \text{ mm}}{2} \approx 2.4 \times 10^4 \text{ mm}^3$$

过点 $a$ 宽度线以外的面积对中性轴的静矩（即翼缘对中性轴的静矩）

$$S_{z,\min}^* = (80 \text{ mm} \times 10 \text{ mm}) \times 27.5 \text{ mm} = 2.2 \times 10^4 \text{ mm}^3$$

（3）计算切应力

最大切应力 $\tau_{\max}$ 即中性轴上各点的切应力：

$$\tau_{\max} = \frac{F_s S_{z,\max}^*}{I_z b} = \frac{30 \times 10^3 \text{ N} \times 2.4 \times 10^4 \text{ mm}^3}{1.88 \times 10^6 \text{ mm}^4 \times 8 \text{ mm}} \approx 47.9 \text{ MPa}$$

腹板和翼缘交界点 $a$ 处的切应力 $\tau_a$：

$$\tau_a = \frac{F_s S_{z,\min}^*}{I_z b} = \frac{30 \times 10^3 \text{ N} \times 2.2 \times 10^4 \text{ mm}^3}{1.88 \times 10^6 \text{ mm}^4 \times 8 \text{ mm}} \approx 43.9 \text{ MPa}$$

**【例 7.4】**　矩形截面悬臂梁 $AB$ 的自由端 $B$ 受集中力 $F$ 作用，如图 7.19(a) 所示。力 $F$ 和梁的长度 $l$、截面尺寸 $b$、$h$ 已知。试求比值 $\dfrac{\tau_{\max}}{\sigma_{\max}}$。

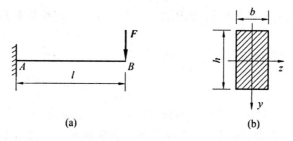

(a)　　　　　　　　　(b)

图 7.19

**解**　该梁各截面的剪力 $F_s = F$，最大弯矩 $M_{\max} = Fl$，截面的抗弯截面模量 $W_z = \dfrac{bh^2}{6}$。最大正应力

$$\sigma_{\max} = \frac{M_{\max}}{W_z} = \frac{6Fl}{bh^2}$$

最大切应力发生在各截面的中性轴上各点，其值为

$$\tau_{\max} = \frac{3}{2} \frac{F_s}{A} = \frac{3F}{2bh}$$

由上面的结果，可得比值

$$\frac{\tau_{\max}}{\sigma_{\max}} = \frac{h}{4l}$$

注意到，可以使用纯弯曲梁正应力计算公式的横力弯曲梁，其长高比 $\dfrac{l}{h} \geqslant 5$，将此条件代入上式，可得

$$\frac{\tau_{\max}}{\sigma_{\max}} \leqslant \frac{1}{20}$$

此例表明，一般情况下，非薄壁截面横力弯曲梁的 $|\sigma|_{\max}$ 要比其 $|\tau|_{\max}$ 大得多。

# 7.3 平面弯曲梁的强度

要保证梁在承受荷载时能正常工作,必须使其满足强度要求。工程中的梁大多数都承受横向荷载作用,横截面上既有正应力又有切应力。对实心截面梁,最大正应力 $\sigma_{max}$ 总是发生在横截面上距中性轴最远点,这些点的切应力 $\tau=0$;而最大切应力 $\tau_{max}$ 通常发生在横截面的中性轴上各点,这些点的正应力 $\sigma=0$。因此,正应力和切应力强度条件可以分别建立。

弯曲正应力强度条件一般可写为

$$\sigma_{max}=\left(\frac{My}{I_z}\right)_{max}\leqslant[\sigma] \tag{7.8a}$$

对等截面梁,且材料的抗拉、抗压性能相同时,梁的正应力强度条件可写为

$$\sigma_{max}=\left(\frac{M}{W_z}\right)_{max}\leqslant[\sigma] \tag{7.8d}$$

当梁为等截面,但材料的抗拉、抗压性能不同时,应分别校核其拉应力强度和压应力强度。

弯曲切应力强度条件可表达为

$$\tau_{max}=\left(\frac{F_sS_{z,max}^*}{I_zb}\right)_{max}\leqslant[\tau] \tag{7.9}$$

应该指出:① 对细而长的实心截面横力弯曲梁,一般情况下正应力强度为主要强度,即只要满足正应力强度条件,切应力强度条件一般能满足。但是在有些情况下切应力强度也不可忽视。如薄壁截面梁和跨度短、截面窄、荷载作用于支座附近的矩形截面梁;焊接或铆接的组合截面梁,如腹板较薄的组合工字梁(截面的高度与腹板的宽度比大于型钢截面的比)等;② 上述的强度讨论不全面,除了全梁最大正应力和最大切应力点之外,既有正应力又有切应力的危险点尚未考虑。有些情况,例如工字形截面的腹板和翼缘交界点处,其正应力和切应力与同截面上最大的正应力和最大的切应力相比,数值都比较大,这些点的强度一般不能忽视。但这些点的应力状态比较复杂,属于复杂应力状态的强度问题。关于复杂应力状态的强度问题将在第 10 章讨论。

纯弯曲梁的横截面上只有正应力,相应的强度条件也只有正应力强度条件。

求解梁的强度问题的一般步骤为:

(1)计算内力,绘出梁的剪力图和弯矩图。如果只考虑正应力强度,可以只绘弯矩图。

(2)判断危险截面和危险点。判断依据有:

① 剪力图和弯矩图,弯曲正应力 $\sigma$ 和切应力 $\tau$ 的分布图;

② 截面的几何性质;

③ 材料的力学性能,对抗拉、抗压性能相同的材料,此条件可以不考虑。

(3)根据题目要求、利用强度条件建立方程、求解。

【例 7.5】 试为图 7.20(a)所示简支梁设计截面,并说明哪种截面最省材料:(1)圆截面;(2)高宽比 $h:b=2:1$ 的矩形截面;(3)工字钢型材截面。已知梁长 $l=4$ m,均布

荷载集度 $q = 10$ kN/m，材料的许用应力 $[\sigma] = 160$ MPa。

**解**　根据弯曲正应力强度条件设计梁的截面，首先求出其抗弯截面因数 $W_z$，然后再利用抗弯截面因数与截面尺寸的关系设计截面。该梁的弯矩图如图 7.20(b) 所示，最大弯矩 $M_{max} = 20$ kN·m，出现在梁的中间截面。抗弯截面因数

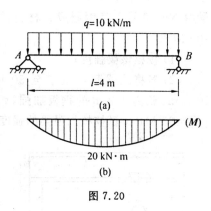

图 7.20

$$W_z = \frac{M_{max}}{[\sigma]} = \frac{20 \times 10^3 \text{ N·m}}{160 \text{ MPa}} =$$
$$0.125 \times 10^{-3} \text{ m}^3 = 125 \text{ cm}^3$$

（1）圆截面设计

$$d \geqslant \sqrt[3]{\frac{32W_z}{\pi}} = \sqrt[3]{\frac{32 \times 125 \text{ cm}^3}{3.14}} \approx 10.8 \text{ cm}$$

圆截面积

$$A_1 = \frac{\pi d^2}{4} \approx 91.6 \text{ cm}^2$$

（2）矩形截面设计

$$h = 2b$$
$$b \geqslant \sqrt[3]{\frac{3W_z}{2}} = \sqrt[3]{\frac{3 \times 125 \text{ cm}^3}{2}} \approx 5.72 \text{ cm}$$

矩形截面积

$$A_2 = bh \approx 65.4 \text{ cm}^2$$

（3）工字形截面设计

查型钢表，取工字钢 No.16，$W_z = 141$ cm，工字形截面积

$$A_3 = 26.1 \text{ cm}^2$$

比较三种截面积：$A_1 > A_2 > A_3$，可见工字形截面最省材料。

**【例 7.6】**　试校核例 7.2 中槽形截面梁的强度。设材料的许用拉应力 $[\sigma_t] = 35$ MPa，许用压应力 $[\sigma_c] = 70$ MPa。

**解**　由例 7.2 的分析计算结果可知，该梁的最大拉应力发生于 $D$ 截面下边缘点 4 处，其值 $\sigma_{t,max} = 35$ MPa，与许用拉应力相比较，有

$$\sigma_{t,max} = [\sigma_t] = 35 \text{ MPa}$$

由此可知，该梁拉应力强度满足。

该梁的最大压应力发生于 $A$ 截面下边缘点 2 处，其值 $\sigma_{c,max} = 70$ MPa，与许用压应力相比较，有

$$\sigma_{c,max} = 70 \text{ MPa} < [\sigma_c] = 140 \text{ MPa}$$

表明该梁压应力强度也满足。

结论：该梁强度足够。

**【例 7.7】**　车间吊车梁如图 7.21(a) 所示，起重量 $F = 30$ kN，跨长 $l = 5$ m。吊车大

梁由 No. 20 号工字钢制成。材料的容许弯曲正应力 $[\sigma] = 170$ MPa,容许切应力 $[\tau] =$ 100 MPa。

(1) 校核该梁强度;

(2) 若将此梁起重量增至 50 kN,为此在梁的中段用两块横截面为 120 mm × 10 mm、长为 2.2 m 的钢板加强,钢板材料的容许正应力 $[\sigma] = 152$ MPa,容许切应力 $[\tau] = 95$ MPa,试校核加强梁的强度。

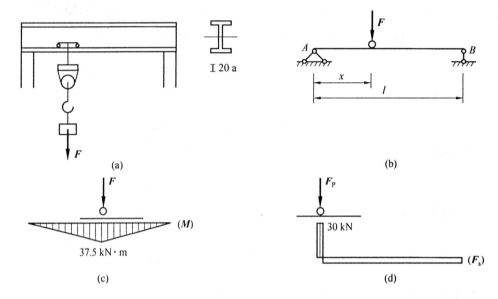

图 7.21

**解** (1) 梁的计算简图如图 7.21(b)所示。梁上的荷载为移动荷载,对移动荷载问题首先要判断最不利荷载位置,亦称最不利工况。本梁为等截面直梁,当 $F$ 作用于梁的跨度中点时,中间截面弯矩达到最大值;当 $F$ 靠近任一支座时,如 $A$ 支座,靠近 $A$ 端的截面剪力为最大值。这些位置即本梁在移动荷载 $F$ 下的最不利工况。前者是正应力强度的最不利工况,后者是切应力强度的最不利工况。分别绘出两个最不利工况的弯矩图和剪力图,如图 7.21(c)、(d)所示,从图上得

$$M_{\max} = \frac{F_{\mathrm{P}}l}{4} = 37.5 \text{ kN} \cdot \text{m}$$

$$F_{\mathrm{s, max}} = F_{\mathrm{P}} = 30 \text{ kN}$$

查型钢规格表可得,20a 号工字钢截面:高度 $h = 200$ mm,腹板宽度 $b = 7$ mm,$I_z = 2\,370$ cm$^4$,$W_z = 237$ cm$^3$,$I_z/S_z = 172$ mm。

校核最不利工况下梁的强度。

最不利正应力强度校核:

$$\sigma_{\max} = \frac{M_{\max}}{W_z} = \frac{37.5 \times 10^6 \text{ N} \cdot \text{mm}}{237 \times 10^3 \text{ mm}^3} \approx 158 \text{ MPa} < [\sigma] = 170 \text{ MPa}$$

最不利切应力强度校核:

$$\tau_{\max} = \frac{F_{\mathrm{s}} S_z}{I_z b} = \frac{30 \times 10^3 \text{ N}}{172 \text{ mm} \times 7 \text{ mm}} \approx 24.9 \text{ MPa} < [\tau] = 100 \text{ MPa}$$

计算表明,当起重量 $F = 30$ kN 时,该梁强度足够。

(2) 起重量增至 50 kN 后加强梁的强度校核。加强梁的构造示意图表示于图7.22(a)中,图 7.22(b) 为其计算简图。此时梁是变截面的,判断最不利工况要综合考虑内力和截面的几何性质两个因素。按此确定的最不利工况包括:$F$ 在梁的中间截面处、在加强段与未加强段的分界处和靠近支座处。前两个是正应力强度的最不利工况,后一个是切应力强度的最不利工况。与三种工况对应的弯矩图或剪力图分别绘于图 7.22(c)、(d)、(e) 中。

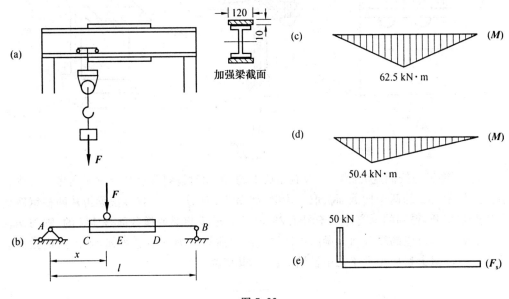

图 7.22

加强段截面的惯性矩为

$$I'_z = I_z + 2\left[\frac{12 \text{ mm} \times (10 \text{ mm})^3}{12} + 120 \text{ mm} \times 10 \text{ mm} \times (100 \text{ mm} + 5 \text{ mm})^2\right] \approx$$
$$5\,016 \times 10^4 \text{ mm}^4$$

中间截面 $E$ 的正应力强度为

$$\sigma_{\max} = \frac{M_{\max} y'_{\max}}{I'_z} = \frac{62.5 \times 10^6 \text{ N} \cdot \text{mm} \times 110 \text{ mm}}{5\,018 \times 10^4 \text{ mm}^4} \approx 137 \text{ MPa} < [\sigma] = 152 \text{ MPa}$$

分界面($C$ 或 $D$ 截面)处的正应力强度为

$$\sigma^C_{\max} = \frac{M_C}{W_z} = \frac{50.4 \times 10^6 \text{ N} \cdot \text{mm}}{237 \times 10^3 \text{ mm}} \approx 213 \text{ MPa} > [\sigma] = 170 \text{ MPa}$$

靠近支座($A$ 的右侧或 $B$ 的左侧截面)处的切应力强度为

$$\tau_{\max} = \frac{F_s S_z}{I_z b} = \frac{50 \times 10^3 \text{ N}}{172 \text{ mm} \times 7 \text{ mm}} \approx 41.5 \text{ MPa} < [\tau] = 100 \text{ MPa}$$

计算表明,当起重量为 50 kN 时,正应力强度不够。为了解决这个问题,可以延长加强钢板的长度。此问题留给读者作为练习。

【例 7.8】 用两根钢轨铆接成的组合梁如图 7.23(a) 所示,图 7.23(b) 为该梁截面。每根钢轨截面积 $A = 8 \times 10^3 \text{ mm}^2$,形心离底面高度 $c = 8$ mm,整个截面对中性轴的惯性

矩 $I_z = 134.4 \times 10^6\,\mathrm{mm}^4$，各截面上剪力 $F_s = 50\,\mathrm{kN}$，铆钉直径 $d = 20\,\mathrm{mm}$，铆钉材料的许用切应力 $[\tau] = 100\,\mathrm{MPa}$。要保证该梁工作时铆接不被破坏，试确定铆钉的最大间距 $a$。

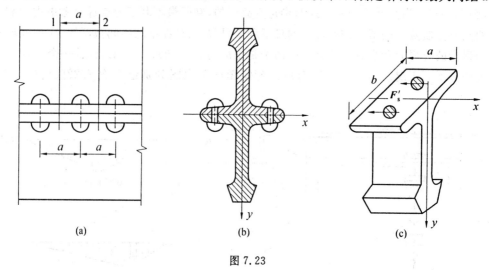

图 7.23

**解** 铆钉是按固定间距（节）布置于梁上的，因此对铆钉强度的计算只需考虑其中一节。用相距为 $a$ 的两个横截面截取一段梁，如图 7.23(a) 所示，将该段梁再从两根钢轨的分界面处切开，得到的隔离体示于图 7.23(c) 中。若设想梁的横截面是连续的，则与两根钢轨的分界面对应的纵截面即梁的中性层。由弯曲切应力的概念可知，当梁的横截面有剪力 $F_s$ 时，最大切应力发生在中性轴上各点，其值为

$$\tau_{\max} = \frac{F_s S_{z,\max}^*}{I_z b} \tag{1}$$

中性层上各点的切应力均为 $\tau_{\max}$，相应的中性层上的剪力

$$F_x = \tau_{\max} b a \tag{2}$$

但是，实际上该梁由两根钢轨铆接而成，横截面并不连续，所以中性层上的剪力 $F_x$ 实际上是由两根铆钉的横截面承担。设每个铆钉截面上的剪力为 $F_s'$，则有 $F_x = 2F_s'$。为使铆钉不被剪坏，铆钉杆中的切应力应满足切应力强度条件，即

$$\frac{F_s'}{A'} = \frac{F_x}{2A'} \leqslant [\tau] \tag{3}$$

式中，$A'$ 为单个铆钉截面的面积。

将式(1)、(2)代入式(3)，注意到 $S_{z,\max}^* = cA$，则有

$$\frac{\dfrac{F_s cA}{I_z b} ba}{2 \times \dfrac{\pi d^2}{4}} \leqslant [\tau]$$

代入数据，整理后得

$$a \leqslant \frac{[\tau] \times 2 \times \dfrac{\pi d^2}{4} \times I_z}{F_s cA} = \frac{100\,\mathrm{MPa} \times \dfrac{3.14 \times (20\,\mathrm{mm})^2}{2} \times 134.40 \times 10^6\,\mathrm{mm}^4}{50 \times 10^3\,\mathrm{N} \times 80\,\mathrm{mm} \times 8 \times 10^3\,\mathrm{mm}^2} \approx 264\,\mathrm{mm}$$

即要保证该梁工作时铆接不被破坏，铆钉的最大间距不能超过 264 mm。

# 7.4　梁的合理设计

　　按强度要求进行梁的合理设计时,主要依据梁的正应力强度条件。对等截面梁,该条件即

$$\sigma_{\max} = \frac{M_{\max}}{W_z} \leqslant [\sigma] \tag{a}$$

从上述条件可以看出,要提高梁的承载能力应该从降低梁的 $|M|_{\max}$、提高抗弯截面模量 $W_z$ 和合理地使用材料几个方面考虑。归纳起来可采取如下措施。

## 7.4.1　合理设置荷载和支座

　　合理设置荷载和支座位置可以降低梁的绝对值最大弯矩。

　　(1) 合理设置荷载

　　合理设置荷载是在不改变梁的结构的前提下降低最大弯矩值的措施。例如,简支梁在跨度中点受到集中力 $F$ 作用时,梁的最大弯矩 $M_{\max} = \dfrac{Fl}{4}$(见图 7.24(a))。如果结构容许,将集中荷载 $F$ 分置于梁上两点(见图 7.24(b)),则最大弯矩相应地减小为 $M_{\max} = \dfrac{Fl}{6}$。若将荷载均匀分布于整个梁上(见图 7.24(c)),荷载集度 $q = \dfrac{F}{l}$,则 $M_{\max} = \dfrac{Fl}{8}$。这样,在总荷载不变的条件下,图 7.24(b)、(c)中最大的弯矩却只是图 7.24(a)中的 2/3 或一半。

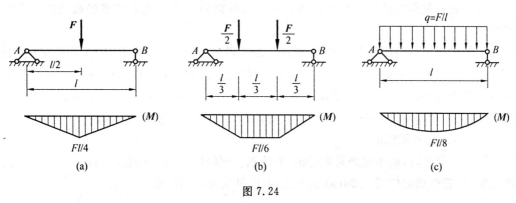

图 7.24

　　此例表明,在结构容许的条件下,将荷载适当地分散布置,是提高梁的强度的途径之一。

　　(2) 合理地设置支座

　　合理地设置支座是通过改变梁的构造改变梁的受力状态,达到降低梁的 $|M|_{\max}$ 的措施。受均布荷载作用的简支梁如图 7.25(a)所示,最大弯矩为 $\dfrac{ql^2}{8}$。如果将简支梁的两端支座各向中间移动 $0.2l$,做成如图 7.25(b)所示的外伸梁,最大弯矩 $M_{\max} = \dfrac{ql^2}{40}$,只有原简支梁最大弯矩的 1/5,这就相当于把梁的承载能力提高到原来的 5 倍。造成这一结果的原

因是,外伸梁的伸臂减小了梁的跨间长度,同时外伸长度上的荷载在跨中产生的弯矩与跨间荷载在跨中产生的弯矩正负号相反,这两个因素都使外伸梁跨中弯矩降低。适当地调节伸臂长度,使最大正弯矩与最大负弯矩峰值的绝对值相等,可以得到一个最佳状态:即梁中绝对值最大的弯矩最小。计算得出,此时两端伸臂的长度 $a = 0.207l$,$|M|_{max} = 0.021\ 4ql^2$,如图 7.25(c) 所示。这个 $|M|_{max}$ 仅仅是简支梁情况下最大弯矩的 $\dfrac{1}{5.84}$。

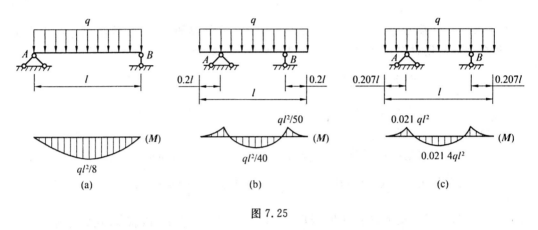

图 7.25

根据上述力学原理,伸臂结构在工程上得到广泛应用。

## 7.4.2 合理选取截面形状

合理选取截面形状是从截面几何性质以及材料的力学性能来考虑提高梁的强度的措施。

根据弯曲正应力的分布规律,梁截面上的点离中性轴越远正应力越大,而正应力又是细长实心截面梁的主要应力。为了提高梁的承载能力,就要充分利用材料,所以应尽可能将材料置于离中性轴较远处,以提高 $W_z$ 的值;另一方面,截面的形状要与材料的力学性能协调,以合理地利用材料的力学性能。为此在设计中应注意以下几点。

(1) 合理地利用截面

设计一个梁时,如果截面是限定的,要注意合理使用截面。如图 7.26(a) 所示矩形截面悬臂梁,若横截面按图 7.26(a) 的方式侧放,其抗弯截面模量

$$W_z = \frac{bh^2}{6}$$

若将截面按图 7.26(b) 的方式平放,则抗弯截面模量

$$W'_z = \frac{hb^2}{6}$$

两种放置方式抗弯截面模量之比

$$\frac{W_z}{W'_z} = \frac{\dfrac{bh^2}{6}}{\dfrac{hb^2}{6}} = \frac{h}{b}$$

对 $h/b$ 较大的矩形截面,两种放置方式将使承载能力相差很大。不过,应当指出,像图 7.26(a) 这样的梁,若 $h/b$ 太大,构成"窄梁",在较大荷载 $F_{cr}$ 作用下可能发生"侧向失稳"(图 7.26(a) 中虚线所示)。所以在设计矩形截面梁时,选取截面的宽高比要适度。

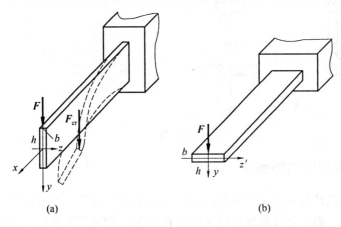

图 7.26

**(2) 合理选择截面**

基于上述同样的原因,选择截面时应使材料适当地远离中性轴。评价截面合理性的指标是具有较高的 $W_z/A$ 的合理值。工程上常用比值 $W_z/A$ 来衡量截面形状的合理性及经济性。几种常见截面的 $W_z/A$ 的值列于表 7.1 中。从表中所列数值可以看出,工字钢和槽钢截面比较合理,其次是矩形,圆形截面最不好。

表 7.1　几种常见截面的 $W_z$ 和 $A$ 的比值

| 截面形状 | 工 字 钢 | 槽 钢 | 矩 形 | 圆 形 |
|---|---|---|---|---|
| $W_z/A$ | $(0.27 \sim 0.31)h$ | $(0.27 \sim 0.31)h$ | $0.167h$ | $0.125d$ |

**(3) 截面的形状与材料力学性能协调**

对等刚度梁,为了节省材料,应使梁中最大拉应力 $\sigma_{t,max}$ 与最大压应力 $\sigma_{c,max}$ 同时到达材料的许用应力,从而使拉、压等强度。按照这一原则,一般来说,由塑性材料制成的梁,横截面应对称于中性轴。因为大多数塑性材料的抗拉与抗压性能相同,横截面对称于中性轴,拉、压工作应力的最大值相等,就达到了拉、压等强度的目的;对抗压能力大于抗拉能力的脆性材料,截面形状一般不应对称于中性轴。在设计这类截面时,中性轴的合理位置按下式确定,即

$$\frac{\sigma_{t,max}}{\sigma_{c,max}} = \frac{\dfrac{My_{t,max}}{I_z}}{\dfrac{My_{c,max}}{I_z}} = \frac{y_{t,max}}{y_{c,max}} = \frac{[\sigma_t]}{[\sigma_c]} \tag{b}$$

式中,$y_{t,max}$ 和 $y_{c,max}$ 分别为截面上最大拉应力点和最大压应力点到中性轴的距离。因为 $[\sigma_c] > [\sigma_t]$,所以 $y_{c,max} > y_{t,max}$。图 7.27(a)、(b)、(c) 中给出了几个这种截面的示意图。在使用关于中性轴的不对称等截面梁时要注意,如果梁的弯矩图在基线两侧,在绝对

值最大的弯矩处,应使截面中性轴靠近受拉一侧,以保证在绝对值最大的弯矩截面上 $\sigma_{c,max} > \sigma_{t,max}$。

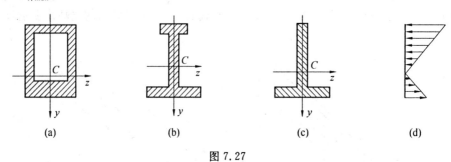

图 7.27

### 7.4.3 等强度梁的概念

按强度条件设计的等截面梁只有危险截面的材料得到充分利用,这显然不够经济合理。为使梁在各个截面处材料都得到充分利用,工程上提出了等强度梁的概念,即梁在荷载作用下各个截面的最大工作应力都相同。

以中点受到集中荷载 $F$ 作用的矩形截面简支梁(见图 7.28(a))为例,若使各截面的最大工作应力都等于材料的许用应力,即

$$\sigma_{max} = \frac{M(x)}{W(x)} = [\sigma] \quad 0 \leqslant x \leqslant l/2)$$

按此设计出的梁就是等强度梁。设计时,若使截面宽度 $b$ 不变,则为等宽等强度梁。由强度条件可得其高度沿轴线的变化:

$$h(x) \geqslant \sqrt{\frac{6M(x)}{b[\sigma]}} = \sqrt{\frac{3Fx}{b[\sigma]}}$$

按此设计出的梁如图 7.28(b)所示,梁的高度沿轴线呈抛物线变化。为保证梁两端的剪切强度,端部截面的高度应按切应力强度设计,可得

$$h_0 \geqslant \frac{3F}{4b[\tau]}$$

这样的梁称为"鱼腹梁"。

等强度梁是一种设计理念,严格按照等强度理论设计,制造、加工都很困难。即便如此,除了截面上下边缘以外,大部分材料仍然没有发挥作用。实际设计中通常要作适当的简化,设计成近似等强度,如建筑工程中的挑梁通常设计成图 7.29(a)所示的变截面梁。许多时候还可以采取某些结构措施,以利更充分地利用材料,如桥梁工程中将图 7.28(b)所示的鱼腹梁设计为图 7.29(b)所示的桁梁结构,因为桁杆中的应力均匀分布,材料的使用更合理,等等。

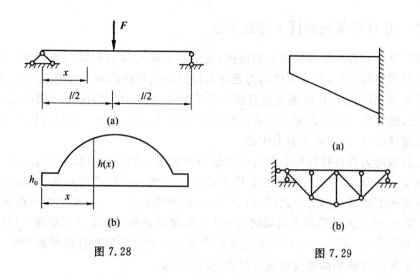

图 7.28 图 7.29

# 7.5 非对称弯曲·开口薄壁截面杆横截面的弯曲中心

本节讨论直梁的非对称弯曲,即梁无纵向对称面,或有纵向对称面但荷载并不在这个平面内的弯曲情况。分实体杆件和开口薄壁截面杆件两种情况,给出简要结论。

## 7.5.1 实体杆件和闭口薄壁截面杆

实体以及闭口薄壁杆件发生非对称纯弯曲时,平面假设依然成立,横截面上正应力的计算与对称弯曲相仿。若荷载 $M_e$ 作用面与一个形心主惯性平面(如 $xy$ 平面)重合或平行,求出截面上的弯矩($M_z$)后,横截面上的正应力仍可用对称平面弯曲正应力公式(7.2)计算;若荷载作用面不满足上述条件,可将其沿两个形心主惯性平面分解,截面上的弯矩有两个分量($M_y$ 和 $M_z$),用公式(7.2)分别计算出两个弯矩分量在截面上同一点处引起的正应力分量并叠加,即得一点的正应力。

实体以及闭口薄壁截面细长杆在横向作用下弯曲时,只要横向力作用线通过横截面形心,可不考虑扭转的影响,将截面的上的弯矩沿形心主惯轴分解,再按纯弯曲同样的方法,计算横截面上的正应力。

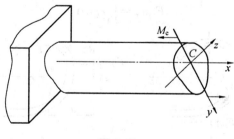

图 7.30

### 7.5.2 开口薄壁截面杆·弯曲中心

对不具有纵向对称面的开口薄壁截面杆,或虽有纵向对称面但横向力并不作用于对称面内的开口薄壁截面杆,只有当横向力通过与杆的轴线平行的某一特定直线时,杆件的变形才能只弯曲而不扭转。这条特定直线是各横截面弯曲中心的连线。截面的弯曲中心,简称弯心,通常用 A 表示。弯心是截面的几何性质,与荷载无关。但是,因为弯曲剪力一定通过截面弯心,所以又称为剪力中心。

当梁上的横向力通过截面弯心且与一个形心主惯性平面(杆的轴线与截面的一个形心主惯轴确定的平面)平行时,梁的变形将为该形心主惯面内的平面弯曲。截面上的正应力可用对称平面弯曲正应力公式(7.2)计算,开口薄壁杆件内外表面均为自由表面,且截面壁厚 $t$ 很小,可认为横截面上的切应力 $\tau$ 沿壁厚均匀分布。指定点纵截面上切应力的方向可利用相距为 $dx$ 的两个横截面和过指定点纵截面切取的隔离体的平衡判断。弯曲切应力的大小可用对称平面弯曲切应力公式(7.6)计算。

开口薄壁截面杆的弯心有重要的工程意义。计算截面弯心时,所依据的基本理念是截面弯心一定在截面剪力的作用线上,因此,可通过确定截面上剪力作用线的位置,确定截面弯心位置。

开口薄壁杆件内外表面均为自由表面,且截面壁厚 $t$ 很小,可认为横截面上的切应力 $\tau$ 沿壁厚均匀分布。判断切应力方向的方法,与横向力作用下对称平面弯曲梁横截面上切应力方向判断方法相同,其大小可用对称平面弯曲切应力公式(7.6)计算。

设任意开口薄壁截面如图 7.31(a)所示,图中点 C 为截面形心,坐标轴 $y$、$z$ 为其形心主惯性轴。计算弯心 A 的位置时,先假设一个与截面形心主惯轴 $y$ 平行的截面剪力 $F_{sy}$,截面上任一点的切应力 $\tau = \dfrac{F_{sy}S_z^*}{I_z t}$。因为 $\tau$ 是截面上剪力 $F_{sy}$ 引起的切应力,所以 $F_{sy}$ 是切于横截面的微内力 $\tau dA$ 组成的内力系的合力。在截面内任选一简化中心 B,将 $\tau dA$ 组成内力系向 B 简化,可得合力 $F_{sy}$ 及力矩 $M_B$(图 7.31(a)),$M_B$ 的大小为

$$M_B = \int_A r\tau \, dA \tag{a}$$

式中,$r$ 是微内力 $\tau dA$ 到简化中心 B 的力臂。再利用力的平移定理消除 $M_B$,设 $F_{sy}$ 的平移距离为 $a_z$,如图 7.31(b)所示,令

$$F_{sy}a_z = \int_A r\tau \, dA \tag{b}$$

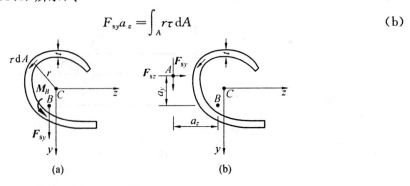

图 7.31

由此可解得 $a_z$，即确定了 $F_{sy}$ 的位置。同样方法可以确定 $F_{sz}$ 位置 $a_y$。因为 $F_{sy}$、$F_{sz}$ 都通过弯心，故截面弯心 $A$ 在两者的交点处。

实际计算时，简化中心 $B$ 的选择应考虑使积分 $\int_A r\tau \, \mathrm{d}A$ 便于计算。

对具有纵向对称面的开口薄壁截面杆，当横向力也作用于此纵向对称面内时，杆的弯曲为平面弯曲，横截面上的剪力作用线与截面的对称轴重合，截面弯心一定在此对称轴上，要确定截面弯心位置只需算出其另一坐标。

概括来说，实心截面和闭口薄壁截面的弯心与形心偏离很小，当横向外力作用线通过截面形心时，截面上的扭矩 $T$ 很小，而这类截面的抗扭刚度又较大，可以不考虑扭矩 $T$ 的影响。只要横向力通过梁的截面形心，就可以按弯曲变形处理；开口薄壁截面的抗扭刚度小，截面的弯心与形心偏离较大，若横向外力作用线通过截面形心，截面剪力 $F_s$ 的作用线偏离截面形心较远，截面上的扭矩 $T$ 较大，扭转变形的影响不容忽视。所以工程中最有意义的是确定开口薄壁截面的弯心。

下面以槽形截面为例，讨论具有一个对称轴的开口薄壁截面弯心的计算。设槽形截面如图 7.32(a) 所示，$y$、$z$ 为截面的形心主惯性轴，其中 $z$ 轴为对称轴。由上述讨论已知，截面弯心必在 $z$ 轴上。设横向力 $F$ 沿 $y$ 轴作用。由切应力流的概念设该截面腹板和翼缘上的剪力如图 7.32(b) 所示。

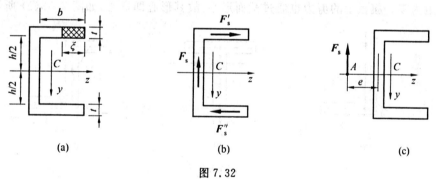

图 7.32

槽形截面翼缘上距开口边 $\xi$ 处切应力的大小为

$$\tau' = \frac{F_s S_z^*}{I_z t} = \frac{F_s}{I_z t} \cdot \frac{th\xi}{2} = \frac{F_s h\xi}{2I_z}$$

翼缘上的剪力

$$F_s' = F_s'' = \int_{A_1} \tau' \, \mathrm{d}A = \int_0^b \frac{F_s h\xi}{2I_z} t \, \mathrm{d}\xi = \frac{F_s b^2 ht}{4I_z}$$

截面上、下翼缘上的剪力构成力偶，其矩

$$M' = F_s' h = \frac{F_s b^2 h^2 t}{4I_z}$$

截面上各个剪力分量的合力大小等于腹板上的剪力 $F_s$，设合力作用线到腹板轴线的距离为 $e$，如图 7.32(c) 所示，由平衡方程 $\sum M_A = 0$，得

$$F_s e = M' = \frac{F_s b^2 h^2 t}{4I_z}$$

由此解得

$$e=\frac{b^2h^2t}{4I_z}$$

由 $e$ 确定的 $z$ 轴上的点 $A$ 即弯心。

### 7.5.3 确定截面弯心的简化方法

上面的讨论给出了有关弯心位置的两个重要概念:① 截面弯心即截面的剪力中心;② 如果截面有对称轴,弯心必在截面的对称轴上。据此可以得出确定某些截面弯心的简化规则:

(1) 如果截面有一个对称轴,则弯心必在此对称轴上,如图 7.32(c) 中槽钢截面的弯心;如果截面有两个对称轴,则弯心必在这两个对称轴的交点上。这种情况下,弯心与形心重合。如工字形截面等。

(2) 如果截面是由两个狭长矩形截面组成的,由于狭长矩形截面上的切应力平行于长边,沿厚度均匀分布,故其剪力作用线与狭长矩形的中线重合,两个狭长矩形截面中的剪力对其交点(即两个狭长矩形厚度中线交点)的力矩为零,故两个狭长矩形截面中线的交点即剪力中心,亦即截面弯心。如图 7.33(a)、(b) 中角形截面和 T 形截面的弯心。

(3)Z 字形截面两翼缘上剪力相同,向截面形心简化,得到一个通过截面形心的合力,而合力矩为零。腹板上的剪力也通过截面形心,故其形心即弯心,如图 7.33(c) 所示。

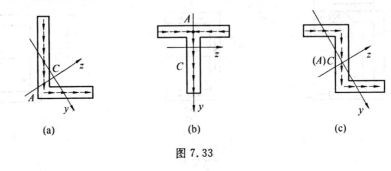

(a)　　　　　(b)　　　　　(c)

图 7.33

## 本章小结

本章的内容分两部分:平面弯曲梁的应力计算,平面弯曲梁的强度。

(1) 平面弯曲梁的应力计算

① 正应力

平面纯弯曲梁横截面上正应力从中性轴开始沿截面高度呈线性规律分布(见图7.6)。截面上任意一点弯曲正应力的计算公式为

$$\sigma=\frac{My}{I_z}$$

将纯弯曲梁正应力计算公式推广应用到横力弯曲的条件是,梁的长高比 $\frac{l}{h}\geqslant 5$。

② 弯曲切应力的分布与截面形状有关。计算弯曲切应力的基本公式为

$$\tau=\frac{F_sS_z^*}{I_zb}$$

公式的适用条件：$\tau$ 是截面或截面某一部分（如工字形截面的翼缘）同一宽度线上，与宽度线垂直且均布的切应力（或切应力分量），$\tau$ 的方向与截面在该部分的剪力分量平行。

一般情况下，各种截面的最大切应力 $\tau_{max}$ 通常都发生在中性轴上的各点。矩形截面 $\tau_{max} = \dfrac{3}{2} \cdot \dfrac{F_s}{A}$；工字形截面腹板上的切应力 $\tau \approx \dfrac{F_s}{A'}$，$A'$ 为腹板的面积；圆截面 $\tau_{max} = \dfrac{4}{3} \dfrac{F_s}{A}$；薄壁环形截面 $\tau_{max} = 2 \dfrac{F_s}{A}$。

（2）平面弯曲梁的强度

弯曲正应力强度条件：$\sigma_{max} = \left( \dfrac{M}{W_z} \right)_{max} \leqslant [\sigma]$

弯曲切应力强度条件：$\tau_{max} = \dfrac{F_s S_{z,max}^*}{I_z b} \leqslant [\tau]$

纯弯曲变形只有正应力强度；横力弯曲两种强度都存在，但一般情况下正应力强度是主要的。解决横力弯曲强度的关键问题是，判断危险截面和危险点。利用强度条件，可以解决梁的强度方面的三类问题。

（3）弯心是截面的几何性质，从力学意义上来说，弯心也就是横截面的剪力中心，由此得到计算弯心的一般方法。实际工程中，最有意义的是确定开口薄壁截面的弯心。学习时要掌握确定弯心的简化方法。

# 思　考　题

7.1　平面纯弯曲梁变形的基本特征是什么？

7.2　何谓中性层？何谓中性轴？平面弯曲梁中性轴的位置是如何确定的？从几何上来说中性轴的位置有何特征？

7.3　得出梁的弯曲正应力计算公式 $\sigma = \dfrac{My}{I_z}$ 利用了哪些基本关系，其中哪些关系是以实验为基础的？

7.4　试从内力、变形两个方面的基本特征比较横力弯曲与纯弯曲的区别？

7.5　某直梁横截面积一定，试用材料力学的概念，定性说明图 7.34 所示四种形状截面中，哪一种抗弯能力最强？

（1）矩形；　（2）工字形；　（3）圆形；　（4）正方形。

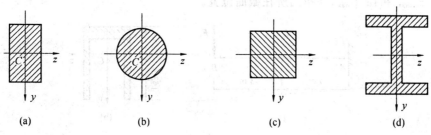

| (a) | (b) | (c) | (d) |

图 7.34

7.6　箱形截面如图 7.35 所示,其抗弯截面模量 $W_z = \dfrac{1}{6}(BH^2 - bh^2)$,对否?

7.7　图 7.36(a) 是某 T 形截面铸铁梁的弯矩图,图 7.36(b) 表示该梁横截面的实际方位。试问该截面如此使用是否合理? 为什么?

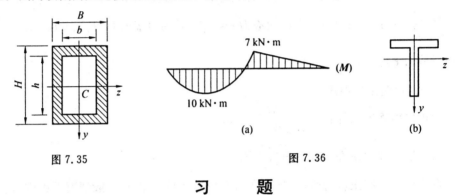

图 7.35　　　　　　　　　　　　图 7.36

# 习　　题

7.1　直径为 $d$ 的钢丝,材料的弹性模量为 $E$,名义屈服极限为 $\sigma_{0.2}$。若将其弯成直径为 $D$ 的圆弧,试求当钢丝横截面上的最大正应力 $\sigma_{max} = \sigma_{0.2}$ 时 $D$ 与 $d$ 的关系式。并据此分析钢丝绳比直径相同的钢杆在弯曲强度方面的优点。

7.2　简支梁受均布荷载作用,如图 7.37 所示。试求:

(1) 截面 $C$ 上 1、2 两点的正应力;

(2) 全梁最大的正应力。

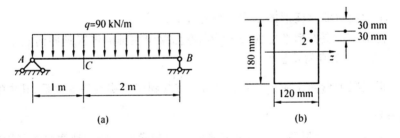

图 7.37

7.3　图 7.38(a) 所示悬臂梁上的荷载 $F = 20\ kN$,$M_e = 70\ kN \cdot m$,横截面为槽形,中性轴 $z$ 的位置如图 7.38(b) 所示,截面对中性轴的惯性矩 $I_z = 100.8 \times 10^6\ mm^4$。试求该梁的 $\sigma_{t,max}$ 和 $|\sigma_c|_{max}$,并指出所在截面位置。

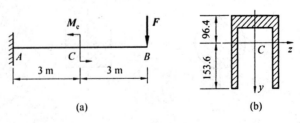

图 7.38

7.4　受均布荷载 $q$ 作用的外伸梁,截面为图 7.39(b) 所示的 T 形,已知梁的长度 $l=$ 1.5 m,荷载集度 $q=10$ kN/m。试求该梁横截面上最大拉应力 $\sigma_{t,max}$ 和绝对值最大的压应力 $|\sigma_c|_{max}$。

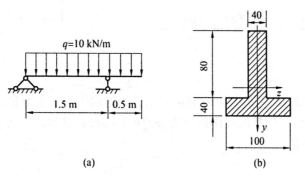

(a)　　　　(b)

图 7.39

7.5　20a 工字钢简支梁如图 7.40 所示,荷载 $F=55$ kN,钢材的许用应力 $[\sigma]=$ 160 MPa,试校核该梁强度。

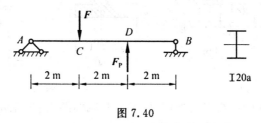

图 7.40

7.6　试按正应力强度校核图 7.41(a) 所示铸铁梁的强度。已知梁的横截面为 T 字形,惯性矩 $I_z=26.11\times10^6$ mm⁴,材料的许用拉应力 $[\sigma_t]=40$ MPa,许用压应力 $[\sigma_c]=$ 110 MPa,荷载 $F=40$ kN,$q=200$ kN/m。

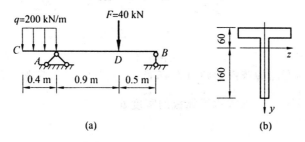

(a)　　　　(b)

图 7.41

7.7　简支梁受四个集中力作用,如图 7.42(a) 所示,该梁由两根 20a 槽钢组成,已知钢材的许用正应力 $[\sigma]=170$ MPa,许用切应力 $[\tau]=100$ MPa。试校核该梁强度(当计算截面的最大静矩时,可参考图 7.42(b))。

7.8　图 7.43 所示梁 $AB$ 由 No.14 工字钢制成,在点 $D$ 由圆钢杆 $DC$ 支承。已知梁和钢杆的材料相同,许用应力 $[\sigma]=160$ MPa,试求均布荷载集度的许用值 $[q]$ 及圆钢杆的直径 $d$。

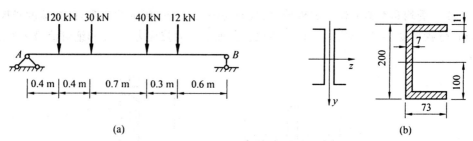

(a)                                           (b)

图 7.42

7.9 简支梁跨度 $l=2.4$ m,在梁的中点作用有向下的集中力 $F$。梁的截面分别如图 7.44(a)、(b) 所示,如材料的许用拉应力 $[\sigma_t]=15$ MPa,许用压应力 $[\sigma_c]=30$ MPa。试求荷载 $F_P$ 的许用值 $[F]$。

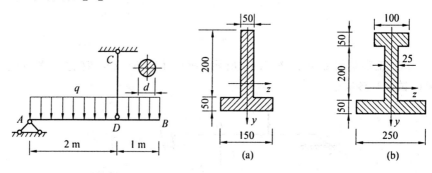

图 7.43                                   图 7.44

7.10 由两个 18 槽钢组成的外伸梁,梁上荷载如图 7.45 所示,已知 $l=6$ m,钢材的许用应力 $[\sigma]=170$ MPa,求梁能承受的最大荷载 $q_{max}$。

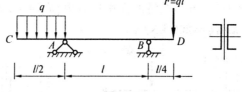

图 7.45

7.11 承受纯弯曲的铸铁梁如图 7.46 所示,其截面为 ⊥ 字形,若材料的拉伸与压缩许用应力之比 $\dfrac{[\sigma_t]}{[\sigma_c]}=\dfrac{1}{4}$。试求水平翼板的宽度 $b$。

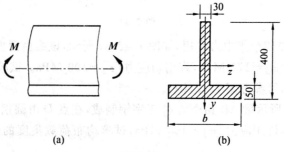

(a)                                (b)

图 7.46

7.12　⊥ 截面悬臂梁的尺寸及荷载如图 7.47 所示,若梁的拉伸许用应力 $[\sigma_t] = 30$ MPa,压缩许用应力 $[\sigma_c] = 160$ MPa,截面对中性轴的惯性矩 $I_z = 10\,180$ cm$^4$,$h_1 = 96$ mm。试确定该梁的许用荷载 $[F_P]$。

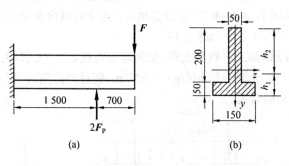

图 7.47

7.13　试校核图 7.48 所示矩形截面梁的正应力和切应力强度。已知均布荷载集度 $q = 120$ kN/m,材料的许用正应力 $[\sigma] = 160$ MPa,许用切应力 $[\tau] = 70$ MPa,梁的长度 $l = 1$ m。

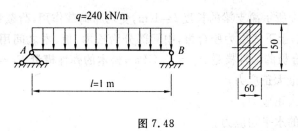

图 7.48

7.14　板式挡水坝如图 7.49 所示,$B$ 为挡水板,$A$ 是下端固定的工字形截面钢桩。若最大水深 $h = 3.5$ m,钢桩间距 $l = 3$ m,钢材的许用应力 $[\sigma] = 170$ MPa,试选择钢桩工字钢型号。

7.15　叠层木制悬臂梁如图 7.50 所示,梁上受到均布荷载作用,荷载集度为 $q$。梁的长度为 $l$,梁的截面形状及尺寸如图 7.50 所示,且 $\dfrac{l}{a} \geqslant 5$。若两层之间的摩擦可不考虑,试问此梁横截面上的应力如何分布? 梁中的最大正应力为多大? 若将两层牢固地黏结在一起,梁中的最大正应力又为多大?

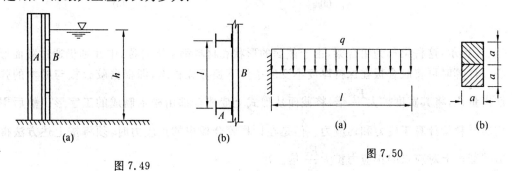

图 7.49

图 7.50

7.16 试计算题 7.2、7.4 梁中最大切应力。

7.17 设题 7.15 中梁上均布荷载集度 $q=8$ kN/m,梁的长度 $l=2$ m,截面尺寸 $a=100$ mm,胶结缝的剪切许用应力 $[\tau]=2$ MPa。试校核该梁剪切强度。

7.18 试计算图 7.50 中木梁(中缝黏接)下边缘的纵向长度总缩短量。设木材的弹性模量 $E=10$ GPa,其他条件同题 7.17。

7.19 型号为 28a 的工字钢简支梁,受到均布荷载 $q$ 及点 $C$、$D$ 的集中力 $F$ 作用,如图 7.51 所示。已知 $l=8$ m,$F=20$ kN,$q=8$ kN/m,钢材的许用应力 $[\sigma]=180$ MPa,$[\tau]=100$ MPa。试校核梁的强度。

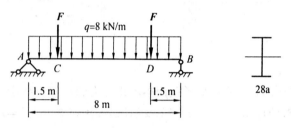

图 7.51

7.20 图 7.52 所示简支梁的长度 $l=1$ m,受均布荷载作用,荷载集度 $q=6$ kN/m。梁由两种材料制成,上下表层为胶合板,中间部分为松木,板、木之间用胶黏接,横截面如图 7.52 所示。胶合板的弹性模量 $E_1=12$ GPa,松木的弹性模量 $E_2=6$ GPa。试求:

(1)胶合板内最大正应力;

(2)松木内最大正应力;

(3)胶层所受的水平切应力。

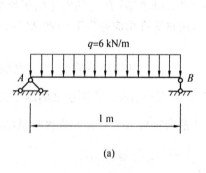

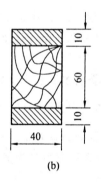

(a)                                              (b)

图 7.52

(提示:这种梁称为组合梁,由于截面的形状和材料都上下对称,中性轴仍通过截面形心。计算时可将胶合板在保持厚度不变的条件下换算成松木,即根据胶合板与松木的弹性模量比,将其宽度扩大 $\dfrac{E_1}{E_2}$ 倍,将截面从形式上变成全部由松木制成的工字形。然后用均质材料梁计算正应力和切应力。但是在计算胶合板中的正应力时,须将按上述方法得出的截面上对应点的正应力扩大 $\dfrac{E_1}{E_2}$ 倍。)

7.21 图 7.53 所示简支梁由三层截面均为 40 mm×80 mm 的木板胶合而成,已知

$l=3$ m,胶缝的许用切应力 $[\tau]=1$ MPa。试按胶缝的切应力强度确定梁所能承受的最大均布荷载集度 $q$。

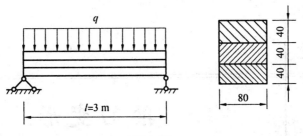

图 7.53

7.22  桥梁结构如图 7.54 所示,主梁 $AB$ 和其上辅梁的材料相同,截面尺寸分别为 $h$、$b$ 和 $h_1$、$b$。已知 $l=6$ m,$h=150$ mm,$h_1=100$ mm,$b=100$ mm,材料的许用正应力 $[\sigma]=10$ MPa,许用切应力 $[\tau]=2.2$ MPa。试求该结构所能承受的集中力 $F$ 的许用值。

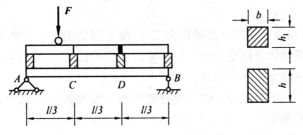

图 7.54

7.23  由两根工字钢构成的起重梁如图 7.55 所示,起重机自重 $F_{P1}=50$ kN,起重量 $F_{P2}=10$ kN。若梁材料的许用弯曲正应力 $[\sigma]=160$ MPa,试按正应力强度条件选定工字钢型号。设两根工字梁受力相同。

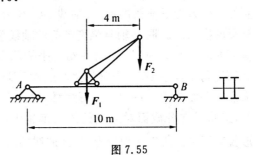

图 7.55

# 第 $8$ 章

# 梁 的 变 形

## 8.1 概 述

要保证一个梁在荷载作用下能够正常工作,除了强度满足一定的要求以外,变形也要满足一定的要求,即要满足刚度条件。研究梁的变形的目的,一个是解决梁的刚度计算问题,一个是为求解超静定问题作准备。

研究梁的线弹性变形,关键是确定梁在变形以后的轴线。工程中将变形以后梁的轴线称为挠曲线,在平面弯曲中,梁的挠曲线是一条平面曲线。

图 8.1 是一个简支梁的变形示意图,图中水平直线 $AB$ 为变形前梁的轴线,曲线 $AC_1B$ 为变形后该梁的挠曲线。取 $x$ 轴与梁变形前的轴线重合,横截面的对称轴为 $y$ 轴,梁的左端为坐标原点,建立平面直角坐标系 $xAy$,则梁的挠曲线 $AC_1B$ 即 $xy$ 平面内的平面曲线。$xy$ 平面也称为梁的挠曲面。显然,挠曲线在各截面对应点处的曲率越大,梁的变

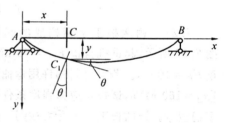

图 8.1

形就越厉害。所以从理论上讲,挠曲线的曲率是对直梁变形程度的度量。但是曲率并不直观,也不便于测量,工程中对梁的变形要求用截面的位移来控制。当梁变形时各截面的位置将发生改变,如果考查梁的一个截面,如图 8.1 中的 $C$ 截面,它有两个位移:一个是截面的形心从原来的点 $C$ 移到 $C_1$,这个位移是线位移;另一个是截面方位相对原来方位的旋转,这个位移称为角位移。严格来说,截面的线位移一般包括两个分量:即垂直于原轴线方向的分量和平行于原轴线方向的分量。但是,工程中的梁变形一般都很小,挠曲线是一条接近原轴线的平坦光滑曲线,各截面平行于原轴线方向的位移分量与垂直于原轴线方向的位移分量相比,可以忽略不计,认为各截面垂直于原轴线方向的位移即该截面的线位移,并且称为挠度,以 $y$ 表示。因为梁的变形是连续的,每个截面只有一个挠度,所以挠度是截面位置的单值连续函数。在前述坐标系中,挠度函数可以表示为

$$y = f_1(x) \tag{a}$$

这个方程就称为梁的挠曲线方程。

角位移是横截面在梁变形过程中绕自己的中性轴相对于变形前的方位转过的角度，以 $\theta$ 表示，简称转角。$\theta$ 也是截面位置的单值连续函数。根据平面假设，变形后梁的横截面与梁的挠曲线垂直，所以某截面的转角 $\theta$ 即挠曲线在该点处的法线与 $y$ 轴的夹角。根据几何关系这个角也是挠曲线在该处的切线与 $x$ 轴的夹角（见图 8.1）。利用曲线斜率与微分的关系，并注意到当斜率很小时 $\theta \approx \tan\theta$，可以得到

$$\theta \approx \tan\theta = \frac{dy}{dx} = f_2(x) \tag{b}$$

式(b)称为梁的转角方程，也是转角与挠曲线的关系方程，把梁的挠曲线方程 $y(x)$ 对 $x$ 求一次导数，即得转角方程 $\theta(x)$。综上讨论可知，对梁的变形研究，关键是建立挠曲线方程 $y(x)$。

有了挠曲线方程和转角方程，只要给出截面的位置，就可以求出该截面的位移和转角。在图 8.1 所示坐标系中，规定挠度向下为正，向上为负；转角 $\theta$ 顺时针为正，逆时针为负。

## 8.2　梁的挠曲线近似微分方程

梁的挠曲线近似微分方程是从力学和数学两个方面的研究建立起来的。力学上，已经建立了纯弯曲梁的变形基本公式(7.1)

$$k = \frac{1}{\rho} = \frac{M}{EI} \tag{a}$$

对跨度远大于截面高度的横力弯曲梁，剪力对弯曲变形的影响可以忽略，上式也可以作为横力弯曲变形的基本方程。

数学上，曲线 $y = f(x)$ 的曲率公式为

$$\frac{1}{\rho(x)} = \pm \frac{\dfrac{d^2 y}{dx^2}}{\left[1 + \left(\dfrac{dy}{dx}\right)^2\right]^{3/2}} \tag{b}$$

将式(b)应用于梁的变形时，由于工程实际中的梁一般变形都很小，梁的挠曲线为一平坦光滑曲线，$\left(\dfrac{dy}{dx}\right)^2 \ll 1$，故曲率可以近似写为

$$\frac{1}{\rho(x)} = \pm \frac{d^2 y}{dx^2} \tag{c}$$

联立(a)、(c)两式，得

$$\pm \frac{d^2 y}{dx^2} = \frac{M(x)}{EI} \tag{d}$$

式(d)即是梁的挠曲线近似微分方程。称其近似是因为在推导中忽略了剪力的影响，并略去了曲率公式中的 $\left(\dfrac{dy}{dx}\right)^2$ 项。但是实践证明，由此方程求得的挠度和转角对工程实际来说足够精确。

式(d)中 $\dfrac{d^2 y}{dx^2}$ 前面正负号的选用与坐标系的选取有关。在图 8.1 所建立的坐标系中，

$\dfrac{\mathrm{d}^2 y}{\mathrm{d}x^2}$ 与 $M(x)$ 的正负总是相反,如图 8.2 所示,当 $\dfrac{\mathrm{d}^2 y}{\mathrm{d}x^2} > 0$ 时,$M(x) < 0$;当 $\dfrac{\mathrm{d}^2 y}{\mathrm{d}x^2} < 0$ 时,$M(x) > 0$。所以式(d) 的左边应取负号。于是,挠曲线近似微分方程的最后形式应写为

$$\frac{\mathrm{d}^2 y}{\mathrm{d}x^2} = -\frac{M(x)}{EI} \tag{8.1}$$

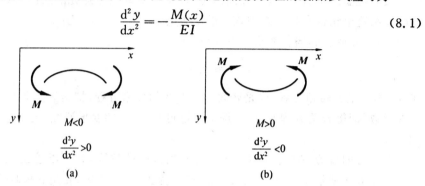

图 8.2

解挠曲线近似微分方程(8.1),可以得到近似的挠曲线方程和转角方程,指定截面的挠度和转角及梁的 $|y|_{\max}$ 和 $|\theta|_{\max}$ 均可计算。

# 8.3 积分法计算梁的位移

求解梁的挠曲线近似微分方程的基本方法是积分法。将式(8.1) 积分一次即得转角方程

$$\theta = y' = \int_l -\frac{M(x)}{EI(x)}\mathrm{d}x + C$$

再积分一次即得挠曲线方程

$$y = \iint -\frac{M(x)}{EI}\mathrm{d}x^2 + Cx + D$$

上式中,$C$、$D$ 为积分常数。根据确定积分常数时所使用的条件不同,下面分两种情况讨论。

## 8.3.1 挠曲线近似微分方程在梁的全长上单值连续

对等刚度梁或刚度连续变化的梁,除去端点外,荷载在梁的全长上连续时,例如图8.3所示的各等刚度梁,就属于这种情况。在这些情况下,因为梁的弯矩方程 $M(x)$ 在梁的全长上只有一个,所以 $\dfrac{\mathrm{d}^2 y}{\mathrm{d}x^2} = -\dfrac{M(x)}{EI}$ 在梁的全长上为单值连续函数。

下面结合图8.4所示简支梁讨论在这种情况下用积分法求梁的变形的过程。设该梁跨度为 $l$,抗弯刚度 $EI$ 为常数,在梁的全长 $l$ 上受集度为 $q$ 的均布荷载作用。取坐标系如图8.4所示,梁的弯矩方程为

$$M(x) = \frac{ql}{2}x - \frac{q}{2}x^2 \qquad (0 \leqslant x \leqslant l)$$

梁的挠曲线近似微分方程为

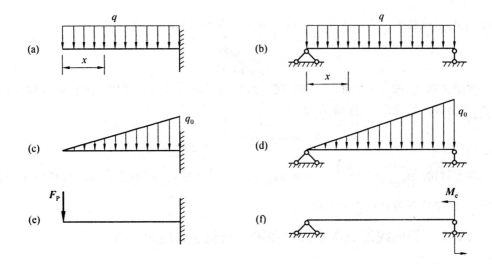

图 8.3

$$y'' = -\frac{M(x)}{EI} = -\frac{1}{EI}\left(\frac{ql}{2}x - \frac{q}{2}x^2\right)$$

积分上式,得到

$$\theta = y' = -\frac{1}{EI}\left(\frac{ql}{4}x^2 - \frac{q}{6}x^3\right) + C \qquad \text{(a)}$$

$$y = -\frac{1}{EI}\left(\frac{ql}{12}x^3 - \frac{q}{24}x^4\right) + Cx + D \qquad \text{(b)}$$

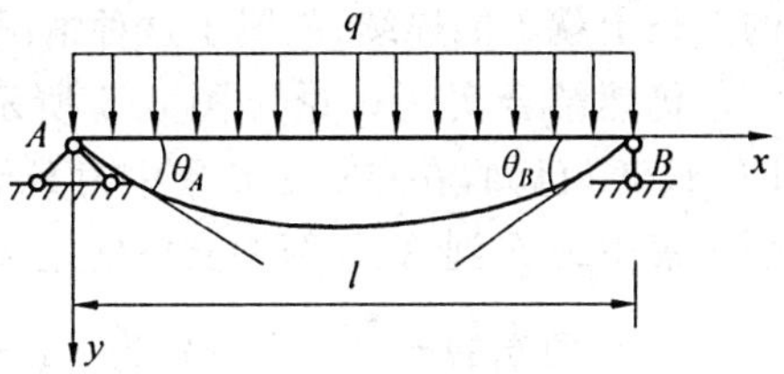

式(a)、(b) 中 $C$、$D$ 为积分常数,可以由位移边界条件确定。

图 8.4

位移边界条件泛指梁截面挠度、转角已知的条件。例如,在梁的固定端处的挠度和转角都等于零,在铰支座和链杆支座处的挠度等于零;又如结构对称、荷载对称的梁,在对称截面处转角等于零等。

图 8.4 中的简支梁、铰支座和链杆支座处挠度均为零,边界条件可写为

$$x = 0, y = 0; \quad x = l, y = 0$$

将上述边界条件分别代入式(b),可得出两个积分常数的值:

$$C = \frac{ql^3}{24EI}, \quad D = 0$$

将积分常数 $C$、$D$ 的值代入式(a)、(b) 中,整理后即得该梁的转角方程和挠曲线方程

$$\theta = \frac{q}{24EI}(l^3 - 6lx^2 + 4x^3) \qquad \text{(c)}$$

$$y = \frac{qx}{24EI}(l^3 - 2lx^2 + x^3) \qquad \text{(d)}$$

利用式(c)、(d) 确定绝对值最大的转角 $|\theta|_{max}$ 和 $|y|_{max}$ 时,一般情况下要先确定 $\theta$ 和 $y$ 出现极值的位置,再求函数的极值,最后找出 $|\theta|_{max}$ 和 $|y|_{max}$ 的值。本例中,梁上的荷载、边界条件都关于梁的中点对称,所以挠曲线也关于梁的中点对称。在 $x = \dfrac{l}{2}$ 处,必有

$\theta = y' = 0$，所以最大挠度必在梁的中点。将 $x = \dfrac{l}{2}$ 代入式(d)，得

$$y_{max} = \frac{5ql^4}{384EI}$$

在梁的两端，即 $x = 0$ 和 $x = l$ 处，$M = 0$，从而 $\theta' = 0$，转角取极值。由转角方程(c)可得 $A$、$B$ 两截面的转角，也即该梁 $|\theta|_{max}$：

$$\theta_A = -\theta_B = \theta_{max} = \frac{ql^3}{24EI}$$

综上讨论，当 $\dfrac{d^2 y}{d x^2} = -\dfrac{M(x)}{EI}$ 在梁的全长上单值连续时，用积分法求位移有两个积分常数，可以由位移边界条件完全确定。

### 8.3.2 挠曲线近似微分方程在梁的全长上分段单值连续

在梁的全长上梁的抗弯刚度 $EI$ 或荷载中只要有一个不连续，则 $\dfrac{d^2 y}{d x^2} = -\dfrac{M(x)}{EI}$ 在梁的全长上就不能连续，就属于这种情况。

仍然结合实例讨论。图 8.5 所示简支梁的刚度 $EI$、长度 $l$ 已知，在点 $C$ 受到集中力 $F$ 作用，图中 $a$、$b$ 分别为集中力 $F$ 到 $A$、$B$ 两端支座的距离，并设 $a > b$。

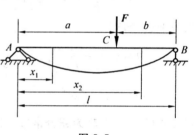

$A$、$B$ 两端的支座反力分别为 $F_A = \dfrac{Fb}{l}$，$F_B = \dfrac{Fa}{l}$。

由于梁上的荷载不连续，需分 $AC$ 和 $CB$ 两段列弯矩方程和挠曲线近似微分方程，然后积分，过程列于表 8.1 中。

图 8.5

表 8.1　分段积分微分方程

| $AC$ 段　$0 \leqslant x_1 \leqslant a$ | | $CB$ 段　$a \leqslant x_2 \leqslant l$ | |
|---|---|---|---|
| $M(x_1) = \dfrac{Fb}{l}x_1$ | | $M(x_2) = \dfrac{Fb}{l}x_2 - F(x_2 - a)$ | |
| $y_1'' = -\dfrac{1}{EI}\dfrac{Fb}{l}x_1$ | (1) | $y_2'' = -\dfrac{1}{EI}\left[\dfrac{Fb}{l}x_2 - F(x_2 - a)\right]$ | (4) |
| $\theta_1 = y_1' = -\dfrac{1}{EI}\dfrac{Fb}{2l}x_1^2 + C_1$ | (2) | $\theta_2 = y_2' = -\dfrac{1}{EI}\left[\dfrac{Fb}{2l}x_2^2 - \dfrac{F(x_2-a)^2}{2}\right] + C_2$ | (5) |
| $y_1 = -\dfrac{1}{EI}\dfrac{Fb}{6l}x_1^3 + C_1 x_1 + D_1$ | (3) | $y_2 = -\dfrac{1}{EI}\left[\dfrac{Fb}{6l}x_2^3 - \dfrac{F(x_2-a)^3}{6}\right] + C_2 x_2 + D_2$ | (6) |

顺便指出，在列 $CB$ 段的弯矩方程和挠曲线微分方程时，不要将方程中的括号打开，这样在积分以及后面确定积分常数时都会有很多方便。

该梁的挠曲线分两段，每一段都有一个转角方程和一个挠曲线方程，每一段都有两个积分常数，共四个积分常数。但是，位移边界条件只有两个。积分常数多于边界条件数，仅仅依靠边界条件已不能确定全部积分常数，为此，再引入连续条件。因为梁的挠曲线是一条平坦光滑的连续曲线，同一个截面只能有一个挠度和一个转角，不可能出现图

8.6(a)、(b) 所示的不连续的情况。即在两段梁的分段面 $C$ 处转角和挠度均应相等,即

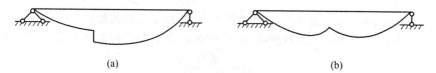

$$(a) \qquad\qquad\qquad (b)$$

$$图 8.6$$

$$x_1 = x_2 = a, \qquad \theta_1 = \theta_2, \qquad y_1 = y_2$$

这就是该梁变形的连续性条件。再考虑支座 $A$、$B$ 处的位移边界条件:

$$x_1 = 0, \quad y_1 = 0; \quad x_2 = l, \quad y_2 = 0$$

位移连续条件加边界条件总数与积分常数个数相等,积分常数可以确定。

运用上述条件确定积分常数时,先考虑连续性条件。将其代入表 8.1 中式(2)、(5) 和式(3)、(6),可得

$$C_1 = C_2, \quad D_1 = D_2$$

再将边界条件 $x_1 = 0$, $y_1 = 0$ 代入表 8.1 中式(3),得

$$D_1 = D_2 = 0$$

将边界条件 $x_2 = l$, $y_2 = 0$ 代入表 8.1 中式(6),得

$$C_1 = C_2 = \frac{Fab(l+b)}{6lEI}$$

将积分常数 $C_1$、$D_1$ 代入表 8.1 中式(2)、(3);将 $C_2$、$D_2$ 代入表 8.1 中式(5)、(6) 得到 $AC$ 和 $CB$ 两段梁的转角方程和挠曲线方程。整理后的表达式列于表 8.2 中。

表 8.2　确定积分常数

| $AC$ 段　$0 \leqslant x_1 \leqslant a$ | | $CB$ 段　$a \leqslant x_2 \leqslant l$ | |
| --- | --- | --- | --- |
| $\theta_1 = \dfrac{Fb}{2lEI}\left[\dfrac{1}{3}(l^2-b^2) - x_1^2\right]$ | (7) | $\theta_2 = \dfrac{Fb}{2lEI}\left[\dfrac{l}{b}(x_2-a)^2 - x_2^2 + \dfrac{1}{3}(l^2-b^2)\right]$ | (9) |
| $y_1 = \dfrac{Fbx_1}{6lEI}\left[l^2-b^2 - x_1^2\right]$ | (8) | $y_2 = \dfrac{Fb}{6lEI}\left[\dfrac{l}{b}(x_2-a)^3 - x_2^3 + (l^2-b^2)x_2\right]$ | (10) |

最后确定 $|\theta|_{\max}$ 和 $y_{\max}$

梁的两端 $M = 0$,转角取得极值。由式(7) 和式(9) 可得

$$\theta_A = \frac{Fab(l+b)}{6lEI}, \quad \theta_B = -\frac{Fab(l+a)}{6lEI}$$

由题设条件 $a > b$,所以有

$$|\theta|_{\max} = |\theta_B| = \frac{Fab(l+a)}{6lEI}$$

即最大转角发生在离荷载较近的支座处。

为了确定最大挠度 $y_{\max}$,应首先判断 $y_{\max}$ 发生于梁的哪一段。根据连续函数极值的微分学条件,最大挠度处应有 $\theta = \dfrac{\mathrm{d}y}{\mathrm{d}x}\bigg|_{x=x_0} = 0$。为正确使用上述条件,必须先判断 $\theta = 0$ 的截面出现在哪个梁段。为此,先求出 $C$ 截面的转角。令 $x_1 = a$,由表 8.2 中式(7) 得

$$\theta_C = -\frac{Fab(a-b)}{3lEI}$$

因为 $a > b$，所以 $\theta_C < 0$。从 $\theta_A > 0$ 过渡到 $\theta_C < 0$，由变形的连续性可以断定 $\theta = 0$ 的截面在 $AC$ 段。利用表 8.2 中式 (7)，令 $x_1 = x_0$ 处的转角 $\theta_1(x_0) = 0$，解得最大挠度截面位置

$$x_0 = \sqrt{\frac{l^2 - b^2}{3}} \tag{e}$$

将 $x_0$ 的值代入式 (8) 中，可得最大挠度

$$y_{\max} = \frac{Fb\,(l^2 - b^2)^{\frac{3}{2}}}{9\sqrt{3}\,lEI} \tag{f}$$

值得讨论的是最大挠度位置及其数值。由本梁最大挠度位置表达式 (e) 可知：

① 若 $b = \dfrac{l}{2}$，则 $x_0 = \dfrac{l}{2}$。即当集中力 $F$ 作用于梁的中点时，最大挠度也就是梁的中间截面的挠度，由式 (f) 可得其大小为

$$y_{\max} = y_{\frac{l}{2}} = \frac{Fl^3}{48EI} \tag{g}$$

② 若 $b \to 0$，可以算出 $x_0 = \dfrac{l}{\sqrt{3}} \approx 0.577l$。这一结果表明：当集中力 $F$ 的作用点靠近梁的支座时，最大挠度仍然在梁的中间截面附近。由式 (f) 算出这时最大挠度的数值为

$$y_{\max} = \frac{Fbl^2}{9\sqrt{3}\,EI} \approx 0.064\ 2\ \frac{Fbl^2}{EI} \tag{h}$$

再由式 (8) 算出这种情况下梁的中间截面的挠度，可得

$$y_{\frac{l}{2}} = \frac{Fb}{48EI}(3l^2 - 4b^2) \approx \frac{Fbl^2}{16EI} = 0.062\ 5\ \frac{Fbl^2}{EI} \tag{i}$$

比较式 (h)、(i) 中的结果，可得

$$\frac{y_{\max} - y_{\frac{l}{2}}}{y_{\max}} \times 100\% = 2.65\%$$

这一结果表明，即使集中荷载的位置处在极端的情况下，梁的中间截面挠度与最大挠度的相对误差也不超过 $2.65\%$。

由此可以得出结论：受多个同向集中荷载作用的简支梁，总可以用跨度中点的挠度代替最大挠度，其精度足以满足工程要求。这一结论可以推广到在梁的两端受集中力偶作用的情况。

综上讨论，当 $\dfrac{\mathrm{d}^2 y}{\mathrm{d}x^2} = -\dfrac{M(x)}{EI}$ 在梁的全长上分段单值连续时，需分段建立梁的挠曲线近似微分方程。在写这些方程时，注意不要将其中弯矩方程 $M(x)$ 中的括号展开，积分时带括号进行，这样得到的方程从形式上，下一段方程总是包含上一段方程，且只差一项。在确定积分常数时，也比较方便。积分常数由位移边界条件和连续性条件共同确定，解题时，先使用连续性条件再使用边界条件。

# 8.4　叠加法计算梁的位移

积分法是求梁的位移的基本方法，它的优点是能求得挠度和转角方程。但是当梁上

的荷载较复杂时,计算冗繁,而工程中所需要的常常只是某些特定截面的挠度和转角。下面介绍一种计算指定截面挠度和转角的实用方法——叠加法。

### 8.4.1 叠加法及使用条件

叠加法是在线性弹性小变形条件下得出的计算位移的一种实用方法。在这种条件下,当梁上同时承受几种荷载作用时,每种荷载引起的位移将不受其他荷载的影响。于是可以分别计算各个荷载单独作用时指定截面的位移,然后再求出它们的代数和,即得到所有荷载共同作用下该截面的位移。这样计算位移的方法即叠加法。

为了计算方便,工程上已把简单荷载作用下等刚度单跨静定梁的挠曲线方程及梁端转角、最大挠度绘制成表,供计算时查用。本教材中的表 8.3 是这种表的一个节选表。

表 8.3  简单荷载作用下梁的转角和挠度

| 支承和荷载情况 | 两端转角和最大挠度 | 挠曲线方程式 |
|---|---|---|
| | $\theta_B = \dfrac{Fl^2}{2EI_z}$ <br> $y_{max} = \dfrac{Fl^3}{3EI_z}$ | $y = \dfrac{Fx^2}{6EI_z}(3l-x)$ |
| | $\theta_B = \dfrac{Fa^2}{2EI_z}$ <br> $y_{max} = \dfrac{Fa^2}{6EI_z}(3l-a)$ | $y = \dfrac{Fx^2}{6EI_z}(3a-x), 0 \le x < a$ <br> $y = \dfrac{Fa^2}{6EI_z}(3x-a), a \le x \le l$ |
| | $\theta_B = \dfrac{ql^3}{6EI_z}$ <br> $y_{max} = \dfrac{ql^4}{8EI_z}$ | $y = \dfrac{qx^2}{24EI_z}(x^2-4lx+6l^2)$ |
| | $\theta_B = \dfrac{M_e l}{EI_z}$ <br> $y_{max} = \dfrac{M_e l^2}{2EI_z}$ | $y = \dfrac{M_e x^2}{2EI_z}$ |
| | $\theta_A = -\theta_B = \dfrac{Fl^2}{16EI_z}$ <br> $y_{max} = \dfrac{Fl^3}{48EI_z}$ | $y = \dfrac{Fx}{48EI_z}(3l^2-4x^2)$ <br> $0 \le x \le l$ |
| | $\theta_A = -\theta_B = \dfrac{ql^3}{24EI_z}$ <br> $y_{max} = \dfrac{5ql^4}{384EI_z}$ | $y = \dfrac{qx}{24EI_z}(l^3-2lx^2+x^3)$ |

**续表 8.3**

| 支承和荷载情况 | 两端转角和最大挠度 | 挠曲线方程式 |
|---|---|---|
| | $\theta_A = \dfrac{Fab(l+b)}{6lEI_z}$ <br><br> $\theta_B = -\dfrac{Fab(l+a)}{6lEI_z}$ <br><br> $y_{\max} = \dfrac{Fb}{9\sqrt{3}\,lEI_z}(l^2-b^2)^{3/2}$ | $y = \dfrac{Fbx}{6lEI_z}(l^2-x^2-b^2)$, <br><br> $0 \leqslant x < a$ <br><br> $y = \dfrac{F}{6lEI_z}\left[\dfrac{l}{b}(x-a)^2\right]$, <br><br> $a \leqslant x \leqslant l$ |
| | $\theta_A = \dfrac{M_e l}{6EI_z}$ <br><br> $\theta_B = -\dfrac{M_e l}{3EI_z}$ <br><br> $y_{\max} = \dfrac{M_e l^2}{9\sqrt{3}\,EI_z}$，在 $x=\dfrac{l}{\sqrt{3}}$ 处 | $y = \dfrac{M_e x}{6lEI_z}(l^2-x^2)$ |

### 8.4.2　用叠加法计算位移的一些常用方法

工程中的梁有各种各样的情况,而表 8.3 给出的都是一些简单情况,在运用叠加法计算位移时,关键是根据梁的荷载及结构的特点作相应的变换,以达到利用表 8.3 进行叠加运算的目的。下面介绍几个运用叠加法的常用方法。

(1) 先将荷载分组,再用叠加法运算

当梁上的荷载比较多,但每个荷载单独作用的情况都涵盖于表 8.3 中时,可先将荷载分组,再查表,用叠加法计算位移。

【例 8.1】　简支梁受力如图 8.7(a) 所示,抗弯刚度为 $EI$。试求该梁中点的挠度 $y_C$ 和 $A$ 端端面转角 $\theta_A$。

**解**　把荷载分为两组,一组为均布荷载 $q$,另一组为集中力 $F=ql$,如图 8.7(b)、(c) 所示。

均布荷载 $q$ 单独作用时,由表 8.3 第 6 行查得

$$y_{C1} = \frac{5ql^4}{384EI}, \qquad \theta_{A1} = \frac{ql^3}{24EI}$$

集中荷载 $F$ 单独作用时,由表 8.3 第 5 行查得

$$y_{C2} = \frac{Fl^3}{48EI} = \frac{ql^4}{48EI}, \qquad \theta_{A2} = \frac{Fl^2}{16EI} = \frac{ql^3}{16EI}$$

叠加上述结果,得

$$y_C = y_{C1} + y_{C2} = \frac{5ql^4}{384EI} + \frac{ql^4}{48EI} = \frac{13ql^4}{384EI}$$

$$\theta_A = \theta_{A1} + \theta_{A2} = \frac{ql^3}{24EI} + \frac{ql^3}{16EI} = \frac{5ql^3}{48EI}$$

（2）利用对称性

图 8.8(a) 所示简支梁,左边一半长度上受均布荷载 $q$ 作用。试求其中间截面的挠度 $y_C$。梁的刚度 $EI$ 已知。

可以注意到,如果该梁在右边一半长度上受到同样大小的均布荷载 $q$ 作用,如图 8.8(b) 所示,显然(a)、(b) 两种情况下,梁的中间截面挠度是一样的。若把(a)、(b) 两个受力情况叠加,就是如图 8.8(c) 所示的简支梁全长上受均布荷载 $q$ 作用的情况。由此可知:(a)、(b) 两种情况下中间截面挠度是情况(c) 中间截面挠度的一半。于是可得

$$y_C = \frac{1}{2} \cdot \frac{5ql^4}{384EI} = \frac{5ql^4}{768EI}$$

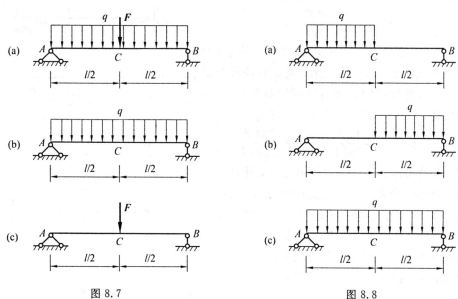

图 8.7　　　　　　　　　　　　　　　　图 8.8

（3）利用变形位移图进行叠加运算

如图 8.9(a) 所示的梁称为主辅梁。其中 $AC$ 是一端固定于基础上的悬臂梁,它是一个独立结构,可以独立承担荷载,是主辅梁的基本部分,称为主梁;$CB$ 部分是 $B$ 端与基础相连、$C$ 端支承于基本部分的 $C$ 端构成的简支梁,它脱离基本部分之后就不能成为独立的结构,不能承担荷载,称为附属部分或辅梁。辅梁的位移不仅和自身在荷载下的变形位移有关,还和主梁与其连接端的位移有关。对这类结构用变形位移图和叠加法计算辅梁指定截面的位移比较直观方便。

在图 8.9(a) 所示主辅结构中,荷载为作用于辅梁 $B$ 端的集中力偶 $M_e$。在 $M_e$ 的作用下主梁和辅梁的受力如图 8.9(b) 所示。图中 $F_B = F_C = F'_C = \dfrac{M_e}{l}$。主梁和辅梁变形后的挠曲线分别绘于图 8.9(b) 中。设梁的两部分刚度均为 $EI$,由表 8.3 第 1 行可查得,悬臂梁 $AC$ 的 $C$ 端挠度

$$y_C = \frac{F_C \left(\dfrac{l}{2}\right)^3}{3EI} = \frac{M_e l^2}{24EI}$$

由表 8.3 第 8 行可查得,简支梁 $CD$ 中点 $D$ 的挠度

$$y'_D = \frac{M_e \frac{l}{2}}{6lEI}\left[l^2 - \left(\frac{l}{2}\right)^2\right] = \frac{M_e l^2}{16EI} \qquad \text{(a)}$$

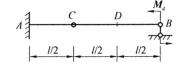

若要计算辅梁中点 $D$ 的挠度 $y_D$，可设想结构的变形分两步完成。第一步先考虑仅当悬臂梁 $AC$ 在 $C$ 端集中力 $F'_C$ 的作用下变形，整个结构的位移如图 8.9(c) 所示，$C$ 点位移至 $C'$。此时辅梁 $CD$ 未变形，其位移是悬臂梁 $C$ 端位移拖动的结果。由几何关系可得点 $D$ 此时的位移

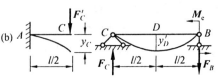

$$y''_D = \frac{y_C}{2} = \frac{M_e l^2}{48EI} \qquad \text{(c)}$$

第二步，悬臂梁 $AC$ 不再变形，仅仅是辅梁 $CD$ 在 $B$ 端集中力偶 $M_e$ 作用下变形。将其挠曲线与图 8.9(c) 叠加，得到结构的最后位移如图 8.9(d) 所示。从图中的几何关系可得点 $D$ 的总位移

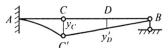

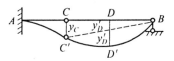

$$y_D = y'_D + y''_D = \frac{M_e l^2}{16EI} + \frac{M_e l^2}{48EI} = \frac{M_e l^2}{12EI}$$

图 8.9

（4）将结构作适当改变后再用叠加法计算

图 8.10(a) 所示悬臂梁为变截面阶梯梁，$AB$ 段的刚度为 $2EI$，$BC$ 段的刚度为 $EI$。在用叠加法求这种梁的位移时，无法直接利用表 8.3，因为表中没有变截面梁。为此可在保证变形相同的原则下将梁的结构作适当的改变，再作叠加运算。如设图 8.10(a) 所示梁的荷载 $F$、梁的尺寸 $a$ 为已知，欲用叠加法求自由端 $C$ 的挠度 $y_C$ 和转角 $\theta_C$，可先要把结构改变成如图 8.10(b)、(c) 所示的两个等截面的悬臂梁。但应注意，悬臂梁 $BC$ 的"固定端"不是固定在基础上，而是固定于 $AB$ 梁的悬臂端 $B$。悬臂梁 $BC$ 的荷载 $F$ 即原梁 $C$ 端的集中力，悬臂梁 $AB$ 的荷载即原梁在 $B$ 截面的剪力和弯矩：$F_s = F$，$M_e = Fa$，若使悬臂梁 $BC$ 在 $B$ 端的位移满足原梁 $B$ 截面处位移连续性条件（即悬臂梁 $BC$ 在 $B$ 端的挠度和转角与悬臂梁 $AB$ 在 $B$ 端的挠度和转角相等），则两个悬臂的挠曲线衔接起来后即为原梁的挠曲线。满足了变形相同的原则。查表 8.3 并利用叠加法，可求出悬臂梁 $AB$ 自由端 $B$ 的转角和挠度

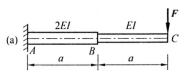

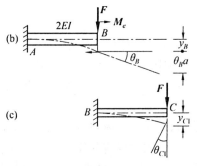

图 8.10

$$\theta_B = \frac{Fa^2}{2(2EI)} + \frac{M_e a}{2EI} = \frac{3Fa^2}{4EI}$$

$$y_B = \frac{Fa^3}{3(2EI)} + \frac{M_e a^2}{2(2EI)} = \frac{5Fa^3}{12EI}$$

同样的方法可以得出悬臂端梁 $BC$ 自由端 $C$ 的转角和挠度

$$\theta_{C1} = \frac{F_P a^2}{2EI}, \qquad y_{C1} = \frac{F_P a^3}{3EI}$$

利用图 8.10(b)、(c) 中的位移图和几何关系，可得

$$\theta_C = \theta_{C1} + \theta_B \frac{F_P a^2}{2EI} + \frac{3F_P a^2}{4EI} = \frac{5F_P a^2}{4EI}$$

$$y_C = y_{C1} + (\theta_B a + y_B) \frac{F_P a^3}{3EI} + \frac{3F_P a^2}{4EI} \times a + \frac{5F_P a^3}{12EI} = \frac{3F_P a^3}{2EI}$$

(5) 将荷载作适当变换后再用叠加法计算

有些情况下梁上的荷载与表 8.3 中的简单荷载也不相符，此时若用叠加法计算梁的位移，可根据叠加原理将梁上的荷载作适当变换，再作叠加运算。

图 8.11(a) 中，刚度为 $EI$ 的悬臂梁在其 $BC$ 段受到均布荷载 $q$ 作用，欲用叠加法求其自由端 $C$ 的挠度 $y_C$ 和转角 $\theta_C$。为此将图 8.11(a) 中悬臂梁的荷载变换成图 8.11(b)、(c) 两种情况的叠加。查表 8.3 第 3 行，得图 8.11(b) 中悬臂梁自由端 $C$ 的挠度 $y_{C1}$ 和转角 $\theta_{C1}$：

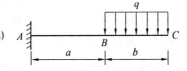

$$y_{C1} = \frac{q(a+b)^4}{8EI}, \qquad \theta_{C1} = \frac{q(a+b)^3}{6EI}$$

得图 8.11(c) 中悬臂梁截面 $B$ 的挠度 $y_{B2}$ 和转角 $\theta_{B2}$：

$$y_{B2} = -\frac{qa^4}{8EI}, \qquad \theta_{B2} = -\frac{qa^3}{6EI}$$

由于截面 $B$ 的位移，使截面 $C$ 产生的位移和转角为

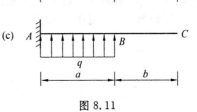

$$y_{C2} = y_{B2} + \theta_{B2}b = -\frac{qa^4}{8EI} - \frac{qa^3 b}{6EI} = -\frac{qa^3(3a+4b)}{24EI}$$

$$\theta_{C2} = \theta_{B2} = -\frac{qa^3}{6EI}$$

图 8.11

用叠加法计算图 8.11(a) 中梁的自由端 $C$ 的挠度 $y_C$ 和转角 $\theta_C$：

$$y_C = y_{C1} + y_{C2} = \frac{q(a+b)^4}{8EI} - \frac{qa^3(3a+4b)}{24EI}$$

$$\theta_C = \theta_{C1} + \theta_{C2} = \frac{q(a+b)^3}{6EI} - \frac{qa^3}{6EI} = \frac{q(3a^2 b + 3ab^2 + b^3)}{6EI}$$

【例 8.2】 刚度为 $EI$ 的简支梁，在部分长度上受到均布荷载作用，如图 8.12 所示，梁长为 $l$。试求跨度中点 $C$ 的挠度。

**解** 先将梁上的均布荷载变为若干微分集中力，再用叠加法。

取支座 $B$ 为参考点，在距点 $B \xi$ 处取微分长度 $\mathrm{d}\xi$，其上分布荷载的合力

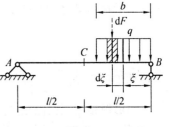

图 8.12

$$\mathrm{d}F = q\mathrm{d}\xi$$

为得出 $\mathrm{d}F$ 在截面 $C$ 产生的挠度，查表 8.3 第 7 行得 $0 \leqslant x \leqslant a$ 范围内的挠曲线方程，将符

号作相应替换:$b \to \xi, x \to \dfrac{l}{2}$,得

$$\mathrm{d}y_C = \frac{\mathrm{d}F\xi \dfrac{l}{2}}{6lEI}\left[l^2 - \xi^2 - \left(\frac{l}{2}\right)^2\right] = \frac{q\xi}{12EI}\left(\frac{3l^2}{4} - \xi^2\right)\mathrm{d}\xi$$

积分后得到中间截面 $C$ 的挠度

$$y_C = \frac{q}{12EI}\int_0^b \xi\left(\frac{3l^2}{4} - \xi^2\right)\mathrm{d}\xi = \frac{qb^2}{48EI}\left(\frac{3}{2}l^2 - b^2\right)$$

# 8.5   梁的刚度校核

从理论上来讲,挠曲线的曲率是对直梁的变形程度的度量。但是在工程中,更有实际意义的不是曲率,而是梁的最大挠度和转角。例如,图 8.13 中的两个梁,刚度 $EI$ 和荷载 $M_e$ 均相同。若从挠曲线的曲率来考虑,两个梁的曲率 $k = \dfrac{1}{\rho} = \dfrac{M_e}{EI}$ 相同。但是,因为长度 $l_1 > l_2$,图 8.13(a) 中的梁的最大挠度 $y_{\max}^{(a)}$ 和转角 $\theta_A^{(a)}$ 必然要比图 8.13(b) 中梁的 $y_{\max}^{(b)}$、$\theta_A^{(b)}$ 要大。实际问题中,无论挠度或转角过大,都会给使用带来问题。例如,桥梁的挠度过大,车辆通过时会发生很大振动,如果是大江大河上的桥梁,还会影响船舶的通行。在机械中,若机床主轴挠度过大,将影响加工精度;若轴承处转角过大,将造成严重磨损等。

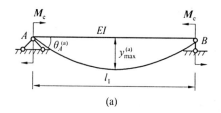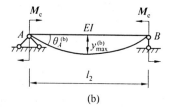

图 8.13

鉴于上述原因,梁的刚度条件是对梁的最大挠度和转角的限制,即要求梁在设计荷载作用下,最大挠度和转角不能超过其许用值。建筑工程中的刚度校核主要是对挠度的控制。校核的依据是梁的最大挠度 $y_{\max}$ 与跨长的比值 $\dfrac{y_{\max}}{l}$ 不超过许用比值 $\left[\dfrac{f}{l}\right]$,即

$$\frac{y_{\max}}{l} \leqslant \left[\frac{f}{l}\right] \tag{8.5}$$

各种工程用途的 $\left[\dfrac{f}{l}\right]$ 值可以从相关规范中得出。

前面已经指出,要保证一个梁能够正常工作,既要有足够的强度又要有足够的刚度。但是,在建筑工程中起控制作用的一般是强度,根据强度条件设计的梁大多数满足刚度的要求。因此,在梁的设计中,通常是先按强度条件设计截面,之后再校核刚度是否满足。

【例 8.3】 一工字钢简支梁如图 8.14 所示,梁上受到均布荷载和集中力偶作用,已知 $l = 6$ m,$q = 8$ kN/m,$M_e = 4$ kN·m。材料的许用正应力 $[\sigma] = 170$ MPa,弹性模量 $E =$

200 GPa，梁的许用挠度与跨长比值 $\left[\dfrac{f}{l}\right]=\dfrac{1}{400}$。试选择工字钢的型号。

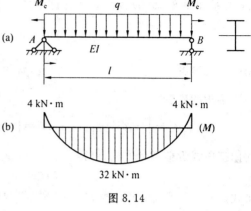

图 8.14

**解**　(1)该梁的弯矩图如图 8.14(b)所示，梁的危险截面为其中间截面，$M_{max}=32\ \text{kN}\cdot\text{m}$。

(2)根据强度条件选工字钢型号

由强度条件得出

$$W_z \geqslant \frac{M_{max}}{[\sigma]} = \frac{32\times10^6\ \text{N}\cdot\text{mm}}{170\ \text{MPa}} \approx 188\times10^3\ \text{mm}^3 = 188\ \text{cm}^3$$

查型钢规格表，选工字钢 No.18：$W_z = 185\ \text{cm}^3$，满足强度要求。该型号工字钢截面的惯性矩 $I_z = 1\ 660\ \text{cm}^4$。

(3)刚度校核

由于结构对称，荷载也对称，该梁的最大挠度在梁的中间截面。由叠加法求最大挠度，进行刚度校核：

$$\frac{y_{max}}{l} = \frac{1}{l}\left[\frac{5ql^4}{384EI} - 2\frac{M_e\frac{l}{2}}{6lEI}\left(l^2 - \frac{l^2}{4}\right)\right] = \frac{l}{8EI}\left(\frac{5ql^2}{48} - M_e\right) =$$

$$\frac{6\ \text{m}}{8\times200\times10^9\ \text{Pa}\times1\ 660\times10^{-8}\ \text{m}^4}\left(\frac{5\times\dfrac{8\times10^3\ \text{N}}{\text{m}}\times(6\ \text{m})^2}{48} - 4\times10^3\ \text{N}\cdot\text{m}\right) \approx$$

$$\frac{2.35}{400} > \frac{1}{400}$$

上述设计梁的刚度不够。为此，需改选工字钢截面，取工字钢 No.25a，$I_z = 5\ 020\ \text{cm}^4$。再校核刚度，得

$$\frac{y_{max}}{l} = \frac{0.78}{400} < \left[\frac{f}{l}\right] = \frac{1}{400}$$

结论：选用工字钢 No.25a 满足强度和刚度要求。

# 8.6　平面弯曲梁的应变能

当梁在荷载作用下产生弯曲变形时，梁内也积蓄了应变能。如果梁的弯曲是纯弯曲，则只有弯曲应变能；如果梁的弯曲是横力弯曲，则除了弯曲应变能外还有切变应变能。但是，一般来说，对细长梁切变能可以不考虑。

前面关于应变能的讨论已经指出，弹性应变能与加载的过程无关，数值上等于外力功。所以弯曲应变能的数值也是通过外力功计算。

不考虑切应力，平面弯曲梁中一点的应力状态如图 8.15(a)所示。在线弹性变形中，

$\sigma.\epsilon$ 关系如图 8.15(b) 所示。微元体中的应变能

$$dV_{\epsilon} = \frac{1}{2}\sigma\epsilon\,dxdydz \qquad\qquad (a)$$

则应变能密度

$$v_{\epsilon} = \frac{1}{2}\sigma\epsilon \qquad\qquad (8.6)$$

一段梁中的应变能

$$V_{\epsilon} = \int_{V} v_{\epsilon}dV = \int_{V} \frac{1}{2}\sigma\epsilon\,dV = \int_{l}dx\int_{A}\frac{M^2(x)y^2}{EI^2}dA = \int_{l}\frac{M^2(x)\,dx}{2EI} \qquad (8.7)$$

利用挠曲线近似微分方程,可得

$$M(x) = -EI(x)y'' \qquad\qquad (b)$$

将式(b)代入到式(8.7),当 $EI$ 为常数时,得到

$$V_{\epsilon} = \int_{l}\frac{(-EIy'')^2}{2EI}dx = \frac{EI}{2}\int_{l}(y'')^2dx \qquad (8.8)$$

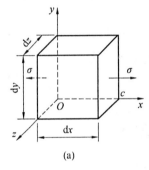 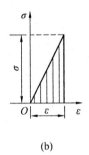

(a)                    (b)

图 8.15

【例 8.4】 试计算图 8.16 中等刚度简支梁在均布荷载 $q$ 作用下的弯曲应变能 $V_{\epsilon}$。已知梁的抗弯刚度 $EI$、梁长 $l$,并设 $l/h > 10$。

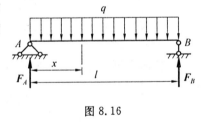

图 8.16

**解** 梁的支反力

$$F_A = F_B = \frac{ql}{2}$$

弯矩方程

$$M(x) = \frac{ql}{2}x - \frac{qx^2}{2} \qquad (0 \leqslant x \leqslant l)$$

该梁的弯曲应变能

$$V_{\epsilon} = \int_{l}\frac{M^2(x)}{2EI}dx = \frac{q^2}{8EI}\int_{0}^{l}(lx - x^2)^2dx = \frac{q^2l^5}{240EI}$$

# 本章小结

本章基本内容及要点:

(1) 研究平面弯曲梁的变形,关键是得出梁的挠曲线方程 $y = f(x)$。转角方程与挠曲线方程的关系: $\theta(x) = \dfrac{dy}{dx}$。平面弯曲梁挠曲线的近似微分方程: $y'' = -\dfrac{M(x)}{EI}$,这是直

梁弯曲变形的基本方程。

（2）工程中用截面的位移和转角度量直梁的弯曲变形程度。所以，对梁的变形计算是对指定截面位移和转角的计算，关键是对最大挠度和最大转角的计算。

（3）计算梁的变形位移的方法：本章介绍了两种方法，即积分法和叠加法。

① 积分法是求梁的位移的基本方法。要点是：建立挠曲线近似微分方程；确定积分常数。当挠曲线近似微分方程在梁的全长上连续时，确定积分常数只需位移边界条件。当挠曲线近似微分方程在梁的全长上分段连续时，积分常数需要根据位移边界条件和连续性条件确定。

② 叠加法是根据线弹性小变形条件下的力的独立作用原理得出的计算位移的方法。使用这种方法的关键是把一个实际问题转变成可以利用表 8.3 进行叠加运算的问题。

（4）建立刚度条件，解决梁的刚度方面的三类问题。

梁的刚度条件主要是对挠度的要求。相对于梁的强度条件，一般情况下是次要条件。

## 思 考 题

8.1 梁的变形与哪些因素有关？若两个梁的尺寸（包括横截面和梁长）、材料、荷载完全相同，则这两个梁的变形、对应横截面的位移一定完全相同，对否？

8.2 试写出图 8.17 所示各梁的位移边界条件。设图 8.17(d) 中支座 $B$ 的弹簧刚度为 $c$。

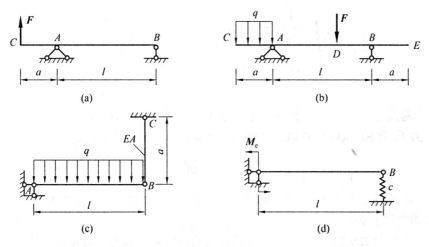

图 8.17

8.3 用积分法求图 8.18 所示等刚度梁的变形时，可否用下列条件确定积分常数？

$$x=0, \quad y(0)=0$$
$$x=\frac{l}{2}, \quad \theta\left(\frac{l}{2}\right)=0$$

8.4 用叠加法求图 8.19(a) 所示悬臂梁 $B$ 截面的位移时，可否将均布荷载简化至点

$B$(见图 8.19(b)),再用叠加法计算?

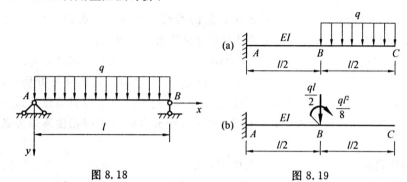

图 8.18　　　　　　　　　　　图 8.19

8.5　试用叠加法计算图 8.20 所示变刚度梁点 $C$ 的挠度。设该梁各段的刚度如图所示,图中长度 $a$ 和荷载 $F$ 已知(提示:利用该梁结构对称、荷载对称变形的特点和图 8.10 的分析方法)。

8.6　试指出用叠加法求图 8.19 中悬臂梁 $C$ 端挠度 $y_C$ 的三种方法(不要求计算)。

8.7　欲从图 8.21 所示直径为 $d$ 的圆木中锯出一矩形截面梁,试求在下述条件下截面高度 $h$ 与宽度 $b$ 的合理比值。

(1) 若使所得矩形截面梁的弯曲强度最高;

(2) 若使所得矩形截面梁的弯曲刚度最大。

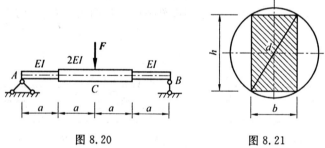

图 8.20　　　　　　　　　　　图 8.21

8.8　跨度分别为 $l$ 和 $2l$ 的两个简支梁,材料和截面均相同,在梁的中点各受同样大小的集中力 $F_P$ 作用,试问后者的最大应力是前者的几倍? 最大挠度是前者的几倍?

# 习　　题

8.1　图 8.22 所示各梁,抗弯刚度 $EI$ 均为常数。试根据梁的弯矩图和约束条件画出其挠曲线的大致形状。

8.2　用积分法求图 8.23 所示悬臂梁自由端的转角和挠度。各梁均为等刚度梁,抗弯刚度 $EI$ 已知。

8.3　用积分法求图 8.24 所示简支梁 $A$、$B$ 截面的转角和跨中截面 $C$ 的挠度,设各梁的挠度 $EI$ 已知。

8.4　如图 8.25 所示各梁的抗弯刚度 $EI$ 均为常数,试求:

(1) 根据弯矩图和位移边界条件画出各梁挠曲线的大致形状;

(2) 利用积分法求梁的最大挠度和最大转角。

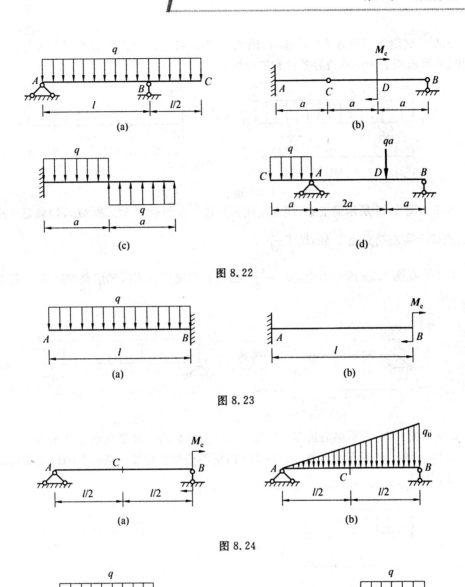

图 8.22

图 8.23

图 8.24

图 8.25

8.5　用积分法求图 8.26 所示梁外伸端的挠度和转角。梁的抗弯刚度 $EI$ 已知。

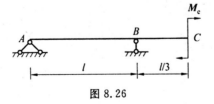

图 8.26

8.6 试说明用积分法求位移时,图 8.27 所示各梁的挠曲线近似微分方程应分几段写出,并写出相应的位移边界条件和连续性条件。

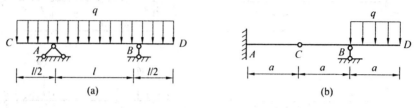

图 8.27

8.7 图 8.28 所示简支梁,两端支座各作用一个力偶矩 $M_{e1}$ 和 $M_{e2}$,如果要使挠曲线的拐点位于离左端支座 $\dfrac{l}{3}$ 处,试求 $\dfrac{M_{e1}}{M_{e2}}$。

8.8 在图 8.29 所示梁中,$M_e = \dfrac{ql^2}{6}$,梁的抗弯刚度为 $EI$,试用叠加法求 $A$ 截面的转角 $\theta_A$。

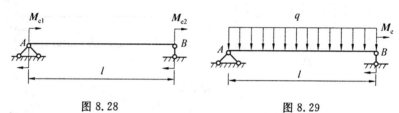

图 8.28            图 8.29

8.9 图 8.30 所示梁的抗弯刚度为 $EI$,试用叠加法计算横截面 $B$ 的转角。

8.10 图 8.31 所示梁的抗弯刚度为 $EI$,试用叠加法计算横截面 $B$ 的转角和自由端 $C$ 的挠度。

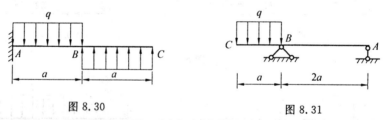

图 8.30            图 8.31

*8.11 图 8.32 所示梁的左端 $A$ 固定在具有圆弧形表面的平台上,自由端 $B$ 受到集中荷载 $F$ 作用。试计算 $B$ 端的挠度。设平台表面的曲率半径为 $R$,梁的长度为 $l$、抗弯刚度为 $EI$。

8.12 如图 8.33 所示悬臂梁的刚度为 $EI$,受到移动荷载 $F$ 作用,若使荷载移动时始终保持与梁的固定端 $A$ 在同一水平线上,试问应将梁的轴线预弯成怎样的曲线(图中虚线)?

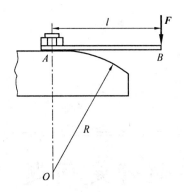

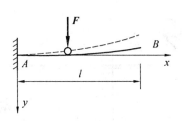

图 8.32　　　　　　　　　　　　图 8.33

8.13　简支梁受到移动荷载 $F$ 作用,若要求荷载的滚轮恰好在一条水平路径上滚动,试问须将梁的轴线预弯成怎样的曲线(图 8.34 中虚线)？设梁的刚度 $EI=$ 常数。

8.14　外伸梁如图 8.35 所示,刚度 $EI=$ 常数,分别在 $A$、$B$ 支座的中点 $C$ 和外伸端 $D$ 受到集中力 $F$ 和 $F_1$ 作用。若使点 $D$ 的挠度为零,试问 $F_1$ 应为多大？

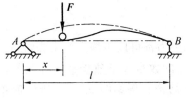

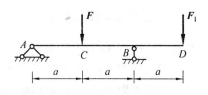

图 8.34　　　　　　　　　　　　图 8.35

8.15　如图 8.36 所示,桥式起重机的最大荷载 $F=25\ kN$,起重机大梁为 32a 工字钢,钢材的弹性模量 $E=210\ GPa$,梁长 $l=8.76\ m$,规定 $[f]=\dfrac{l}{500}$。试校核该梁刚度。

8.16　简支梁如图 8.37 所示,跨度 $l=5\ m$,力偶矩 $M_{e1}=5\ kN\cdot m$,$M_{e2}=10\ kN\cdot m$,材料的弹性模量 $E=200\ GPa$,许用应力 $[\sigma]=160\ MPa$,许用挠度 $[f]=\dfrac{l}{500}$。试选择该梁工字钢的型号。

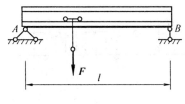

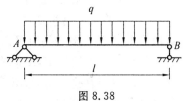

图 8.36　　　　　　　　　　　　图 8.37

8.17　受均布荷载 $q$ 作用的工字钢简支梁如图 8.38 所示,已知梁长 $l=6\ m$,工字钢的型号为 20b,钢材的弹性模量 $E=200\ GPa$。若梁的许用挠度 $[f]=\dfrac{l}{400}$,试确定荷载集度 $q$ 的大小。

图 8.38

# 第**9**章

# 简单超静定问题

## 9.1 超静定问题的概念

### 9.1.1 超静定问题的概念

前面各章中所讨论的结构,全部支座反力和内力都可以用静力学来确定,这样的结构称为静定结构。除此之外,在有些结构中,未知量的数目多于独立平衡方程数,未知量不能全部由平衡方程确定,这样的结构称为静不定结构。例如图 9.1(a) 所示简单桁架,用三根链杆固定一个结点。结点处是一个平面汇交力系,如图 9.1(b) 所示,有两个平衡方程,但是有三个未知的链杆轴力,未知力的数目比独立平衡方程数多一个,所以这是一个静不定结构。又如,图 9.2(a) 中的梁,工程上称为连续梁(跨数在一跨以上,且在支承处连续)。有三个独立平衡方程,但是有五个未知支座反力,未知力数比独立平衡方程数多两个,这也是一个静不定结构。

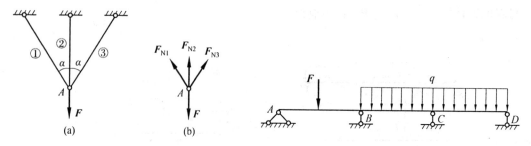

图 9.1

图 9.2

造成静不定的原因是结构中有平衡不需要的约束,称为多余约束。这里所说的一个约束是指减少一个自由度的装置。多余约束可以是外部约束,也可以是内部约束。以上两例中,多余约束都是外部约束,称为外力超静定。有些结构,如图 9.3 所示结构,外部并没有多余约束,但是由于在梁的下方设置了三根链杆,

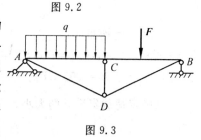

图 9.3

产生了内部多余约束,这样的超静定结构称为内力超静定结构。

超静定结构中的多余约束的概念,只是从维持体系平衡的角度来说是多余的,若从减小结构中的应力、位移,提高结构的强度、刚度来说并不多余。例如图 9.2 中的连续梁,若将中间的两个支座去掉,梁中的应力、挠度都将增加。增设两个中间支座后(设四个支座都在同一水平线上),梁中的最大应力和最大挠度都将降低,从而提高了梁的强度和刚度。因此,超静定结构在工程中,尤其在建筑工程中,应用很广泛。

### 9.1.2　力法求解超静定问题的理念

由于超静定结构中未知力的数目多于独立平衡方程的数目,若求解超静定结构,必须建立补充方程。

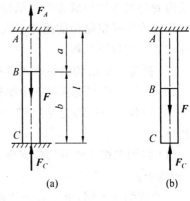

图 9.4

下面通过一个简单的实例说明用力法求解超静定问题建立补充方程的方法。图 9.4(a) 中两端固定的直杆,中间截面 $B$ 处受到沿轴线的力 $F$ 作用。两端的约束反力为 $F_A$ 和 $F_C$。因为外力是共线力系,只有一个平衡方程,即

$$F_A + F_C = F \tag{a}$$

两个支座反力不能由一个平衡方程求得,未知力数比独立平衡方程数多一个,这是一个一次超静定结构。为了解出 $F_A$ 和 $F_C$ 需要建立一个补充方程。

力法建立补充方程的途径是考虑结构的变形相容条件。图 9.4(a) 中的直杆在荷载 $F$ 和两端约束的共同作用下,$AB$ 段将伸长,$BC$ 段将缩短,但是由于杆的两端都是刚性支座,在保证结构连续的条件下,$A$、$C$ 两端都不能有位移。杆的变形位移要利用静定结构计算选择 $C$ 端的固定端约束作为多余约束,并设想把它去掉,得到一个 $A$ 端固定 $C$ 端自由的杆件,这是一个静定结构,称为原结构的基本结构。将原结构上的荷载加到基本结构上,将去掉的约束用相应的力 $F_C$ 代替,也加到基本结构上,就得到一个如图 9.4(b) 所示的形式上静定的体系,称为原结构的基本静定体系,简称基本体系。如果 $F_C$ 的作用与 $C$ 端被去掉的约束相同,则两个体系的变形应该完全相同。原体系在 $C$ 端的轴向位移为零,基本体系在该处的轴向位移也应为零,从而有

$$\Delta_C = 0 \tag{b}$$

式(b)即基本体系与原超静定结构的变形相容条件。它是通过比较基本体系与原结构的变形位移得出的一个变形几何条件。

设荷载对基本体系 $C$ 端位移的影响为 $\Delta l_P$,多余约束力对基本体系 $C$ 端位移的影响为 $\Delta l_R$,利用叠加法可得基本体系 $C$ 端总位移 $\Delta_C = \Delta l_P + \Delta l_R$。令此位移满足式(b)中的变形相容条件,即得

$$\Delta_C = \Delta l_P + \Delta l_R = 0 \tag{c}$$

式(c)即该超静定结构的变形相容方程。式(c)中 $\Delta l_P$ 和 $\Delta l_R$。数值分别为

$$\Delta l_{\mathrm{P}} = -\frac{Fb}{EA}, \quad \Delta l_{\mathrm{R}} = \frac{F_C l}{EA} \tag{d}$$

式(d)称为物理关系。联立(a)、(c)、(d)三式,即可求出全部未知力数。这就是力法求解超静定问题的基本思路。因为求解中以多余约束力为基本未知量,故称为力法。

归纳上述讨论可知,求解静不定结构,要综合考虑静力、几何和物理三个方面的条件和关系。

### 9.1.3 超静定次数的判断

用力法求解超静定问题时首先要判断超静定次数,之后再选定多余约束,确定基本结构和基本体系。确定体系超静定次数的方法通常采用拆除法,即解除体系中的多余约束,直至得到的基本结构成为静定结构,则解除的多余约束数即原结构的超静定次数。

用拆除法确定结构的超静定次数,必须清楚拆除的约束可以限制几个自由度。通常解除的方法有以下几种:

(1)拆除一根或切断一根单链杆(包括支座链杆),相当于去掉一个约束。

(2)去掉一个铰支座或一个单铰,相当于去掉两个约束。

(3)去掉一个固端支座、切断一根刚架杆件或切开一个无铰闭合框格相当于去掉三个约束。

(4)将固定端支座改为铰支座,或在刚架杆上插入一个铰,或将铰支座改为单链杆支座,相当于去掉一个约束。

与静定结构不同,由于多余约束的存在,在静不定结构中引起内力的因素,除荷载外,温度变化、安装误差、支座移动等都可以产生内力,这些产生内力的因素统称为非荷载因素。

在材料力学中只讨论一些简单的超静定问题,更复杂的超静定问题将在结构力学中讨论。为使讨论简便、清晰,下面对轴向拉压、扭转和平面弯曲的超静定问题分别讨论,阐明求解方法。

# 9.2 拉压超静定问题

### 9.2.1 拉压超静定问题的实例及其解法

图9.5(a)所示桁架中,各杆截面积、长度和材料均相同,分别设为 $A$、$l$ 和 $E$,结点 $A$ 处受荷载 $F$ 作用。桁架中各杆的内力只有轴力,取结点 $A$ 为隔离体,受力如图9.5(b)所示。这是一个平面汇交力系,有两个独立平衡方程,三个未知力,未知力数比独立平衡方程数多一个,故为一次超静定问题。求解时要建立一个补充方程。

选坐标如图9.5(b)所示,结点 $A$ 的平衡方程为

$$\sum F_{xi} = 0, \quad F_{\mathrm{N1}} \sin 45° = F_{\mathrm{N2}} \sin 45° \tag{1}$$

$$\sum F_{yi} = 0, \quad F_{\mathrm{N1}} \cos 45° + F_{\mathrm{N2}} \cos 45° + F_{\mathrm{N3}} - F = 0 \tag{2}$$

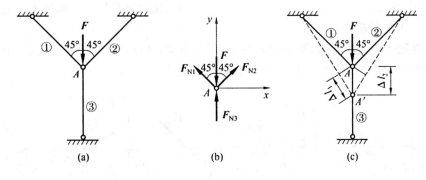

图 9.5

设 ①、②、③ 三杆的伸长量分别为 $\Delta l_1$、$\Delta l_2$、$\Delta l_3$。由于结构的几何形状、约束、荷载及刚度 $EA$ 都关于 $y$ 轴对称,结构的变形也对称,因此有 $F_{N1} = F_{N2}$,$\Delta l_1 = \Delta l_2$。结点 $A$ 的位移必沿对称轴。图 9.5(c) 为结构变形后的位移图,图中 $A'$ 为结点 $A$ 位移后的新位置。由连续性条件,利用图 9.5(c) 可得变形几何相容条件为

$$\Delta l_1 = \Delta l_3 \cos 45° \qquad\qquad (3)$$

利用物理关系,将式(3) 中 ①、③ 两杆的轴向变形用杆的轴力表示,即

$$\Delta l_1 = \frac{F_{N1} l}{EA}, \quad \Delta l_3 = \frac{F_{N3} l}{EA}$$

代入式(3),整理后可得

$$F_{N1} = F_{N3} \cos 45° \qquad\qquad (4)$$

联立方程(1)、(2)、(4) 解得

$$F_{N1} = F_{N2} = \frac{F}{2\sqrt{2}}, \quad F_{N3} = \frac{F}{2}$$

求出各杆内力之后,再求结点 $A$ 的位移时,即可按静定结构的位移计算。由对称性可知,此桁架结点 $A$ 的位移大小等于杆 ③ 的轴向变形:

$$\Delta_A = \Delta l_3 = \frac{F l}{2EA}$$

综上所述,求解拉(压) 超静定问题的基本步骤可归结为:

(1) 判断超静定次数,选择并去除多余约束,用相应的多余约束力代之,得出基本体系,写出变形相容条件。

(2) 建立基本体系的与欲求未知量相关的平衡方程。

(3) 根据基本体系和变形相容条件,写出用力表示的变形相容方程。

(4) 联立平衡方程和变形相容方程,求解。

### 9.2.2　温度应力和装配应力问题

在超静定结构中,由于多余约束的存在,温度变化、装配误差等非荷载因素引起的变形及位移一般会受到多余约束的限制,从而也会产生内力,下面通过实例讨论这类问题。

【例 9.1】　水平刚性横梁 $AB$ 上部由杆 1 和杆 2 悬挂,下部由铰支座 $C$ 支承,如图 9.6(a) 所示。由于制造误差,杆 1 长度比设计值短了 $\delta = 1.5$ mm。已知两杆的材料和截

面积均相同,且 $E_1 = E_2 = E = 200$ GPa,$A_1 = A_2 = A$。试求装配后两杆横截面上的应力。

**解** (1)判断超静定次数

取刚性梁 $AB$ 为隔离体,受力图如图 9.6(b) 所示,这是一个平面一般力系,有三个独立的平衡方程,有四个未知力,故为一次超静定结构。

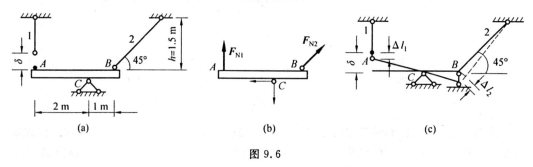

图 9.6

(2)建立平衡方程

因为只需计算 1、2 两杆的轴力,选取点 $C$ 为矩心建立力矩平衡方程 $\sum M_C = 0$,即

$$F_{N1} \times 2 \text{ m} - F_{N2} \cos 45° \times 1 \text{ m} = 0 \tag{1}$$

在此方程中只含 1、2 两杆的轴力。

(3)建立变形相容方程

体系的变形位移示于图 9.6(c) 中(为了清楚,该图作了适当的放大)。由位移图可得变形相容条件

$$2 \frac{\Delta l_2}{\cos 45°} = \delta - \Delta l_1 \tag{2}$$

根据物理关系,将式(2)中的 $\Delta l_1$、$\Delta l_2$ 用杆的轴力表示,于是有

$$2\sqrt{2} \frac{F_{N2} \times \sqrt{2} h}{EA} = \delta - \frac{F_{N1} \times h}{EA} \tag{3}$$

式中 $h = 1.5$ m。联解(1)、(3)两式,可得

$$F_{N1} = \frac{\delta EA}{(8\sqrt{2} + 1) h}, \quad F_{N2} = \frac{2\sqrt{2} \delta EA}{(8\sqrt{2} + 1) h}$$

从计算结果可以看出,两杆轴力都与杆的绝对刚度成正比。实际上在所有非荷载因素作用下的超静定结构中,内力和支座反力都与杆的绝对刚度成正比。这是与荷载作用下超静定结构内力、支座反力的区别。荷载作用下的超静定结构,内力和支反力只与杆件的相对刚度有关。

利用轴向拉(压)杆横截面上正应力计算公式,两杆的应力分别为

$$\sigma_{(1)} = \frac{F_{N1}}{A} = \frac{\delta E}{(8\sqrt{2} + 1) h} = \frac{1.5 \times 10^{-3} \text{ m} \times 200 \times 10^9 \text{ N/m}^2}{(8\sqrt{2} + 1) \times 1.5 \text{ m}} \approx 16.2 \text{ MPa}$$

$$\sigma_{(2)} = \frac{F_{N2}}{A} = 2\sqrt{2} \sigma_{(1)} = 45.8 \text{ MPa}$$

应该注意,在这个体系中并没有外荷载存在,但是由于有制造误差且装配后成为超静定结构,变形的相互制约在体系内部产生应力,这种应力称为自应力。产生自应力是超静

定结构特有的性质。

装配应力既可以带来强度、刚度、稳定性方面的问题,也可以发挥它的作用,例如预应力钢筋混凝土构件的制作就是利用了这一概念。

**【例9.2】** 图9.7(a)表示一个套有铜管的钢螺栓。已知螺栓的长度$l=75$ mm,螺栓的横截面积$A_1=6$ cm$^2$,钢的弹性模量$E_1=200$ GPa,热胀系数$\alpha_1=125\times10^{-7}/℃$;铜管横截面积$A_2=12$ cm$^2$,铜的弹性模量$E_2=100$ GPa,热胀系数$\alpha_2=160\times10^{-7}/℃$。若室温下螺母与铜管刚好接触却没有相互作用,求当温度上升$\Delta t=50$ ℃时,螺栓和铜管的轴力$F_{N1}$和$F_{N2}$。

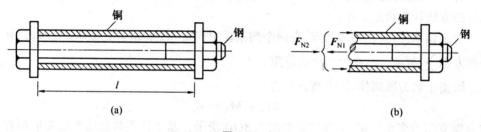

图 9.7

**解**　这是一个温度应力问题。室温下螺母与铜管处于刚好接触没有相互作用状态。当温度升高时由于铜的热胀系数比钢的大,其伸长量应该比钢螺栓的大。但是,因为螺母限制了铜管的自由伸长,铜管与螺母将压紧,对螺栓产生拉力,铜管受到压力,最后两者的伸长将相同。截取体系的右半部分为分离体,受力分析如图9.7(b)所示。铜管横截面为一圆环,其轴力$F_{N2}$与螺栓的轴力$F_{N1}$共线。有两个未知力,只有一个平衡方程,故为一次超静定问题。由平衡方程$\sum F_{xi}=0$,得

$$F_{N1}-F_{N2}=0 \tag{1}$$

因为变形过程中螺母与铜套始终保持接触,螺杆的伸长与铜套的伸长相同,变形几何相容方程为

$$\Delta l_t^{(1)}+\Delta l_F^{(1)}=\Delta l_t^{(2)}-\Delta l_F^{(2)} \tag{2}$$

引入物理关系,可得用力表示的变形相容方程为

$$\alpha_1 l\Delta t+\frac{F_{N1}l}{E_1A_1}=\alpha_2 l\Delta t-\frac{F_{N2}l}{E_2A_2} \tag{3}$$

联解方程(1)、(3)可得

$$F_{N1}=F_{N2}=\frac{(\alpha_2-\alpha_1)\Delta t}{\dfrac{1}{E_1A_1}+\dfrac{1}{E_2A_2}}=$$

$$10^{-3}\times\frac{(160\times10^{-7}/℃-125\times10^{-7}/℃)\times50\ ℃}{\dfrac{1}{200\times10^9\ Pa\times6\times10^{-4}\ m^2}+\dfrac{1}{100\times10^9\times12\times10^{-4}\ m^2}}=21\ kN$$

温度应力在工程中比较普遍,一方面要避免其可能造成的危害,如建筑物中设置伸缩缝,高温管道中设置弯道等;一方面可以利用其发挥有益作用,如温度控制器等。

# 9.3 扭转超静定问题

求解扭转超静定结构的基本理念与上述求解拉压超静定结构的基本理念相同。

**【例 9.3】** 图 9.8(a) 中的阶梯轴，$A$、$B$ 两端固定，分段面 $C$ 处有一力偶矩 $M_e$ 作用。已知外力偶矩 $M_e = 10$ kN·m，图中长度 $a = 0.5$ m，材料的剪切弹性模量 $G = 80$ GPa，$AC$ 和 $BC$ 两段轴的直径：$d_{AC} = 80$ mm，$d_{BC} = 60$ mm。试求截面 $C$ 的扭转角 $\phi_C$。

**解** 对超静定结构位移的计算，首先要求解多余约束力，然后按计算静定结构位移同样的方法计算指定位移。

由题设条件，该轴两端固定，有两个约束反力偶矩 $M_A$ 和 $M_B$（见图 9.8(a)），只有一个平衡方程 $\sum M_{AB} = 0$，故为一次超静定。

取整个轴为隔离体，其平衡方程为

$$M_A + M_B = M_e \tag{1}$$

取 $B$ 端支座为多余约束，基本体系如图 9.8(b) 所示。基本体系与原体系的变形相容条件为 $\phi_B = 0$。

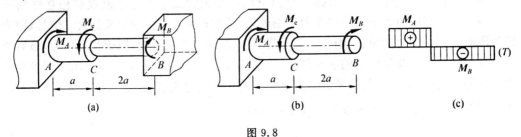

图 9.8

由于该轴为阶梯轴，$B$ 端扭转角要分段计算，即 $\phi_B = \phi_{AC} + \phi_{CB}$。令其满足变形相容条件，可得变形相容方程为

$$\phi_{AC} + \phi_{CB} = 0 \tag{2}$$

由截面法得出，$AC$ 段和 $BC$ 的扭矩 $T_{AC} = M_A$，$T_{BC} = -M_B$。引入物理条件，可得

$$\phi_{AC} = \frac{T_{AC}a}{GI_{p,AC}} = \frac{M_A a}{GI_{p,AC}}, \quad \phi_{CB} = \frac{T_{BC} 2a}{GI_{p,BC}} = -\frac{M_B 2a}{GI_{p,BC}}$$

代入方程(2)得

$$\frac{M_A a}{GI_{p,AC}} - \frac{2aM_B}{GI_{p,CB}} = 0 \tag{3}$$

题中 $\dfrac{I_{p,AC}}{I_{p,CB}} = \dfrac{d_{AC}^4}{d_{CB}^4} = \left(\dfrac{80}{60}\right)^4 = 3.16$，代入式(3)，与式(1) 联立求解，得到

$$M_A = 8.63 \text{ kN·m}, \quad M_B = 1.37 \text{ kN·m}$$

计算结果为正，表明所设支反力矩与实际情况相同，从而图 9.8(c) 所示扭矩图中的正负号也是正确的。

求出多余约束力后将其看做基本体系上的荷载，指定截面的位移可以利用基本体系计算。取 $AC$ 段为隔离体，扭矩 $T_{AC} = 8.63$ kN·m，则 $C$ 截面的扭转角

$$\varphi_C = \frac{T_{AC}a}{GI_{p,AC}} = \frac{8.63 \times 10^3 \text{N} \cdot \text{m} \times 0.5 \text{ m}}{80 \times 10^9 \text{ Pa} \times \dfrac{3.14 \times (80 \times 10^{-3} \text{ m})^4}{32}} \approx 0.013\,4 \text{ rad} \approx 0.768°$$

扭转超静定也有温度应力、装配应力等自内力问题,读者可以结合本章习题做练习,此处不再一一列举。

# 9.4　简单超静定梁

### 9.4.1　荷载作用下的超静定梁的求解

用力法求解超静定梁的理念与求解拉(压)超静定结构和扭转超静定结构相同。为了清楚,我们还是先通过一个实例讨论。

图 9.9(a) 所示为一等刚度直梁,梁的抗弯刚度为 $EI$,左端固定,右端为一链杆支座。梁上受到均布荷载作用,荷载集度为 $q$。容易看出,这是一个一次超静定梁。用力法求解时,可选 $B$ 端的链杆支座为多余约束,设想将其去掉,得到的基本结构是如图 9.9(c) 所示的悬臂梁。将去掉的多余约束用相应的力 $F_B$ 来代替,$F_B$ 称为多余约束力。这里"相应"的含义是指多余约束力及其作用位置应与去掉的多余约束对应。被去掉的是一个链杆约束,相应的多余约束力应该是作用线沿链杆轴线的集中力 $F_B$。将多余约束力 $F_B$ 连同原超静定体系中的荷载一起加到基本结构上,如图 9.9(e) 所示,即得到原超静定梁的基本体系。欲使多余约束力 $F_B$ 的作用与去掉的多余约束相同,基本结构的变形与原结构的变形就应完全相同。图 9.9(a) 中超静定梁的 $B$ 端为刚性支座,不可能产生竖向位移,则基本体系在 $B$ 端的竖向位移也应为零,即

$$y_B = 0 \tag{a}$$

这就是基本体系与原超静定结构变形相容条件。

设均布荷载和多余约束力单独作用时,基本体系 $B$ 端沿多余约束力方向引起的位移分别为 $y_{Bq}$ 和 $y_{BB}$(见图 9.9(b)、(g)),利用叠加法得到

$$y_B = y_{Bq} + y_{BB} \tag{b}$$

比较(a)、(b) 两式就得到变形几何相容方程:

$$y_{Bq} + y_{BB} = 0 \tag{c}$$

查表 8.3 可得

$$y_{Bq} = \frac{ql^4}{8EI}, \qquad y_{BB} = -\frac{F_B l^3}{3EI} \tag{d}$$

将式(d) 代入式(c),得

$$\frac{ql^4}{8EI} - \frac{F_B l^3}{3EI} = 0$$

由此解得

$$F_B = \frac{3}{8}ql \tag{e}$$

求得多余反力 $F_B$ 后,所有其他量(包括未知力外力、内力和位移)的计算都是静定问

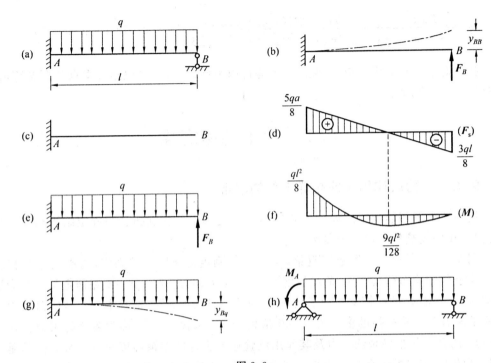

图 9.9

题。如该梁固定端 $A$ 处的支反力,由静力平衡方程可得

$$F_A = \frac{5}{8}ql, \quad M_A = \frac{1}{8}ql^2 \tag{f}$$

根据上述结果绘出其剪力图和弯矩图,分别如图 9.9(d)、(f) 所示。

因为用力法求解超静定梁时,变形相容方程中包含的未知力只有多余约束力,而补充方程的数目与多余约束力的数目相同,因此,全部多余约束力都可以用变形相容方程求出。之后,所有其他未知力都可以用平衡方程计算,结构的位移也可以用计算静定结构位移同样的方法计算,计算时只需将求出的多余约束力作为已知力。

需要指出,同一个超静定梁可以选取不同的约束为多余约束,包括外部约束和内部约束,得到不同的基本体系及其相应的变形相容条件,最后的内力图应该是相同的。但是,计算过程不完全相同。基本体系选择得好,可以使计算过程简化。所以求解超静定梁时,应先作适当的分析、比较,再确定如何选择多余约束,确定解题方案。

例如,对图 9.9(a) 中的超静定梁,若选择 $A$ 端对转角的限制为多余约束,多余约束力为 $M_A$,基本静定系如图 9.9(h) 所示,变形几何相容条件为 $\theta_A = 0$。由叠加原理可得,$\theta_A = \theta_{Aq} + \theta_{AA}$。于是可得变形几何相容方程

$$\theta_{Aq} + \theta_{AA} = 0 \tag{g}$$

查表 8.3 得,$\theta_{Aq} = \dfrac{ql^3}{24EI}$,$\theta_{AA} = \dfrac{M_A l}{3EI}$。代入式(g),解得

$$M_A = \frac{1}{8}ql^2 \tag{h}$$

再由平衡方程解得支座反力

$$F_A = \frac{5}{8}ql, \quad F_B = \frac{3}{8}ql$$

**【例 9.4】**　试绘图 9.10(a) 所示连续梁的剪力图和弯矩图。设梁的抗弯刚度为 $EI$，$AB$ 段上均布荷载集度为 $q$，$BC$ 段上均布荷载集度为 $2q$，两段梁的长度均为 $l$。

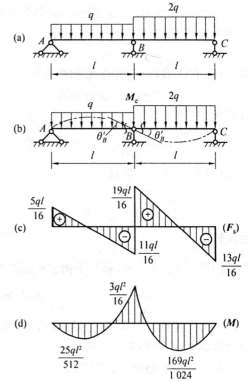

图 9.10

**解**　此结构是一个一次超静定梁，如果选取支座 $B$ 或 $C$ 为多余约束，计算过程比较麻烦。若选取截面 $B$ 对其两侧相对转角的限制（内部约束）为多余约束，计算将简便许多。解除该多余约束的方法是在该截面处加一中间铰，多余约束力是截面上的弯矩 $M_B$，基本静定系为图 9.10(b) 所示的两个串接的简支梁。因为原梁截面 $B$ 两侧无相对转角，所以，变形相容条件是基本体系中 $B$ 铰两侧转角相等，即

$$\theta'_B = \theta''_B \tag{a}$$

查表 8.3 并利用叠加法可得

$$\theta'_B = -\left(\frac{M_B l}{3EI} + \frac{ql^3}{24EI}\right)$$

$$\theta''_B = \frac{M_B l}{3EI} + \frac{2ql^3}{24EI} \tag{b}$$

联解 (a)、(b) 两式，得

$$M_B = -\frac{3ql^2}{16}$$

求出多余约束力 $M_B$ 后，由平衡方程可求出梁的各支座反力

$$F_A = \frac{5ql}{16}, \qquad F_B = \frac{15ql}{8}, \qquad F_C = \frac{13ql}{16}$$

梁的剪力图和弯矩图如图 9.10(c)、(d) 所示。

### 9.4.2　支座沉陷对超静定梁的影响

实际工程中经常发生支座的不均匀沉陷或转动，下面讨论支座位移对超静定梁的内力和应力产生的影响。

图 9.11(a) 中所示梁 $AC$ 受均布荷载 $q$ 作用，梁的长度为 $l$，抗弯刚度为 $EI$。

三个支座分别在梁的两端和中点，由于地基的原因，中间支座 $B$ 相对两端支座下沉一个微小距离 $\Delta$。现在要考虑支座沉陷对超静定梁的影响，例如，求此时梁的各个支座反力。

为了简便，选取发生沉降的支座为多余约束，相应的多余约束力为 $F_B$，基本体系是如图 9.11(b) 所示的简支梁。比较图中两个体系可得，变形相容条件为

$$y_B = -\Delta \qquad (a)$$

设在均布荷载和多余约束力共同作用下，基本结构在点 $B$ 的挠度分别为 $y_{Bq}$ 和 $y_{BB}$，根据叠加原理，基本体系在点 $B$ 的挠度为

$$y_B = y_{Bq} + y_{BB} \qquad (b)$$

将式(b)代入式(a)可得变形相容方程

$$y_{Bq} + y_{BB} = -\Delta \qquad (c)$$

查表 8.3 可得

$$y_{Bq} = -\frac{5ql^4}{384EI} \quad , \quad y_{BB} = \frac{F_B l^3}{48EI} \qquad (d)$$

将式(d)代入式(c)，得到

$$-\frac{5ql^4}{384EI} + \frac{F_B l^3}{48EI} = -\Delta \qquad (e)$$

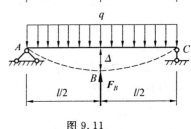

图 9.11

由此解得

$$F_B = \frac{5ql}{8} - \frac{48EI}{l^3}\Delta$$

多余约束力 $F_B$ 求出后，利用平衡方程可求出 $A$、$C$ 两支座的反力。考虑对称性，可得

$$F_A = F_C = \frac{3ql}{16} + \frac{24EI}{l^3}\Delta$$

因为支座反力与梁的绝对刚度有关，内力也必然与梁的绝对刚度有关。对有支座移动的超静梁，上述结论是普遍的。

除了支座的移动会在超静定梁中产生应力之外，温度变化等其他外部因素也会在超静定梁中产生应力，此处不再讨论。

## 本章小结

本章介绍了超静定的概念和求解超静定问题的力法，这是求解超静定问题的最基本的方法。

所谓超静定问题即不能单凭静力平衡方程求解的问题。造成超静定的原因是存在为维持平衡所不需要的外部或内部多余约束。用力法求解超静定问题的基本思路是去掉多余约束并用相应的力代替，得出原超静定结构的基本体系，再令基本体系与原结构的变形相同，从几何上得出变形相容条件，据此建立补充方程。

本章学习的要点：能够准确熟练地识别、判断静定与静不定问题，确定超静定次数；掌握力法的基本思路；会选择基本结构和基本体系，能够准确熟练地写出变形相容条件和相容方程。

变形相容条件是一个几何条件，对有些超静定问题比较麻烦，分析时绘出变形位移图对正确建立变形相容条件可起到辅助作用。

## 思　考　题

9.1　试判别图 9.12 所示各结构是静定的，还是超静定的？若是超静定的，为几次超静定？

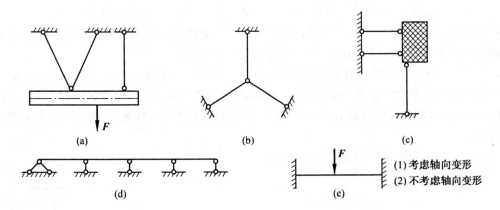

图 9.12

9.2　试简述力法的基本思路。

9.3　用力法求解超静定问题时,什么是基本结构? 什么是基本体系? 变形相容条件的力学意义是什么?

9.4　用力法求解超静定问题,基本结构是否唯一? 变形相容条件与基本结构有何关系? 试给出图9.12(e)所示两端固定的超静定梁(不考虑轴向变形,力 $F$ 作用于梁的中点) 三个不同形式的基本结构及其相应的变形几何相容条件。

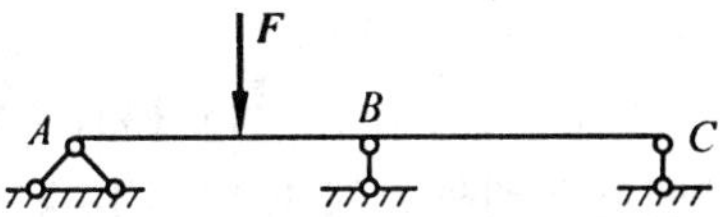

9.5　连续梁如图 9.13 所示,若取支座 $B$ 为多余约束和取截面 $C$ 对其两侧转动的限制为多余约束,试画出两种情况的力法的基本静定系,并写出相应的变形几何相容条件。

图 9.13

# 习　题

9.1　桁架如图 9.14 所示,各杆横截面积和材料的弹性模量均相同,并分别为 $A$ 和 $E$,长度如图所示,$l$ 已知,结点 $A$ 处受铅垂向下的荷载 $F$ 作用。试计算点 $A$ 的位移 $y_A$。

9.2　计算图 9.15 所示桁架各杆轴力。各杆材料和截面积相同,长度和荷载已知。

9.3　图 9.16 所示超静定结构中,横梁 $AB$ 为刚性梁,杆①、②的材料与截面均相同,作用于点 $B$ 的垂直荷载 $F = 10 \text{ kN}$,试求在力 $F$ 作用下两杆的内力。

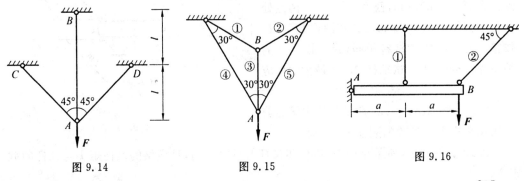

图 9.14　　　　图 9.15　　　　图 9.16

9.4 如图9.17所示,直径 $d=30$ mm 的钢杆在常温下加热,使温度上升 35 ℃ 后将两端固定起来,然后再冷却到常温。求这时钢杆横截面上的应力及两端的支反力。已知钢的线膨胀系数 $\alpha=12\times10^{-6}/℃$,弹性模量 $E=210$ GPa。

9.5 带铜套管的钢螺栓如图9.18所示,已知螺栓的螺距 $\Delta=2$ mm,直径 $d_1=20$ mm,钢的弹性模量 $E_1=200$ GPa。铜套的外径 $D_2=40$ mm,内径 $d_2=21$ mm,长度 $l=750$ mm,铜的弹性模量 $E_2=100$ GPa。试求将螺栓拧紧1/4圈时,螺栓和套管内的应力。

9.6 试作图9.19所示直杆的轴力图。

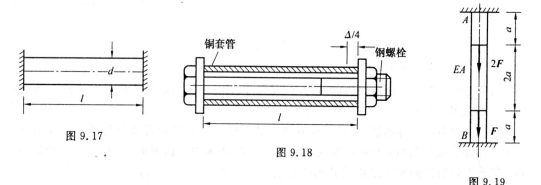

图 9.17

图 9.18

图 9.19

9.7 两端固定的阶梯状圆轴如图9.20所示,材料的切变模量 $G=80$ GPa。在截面突变处受到外力偶矩 $M_e=10$ kN·m 作用,若 $d_1=1.5d_2=90$ mm,$a=400$ mm。试作其扭矩图并计算 $C$ 截面转角。

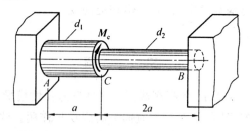

图 9.20

9.8 图 9.21 所示圆截面杆 $AC$ 的直径 $d_1=100$ mm,$A$ 端固定,在截面 $B$ 处作用的外力偶 $M_e=7$ kN·m,截面 $C$ 的上、下两点处各与一直径为 $d_2=20$ mm 的直圆杆 $EF$、$GH$ 铰接。已知各杆的材料相同,弹性模量间的关系为 $G=0.4E$。试求杆 $AC$ 中最大的切应力。

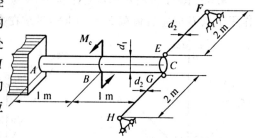

9.9 试画出图9.22所示超静定梁的剪力图和弯矩图。设梁的刚度 $EI$ 已知。

图 9.21

9.10 图9.23所示结构中,横梁和拉杆的材料相同,且横梁的惯性矩 $I$ 与拉杆的截

面积 $A$ 有如下关系：$A = \dfrac{I}{l^2}$，试画出横梁的弯矩图。

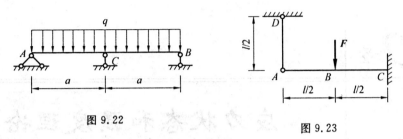

图 9.22

图 9.23

9.11　三个水平放置的悬臂梁，自由端叠置在一起，如图 9.24 所示。已知各梁的刚度均为 $EI$。

（1）分析该梁的超静定次数；

（2）求出各梁间的相互作用力。

9.12　刚度为 $EI$ 的两跨超静定梁如图 9.25 所示，荷载 $F$ 和长度 $l$ 均已知，作梁的弯矩图。

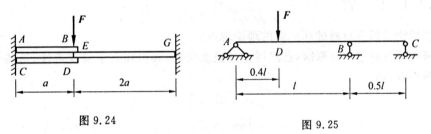

图 9.24

图 9.25

9.13　三支座梁如图 9.26 所示，由于基础的不均匀沉降，使支座 $C$ 相对 $A$、$B$ 两点连线上移微小高度 $\delta$，若跨长 $a$ 和梁的刚度 $EI$ 均已知，求支座 $C$ 的支反力。

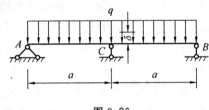

图 9.26

# 第10章

# 应力状态和强度理论

## 10.1 概　述

### 10.1.1 引　言

强度理论是研究材料破坏机制的理论观点。

在研究杆件的基本变形时,已经讨论过强度问题,并且建立了强度条件,这些强度条件有两种形式,即

$$\sigma_{max} \leqslant [\sigma]$$
$$\tau_{max} \leqslant [\tau]$$

这两个强度条件中,第一个是在讨论轴向拉(压)杆的强度时建立起来的。不等式左边的 $\sigma_{max}$ 是构件危险点的最大工作应力,不等式右边是用实验得出的同种材料在轴向拉(压)时的失效应力,考虑了构件的强度储备后得出的材料的许用应力 $[\sigma]$。因为构件和试件在轴向拉(压)时,构件中的任意一点均处于单轴应力状态,所以这个强度条件也适用于所有的单轴应力状态。第二个是直接剪切强度条件,建立这个强度条件的基本理念也是如此。按这样的理念建立强度条件,物理概念直观,形式简单。但是,并没有回答材料破坏的原因。所以,这种理念并不适合解决材料在各种受力情况下的强度问题。一般情况下,受力构件中一点每个截面上都有正应力和切应力,不同截面上的应力各不相同。材料的失效不是取决于哪个应力分量或哪个面上的应力分量,而是取决于一点所有截面上应力的集合。在这种情况下要用实验得出失效应力,实验本身就很难实现;而且应力集合的变化是无穷尽的,要通过实验得出每个应力集合下材料的失效应力,实际上亦不可能。为此,必须从理论上探讨材料破坏的机制,也就是找出引起材料失效的共同要素,得出材料失效的规律。

大量的实验表明,材料的力学性能因其所处环境的不同而呈现不同状态(2.6.3 小节影响材料力学性能的因素)。在研究材料在常温静载下的破坏机制时,影响材料力学性能的主要是材料中一点的应力状态。

本章的内容分为两部分,一部分是应力分析,确定一点的应力状态;另一部分是强度

理论,提出材料失效的机制。

### 10.1.2　应力状态的分析方法

　　研究一点的应力状态必须具备一定的已知条件。静力学的理论表明,在构件中一点的所有截面中,只要有三个正交面上的应力是已知的,则所有其他截面上的应力都可以根据隔离体的静力平衡方程确定。所以,一点应力分析的关键是用应力已知的三对正交平面围绕该点切取一个单元体,这样的单元体称为一点的原始单元体。前面的章节中已经建立了杆件在基本变形中横截面上任意一点应力分量的计算公式,所以从杆件中切取一点原始单元体的一般方法是使单元体的一对平面与杆件的横截面重合,另外两对平面与杆的轴线平行。例如,从图 10.1(a) 所示轴向拉伸杆上点 $K$ 切取的原始单元体如图 10.1(b) 所示。单元体的左、右截面与杆件的横截面重合,其上只有正应力 $\sigma$,大小可以用轴向拉(压)杆横截面上正应力公式计算;上、下切面和前、后切面都与杆的轴线平行,其上没有任何应力。同样方法,从图 10.2(a) 所示扭转圆轴上点 $B$ 切取的原始单元体如图10.2(b) 所示。图 10.3(a) 所示悬臂梁上 $A$、$B$、$C$ 三点的原始单元体如图 10.3(b)、(c)、(d) 所示。

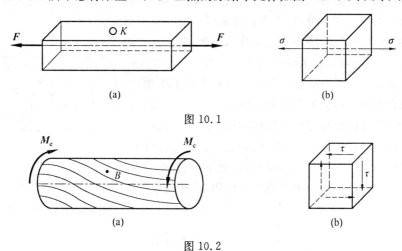

图 10.1

图 10.2

　　由于单元体边长为微分量,可以认为:单元体各面上的应力均匀分布,互相平行的切面上应力大小和正负号都相同;单元体任一截面上的应力也就代表受力构件内过该点的对应截面上的应力。

### 10.1.3　主应力的概念

　　从上面的示例中可以注意到,有些单元体的某些面上没有切应力,我们把单元体中没有切应力作用的平面称为主平面,主平面上的正应力称为主应力。如图 10.1(b) 中的单元体各个面上的应力均为主应力,只是前后、上下面上的两个主应力都为零;图 10.2(b) 中单元体的前后面上无切应力,也为主平面,其上主应力数值为零。主应力的方向称为主方向。弹性理论证明,受力构件内的任意一点都有三对互相垂直的主平面,因此总存在三对互相垂直的主应力,通常用 $\sigma_1$、$\sigma_2$、$\sigma_3$ 表示,分别称为第一、第二、第三主应力。规定 $\sigma_1$、$\sigma_2$、$\sigma_3$ 按代数值从大到小排列,即 $\sigma_1 \geqslant \sigma_2 \geqslant \sigma_3$。

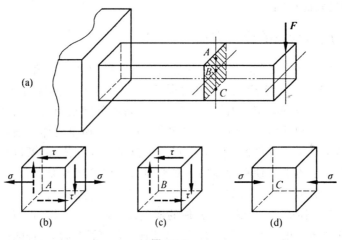

图 10.3

三对正交平面都是主平面的单元体称为主单元体。

受力构件中,一点的三个主应力的大小及主方向是确定不变的,可以完全地确定一点的应力状态,而且形式简单,在构件强度的研究中有重要意义。

根据主应力的情况,应力状态可分为三种情况:只有一个主应力不等于零的应力状态称为单向应力状态。例如,轴向拉伸与压缩杆件内任一点的应力状态就属于单向应力状态;有两个主应力不等于零的应力状态称为二向应力状态。例如,受内压作用的圆柱形薄壁容器上一点的应力状态即为二向应力状态(见图 10.4);三个主应力均不等于零的应力状态称为三向应力状态。例如,机车车轮对

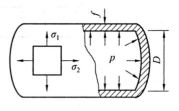

图 10.4

钢轨压力的作用点、滚珠对轴承压力的作用点、建筑物中桩基础内的点均属于三向压应力状态(见图 10.5(a)),受轴向拉伸的螺纹根部各点则为三向拉应力状态(见图 10.5(b),(c))。

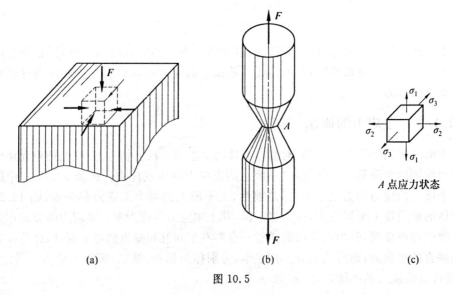

A 点应力状态

图 10.5

二向应力状态属于平面应力状态,三向应力状态属于空间应力状态。单向应力状态也称为简单应力状态,平面应力状态和空间应力状态统称为复杂应力状态。单向应力状态分析已在轴向拉(压)杆斜截面上的应力中进行了讨论,本章重点讨论平面应力状态分析,对空间应力状态只介绍必要的结论,更详细的讨论可参考弹性力学。

## 10.2　平面应力状态分析

### 10.2.1　斜截面上的应力

图 10.6(a) 所示的单元体为平面应力状态的一般情况,前后面上无任何应力作用,是一对主应力为零的主平面。因为前后面上什么应力都没有,可将其简化为如图 10.6(b) 所示的平面图形。取单元体左侧面为参考面,其内法线为 $x$,并称该平面为 $x$ 平面。平面 $BC$ 是与参考面夹角为 $\alpha$ 的任意斜截面,称为 $\alpha$ 平面,其外法线为 $n$。可以注意到,$\alpha$ 角也是从参考面的内法线 $x$ 到斜截面的外法线 $n$ 之间的夹角。规定:$\alpha$ 从 $x$ 到 $n$ 逆时针转向为正,顺时针转向为负。

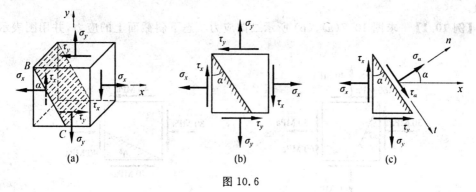

图 10.6

为确定斜截面 $\alpha$ 上的应力,设想用 $\alpha$ 截面将单元体切分为两部分,取其左下部分为隔离体,斜截面上的正应力和切应力分别以 $\sigma_a$ 和 $\tau_a$ 表示,如图 10.6(c) 所示,$\sigma_a$ 和 $\tau_a$ 的正负规定与前面的讨论是一样的,正应力以拉应力为正,切应力以绕隔离体顺时针转动为正。因为隔离体平衡,其各个面上的力构成平衡力系。设 $\alpha$ 斜截面积为 $dA$,取 $\alpha$ 截面的切线 $t$ 和法线 $n$ 为参考轴(见图 10.6(c)),可以写出沿 $t$ 轴和 $n$ 轴的投影平衡方程

$$\tau_a dA - (\tau_x dA\cos\alpha)\cos\alpha - (\sigma_x dA\cos\alpha)\sin\alpha +$$
$$(\sigma_y dA\sin\alpha)\cos\alpha + (\tau_y dA\sin\alpha)\sin\alpha = 0$$

$$\sigma_a dA + (\tau_x dA\cos\alpha)\sin\alpha - (\sigma_x dA\cos\alpha)\cos\alpha +$$
$$(\tau_y dA\sin\alpha)\cos\alpha - (\sigma_y dA\sin\alpha)\sin\alpha = 0$$

由上面两式得出 $\sigma_a$ 和 $\tau_a$ 的表达式,整理成 $2\alpha$ 函数,即有

$$\sigma_a = \frac{\sigma_x + \sigma_y}{2} + \frac{\sigma_x - \sigma_y}{2}\cos 2\alpha - \tau_x \sin 2\alpha \tag{10.1}$$

$$\tau_a = \frac{\sigma_x - \sigma_y}{2}\sin 2\alpha + \tau_x \cos 2\alpha \tag{10.2}$$

式(10.1)和(10.2)即二向应力状态任意斜截面α上的正应力和切应力公式。使用这两个公式时应注意：

① $\sigma_\alpha$ 和 $\tau_\alpha$ 都是斜截面位置 $\alpha$ 的函数，随 $\alpha$ 的变化而变化。使用这些公式时，参考面可以从二向应力状态原始单元体的左右或上下面中任意选定。为计算简便，选择参考面时，尽可能使 $2\alpha$ 角为锐角。

② 参考面上的正应力和切应力即公式中的 $\sigma_x$ 和 $\tau_x$，而 $\sigma_y$ 和 $\tau_y$ 则是与参考面正交的平面($y$ 平面)上的正应力和切应力，$\sigma_x$、$\sigma_y$、$\tau_x$ 均为代数量。

③ 如果取一斜截面 $\alpha_1$ 与截面 $\alpha$ 正交，即 $\alpha_1 = \alpha + \dfrac{\pi}{2}$，由式(10.1)可得

$$\sigma_{\alpha_1} = \frac{\sigma_x + \sigma_y}{2} - \frac{\sigma_x - \sigma_y}{2}\cos 2\alpha + \tau_x \sin 2\alpha$$

将此式与式(10.1)两边相加，可得

$$\sigma_\alpha + \sigma_{\alpha_1} = \sigma_x + \sigma_y \tag{10.3}$$

式(10.3)表明，平面应力状态互相正交的两个面上的正应力之和为常数。因此，当某个面上的正应力是该点所有截面上正应力的最大值时，与其正交的平面上的正应力必为最小值。

**【例10.1】** 求图 10.7(a)、(b) 所示二向应力状态下斜截面上的应力，并用图表示出来。

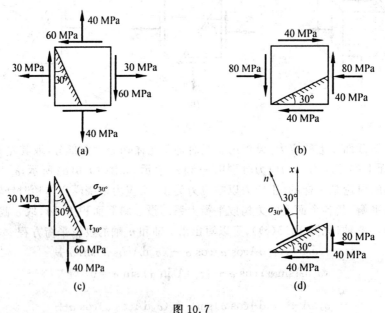

图 10.7

**解** (1)求图 10.7(a)中单元体指定斜截面上的应力。取左截面为参考平面，隔离体如图 10.7(c) 所示，则 $\sigma_x = 30$ MPa，$\sigma_y = 40$ MPa，$\tau_x = 60$ MPa，$\alpha = 30°$。将各数值代入式(10.1)、(10.2)得斜截面上的应力

$$\sigma_{30°} = \frac{30\ \text{MPa} + 40\ \text{MPa}}{2} + \frac{30\ \text{MPa} - 40\ \text{MPa}}{2}\cos 60° - 60\ \text{MPa} \times \sin 60° \approx -19.46\ \text{MPa}$$

$$\tau_{30°} = \frac{30\ \text{MPa} - 40\ \text{MPa}}{2} \sin 60° + 60\ \text{MPa} \times \cos 60° \approx 25.67\ \text{MPa}$$

$\sigma_{30°}$、$\tau_{30°}$ 的方向如图 10.7(c) 所示。

（2）求图 10.7(b) 中单元体指定斜截面上的应力。为计算简便，取单元体下面的截面为参考平面，隔离体如图 10.7(d) 所示。则 $\sigma_x = 0$，$\sigma_y = -80\ \text{MPa}$，$\tau_x = 40\ \text{MPa}$，$\alpha = 30°$。将各数值代入式(10.1)、(10.2)，得斜截面上的应力

$$\sigma_{30°} = \frac{-80\ \text{MPa}}{2} + \frac{80\ \text{MPa}}{2} \cos 60° - 40\ \text{MPa} \times \sin 60° \approx -54.64\ \text{MPa}$$

$$\tau_{30°} = \frac{80\ \text{MPa}}{2} \sin 60° + 40\ \text{MPa} \times \cos 60° \approx 54.64\ \text{MPa}$$

$\sigma_{30°}$、$\tau_{30°}$ 的方向如图 10.7(d) 所示。

### 10.2.2　应 力 圆

**1. 应力圆及绘制方法**

由数学的概念可以注意到，平面应力状态斜截面应力公式(10.1)和(10.2)的联立方程是以 $2\alpha$ 为参变量的圆的参数方程。这就表明，当受力构件中一点斜截面的方位角 $\alpha$ 连续变化时，这些截面上的正应力 $\sigma_\alpha$ 和切应力 $\tau_\alpha$ 的变化规律与一个圆周上点的横、纵坐标的变化规律相同。消去参变量 $2\alpha$ 整理后可得

$$\left( \sigma_\alpha - \frac{\sigma_x + \sigma_y}{2} \right)^2 + \tau_\alpha^2 = \left( \frac{\sigma_x - \sigma_y}{2} \right)^2 + \tau_x^2 \tag{10.4}$$

可以看出，式(10.4)是以 $\sigma_\alpha$、$\tau_\alpha$ 为变量，以 $\sqrt{\left( \dfrac{\sigma_x - \sigma_y}{2} \right)^2 + \tau_x^2}$ 为半径的圆的方程。若取 $\sigma$ 为横坐标，$\tau$ 为纵坐标，建立平面直角坐标系，则在 $\sigma - \tau$ 坐标系中，该圆的圆心坐标为 $(\dfrac{\sigma_x + \sigma_y}{2}, 0)$。圆上每一点的两个坐标分别代表单元体对应面上的两个应力（横坐标代表正应力，纵坐标代表切应力），故称此圆为一点的应力圆。应力圆是德国学者莫尔(O. Mohr)于 1882 年最先提出的，所以又叫莫尔圆。

应力圆是应力状态分析简明而快捷的工具。利用应力圆进行应力分析的关键问题是建立应力圆上的点与单元体上的面之间的对应关系。这些对应关系可以通过绘制应力圆的方法和应力圆的参数方程得出。

设二向应力状态单元体如图 10.8(a) 所示，互相垂直的两对平面上的应力 $\sigma_x$、$\tau_x$ 和 $\sigma_y$、$\tau_y$ 已知，且设 $\sigma_x > \sigma_y > 0$，$\tau_x > 0$。在作单元体的应力圆时，首先选择好比例尺，以使画出的应力圆大小适中。之后在 $\sigma - \tau$ 坐标系中，按比例尺在 $\sigma$ 轴上量取线段 $\overline{OA} = \sigma_x$；再过点 $A$ 作 $\sigma$ 轴的垂线，并截取线段 $\overline{AD_1} = \tau_x$，因为 $\tau_x > 0$，所以 $\overline{AD_1}$ 在横轴的上方。于是，就在 $\sigma - \tau$ 坐标系中得到与单元体 $x$ 平面对应的点 $D_1$；同样方法，可以得到与 $y$ 平面对应的点 $D_2$，因为 $\tau_y < 0$，所以 $\overline{BD_2}$ 在横轴的下方。连接点 $D_1$ 和 $D_2$ 交 $\sigma$ 轴于点 $C$，则以 $C$ 为圆心、$\overline{CD_1}$（或 $\overline{CD_2}$）为半径作圆，如图 10.8(b) 所示，就是给定单元体的应力圆。要证明这个结论，只需验证此圆的圆心和半径满足式(10.4)。由图 10.8(b) 可以看出，

$Rt\triangle CAD_1 \cong Rt\triangle CBD_2$，因此有

$$\overline{CA} = \overline{CB} = \frac{\sigma_x - \sigma_y}{2} \tag{a}$$

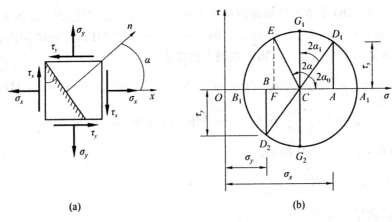

图 10.8

于是有圆心的横坐标

$$\overline{OC} = \overline{OB} + \overline{CB} = \frac{\sigma_x + \sigma_y}{2} \tag{b}$$

与式(10.4)中圆的圆心 $(\frac{\sigma_x + \sigma_y}{2}, 0)$ 相同。

该圆的半径

$$\overline{CD_1} = \sqrt{\overline{CA}^2 + \overline{AD_1}^2} = \sqrt{\left(\frac{\sigma_x - \sigma_y}{2}\right)^2 + \tau_x^2} \tag{c}$$

也与式(10.4)中圆的半径相同。故按上述方法绘出的圆就是相应于该单元体的应力圆。

由上述绘制应力圆的过程,可以得出应力圆与单元体之间有如下对应关系:

(1)应力圆上的一个点对应单元体上的一个面,如圆上的点 $D_1$,即对应单元体上的 $x$ 平面;点 $D_2$ 对应单元体上的 $y$ 平面。

(2)应力圆上一点的横、纵坐标分别为单元体对应面上的正应力和切应力,如点 $D_1$ 的两个坐标,即对应 $x$ 平面上的 $\sigma_x$、$\tau_x$。

(3)单元体上夹角为 $\alpha$ 的两个斜截面,在应力圆上两个对应点间的圆弧所对圆心角为 $2\alpha$,且二者的转向相同。这是由应力圆的参数方程(斜截面正应力和切应力公式(10.1)和(10.2))决定的。单元体中斜截面的方位角为 $\alpha$,参数方程中的参变量为 $2\alpha$。

**2. 应力圆的应用**

(1)用应力圆计算任意斜截面上的应力

有了上述对应关系,就可以用应力圆求解单元体任意斜截面 $\alpha$ 上的应力,并称这种方法为二向应力状态分析的图解法。首先确定斜截面在应力圆上的对应点,将应力圆上过参考点 $D_1$ 的半径 $CD_1$ 沿 $\alpha$ 的方向旋转 $2\alpha$,得到半径 $CE$,则点 $E$ 即 $\alpha$ 斜截面在应力圆上的对应点(见图 10.8(b)),点 $E$ 的纵、横坐标即 $\alpha$ 斜截面上的切应力 $\tau_\alpha$ 和正应力 $\sigma_\alpha$。证明如下：根据上述对应关系(3)，设参考点 $D_1$ 和应力圆与 $\sigma$ 轴的交点 $A_1$ 间的圆心角 $\angle D_1 C A_1 = 2\alpha_0$，再过点 $E$ 作 $EF$ 垂直 $\sigma$ 轴(见图 10.8(b))，则由几何关系可得

$$\overline{OF} = \overline{OC} - \overline{CF} = \overline{OC} - \overline{CE}\cos[\pi - (2\alpha + 2\alpha_0)] =$$

$$\frac{\sigma_x + \sigma_y}{2} + \frac{\sigma_x - \sigma_y}{2}\cos 2\alpha - \tau_x \sin 2\alpha$$

这就是前面用解析法得出的斜截面上正应力的计算公式。同理可证，点 $E$ 的纵坐标等于斜截面上的切应力 $\tau_\alpha$，读者可自己证明。

**【例 10.2】**　用应力圆求解例 10.1。

**解**　求解图 10.9(a)。取单元体的左侧面为参考面。参考面的内法线为 $x$，比例尺和坐标系如图 10.9(a)所示。根据单元体上的已知应力按上述方法作应力圆，如图 10.9(c)所示，图中 $\overline{OA} = 30$ MPa，$\overline{AD_1} = 60$ MPa，$\overline{OB} = 40$ MPa，$\overline{BD_2} = -60$ MPa。指定斜截面的外法线与 $x$ 方向的夹角 $\alpha = 30°$，从应力圆上的点 $D_1$ 逆时针量取圆心角 $60°$ 得点 $E$，量出点 $E$ 的横、纵坐标，按比例尺换算后得 $\sigma_{30°} = -19.5$ MPa，$\tau_{30°} = 26$ MPa。

求解图 10.9(b)。取单元体的下表面为参考面，图 10.9(b)中 $x$ 为参考面的内法线，斜截面的方位角 $\alpha = 30°$。比例尺和坐标系如图 10.9(d)所示。根据单元体上的已知应力按上述方法作出的应力圆如图 10.9(d)所示，图中 $\overline{OA} = 0$，$\overline{AD_1} = 40$ MPa，$\overline{OB} = -80$ MPa，$\overline{BD_2} = -40$ MPa。从应力圆上的点 $D_1$ 逆时针量取圆心角 $60°$ 得点 $E$，量出点 $E$ 的横、纵坐标，按比例尺换算后得 $\sigma_{30°} = -55$ MPa，$\tau_{30°} = 55$ MPa。

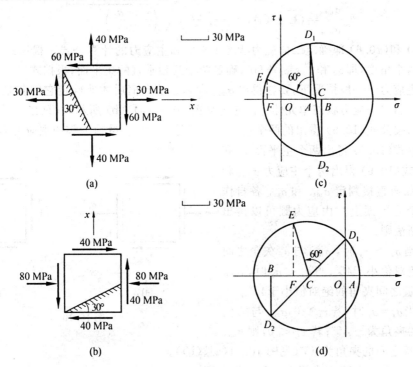

图 10.9

（2）用应力圆确定主应力及主平面

利用应力圆不仅可以得出任意斜截面上的应力，也可以得出主应力、主平面及主切应力、主切平面的解析公式。

图 10.8(b) 中，点 $A_1$ 和点 $B_1$ 位于应力圆与 $\sigma$ 轴的交点上，表明这两点在单元体对应平面上只有正应力，没有切应力。根据主平面的定义，这两个平面即主平面。其中，$A_1$ 对应最大正应力平面，$B_1$ 对应最小正应力平面。从图上量取 $OA_1$ 和 $OB_1$ 的长度，按比例尺换算成数值，并注意到它们的正负号，就得到两个主应力 $\sigma_{max}$ 和 $\sigma_{min}$ 的大小，以及它们各是一点三个主应力中的第几主应力。主平面的方位也可以利用应力圆确定。根据应力圆与单元体的对应关系，应力圆上从参考点 $D_1$ 至点 $A_1$ 间的圆心角 $\angle D_1 C A_1$ 是单元体上最大主应力($\sigma_{max}$)平面与参考面夹角的两倍。在图 10.8(b) 中，从点 $D_1$ 到点 $A_1$ 是顺时针旋转的，所以角 $\angle D_1 C A_1$ 应取负号。设 $\sigma_{max}$ 平面与参考面夹角为 $\alpha_0$，则 $\angle D_1 C A_1 = -2\alpha_0$；从参考点 $D_1$ 至点 $B_1$ 间的圆心角 $\angle D_1 C B_1$ 是单元体上最小主应力($\sigma_{min}$)平面与参考面夹角 $\alpha_0'$ 的两倍，在图 10.8(b) 中这是一个正的角度，即 $\angle D_1 C B_1 = 2\alpha_0'$。$A_1$、$B_1$ 位于应力圆同一直径的两端，表明最大正应力所在截面与最小正应力所在截面互相垂直。

利用应力圆也可以得出主平面和主应力的计算公式。从图 10.8(b) 中可以得出如下结果：

$$\tan 2\alpha_0 = -\frac{\overline{AD_1}}{\overline{CA}} = -\frac{\tau_x}{\dfrac{\sigma_x - \sigma_y}{2}} \qquad (10.5)$$

$$\genfrac{}{}{0pt}{}{\sigma_{max}}{\sigma_{min}} = \overline{OC} \pm \overline{CA_1} = \frac{\sigma_x + \sigma_y}{2} \pm \sqrt{\left(\frac{\sigma_x - \sigma_y}{2}\right)^2 + \tau_x^2} \qquad (10.6)$$

式(10.5)和(10.6)即确定二向应力状态主平面和主应力的计算公式。根据式(10.5)可以得出两个角度，即 $\alpha_0$ 和 $\alpha_0' = \alpha_0 + 90°$，确定两个互相垂直的主平面；根据式(10.6)可以得出两个主应力。一般情况下，要在得出 $\sigma_{max}$ 和 $\sigma_{min}$ 的数值后才能确定它们各是第几主应力，但是，当二向应力状态单元体上的应力如图 10.10(a)、(b) 所示时(只在一对平面上有正应力)，按公式(10.6)得出的两个主应力一定是 $\sigma_1$ 和 $\sigma_3$，数值为零的主应力为 $\sigma_2$。

根据式(10.5)得出两个主平面 $\alpha_0$ 和 $\alpha_0'$，根据式(10.6)得出两个主应力 $\sigma_{max}$ 和 $\sigma_{min}$ 后，如何直接判定 $\sigma_{max}$ 和 $\sigma_{min}$ 各自作用在哪个主平面上？由应力圆可以得出如下判断法则：

① 当 $\sigma_x > \sigma_y$ 时，$\sigma_{max}$ 与 $\sigma_x$ 矢量之间夹角的绝对值小于45°；当 $\sigma_x < \sigma_y$ 时，$\sigma_{max}$ 与 $\sigma_y$ 矢量之间夹角的绝对值小于45°。

② 当 $\sigma_x = \sigma_y$ 时，若 $\tau_x > 0$，$\sigma_{max}$ 与 $\sigma_x$ 矢量之间的夹角为 $-45°$；若 $\tau_x < 0$，则 $\sigma_{max}$ 与 $\sigma_x$ 矢量之间的夹角为45°(见图 10.11(a)、(b))。

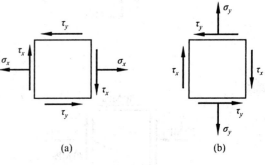

(a)　　　　　　(b)

图 10.10

（3）用应力圆确定主切应力和主切平面

应力圆上纵坐标最高点 $G_1$ 和最低点 $G_2$(见图 10.8(b))对应单元体中切应力取得极

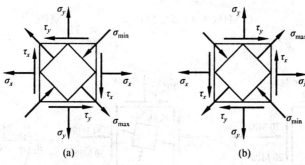

图 10.11

值的两个平面,称为主切平面。最高点 $G_1$ 对应极大切应力平面,最低点 $G_2$ 对应极小切应力平面。从图中量出两点的纵坐标 $CG_1$ 和 $CG_2$ 的长度,按比例尺换算成数值,就得到两个主切应力 $\tau_{max}$ 和 $\tau_{min}$ 的大小,其中 $\tau_{max}$ 是正的,$\tau_{min}$ 是负的。从应力圆上可以量出两个主切平面的方位角。其中 $\tau_{max}$ 作用面 $\alpha_1 = \frac{1}{2} \angle D_1 CG_1$,$\tau_{min}$ 作用面 $\alpha_1' = \frac{1}{2} \angle D_1 CG_2$。$G_1$、$G_2$ 位于应力圆竖直直径的两端,表明极大切应力平面与极小切应力平面互相垂直。

因为平面应力状态应力圆上的点所代表的都是单元体中与零主应力平面垂直的平面,所以平面应力状态中两个主切平面都垂直于主应力为零的主平面。

由应力圆也可得出主切平面和主切应力 $\tau_{max}$ 和 $\tau_{min}$ 的计算公式。观察图 10.8(b),利用几何关系可得

$$\tan 2\alpha_1 = \frac{\overline{CA}}{\overline{AD_1}} = \frac{\dfrac{\sigma_x - \sigma_y}{2}}{\tau_x} \tag{10.7}$$

$$\left.\begin{array}{c}\tau_{max}\\\tau_{min}\end{array}\right\} = \pm \overline{CG_1} = \pm \sqrt{\left(\frac{\sigma_x - \sigma_y}{2}\right)^2 + \tau_x^2} \tag{10.8}$$

式(10.7)和(10.8)分别为计算主切平面及主切应力 $\tau_{max}$ 和 $\tau_{min}$ 的公式。由式(10.7)可解出两个主切平面:$\alpha_1 = \frac{1}{2} \arctan \frac{\sigma_x - \sigma_y}{2\tau_x}$,$\alpha_1' = \alpha_1 + 90°$。

从图 10.8(b)中还可以看出,主切平面上的正应力为 $\frac{\sigma_x + \sigma_y}{2}$,这是一个常数;最大主切应力 $\tau_{max}$ 的作用面与最大主应力 $\sigma_{max}$ 的作用面相差45°,即

$$\alpha_1 = \alpha_0 + 45° \tag{10.9}$$

计算时,得出这两个平面中的任意一个,就可以确定另一个。

【例 10.3】　试分别用解析公式和应力圆确定图 10.12(a)所示应力状态的主应力及对应主平面,并在单元体上表示出来。

解　(1)用解析公式求解

求主应力:取参考面 $x$ 如图 10.12(a)所示,由主应力公式可得

$$\left.\begin{array}{c}\sigma_{max}\\\sigma_{min}\end{array}\right\} = \frac{\sigma_x + \sigma_y}{2} \pm \sqrt{\left(\frac{\sigma_x - \sigma_y}{2}\right)^2 + \tau_x^2} =$$

$$\frac{-30 \text{ MPa} + 50 \text{ MPa}}{2} \pm \sqrt{\left(\frac{-30 \text{ MPa} - 50 \text{ MPa}}{2}\right)^2 + (20 \text{ MPa})^2} \approx$$

$$10 \text{ MPa} \pm 44.72 \text{ MPa} = \begin{matrix} 54.34 \\ -34.72 \end{matrix} \text{MPa}$$

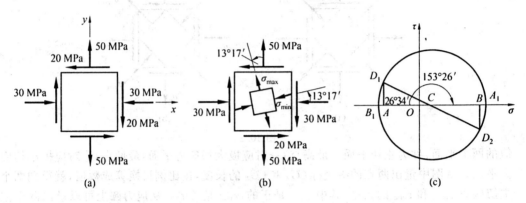

图 10.12

由 $\sigma_{max}$ 和 $\sigma_{min}$ 的数值可知,它们分别是第一和第三主应力。因此,该点的三个主应力依次为 $\sigma_1 = 54.34 \text{ MPa}$,$\sigma_2 = 0$,$\sigma_3 = -34.72 \text{ MPa}$。

确定主平面:

$$\tan 2\alpha_0 = -\frac{2\tau_x}{\sigma_x - \sigma_y} = -\frac{2 \times 20 \text{ MPa}}{-30 \text{ MPa} - 50 \text{ MPa}} = 0.5$$

解得

$$\alpha_0 = 13°17', \quad \alpha_0' = -76°43'$$

因 $\sigma_x < \sigma_y$,所以 $\alpha_0 = 13°17'$ 是 $\sigma_{max}$ 与 $\sigma_y$ 间的夹角,也是 $\sigma_{min}$ 与 $\sigma_x$ 间的夹角,$\sigma_{max}$ 和 $\sigma_{min}$ 作用面垂直,绘到单元体上如图 10.12(b) 所示。

(2) 用应力圆求解

根据已知条件绘出应力圆如图 10.12(c) 所示。从图上量出 $\overline{OA_1}$、$\overline{OB_1}$,换算后的 $\sigma_{max} = 54 \text{ MPa}$,量得圆周角 $\angle D_1 C B_1 = 2\alpha_0 = 26°34'$,即 $\sigma_{min}$ 平面与参考面($x$ 平面)的夹角 $\alpha_0 = 13°17'$。

【例 10.4】 矩形截面简支梁如图 10.13(a) 所示,跨中作用集中荷载 $F = 20 \text{ kN}$,矩形截面尺寸 $b = 80 \text{ mm}$,$h = 160 \text{ mm}$。试计算距离左端支座 $x = 0.3 \text{ m}$ 处 $D$ 截面中性层以上 $y = 20 \text{ mm}$ 处点 $K$ 的主应力、主平面,主切应力和主切平面,并在单元体中表示出来。

**解** (1) 梁的支反力 $F_A = F_B = 10 \text{ kN}$。用截面法求得 $D$ 截面的剪力及弯矩为

$$F_{s,D} = F_A = 10 \text{ kN}, \quad M_D = F_A x = 3 \text{ kN} \cdot \text{m}$$

(2) 计算 $D$ 截面中性层以上 20 mm 处点 $K$ 的正应力及剪应力:

$$\sigma_K = -\frac{M_D y}{I_z} = -\frac{3 \times 10^6 \text{ N} \cdot \text{mm} \times 20 \text{ mm}}{\frac{1}{12} \times 80 \text{ mm} \times (160 \text{ mm})^3} \approx -2.2 \text{ MPa}$$

$$\tau_K = \frac{F_{s,D} S_z^*}{I_z b} = \frac{F_{s,D} \cdot \frac{b}{2}\left(\frac{h^2}{4} - y^2\right)}{I_z b} = \frac{10 \times 10^3 \text{ N} \times \left[\frac{(160 \text{ mm})^2}{4} - (20 \text{ mm})^2\right]}{2 \times \frac{80 \text{ mm} \times (160 \text{ mm})^3}{12}} \approx 1.1 \text{ MPa}$$

(3) 计算主应力及其方位

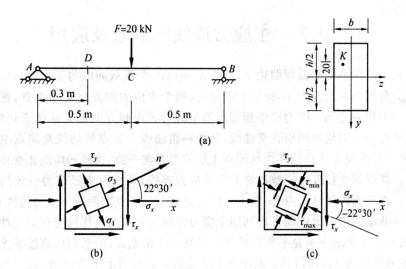

图 10.13

取点 $K$ 单元体如图 10.13(b) 所示，$\sigma_x = \sigma_K = -2.2$ MPa，$\sigma_y = 0$，$\tau_x = \tau_K = 1.1$ MPa。将 $\sigma_K$ 和 $\tau_K$ 的值代入式(10.6)可得主应力：

$$\left.\begin{array}{c}\sigma_{max}\\\sigma_{min}\end{array}\right\} = -\frac{2.2 \text{ MPa}}{2} \pm \sqrt{\left(\frac{-2.2 \text{ MPa}}{2}\right)^2 + (1.1\text{MPa})^2} \approx$$

$$-1.1 \text{ MPa} \pm 1.56 \text{ MPa} = \begin{array}{c}0.46\\-2.66\end{array} \text{ MPa}$$

将 $\sigma_K$ 和 $\tau_K$ 的值代入式(10.5)确定主平面：

$$\tan 2\alpha_0 = -\frac{2 \times 1.1 \text{ MPa}}{-2.2 \text{ MPa}} = 1$$

解得

$$\alpha_0 = 22°30', \quad \alpha_0' = -67°30'$$

因为 $\sigma_x < \sigma_y$，所以 $\alpha_0 = 22°30'$ 是 $\sigma_{min}$ 作用面与 $\sigma_x$ 作用面的夹角。主应力及主平面的方位示于图 10.13(b) 中。

（4）计算最大剪应力及其方位

将 $\sigma_K$ 和 $\tau_K$ 的值代入式(10.8)得主切应力：

$$\left.\begin{array}{c}\tau_{max}\\\tau_{min}\end{array}\right\} = \pm\sqrt{\left(\frac{-2.2 \text{ MPa}}{2}\right)^2 + (1.1 \text{ MPa})^2} \approx \pm 1.56 \text{ MPa}$$

将 $\sigma_K$ 和 $\tau_K$ 的值代入式(10.7)得

$$\tan 2\alpha_1 = \frac{-2.2 \text{ MPa}}{2 \times 1.1 \text{ MPa}} = -1$$

解得

$$\alpha_1 = -22°30', \quad \alpha_1' = 67°30'$$

其中 $\alpha_1' = 67°30'$ 为最大切应力 $\tau_{max}$ 平面。主切应力及主切平面示于图 10.13(c) 中。

实际上，主切平面的方位可以利用 $\tau_{max}$ 作用面与 $\sigma_{max}$ 作用面的关系简便地得出，读者可作为练习进行验证。

# *10.3　主应力迹线的概念及应用

在横向力作用下的平面弯曲梁中,因为 $\sigma_y = 0$($\sigma_y$ 为纵截面内的正应力),梁内各点的两个主应力分别为主拉应力 $\sigma_1$ 和主压应力 $\sigma_3$,两个主应力的方向互相垂直,在弯曲平面内形成一个平面应力场。因为梁中相邻点的主应力大小和方向都是连续变化的,所以在梁的弯曲平面内可以绘出两组正交曲线,其中一组曲线上各点的切线与同点主拉应力方向一致,另一组曲线上各点的切线与同点主压应力方向一致,这样的两组正交曲线称为主应力迹线。切线与主拉应力一致的称为主拉应力迹线,切线与主压应力一致的称为主压应力迹线。在平面内任意一点处,两个主应力分别与过该点的两条主应力迹线相切。

横力弯曲梁的主应力迹线可以利用主应力方向弯曲平面内连续变化的规律性绘出。

图 10.14(a)中,$m-m$ 是平面弯曲梁的任意一个横截面,沿截面的高度从上到下选取五个点,编号依次为 $1,2,3,4,5$。其中点 $1$、$5$ 分别为截面的上下边缘点,点 $3$ 为中性层上

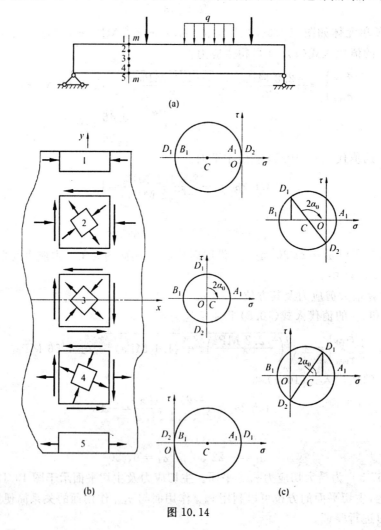

图 10.14

的点,点 2、4 分别为上边缘到中性层和下边缘到中性层的中间点。显然,点 1 为截面上的最大压应力点,点 5 为最大拉应力点。其他点的主方向可用应力圆求出。图 10.14(c) 是上述 5 个点的原始单元体和主应力的方向。可以看出,沿截面高度自上而下,主拉应力 $\sigma_1$ 的方向由竖直按逆时针旋转至水平,主压应力 $\sigma_3$ 的方向则由水平按逆时针旋转至竖直。在中性层处 $\sigma_1$、$\sigma_3$ 与 $x$ 轴分别成 $45°$。

为绘出梁的主应力迹线,沿梁的纵向作若干等距横线,每一横线代表一个横截面。从某一横截面上的一点开始,用应力圆求出该点的两个主应力方向。如果要绘主拉应力迹线,就把该点的主拉应力方向延长至与相邻横线相交,把交点作为第二个点,求出其两个主应力的方向,再延长这一点的主拉应力方向,与相邻横线相交,得到第三点 …… 依此推展,将绘出一条折线,这条折线的包络线就是主拉应力迹线。按同样方法绘出若干条主拉应力迹线和主压应力迹线,就得到两组正交的主应力迹线。

梁的主应力迹线与梁的支座形式和梁上的荷载有关。图 10.15(a) 中的两组正交曲线是按上述方法绘出的简支梁在均布载荷作用下的两组主应力迹线,实线为主拉应力迹线,虚线为主压应力迹线。可以看出,对于承受均布荷载的简支梁,在梁的上、下边缘附近的主应力迹线是水平线;在梁的中性层处,主应力迹线的倾角为 $45°$。

在承受弯曲的钢筋混凝土构件中,钢筋的作用主要是承受弯曲拉应力。设计时绘出主拉应力迹线,就可以根据主应力迹线布置钢筋。例如,对图 10.15(a) 中所示简支梁,根据其主拉应力迹线的分布,梁内的钢筋将如图 10.15(b) 所示布置。

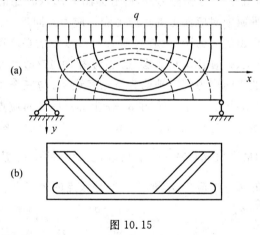

图 10.15

# 10.4　空间应力状态

受力物体内一点应力状态最一般的情况是单元体的每个面上都有正应力和切应力,这样的应力状态称为空间应力状态。为便于计算,对空间应力状态的表示采用如图10.16所示的形式:取右手空间直角坐标系的三个轴与单元体的三个棱边重合,并称与 $x$ 轴垂直的平面为 $x$ 面,与 $y$、$z$ 轴垂直的平面为 $y$、$z$ 面;$x$ 平面上的正应力为$\sigma_x$,切应力为 $\tau_{xy}$ 和 $\tau_{xz}$;同样,$y$ 平面上的应力分量为$\sigma_y$、$\tau_{yx}$ 和 $\tau_{yz}$;$z$ 平面上的应力分量为$\sigma_z$,$\tau_{zx}$ 和 $\tau_{zy}$。切应力分量有两个下标,第一个表示切应力所在的平面,第二个表示切应力的方向。将每个平面上的切应力沿坐标轴的方向分解为两个分量,是为了计算方便。

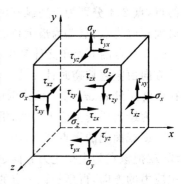

空间应力状态单元体各面上应力分量的正负号是根据各面外法线方向和与该面垂直的坐标轴(右手直角坐标系)方向的关系确定的,两者同向的面上,与坐标轴同向的应力分量为正;两者反向的面上,与坐标轴反向的应力分量为正。按上述规定,正应力仍以拉应力为正。

一般空间应力状态的 9 个应力分量中,根据切应力互等定理,在数值上有 $\tau_{xy}=\tau_{yx}$,$\tau_{yz}=\tau_{zy}$,$\tau_{zx}=\tau_{xz}$,因而,独立的应力分量是 6 个,即 $\sigma_x$,$\sigma_y$,$\sigma_z$,$\tau_{xy}$,$\tau_{yz}$,$\tau_{zx}$。

图 10.16

空间应力状态分析的任务也是确定一点任意斜截面上的应力和主应力,得出一点最大正应力和最大切应力。在三个主应力 $\sigma_1$、$\sigma_2$ 和 $\sigma_3$ 已知的情况下,利用应力圆和理论分析的一些结果,可以简便地得出一些重要结论。设一点空间应力状态的主单元体如图 10.17(a) 所示,先用应力圆分析与三个主应力分别平行的三族特殊斜截面上的应力,例如与主应力 $\sigma_3$ 平行的斜截面上的应力。为此,沿该斜截面将单元体切分为二,取其左半部分为隔离体,如图 10.17(b) 所示。该隔离体前、后面上的法向微内力 $\sigma_3\mathrm{d}A$ 的合力是一对平衡力,对斜截面上的应力无影响。因此,这族斜截面上的应力只与 $\sigma_1$、$\sigma_2$ 有关。按平面应力分析的方法,利用 $\sigma_1$ 与 $\sigma_2$ 作应力圆(圆心为图 10.17(c) 中的 $O_3$),则该应力圆上点的坐标即代表这一族平面中对应面上的正应力和切应力。同理,与 $\sigma_2$ 平行的斜截面上的应力,可以用由 $\sigma_1$、$\sigma_3$ 作出的应力圆(圆心为图 10.17(c) 中的 $O_2$)确定。与 $\sigma_1$ 平行的斜截面上的应力,可以用由 $\sigma_2$、$\sigma_3$ 作出的应力圆(圆心为图 10.17(c) 中的 $O_1$)确定。这样绘出的三个应力圆即一点的三向应力圆。理论分析已经证明,与三个主平面斜交的任意斜截面,如图 10.17(a) 中外法线为 $n$ 的截面,在 $\sigma-\tau$ 坐标系中的对应点 $D$ 必位于上述三个应力圆所围成的阴影范围内,如图 10.17(c) 所示。因为点 $D$ 的横坐标不可能大于 $\sigma_1$,也不可能小于 $\sigma_3$,纵坐标的最高值就是 $\dfrac{\sigma_1-\sigma_3}{2}$。所以,受力构件中任意一点所有截面上,正应力的最大值就是该点的第一主应力 $\sigma_1$,最小值就是该点的第三主应力 $\sigma_3$;最大切应力即

$$\tau_{\max}=\frac{\sigma_1-\sigma_3}{2} \qquad (10.10)$$

这是过一点所有截面中最大切应力。最大切应力作用面与 $\sigma_2$ 平行,与 $\sigma_1$ 和 $\sigma_3$ 主平面均成 45° 夹角(见图 10.17(c)、(d))。

对平面应力状态,一点的最大切应力,向式(10.10)计算。

【例 10.5】 图 10.18(a) 所示应力状态中 $\sigma_x=20$ MPa,$\sigma_y=-20$ MPa,$\sigma_z=30$ MPa,$\tau_{yz}=\tau_{zy}=40$ MPa。试作三向应力圆,并求主应力和最大切应力的数值。

解 (1)绘应力圆,求主应力

该单元体的 $x$ 平面上没有切应力,故 $\sigma_x=20$ MPa 是一个主应力。与 $x$ 平面垂直的各截面上的应力与 $\sigma_x$ 无关,只与 $y$ 平面和 $z$ 平面上的应力 $\tau_{zy}$ 有关。选比例尺如图中所示,根据 $y$ 平面和 $z$ 平面上的应力 $\sigma_y$、$\tau_{yz}$ 和 $\sigma_z\tau_{zy}$ 作应力圆,绘于图 10.18(b) 中。该应力圆的

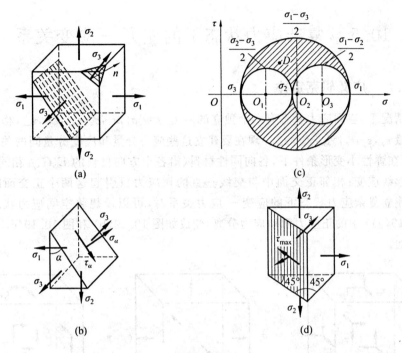

图 10.17

圆心为 $C$，半径为 $CA_1$，圆上的点 $D_1$ 与 $y$ 平面对应。由该应力圆又得到两个主应力，数值分别为 52 MPa 和 $-42$ MPa。将该点的三个主应力按代数值大小排列后得 $\sigma_1 = 52$ MPa，$\sigma_2 = 20$ MPa，$\sigma_3 = -42$ MPa。

该点的三向应力圆如图 10.18(b) 所示。三向应力圆中最大应力圆顶点 $G_1$ 的纵坐标即该点的最大切应力，其值为

$$\tau_{\max} = 47 \text{ MPa}$$

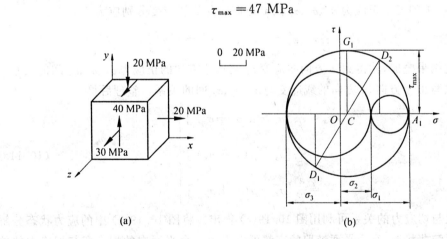

图 10.18

# 10.5 复杂应力状态下的应力－应变关系

### 10.5.1 广义胡克定律

一般情况下,空间应力状态有六个独立的应力分量 $\sigma_x,\sigma_y,\sigma_z,\tau_{xy},\tau_{yz},\tau_{zx}$,相应地有六个应变分量 $\varepsilon_x,\varepsilon_y,\varepsilon_z,\gamma_{xy},\gamma_{yz},\gamma_{zx}$。现在要建立这些应力分量和应变分量间的关系。理论研究表明,在弹性小变形条件下,各向同性材料(沿各个方向材料的 $E$、$G$、$\mu$ 相同) 中的正应力只引起线应变;相邻正交面中与交线垂直的切应力只引起这两个正交面间的切应变。故在建立复杂应力状态下的应变－应力关系时,可以设想将空间应力状态单元体(见图 10.19(a)) 中的正应力和切应力分离,变成如图 10.19(b) 和图 10.19(c) 两种应力状态的叠加。

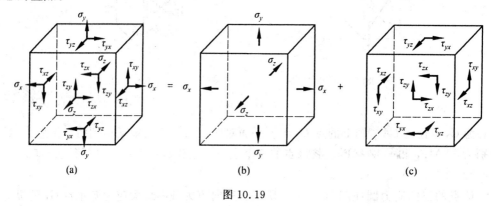

图 10.19

因为每个正应力分量在与其平行和垂直方向产生的线应变与单轴应力状态相同,则图 10.19(b) 中的三个正应力 $\sigma_x$、$\sigma_y$、$\sigma_z$ 在 $x$ 方向引起的线应变分别应为

$$\varepsilon_x' = \frac{\sigma_x}{E}, \quad \varepsilon_x'' = -\mu\frac{\sigma_y}{E}, \quad \varepsilon_x''' = -\mu\frac{\sigma_z}{E}$$

将上述结果叠加,就得到 $x$ 方向线应变 $\varepsilon_x$ 与三个方向的正应力 $\sigma_x$、$\sigma_y$、$\sigma_z$ 间的关系。按同样方法写出 $y$ 方向、$z$ 方向的线应变与 $\sigma_x$、$\sigma_y$、$\sigma_z$ 间的关系。整理后得

$$\left.\begin{aligned}
\varepsilon_x &= \frac{1}{E}\left[\sigma_x - \mu(\sigma_y + \sigma_z)\right] \\
\varepsilon_y &= \frac{1}{E}\left[\sigma_y - \mu(\sigma_z + \sigma_x)\right] \\
\varepsilon_z &= \frac{1}{E}\left[\sigma_z - \mu(\sigma_x + \sigma_y)\right]
\end{aligned}\right\} \tag{10.11a}$$

切应变与切应力的关系可利用图 10.19(c) 得出。将图 10.19(c) 中的应力状态分解为三个平面纯剪状态,每个平面纯剪状态都可以得出一个平面内的切应变与切应力的关系,这些关系依次为

$$\left.\begin{array}{l} \gamma_{xy} = \dfrac{\tau_{xy}}{G} \\[2mm] \gamma_{yz} = \dfrac{\tau_{yz}}{G} \\[2mm] \gamma_{zx} = \dfrac{\tau_{zx}}{G} \end{array}\right\} \tag{10.11b}$$

式(10.11)即为空间应力状态一般情况下的广义胡克定律。在使用式(10.11)进行计算时,应变分量的正负号规定与以前的相同。

### 10.5.2　平面应力状态

如果空间应力状态单元体的某个面上应力分量全部为零,一般情况下即为平面应力状态。设应力为零的平面为 $z$ 平面,即 $\sigma_z = \tau_{zx} = \tau_{zy} = 0$,则由式(10.11)可得

$$\left.\begin{array}{l} \varepsilon_x = \dfrac{1}{E}(\sigma_x - \mu\sigma_y) \\[2mm] \varepsilon_y = \dfrac{1}{E}(\sigma_y - \mu\sigma_x) \\[2mm] \varepsilon_z = -\dfrac{\mu}{E}(\sigma_x + \sigma_y) \\[2mm] \gamma_{xy} = \dfrac{\tau_{xy}}{G} \end{array}\right\} \tag{10.12}$$

式(10.12)即为平面应力状态一般情况下的广义胡克定律。式(10.12)第三式中的 $\varepsilon_z$ 是与应力平面垂直方向的线应变,即在平面应力状态下,与应力平面垂直方向的线应变不等于零。

### 10.5.3　用主应力表示的广义胡克定律

对三对平面都是主平面的单元体,如图 10.17(a) 所示,变形时各主平面保持相互垂直,不会有切应变。只有沿三个主应力 $\sigma_1$、$\sigma_2$、$\sigma_3$ 方向的线应变 $\varepsilon_1$、$\varepsilon_2$、$\varepsilon_3$,称为主应变。按建立线应变与正应力关系的同样方法,可得用主应变和主应力表示的空间应力状态的广义胡克定律

$$\left.\begin{array}{l} \varepsilon_1 = \dfrac{1}{E}\left[\sigma_1 - \mu(\sigma_2 + \sigma_3)\right] \\[2mm] \varepsilon_2 = \dfrac{1}{E}\left[\sigma_2 - \mu(\sigma_3 + \sigma_1)\right] \\[2mm] \varepsilon_3 = \dfrac{1}{E}\left[\sigma_3 - \mu(\sigma_1 + \sigma_2)\right] \end{array}\right\} \tag{10.13}$$

主应变是一点各方向线应变的极值,三个主应变的方向与对应主应力的方向一致,大小按代数值排列,即 $\varepsilon_1 \geqslant \varepsilon_2 \geqslant \varepsilon_3$,最大线应变为 $\varepsilon_1$,最小线应变为 $\varepsilon_3$。

同理,在平面应力状态下,若不为零的两个主应力为 $\sigma_1$、$\sigma_2$,则用主应力表达的广义胡克定律为

$$\left.\begin{array}{l} \varepsilon_1 = \dfrac{1}{E}(\sigma_1 - \mu\sigma_2) \\[2mm] \varepsilon_2 = \dfrac{1}{E}(\sigma_2 - \mu\sigma_1) \\[2mm] \varepsilon_3 = -\dfrac{\mu}{E}(\sigma_1 + \sigma_2) \end{array}\right\} \tag{10.14}$$

上面给出的广义胡克定律的形式都是用应力表达应变,也可以用应变表达应力,读者可自行推导。使用中可根据具体条件选择合适的形式。

**【例 10.6】** 边长 100 mm 的立方锻压模槽如图 10.20 所示,将同样大小的铜块放入模槽中,铜的弹性模量 $E=100$ GPa,泊松比 $\mu=0.34$。沿竖直方向(图中 $y$ 方向)对铜块施压。若将模槽视为刚体,试求当铜块高度被压短 $\Delta y=2\times10^{-2}$ mm 时,铜块的主应力及最大切应力。

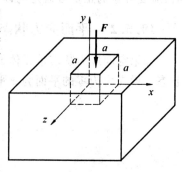

图 10.20

**解** 由已知条件可得,铜块在 $y$ 方向的线应变

$$\varepsilon_y = -\frac{\Delta y}{a} = -\frac{2\times10^{-2}\ \text{mm}}{100\ \text{mm}} = -0.2\times10^{-3}$$

铜块沿竖直方向受压,在横向($x$ 方向和 $z$ 方向)将产生膨胀,但是由于刚性槽壁的限制,使其在 $x$ 方向和 $z$ 方向的线应变等于零,即 $\varepsilon_x=0$,$\varepsilon_z=0$。因为铜块在变形时各侧面始终保持垂直,上面三个方向的线应变即主应变。将这三个方向应变的数值代入广义胡克定律,得

$$\varepsilon_x = \frac{1}{E}\left[\sigma_x - \mu(\sigma_y + \sigma_z)\right] = 0 \tag{a}$$

$$\varepsilon_y = \frac{1}{E}\left[\sigma_y - \mu(\sigma_z + \sigma_x)\right] \tag{b}$$

$$\varepsilon_z = \frac{1}{E}\left[\sigma_z - \mu(\sigma_y + \sigma_x)\right] = 0 \tag{c}$$

由(a),(c)两式,可得

$$\sigma_x = \sigma_z = \frac{\mu}{1-\mu}\sigma_y \tag{d}$$

将式(d)代入式(b),得

$$\varepsilon_y = \frac{\sigma_y}{E}\left(1 - \frac{2\mu^2}{1-\mu}\right)$$

将铜的弹性常数 $E$、$\mu$ 和 $\varepsilon_y$ 的数值代入上式,计算得出

$$\sigma_y = -30.8\ \text{MPa}$$

将 $\sigma_y$ 的数值代入式(d)得

$$\sigma_x = \sigma_z = -15.9\ \text{MPa}$$

$\sigma_x$、$\sigma_y$、$\sigma_z$ 都是主应力,将其按代数值大小排列,即得

$$\sigma_1 = \sigma_2 = -15.9\ \text{MPa}, \quad \sigma_3 = -30.8\ \text{MPa}$$

将 $\sigma_1$、$\sigma_3$ 的数值代入最大切应力公式(10.12),可得

$$\tau_{\max} = \frac{1}{2}(\sigma_1 - \sigma_3) = \frac{1}{2}\left[-15.9\ \text{MPa} - (-30.9\ \text{MPa})\right] = 7.5\ \text{MPa}$$

**【例 10.7】**　直径 $d=20$ mm 的实心圆轴,两端作用有扭转外力偶矩 $M_e=126$ N·m(见图 10.21(a))。为了确定该轴材料的切变模量 $G$,在轴的表面点 $K$ 处用电阻应变仪测得与轴线成 $-45°$ 方向的线应变 $\varepsilon=5.0\times10^{-4}$。试算出轴材料切变模量 $G$ 的值。

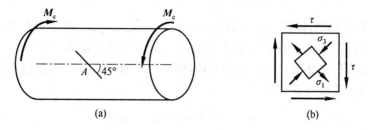

图 10.21

**解**　点 $K$ 的原始单元体是如图 10.21(b) 所示的纯剪状态。由扭转圆轴横截面最大切应力计算公式可得

$$\tau=\frac{T}{W_t}=\frac{16M_e}{\pi d^3} \tag{1}$$

该点的三个主应力:

$$\sigma_1=\tau,\quad \sigma_2=0,\quad \sigma_3=-\tau \tag{2}$$

其中,第一主应力 $\sigma_1$ 与所测线应变 $\varepsilon$ 同轴,可知 $\varepsilon$ 即该点的第一主应变 $\varepsilon_1$。第三主应力 $\sigma_3$ 与 $\varepsilon$ 垂直。

由广义胡克定律可得

$$\varepsilon_1=\varepsilon=\frac{1}{E}\left[\sigma_1-\mu\sigma_3\right] \tag{3}$$

联立以上三式,并注意到 $G=\dfrac{E}{2(1+\mu)}$,可得

$$\varepsilon=\frac{1+\mu}{E}\cdot\frac{16M_e}{\pi d^3}=\frac{8M_e}{G\pi d^3}$$

整理后,代入数据得该轴材料的切变模量

$$G=\frac{8M_e}{\varepsilon\pi d^3}=\frac{8\times126\times10^3\ \text{N}\cdot\text{mm}}{5.0\times10^{-4}\times3.14\times(20\ \text{mm})^3}\approx80.3\times10^3\ \text{MPa}$$

### 10.5.4　体积应变

物体受到力的作用后,一般情况下变形的同时体积也会发生变化。单位体积的改变称为体积应变,用 $\theta$ 表示。取主单元体研究其体积应变,先考虑三个主应力 $\sigma_1\neq\sigma_2\neq\sigma_3$ 的情况。设单元体与 $\sigma_1$、$\sigma_2$、$\sigma_3$ 平行的棱边原始长度分别为 dx、dy、dz,则变形前单元体的体积 $dV=dxdydz$。若单元体的三个主应变为 $\varepsilon_1$、$\varepsilon_2$、$\varepsilon_3$,则变形后各棱边长度分别为 $(1+\varepsilon_1)dx$、$(1+\varepsilon_2)dy$、$(1+\varepsilon_3)dz$。变形后单元体的体积 $dV'=(1+\varepsilon_1)dx(1+\varepsilon_2)dy(1+\varepsilon_3)dz$。则单元体的体积应变

$$\theta=\frac{dV'-dV}{dV}=(1+\varepsilon_1)(1+\varepsilon_2)(1+\varepsilon_3)-1\approx\varepsilon_1+\varepsilon_2+\varepsilon_3 \tag{10.15}$$

式(10.15) 即各向同性材料在弹性小变形条件下的体积应变公式。公式表明,小变形条

件下单元体的体积应变在数值上等于三个主应变之和。

利用广义胡克定律,将式(10.15)中的主应变用主应力表示,可得

$$\theta = \frac{1-2\mu}{E}(\sigma_1 + \sigma_2 + \sigma_3) \tag{10.16a}$$

式(10.16a)表明,体积应变 $\theta$ 只与三个主应力之和有关,而与三个主应力的比值无关。只要两点的三个主应力之和相同,则这两点的体积应变相同。

在弹性小变形条件下,切应力不影响体积应变。所以一点的体积应变也可用一点三个正交面上的正应力计算,即

$$\theta = \frac{1-2\mu}{E}(\sigma_x + \sigma_y + \sigma_z) \tag{10.16b}$$

作为特例,如果一点的三个主应力大小都相等,即 $\sigma_1 = \sigma_2 = \sigma_3 = \sigma_m$,则单元体的三个主应变相同,即 $\varepsilon_1 = \varepsilon_2 = \varepsilon_3 = \frac{1-2\mu}{E}\sigma_m$,变形前后主单元体的边长比不改变。这样的单元体只有体积的改变,没有形状改变;如果一点的三个主应力之和为零,即 $\sigma_1 + \sigma_2 + \sigma_3 = 0$,则单元体的体积应变为零,这种情况下单元体没有体积的改变,只有形状的改变。

# 10.6  复杂应力状态下的应变能密度

## 10.6.1  复杂应力状态下的应变能

在静荷载作用下,复杂应力状态的应变能在数值上也等于外力功。在线弹性小变形范围内,应变能的数值也仅仅取决于荷载的最后值,与加载的过程无关。因此,可以假设三个主应力按同一比例从零增加到最后值,这样加载可使每个主应力和对应的主应变都是单调增加的,每个主应力与对应主应变的关系与单轴应力状态的应力－应变关系(图2.18(c) 所示曲线) 相同。因为每个主应力都不可能在与其垂直的主应变上做功,所以在计算空间应力状态单元体内应变能密度时,可分别计算每个主应力在与其相应的主应变上所做的功,单位体积中三个主应力功的总和即空间应力状态下的应变能密度。按此可得应变能密度公式

$$v_\epsilon = \frac{1}{2}(\sigma_1\varepsilon_1 + \sigma_2\varepsilon_2 + \sigma_3\varepsilon_3) \tag{10.17a}$$

用广义胡克定律将式(10.17a)中的主应变用主应力表示,可以得到只用主应力表达的三向应力状态应变能密度公式

$$v_\epsilon = \frac{1}{2E}\left[\sigma_1^2 + \sigma_2^2 + \sigma_3^2 - 2\mu(\sigma_1\sigma_2 + \sigma_2\sigma_3 + \sigma_3\sigma_1)\right] \tag{10.17b}$$

## 10.6.2  体积改变能密度和形状改变能密度

一般情况下,单元体的变形既有体积改变,也有形状改变。相应的,应变能密度 $v_\epsilon$ 也分为两部分:一部分是因为体积改变而储存的应变能,称为体积应变能,能密度用 $v_V$ 表示;一部分是因为形状改变而储存的应变能,称为形状应变能,能密度用 $v_d$ 表示,$v_d$ 亦称

为畸变能密度。于是总应变能密度可写为

$$v_\varepsilon = v_V + v_d$$

为了计算 $v_V$ 和 $v_d$，将图 10.22(a) 中的单元体分解为图 10.22(b)、(c) 两种情况的叠加，图中 $\sigma_m = \dfrac{1}{3}(\sigma_1 + \sigma_2 + \sigma_3)$，为平均主应力。

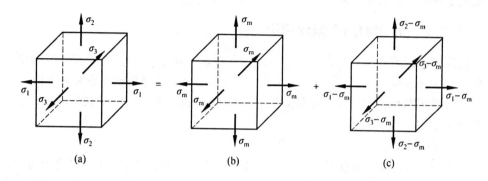

图 10.22

图 10.22(b) 中单元体的三个主应力相同，由前面的讨论可知，其只有体积改变而无形状改变，因而只有体积应变能。由此可得图 10.22(a) 中单元体的体积应变能密度

$$v_V = \frac{1}{2}(\sigma_m \varepsilon_m + \sigma_m \varepsilon_m + \sigma_m \varepsilon_m) = \frac{3(1 - 2\mu)}{2E}\sigma_m^2 = \frac{1 - 2\mu}{6E}(\sigma_1 + \sigma_2 + \sigma_3)^2$$

图 10.22(c) 中，单元体的三个主应力之和为零，无体积改变，只有形状改变，因而只有形状应变能。由此可得图 10.22(a) 中单元体的畸变能密度

$$v_d = v_\varepsilon - v_V = \frac{1 + \mu}{3E}(\sigma_1^2 + \sigma_2^2 + \sigma_3^2 - \sigma_1\sigma_2 - \sigma_2\sigma_3 - \sigma_3\sigma_1) =$$

$$\frac{1 + \mu}{6E}\left[(\sigma_1 - \sigma_2)^2 + (\sigma_2 - \sigma_3)^2 + (\sigma_3 - \sigma_1)^2\right] \tag{10.18}$$

# 10.7　常用强度理论

### 10.7.1　关于强度理论的理念

生产和科学实验中，人们一直在观察、探索材料破坏的机制。作为长期观察和研究的结果，人们发现材料破坏的形式只有两种：一种是脆性断裂，例如，铸铁杆件拉伸时的破坏，铸铁圆轴扭转时的破坏都属于这种情形；另一种是屈服流动(亦称塑性流动)，例如，低碳钢等塑性材料杆件在拉伸或扭转时的破坏。材料是多种多样的，应力状态也是多种多样的，然而材料的破坏形式却只有两种，说明导致材料破坏的主要原因存在共同要素。既然这样，只要找出这两种破坏形式的破坏要素，则所有的强度问题都可以解决。至于每种破坏形式的破坏要素，则可以通过使材料在同种形式下破坏的任意一个实验来确定，这些实验中最容易实现的就是轴向拉伸实验。按照这样的理念人们对材料的失效提出过各种假说，这些假说就称为强度理论。但是，作为一种假说，它是否正确，或在什么条件、什么

范围正确,必须由生产实践和科学实验来检验。经过长期的实践检验,比较符合实际的就保留下来,而不能较好地符合实际的就被淘汰。下面介绍的四个古典强度理论就是这样得来的。这四个古典强度理论也是工程中常用的强度理论。这些都是在常温、静荷载下,适用于均匀、连续、各向同性材料的强度理论。当然,强度理论并未就此为止,因为它们还不能完全解答现代科学发展提出的问题,这方面仍然在不断探索。

### 10.7.2 常用的四个强度理论

强度理论随着人类的生产和科学实践的发展而不断发展和完善。早期人类生产中使用的材料主要是脆性材料,所以提出的强度理论也多是关于材料脆性断裂的理论。后来,人们又掌握了塑性材料的生产和制造技术,相继又提出了关于塑性材料失效的理论。现依次介绍如下。

(1) 第一强度理论:最大拉应力理论

17 世纪,伽利略根据直观经验提出了这一理论。该理论认为:最大拉应力是引起材料脆性断裂的主要原因。也就是说,只要材料受到的最大拉应力 $\sigma_1$ 达到某一极限值 $\sigma_u$,材料就将因脆性断裂而破坏。脆性断裂是指材料直接发生断裂。

按第一强度理论,材料脆性断裂的条件为

$$\sigma_1 = \sigma_u$$

$\sigma_u$ 的数值可以用轴向拉伸实验确定。在轴向拉伸实验中,塑性材料的失效是先屈服后断裂,与理论观点中的“直接脆性断裂”不符;对脆性材料,当 $\sigma_1$ 达到强度极限 $\sigma_b$ 时材料直接脆断,所以 $\sigma_u = \sigma_b$。由此可以得出材料脆性断裂的条件

$$\sigma_1 = \sigma_b \tag{a}$$

式(a)是一个破坏条件,要保证构件正常工作,将极限应力 $\sigma_b$ 除以构件的安全因数 $n$,得到许用应力 $[\sigma]$,于是按第一强度理论建立的强度条件为

$$\sigma_1 \leqslant [\sigma] \tag{10.19}$$

使用这个强度理论时应注意两个概念:即必须有拉应力存在,且材料的破坏是直接脆性断裂。铸铁等脆性材料,单向拉伸和圆轴扭转实验中,试件都是沿最大拉应力作用面断裂的,这些都与最大拉应力理论相符。实验还表明,在有压应力存在的情况下,只要拉应力为主,该理论仍然正确。还有,塑性材料在接近三向等值受拉时,也因脆性断裂而失效。例如,低碳钢制成的螺栓在轴向拉力作用下,试件就是首先从螺纹根部断裂,且没有明显的屈服现象,因为螺纹根部处于三向拉应力状态,所以,这种应力状态下材料破坏的主要原因也是最大拉应力。

但是,这个强度理论没有考虑另外两个主应力的影响,并且无法解释没有拉应力存在的脆性断裂。

(2) 第二强度理论:最大伸长线应变理论

该理论是 1682 年由马里奥特(E. Mariotte)提出的。该理论认为:最大伸长线应变是引起材料脆性断裂的主要原因。由此得材料脆性断裂的条件为

$$\varepsilon_1 = \varepsilon_u \tag{b}$$

式中,$\varepsilon_u$ 为材料最大伸长线应变 $\varepsilon_1$ 的极限值。

三向应力状态弹性小变形条件下,材料的最大伸长线应变

$$\varepsilon_1 = \frac{1}{E}\left[\sigma_1 - \mu(\sigma_2 + \sigma_3)\right] \tag{c}$$

应该注意,按式(c)计算的 $\varepsilon_1$ 是一个弹性应变,因此式(b)右边的 $\varepsilon_u$ 也应是弹性应变。既是弹性应变,又是断裂时的应变,这就要求材料一直到拉断都服从胡克定律。由第 2 章的讨论可知,只有脆性材料近似有这种性能。由脆性材料的单向拉伸实验得出拉断时的伸长线应变

$$\varepsilon_u = \frac{\sigma_b}{E} \tag{d}$$

将式(c)和(d)代入到式(b)中,整理后脆性断裂条件可写为

$$\sigma_1 - \mu(\sigma_2 + \sigma_3) = \sigma_b \tag{e}$$

将极限应力 $\sigma_b$ 除以构件的安全因数 $n$,得到许用应力 $[\sigma]$,于是按第二强度理论建立的强度条件为

$$\sigma_1 - \mu(\sigma_2 + \sigma_3) \leqslant [\sigma] \tag{10.20}$$

与第一强度理论相比,第二强度理论综合地考虑了三个主应力(一点的应力集合)的影响,而且与许多脆性材料的实验结果较吻合。例如石料受到轴向压缩时,试块将沿垂直于压力的方向开裂,即沿 $\varepsilon_1$ 的方向开裂。混凝土试块的单向压缩实验,如果在加力器与试件的接触面上添加润滑剂,减小摩擦力的影响,开裂方向也是这样。铸铁等脆性材料在以压应力为主的拉－压二向应力状态,实验结果也与这一理论比较接近。但是,该强度理论同样有局限性,对有些现象不能解释。例如,对金属材料,泊松比 $\mu = 0.25 \sim 0.35$,若按这一强度理论,在二向或三向拉应力状态下比单向拉伸更不易断裂,这与实际情况不符。在这些情况下,还是第一强度理论接近实验结果。

(3)第三强度理论:最大切应力理论

该理论是由库仑(C. A. Coulomb)在 1773 年提出的。该理论认为:最大切应力是引起材料屈服流动破坏的主要原因。若用 $\tau_u$ 表示材料最大切应力 $\tau_{max}$ 的极限值,则按此强度理论建立起来的材料的破坏条件为

$$\tau_{max} = \tau_u \tag{f}$$

极限切应力 $\tau_u$ 的值可由该材料的单向拉伸实验确定。低碳钢等塑性材料单向拉伸实验表明,当试件横截面上的最大拉应力 $\sigma_{max} = \sigma_s$ 时,材料即发生屈服。此时,45° 的斜截面上 $\tau_{max} = \frac{\sigma_s}{2}$。由此可知 $\tau_u$ 等于塑性材料屈服极限的一半,即

$$\tau_u = \frac{\sigma_s}{2} \tag{g}$$

由式(10.12)知,空间应力状态下

$$\tau_{max} = \frac{\sigma_1 - \sigma_3}{2} \tag{h}$$

将式(g)、(h)代入式(f),整理后写成

$$\sigma_1 - \sigma_3 = \sigma_s \tag{i}$$

式(i)即按第三强度理论建立起来的材料屈服流动破坏条件。将 $\sigma_s$ 除以构件的安全因数

$n$，得出许用应力 $[\sigma]$，即可得到按第三强度理论建立的强度条件

$$\sigma_1 - \sigma_3 \leqslant [\sigma] \tag{10.21}$$

最大切应力理论较为满意地解释了材料的塑性流动破坏。例如。低碳钢拉伸时，即沿与轴线成 $45°$ 的方向首先出现滑移线（塑性流动），这个方向也就是最大切应力的方向。除三轴接近等值受拉外，最大切应力理论与各种塑性材料因塑性流动而失效的实验结果相吻合。该理论也可以解释，为什么脆性材料在很高的近于三轴等值压力下仍然保持弹性。

第三强度理论没有考虑 $\sigma_2$ 的影响，按此理论计算的结果与实验结果比较偏于保守，与精确理论相比范围约 $10\% \sim 15\%$。但其算式简单，在工程上应用较多，尤其是在初步设计阶段。

(4) 第四强度理论：畸变能密度理论

该理论最早是由贝尔特拉密(E. Beltrami)于 1885 年提出的，但未被实验所证实，后于 1904 年由波兰力学家胡勃(M. T. Huber)修改。该理论认为：畸变能密度是引起屈服流动破坏的主要原因。若用 $v_{d,u}$ 表示材料畸变能密度 $v_d$ 的极限值，按照第四强度理论的观点，材料塑性流动破坏的条件可写为

$$v_d = v_{d,u} \tag{j}$$

在三向应力状态的一般情况下，畸变能密度由式(10.18)计算。

畸变能密度的极限值 $v_{d,u}$ 由轴向拉伸实验确定。在轴向拉伸时塑性材料的屈服应力为 $\sigma_s''$，相应的畸变能密度

$$v_{d,u} = \frac{1+\mu}{6E}(2\sigma_s^2) \tag{k}$$

综合上述结果，整理后即得由第四强度建立的屈服流动破坏条件

$$\sqrt{\frac{1}{2}\left[(\sigma_1 - \sigma_2)^2 + (\sigma_2 - \sigma_3)^2 + (\sigma_3 - \sigma_1)^2\right]} = \sigma_s \tag{l}$$

将 $\sigma_s$ 除以安全因数 $n$，得出许用应力 $[\sigma]$，即得到按第四强度理论建立的强度条件

$$\sqrt{\frac{1}{2}\left[(\sigma_1 - \sigma_2)^2 + (\sigma_2 - \sigma_3)^2 + (\sigma_3 - \sigma_1)^2\right]} \leqslant [\sigma] \tag{10.22}$$

第四强度理论的适用范围与第三强度理论相同。实验资料表明，畸变能密度理论与实验资料相当吻合，通常称其为精确理论。

综合式(10.19) $\sim$ (10.22)，四个强度理论的强度条件可以写成统一形式：

$$\sigma_r \leqslant [\sigma] \tag{10.23}$$

式中的 $\sigma_r$ 称为相当应力，它由三个主应力按一定形式组合而成。"相当"的含义是材料在这种应力组合下的强度与单轴拉伸时相当，四个强度理论的相当应力依次为

$$\left.\begin{aligned}
\sigma_{r1} &= \sigma_1 \\
\sigma_{r2} &= \sigma_1 - \mu(\sigma_2 + \sigma_3) \\
\sigma_{r3} &= \sigma_1 - \sigma_3 \\
\sigma_{r4} &= \sqrt{\frac{1}{2}\left[(\sigma_1 - \sigma_2)^2 + (\sigma_2 - \sigma_3)^2 + (\sigma_3 - \sigma_1)^2\right]}
\end{aligned}\right\} \tag{10.24}$$

对平面应力状态,如果单元体各面上的正应力只有 $\sigma_x \neq 0$,则相当应力 $\sigma_{r3}$、$\sigma_{r4}$ 的表达式可以简化为

$$\sigma_{r3} = \sqrt{\sigma_x^2 + 4\tau_x^2} \tag{10.25}$$

$$\sigma_{r4} = \sqrt{\sigma_x^2 + 3\tau_x^2} \tag{10.26}$$

如果正应力只有 $\sigma_y \neq 0$,只需将上面两式中的 $\sigma_x$、$\tau_x$ 替换为 $\sigma_y$、$\tau_y$。

# *10.8　莫尔强度理论

在以上所介绍的四个强度理论中,均假设材料的破坏或失效是由于某一因素达到某一极限值引起的。在工程地质与土力学中还经常用到莫尔强度理论。与上述理论不同,莫尔强度理论认为材料的失效主要是由切应力引起的滑移,但也和滑移面上的正应力有很大的关系。实际滑移面发生在切应力与正应力组合的最不利截面上,并称这个面上切应力的大小为滑移强度。切应力与正应力组合的最不利截面应该由一点三向应力圆的外圆(用 $\sigma_1$,$\sigma_3$ 给出的应力圆)决定,即一点三向应力圆的外圆控制着材料的失效应力状态,莫尔把材料失效时应力状态的外圆称为极限应力圆。为了确定滑移面的位置及滑移强度,莫尔采用了图解法。在 $\sigma - \tau$ 坐标面内,作出某材料在不同应力组合下的若干极限应力圆,如图 10.23 中的单轴拉伸极限应力圆 $OA$、单轴压缩极限应力圆 $OB$ 及纯剪状态的极限应力圆 $CD$。之后,作出这些极限应力圆的包络线(图 10.23(a) 中的两条曲线)。包络线与材料的性质有关,不同材料的包络线不同;但对同一种材料则认为它是唯一的。这两条包络线即确定了材料破坏时的应力范围。当材料在实际应力状态下的应力圆恰与包络线相切时,材料即进入失效状态,切点所对应的截面就是滑移面,该面上的切应力即材料的滑移强度。应力圆的外圆在两条包络线之内时,表明材料不会发生破坏。

对每种材料要利用实验得出族圆的包络线是很困难的,实际应用中采取简化做法,取单向拉伸和单向压缩两个极限应力圆的公切线作为近似包络线(见图 10.23(b)),代替精确包络线,这两条直线可取做近似包络线。

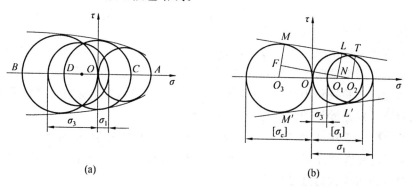

(a)　　　　　　　　　　　　　　(b)

图 10.23

建立强度条件时,莫尔强度理论利用近似包络线的概念,首先直接利用材料在单轴拉伸和单轴压缩时的许用应力 $[\sigma_t]$ 和 $[\sigma_c]$ 作出两个许用应力圆,这两个许用应力圆的公切线 $ML$ 和 $M'L'$ 即给出了用这种材料制成的构件安全工作的应力范围。若构件危险点的

极限应力圆与 $ML$ 和 $M'L'$ 相切，便是该点许可应力状态的最高界限，这样的应力圆也就是构件危险点的许用应力圆。

从图 10.23(b) 可以看出

$$\frac{\overline{O_1N}}{\overline{O_3F}} = \frac{\overline{O_2O_1}}{\overline{O_2O_3}} \tag{a}$$

容易求出

$$\overline{O_1N} = \overline{O_1L} - \overline{O_2T} = \frac{[\sigma_t]}{2} - \frac{\sigma_1 - \sigma_3}{2}$$

$$\overline{O_3F} = \overline{O_3M} - \overline{O_2T} = \frac{[\sigma_c]}{2} - \frac{\sigma_1 - \sigma_3}{2}$$

$$\overline{O_2O_1} = \overline{O_2O} - \overline{O_1O} = \frac{\sigma_1 + \sigma_3}{2} - \frac{[\sigma_t]}{2}$$

$$\overline{O_2O_3} = \overline{O_2O} + \overline{OO_3} = \frac{\sigma_1 + \sigma_3}{2} + \frac{[\sigma_c]}{2}$$

以上各式中 $[\sigma_c]$ 为其绝对值，$\sigma_1$、$\sigma_3$ 取其代数值。将以上诸式代入式(a)，经简化后得出

$$\sigma_1 - \frac{[\sigma_t]}{[\sigma_c]}\sigma_3 = [\sigma_t] \tag{b}$$

要使构件正常工作，由实际的应力状态的 $\sigma_1$ 和 $\sigma_3$ 确定的应力圆应该在许用应力圆之内，由此得出莫尔强度理论的强度条件为

$$\sigma_1 - \frac{[\sigma_t]}{[\sigma_c]}\sigma_3 \leqslant [\sigma_t] \tag{10.27}$$

式(10.27)的左边可称为莫尔强度理论的相当应力，表示为

$$\sigma_{rM} = \sigma_1 - \frac{[\sigma_t]}{[\sigma_c]}\sigma_3 \tag{10.28}$$

对抗拉和抗压强度相等的塑性材料，$[\sigma_c] = [\sigma_t]$，式(10.27)化为

$$\sigma_1 - \sigma_3 \leqslant [\sigma]$$

这也就是第三强度理论的强度条件。

莫尔强度理论适用于因滑移而破坏的强度问题。由于莫尔强度理论考虑了材料抗拉和抗压强度不等对滑移强度的影响，所以可以把它看做第三强度理论的发展。

莫尔理论以实验资料为基础，而且认为可以不必考虑第二主应力对材料失效的影响，从而它是带有一定经验性的强度理论。

**【例 10.8】** 已知水库岸边花岗岩体内危险点的主应力 $\sigma_1 = -4$ MPa，$\sigma_3 = -36$ MPa。花岗岩的许用拉应力 $[\sigma_t] = 2$ MPa，许用压应力 $[\sigma_c] = 16$ MPa。试用莫尔强度理论对岸边岩体进行强度校核。

**解** 由已知条件得莫尔相当应力

$$\sigma_{rM} = \sigma_1 - \frac{[\sigma_t]}{[\sigma_c]}\sigma_3 = -4 \text{ MPa} - \frac{2 \text{ MPa}}{16 \text{ MPa}}(-36 \text{ MPa}) = 0.5 \text{ MPa} < [\sigma_t] = 2 \text{ MPa}$$

可知该水库岸边岩体强度足够。

# 10.9　各种强度理论的应用

以上介绍了四个常用强度理论。这四个强度理论可以分为两组:一组用于解决材料以断裂形式破坏的强度问题,称为脆断型强度理论,包括第一、二强度理论;一组用于解决材料以屈服形式破坏的构件的强度问题,称为塑性流动型强度理论,包括第三、四强度理论。

应该强调,强度理论着眼于材料的破坏机制,这些破坏机制既与材料的类型(脆性还是塑性)有关,也与应力状态有关。在用强度理论解决强度问题时,关键是正确选用合适的强度理论。

根据实验资料,可把各种强度理论的适用范围归纳如下:

(1)脆性材料:应力状态为单向、二向、三向拉应力状态或以拉应力为主的复杂应力状态,采用第一强度理论;应力状态为单向、二向压应力状态及以压应力为主的复杂应力状态,采用第二强度理论;当为三向接近等值的压应力状态时,应采用第三或第四强度理论。

在最大和最小主应力分别为拉应力和压应力的情况下,若材料的许用拉应力和许用压应力不等,采用莫尔强度理论更为适宜。

(2)塑性材料:除三个主应力接近相等的三向拉应力状态应采用第一强度理论外,其他各种应力情况都采用第三或第四强度理论。

应该指出,上述的强度理论并不完善,因而有的工程领域还是根据自己长期积累的经验制定计算方法和规定许用应力数值。

用强度理论进行强度计算主要步骤归纳如下:

(1)从构件的危险点处截取原始单元体,计算出三个主应力(见图 10.24(a));

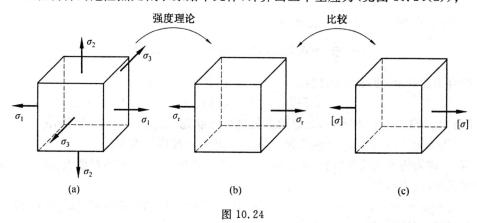

图 10.24

(2)选用适当的强度理论,算出相应的相当应力,把复杂应力状态转换为相当的单向应力状态(见图 10.24(b));

(3)确定材料的许用拉应力,将相当应力与其比较(见图 10.24(c)),建立构件的强度条件,进行强度计算。

**【例 10.9】** 试按强度理论建立纯剪状态的强度条件,并求出材料的剪切许用应力 $[\tau]$ 与拉伸许用应力 $[\sigma]$ 之间的关系。

**解** 纯剪状态如图 10.25 所示,它的三个主应力 $\sigma_1 = \tau$,$\sigma_2 = 0$,$\sigma_3 = -\tau$。若用实验强度条件,应有

$$\tau \leqslant [\tau] \qquad\qquad (a)$$

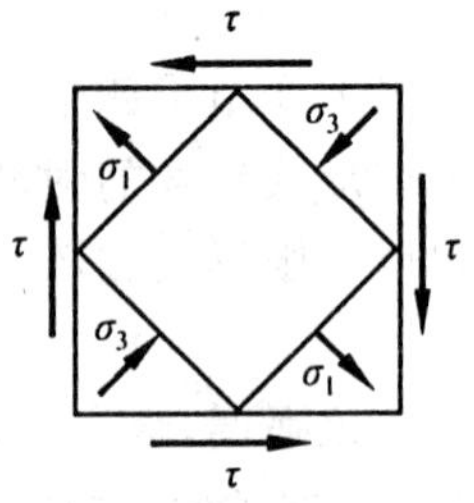

若用强度理论建立强度条件:

(1)脆性材料

按第一强度理论建立强度条件,可得

$$\sigma_1 = \tau \leqslant [\sigma] \qquad\qquad (b)$$

按第二强度理论建立强度条件,可得

$$\sigma_1 - \mu(\sigma_2 + \sigma_3) = (1+\mu)\tau \leqslant [\sigma] \qquad\qquad (c)$$

将式(a)分别与式(b)、(c)比较,依次可得

$$[\tau] = [\sigma], \quad [\tau] = \frac{[\sigma]}{1+\mu}$$

综合上述结果,可得脆性材料许用切应力 $[\tau]$ 的取值范围:

$$[\tau] = \left(\frac{1}{1+\mu} \sim 1.0\right)[\sigma]$$

如果是铸铁,$\mu = 0.25$,$[\tau] = (0.8 \sim 1.0)[\sigma]$。

(2)塑性材料

按第三强度理论建立强度条件,可得

$$\sigma_1 - \sigma_3 = 2\tau \leqslant [\sigma] \qquad\qquad (d)$$

按第四强度理论建立强度条件,可得

$$\sqrt{\frac{1}{2}\left[\sigma_1^2 + (-\sigma_3)^2 + (\sigma_3 - \sigma_1)^2\right]} = \sqrt{3}\,\tau \leqslant [\sigma] \qquad\qquad (e)$$

将式(a)分别与式(d)、(e)比较,依次可得

$$[\tau] = \frac{[\sigma]}{2} = 0.5[\sigma], \quad [\tau] = \frac{[\sigma]}{\sqrt{3}} \approx 0.577[\sigma]$$

综合上述结果,可得塑性材料许用切应力 $[\tau]$ 的取值范围:

$$[\tau] = (0.5 \sim 0.6)[\sigma]$$

图 10.25

**【例 10.10】** 一铸铁零件,在危险点处的应力状态主应力 $\sigma_1 = 24$ MPa,$\sigma_2 = 0$,$\sigma_3 = -36$ MPa。已知材料的 $[\sigma_t] = 35$ MPa,$\mu = 0.25$。试校核其强度。

**解** 因为铸铁是脆性材料,且二向应力状态中主压应力 $\sigma_3$ 的绝对值大,适于选用第二强度理论,其相当应力

$$\sigma_{r2} = \sigma_1 - \mu(\sigma_2 + \sigma_3) = 24 \text{ MPa} - 0.25 \times (0 - 36 \text{ MPa}) = 33 \text{ MPa} < [\sigma_t] = 35 \text{ MPa}$$

所以零件是安全的。

**【例 10.11】** 组合工字截面简支钢梁如图 10.26(a)所示,受到两个集中荷载作用。已知 $F = 200$ kN,材料为 Q235 钢,许用应力 $[\sigma] = 170$ MPa,$[\tau] = 100$ MPa。试按第四强度理论校核该梁强度。

**解** (1)确定危险截面,危险点

绘出梁的剪力图和弯矩图如图 10.26(b)、(c) 所示。由图可知,$C$、$D$ 截面为危险截面,计算时取其中 $C$ 截面即可。

根据工字钢截面横力弯曲梁横截面上正应力和切应力的分布规律,该梁的危险点为危险截面的上下边缘点、中性轴上的点、腹板和翼缘的交界点。

(2) 计算截面的几何性质

根据图 10.26(a) 所示截面尺寸,可以算出截面的惯性矩 $I_z = 71.8 \times 10^6$ mm$^4$,$W_z = 0.513 \times 10^6$ mm$^3$,$S_{z,\max}^* = 294.7 \times 10^3$ mm$^3$,翼缘对中性轴的静矩 $S_z^* = 227.2 \times 10^3$ mm$^3$。

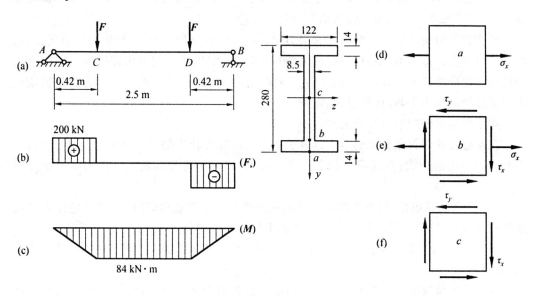

图 10.26

(3) 校核梁的强度

① 截面上下边缘点为单向应力状态,下边缘任意点 $a$ 的单元体如图 10.26(d) 所示。相当应力

$$\sigma_{r4} = \sigma_x = \frac{M_{\max}}{W_z} = \frac{84 \times 10^6 \text{ N} \cdot \text{mm}}{0.513 \times 10^6 \text{ mm}^3} \approx 163.7 \text{ MPa} < [\sigma] = 170 \text{ MPa}$$

② 截面中性轴上各点处于纯剪状态,任意一点 $c$ 单元体如图 10.26(f) 所示。

$$\tau_x = \frac{F_s S_z^*}{I_z b} = \frac{200 \times 10^3 \text{ N} \times 294.7 \times 10^3 \text{ mm}^3}{71.8 \times 10^6 \text{ mm}^4 \times 8.5 \text{ mm}} \approx 96.6 \text{ MPa}$$

相当应力

$$\sigma_{r4} = \sqrt{3}\,\tau_x \approx 167 \text{ MPa} < [\sigma] = 170 \text{ MPa}$$

③ 腹板与翼缘交界点处于二向应力状态,该处任意点 $b$ 的单元体如图 10.26(e) 所示。单元体的应力

$$\sigma_x = \frac{M_{\max} y}{I_z} = \frac{84 \times 10^6 \text{ N} \cdot \text{mm} \times 126 \text{ mm}}{71.8 \times 10^6 \text{ mm}^4} \approx 147.4 \text{ MPa}$$

$$\tau_x = \frac{F_{s,\max} S_z^*}{I_z d} = \frac{200 \times 10^3 \text{ N} \times 227.2 \times 10^3 \text{ mm}^3}{71.8 \times 10^6 \text{ mm}^4 \times 8.5 \text{ mm}} \approx 74.5 \text{ MPa}$$

相当应力

$$\sigma_{r4} = \sqrt{\sigma_x^2 + 3\tau_x^2} = \sqrt{(147.4 \text{ MPa})^2 + 3 \times (74.5 \text{ MPa})^2} \approx 195.9 \text{ MPa} > [\sigma] = 170 \text{ MPa}$$

此处 $\sigma_{r4}$ 超出许用应力 15.2%,不安全。因此得出结论,此梁强度不满足要求。

# 本章小结

本章是材料力学中非常重要的一章,是解决构件强度问题的理论基础。本章的内容包括应力状态分析、广义胡克定律和强度理论三个部分。

(1) 应力状态分析的目的是确定受力物体中一点任意斜截面上的应力、主平面和主应力、主切平面和主切应力。分析的重点是平面应力状态。

应力状态分析的方法有解析法和应力圆。应力状态分析的条件:切取原始单元体,用解析法时要选好参考面;图解分析(应力圆)的基础是解析法。用应力圆时要掌握应力圆的特点和绘应力圆的条件、应力圆上的点与单元体上的面的对应关系。应力圆是复杂应力状态分析的有力工具,计算直观、快捷。

本章要求掌握的应力分析公式:

二向应力状态斜截面上的应力计算公式;二向应力状态的主应力和主平面,主切应力和主切平面的公式;空间应力状态一点的最大、最小主应力和最大切应力的概念及公式。

(2) 广义胡克定律:要掌握建立广义胡克定律的基本理念;抓住广义胡克定律表达式的形式规律,计算时要灵活运用广义胡克定律的各种形式。

(3) 强度理论:重点掌握常用的四个强度理论的理论观点,相当应力 $\sigma_r$ 的表达式及选用条件。

材料的失效取决于材料的力学性能和应力状态两个方面的因素。一般来说,脆性材料破坏的形式是脆性断裂。如果应力状态以拉应力为主,应选用第一强度理论;如果以压应力为主,应选用第二强度理论。塑性材料失效的形式是塑性流动,根据需要可以选择第三或第四强度理论。两个特殊的情况是:一点应力状态接近三向等值受拉时,各种材料都将以脆性断裂的形式失效,应选用第一强度理论;一点应力状态接近三向等值受压时,各种材料都将以塑性流动的形式失效,应选用第三或第四强度理论。

## 思　考　题

10.1　如何从杆件内取出一点的原始单元体?

10.2　根据什么量确定受力构件中一点的应力状态?如图10.27所示平面应力状态单元体是否一定是二向应力状态?

(1) 设 $\sigma_x = \sigma_y = \tau_x \neq 0$;

(2) 设 $\sigma_x = \sigma_y, \tau_x = 0$;

(3) $\sigma_x = 3\sigma_y, \tau_x = \sqrt{3}\sigma_x$;

(4) $\sigma_x = \sigma_y = 0$。

10.3　平面应力状态应力圆的圆心在哪里?半径有多大?

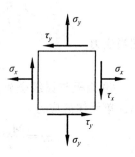

图 10.27

据此可知提出哪些绘制应力圆的条件？

10.4　如果一点的二向应力圆是点圆，这是一个什么样的应力状态？该点的最大切应力 $\tau_{max}$ 等于多大？如果一点的三向应力圆是点圆呢？

10.5　平面应力状态分析中，一点的最大切应力

$$\tau_{max}=\sqrt{\left(\frac{\sigma_x-\sigma_y}{2}\right)^2+\tau_x^2}$$

与该点三向应力状态分析中 $\tau_{max}=\dfrac{\sigma_1-\sigma_3}{2}$ 有什么区别？

10.6　塑性流动破坏与应变能有什么联系？为什么不根据应变能密度建立强度条件？

10.7　强度理论的理念是什么？材料的典型破坏形式有几种？常用的强度理论有几类？

10.8　试指出下列公式的使用条件：

(1) $\sigma_{r3}=\sigma_1-\sigma_3$；

(2) $\sigma_{r3}=\sqrt{\sigma^2+4\tau^2}$。

10.9　钢管混凝土的简化受力模型如图 10.28 所示，试问这种情况下：

(1) 混凝土处于怎样的应力状态，应选择哪个强度理论建立强度条件？

(2) 若钢管是薄壁管，且忽略纵向压力，其上任意一点的应力状态应如何考虑？

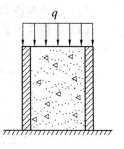

图 10.28

10.10　将玻璃瓶中加满水后冷冻，为什么玻璃瓶先破裂？从里面先裂还是从外面先裂？在较凉的厚玻璃瓶中快速加满开水，玻璃瓶为什么会破裂？从里面先裂还是从外面先裂？

# 习　题

10.1　已知应力状态如图 10.29(a)、(b)、(c) 所示，求指定斜截面 $ab$ 上的应力，并用图表示在单元体上。

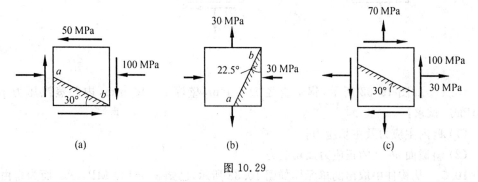

(a)　　　　　　(b)　　　　　　(c)

图 10.29

10.2　木制构件中的原始单元体如图 10.30 所示，图中所示的角度为木纹方向与铅

垂方向的夹角。试求：

(1) 平行于木纹方向的切应力；

(2) 垂直于木纹方向的正应力。

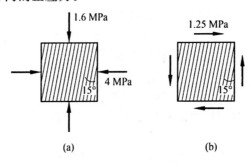

图 10.30

10.3 平面应力状态如图 10.31 所示(图中应力单位为 MPa)。试用解析法及图解法求：

(1) 主应力大小，主平面位置；

(2) 在单元体上绘出主平面及主应力；

(3) 主切应力。

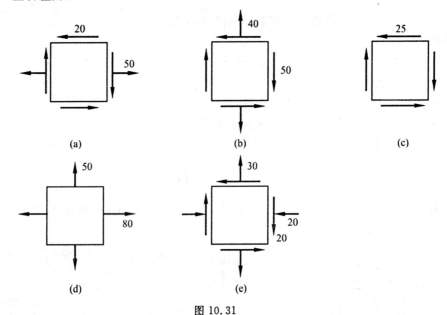

图 10.31

10.4 如图 10.32 所示，锅炉直径 $D = 1$ m，壁厚 $t = 10$ mm，内部蒸汽压力 $p = 3$ MPa。试求：

(1) 壁内主应力及主切应力；

(2) 斜截面 $ab$ 上的正应力及切应力。

10.5 从构件中取出的单元体如图 10.33 所示，已知 $\sigma_y = 100$ MPa，$AC$ 面为自由表面。试求 $\sigma_x$ 和 $\tau_x$。

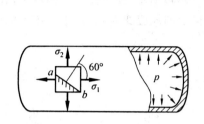
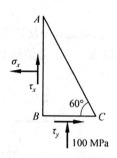

图 10.32　　　　　　　　　　　图 10.33

**10.6** 结构中某点处的应力如图 10.34 所示,设 $\sigma_a$、$\tau_a$ 及 $\sigma_y$ 值为已知,试作出该点应力圆。

**10.7** 如图 10.35 所示,拉杆两段沿 $m-n$ 面胶合而成。已知杆件横截面积 $A = 2\,000\ \text{mm}^2$,如要求胶合面上作用的拉应力 $\sigma_a = 10\ \text{MPa}$,切应力 $\tau_a = 6\ \text{MPa}$。试求此时胶合面倾角和轴向拉伸荷载 $F$。

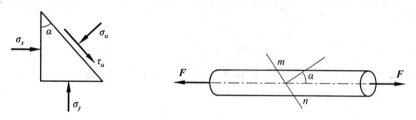

图 10.34　　　　　　　　　　　图 10.35

**10.8** 一圆轴受力如图 10.36 所示,已知固定端横截面上的最大弯曲正应力为 40 MPa,最大扭转切应力为 30 MPa,由横向力引起的最大切应力为 6 MPa。

(1)用单元体示出 $A$、$B$、$C$、$D$ 各点处的应力状态;

(2)求点 $A$ 的主应力和主切应力及其作用面的方位。

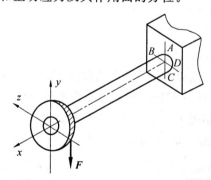

图 10.36

**10.9** 结构中某一点处的应力状态如图 10.37 所示。

(1)当 $\tau_{xy} = 0$,$\sigma_x = 200\ \text{MPa}$,$\sigma_y = 100\ \text{MPa}$ 时,测得 $x$、$y$ 方向的正应变分别为 $\varepsilon_x = 2.42 \times 10^{-3}$,$\varepsilon_y = 0.49 \times 10^{-3}$。求结构材料的弹性模量 $E$ 和泊松比 $\mu$。

(2)若材料的 $E$、$\mu$ 与(1)中的相同,试求:当切应力 $\tau_x = 80\ \text{MPa}$,$\sigma_x = 200\ \text{MPa}$,$\sigma_y =$

100 MPa 时 $\gamma_x$ 的值。

10.10　一直径为 $d$ 的实心圆轴如图 10.38 所示，在承受外力偶矩 $M_e$ 作用后，用电阻应变仪测得该轴表面 $M_e$ 与轴线成45°方向上的线应变为 $\varepsilon$。试求出该轴的剪切弹性模量 $G$ 与 $M_e$、$\varepsilon$、$d$ 间的关系。

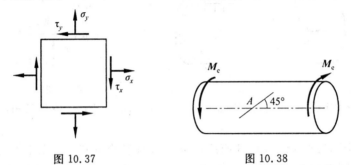

图 10.37　　　　　　　图 10.38

10.11　试用纯剪状态和应变能密度的概念证明各向同性材料的三个弹性常数 $E$、$G$、$\mu$ 之间有如下关系（提示：分别用主应力和切应力计算纯剪状态的应变能密度，二者应相等）

$$G = \frac{E}{2(1+\mu)}$$

10.12　对图 10.39 所示各应力状态，写出四个常用强度理论的相当应力。设 $\mu = 0.3$。

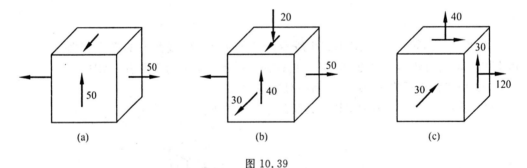

(a)　　　　　　　　(b)　　　　　　　　(c)

图 10.39

10.13　某铸铁构件内危险点的应力状态如图 10.40 所示。已知铸铁材料的泊松比 $\mu = 0.25$，许用拉应力 $[\sigma_t] = 30$ MPa。试用第一强度理论校核其强度。

10.14　炮筒横截面如图 10.41 所示。在危险点处，$\sigma_t = 550$ MPa，$\sigma_r = -350$ MPa，第三个主应力垂直于图面是拉应力，且其大小为 $\sigma_x = 420$ MPa。试计算其 $\sigma_{r3}$ 和 $\sigma_{r4}$。

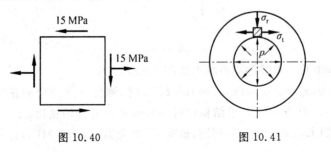

图 10.40　　　　　　　图 10.41

**10.15**　车轮与钢轨接触点处的主应力为 $\sigma_1 = -800$ MPa、$\sigma_2 = -900$ MPa、$\sigma_3 = -1\,100$ MPa。若 $[\sigma] = 300$ MPa，试校核接触点强度。

**10.16**　薄壁锅炉的平均直径为 1 250 mm，最大内压力 $p = 2.3$ MPa，在高温下工作，屈服点 $\sigma_s = 182.5$ MPa。若取安全系数 $n = 1.8$，试按第三和第四强度理论设计锅炉的壁厚 $t$。

**10.17**　简支钢梁受载如图 10.42 所示，已知均布荷载集度 $q = 40$ kN/m，两个集中力的大小 $F = 550$ kN，截面为工字形组合截面，尺寸如图所示。已知钢材的许用应力为 $[\sigma] = 170$ MPa。试按第四强度理论全面校核梁强度。

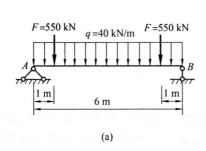 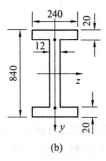

(a)　　　　　　　　　　　　　　(b)

图 10.42

**10.18**　铸铁薄管如图 10.43 所示。管的外径为 200 mm，壁厚 $t = 15$ mm，内压 $p = 4$ MPa，$F = 200$ kN。铸铁的抗拉及抗压许用应力分别为 $[\sigma_t] = 30$ MPa，$[\sigma_c] = 120$ MPa，$\mu = 0.25$。试用第二强度理论及莫尔强度理论校核薄管的强度。

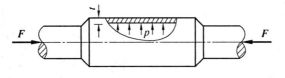

图 10.43

**10.19**　如图 10.44 所示，用 Q235 钢制成的实心圆截面杆，受轴向压力 $F$ 及扭转力偶矩 $M_e$ 共同作用，且 $M_e = \dfrac{Fd}{10}$。今测得圆杆表面点 $K$ 与轴线成 30° 方向的线应变 $\varepsilon_{30°} = 57.33 \times 10^{-5}$。已知该杆直径 $d = 10$ mm，材料的弹性模量为 $E = 200$ GPa，$\mu = 0.3$。试求荷载 $F$ 的大小。若其许用应力 $[\sigma] = 160$ MPa，试按第四强度理论校核该杆的强度。

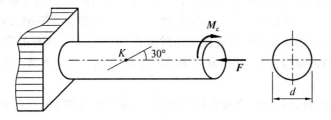

图 10.44

# 第**11**章

# 组合变形杆件的强度计算

## 11.1 概　述

前面的章节中已经讨论了杆件的基本变形,即轴向拉伸与压缩、剪切、扭转与平面弯曲。如果杆件同时发生了两种或两种以上的基本变形,即称为组合变形。例如,图11.1(a)中所示的高耸建筑物受到自重和风载的作用,在自重作用下产生轴向压缩,风载作用使其产生平面弯曲,像这样同时发生轴向压缩和平面弯曲的变形就称为压弯组合变形;图11.1(b)中所示的传动轴,在齿轮啮合力的作用下,两轮的中间部分在发生平面弯曲的同时,还会产生扭转,这样的变形就称为弯扭组合变形,等等。

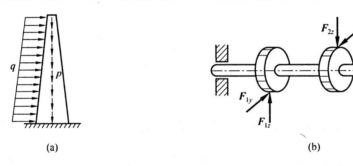

(a)　　　　　　　　　　　　　　　　　(b)

图 11.1

在线弹性小变形条件下,杆件的基本变形是独立的变形形式,每一种基本变形都与一种主要内力分量对应。因此,杆件发生组合变形的形式可依据截面上的基本内力分量判断。对细长杆来说,主要的内力分量通常是轴力 $F_N$、扭矩 $T$ 和弯矩 $M_y$、$M_z$($y$ 和 $z$ 为截面的形心主惯性轴)。如果某段杆横截面上同时有 $F_N$ 和 $M_y$,则这段杆的变形为拉伸(压缩)与 $xz$ 平面内的弯曲组合变形;如果有 $T$ 和 $M$(或 $M_y$,$M_z$),则为弯曲与扭转的组合变形,等等。

本章的主要内容是讨论组合变形杆件的强度,至于组合变形杆件位移的计算,将在能量法一章解决。

根据组合变形的特点,对杆件组合变形强度的研究可归结为以下三个问题:① 判断组合变形的类型;② 判断危险截面、危险点;③ 分析危险点的应力状态。根据危险点的应力状态和杆件的材料,选择相应的强度理论,建立强度条件。

常见的杆件组合变形有斜弯曲、拉伸(压缩)与弯曲、弯曲与扭转几种形式。

# 11.2  斜 弯 曲

斜弯曲的概念是相对平面弯曲而言的。平面弯曲梁的挠曲线是一条平面曲线,而且梁的挠曲面和梁的一个形心主惯性平面重合。如果一个梁的弯曲变形不具备上述特征,即称为斜弯曲。产生斜弯曲的条件与截面的几何性质有关,也与荷载有关。

下面先通过一个双对称弯曲的实例,分析斜弯曲的产生条件和强度计算的方法。

图 11.2(a) 所示悬臂梁,横截面有两个对称轴,分别用 $y$ 和 $z$ 表示,$y$ 轴和 $z$ 轴就是横截面的两个形心主惯性轴,两轴的交点既是横截面的形心,也是横截面的弯心。作用在梁上的集中力 $F_1$ 和 $F_2$ 都通过横截面的弯心。若将力 $F_1$ 沿两个主惯性轴分解为 $F_{y1}$ 和 $F_{z1}$,则梁在 $F_{y1}$ 和 $F_2$ 作用下将在 $xy$ 平面内产生平面弯曲,在 $F_{z1}$ 作用下将在 $xz$ 平面内产生平面弯曲。忽略剪力的影响,在距离固定端为 $x$ 的任一横截面上有两个弯矩分量 $M_y$、$M_z$,用双箭头矢量表示于图 11.2(c) 中。

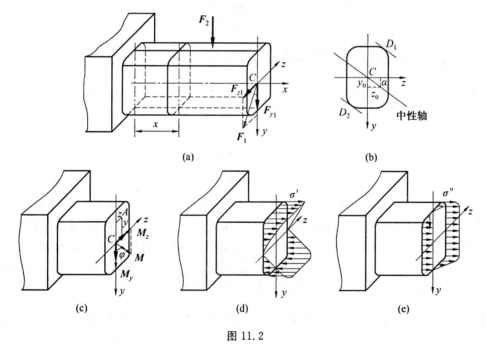

图 11.2

$M_z$ 单独作用时,在横截面上任意一点 $A(y,z)$ 产生的正应力

$$\sigma' = \frac{M_z y}{I_z} \qquad\qquad (c)$$

$\sigma'$ 在横截面上的分布如图 11.2(d) 所示。

$M_y$ 单独作用时,在横截面上同一点 $A(y,z)$ 产生的正应力

$$\sigma'' = \frac{M_y z}{I_y} \tag{d}$$

$\sigma''$ 在横截面上的分布如图 11.2(e) 所示。由叠加原理得,点 A 的总应力

$$\sigma = \sigma' + \sigma'' = \frac{M_z y}{I_z} + \frac{M_y z}{I_y} \tag{11.1}$$

用式(11.1)计算一点的应力时,考虑公式中 $M_y$、$M_z$ 以及该点坐标 $y$、$z$ 的正负号,式中 $\sigma'$ 和 $\sigma''$ 的正或负号可根据相应弯矩使该点产生的位移方向从图上直接判断。例如,对图 11.2(a) 中的梁,$x$ 截面上两个弯矩分量 $M_y$、$M_z$ 均使横截面上的点 A 产生离开横截面的位移,所以在点 A 产生的应力分量 $\sigma'$ 和 $\sigma''$ 均为拉应力,故都取正号。

式(11.1)表明,在 $M_y$、$M_z$ 的作用下,横截面上各点的正应力是对应点的坐标 $y$、$z$ 的二元一次函数,即 $\sigma = f(y,z)$。它在图 11.2(a) 所示空间直角坐标系中的图像是一个平面。给出横截面上任意一点的两个坐标,利用式(11.1)即可求出该点的应力,横截面上所有点的应力矢量端点都在 $\sigma = f(y,z)$ 平面上,所以称这个平面为应力平面。应力平面与横截面交线上各点的 $\sigma = 0$,这条直线即截面的中性轴。因为 $y = z = 0$ 时,$\sigma = 0$,根据式(11.1)可知中性轴一定过截面的形心。若点 $(y_0, z_0)$ 为中性轴上的点(见图 11.2(b)),将 $y_0$、$z_0$ 代入式(11.1)可得

$$\frac{M_y}{I_y} z_0 + \frac{M_z}{I_z} y_0 = 0 \tag{11.2}$$

式(11.2)即该梁横截面的中性轴方程。设中性轴与 $y$ 轴的夹角为 $\alpha$,则 $\tan \alpha = \frac{z_0}{y_0}$。注意到,若点 $(y_0, z_0)$ 在第一象限(参看图 11.2(b)),应力分量 $\frac{M_y z_0}{I_y}$ 为正值,$\frac{M_z y_0}{I_z}$ 为负值,于是由式(11.2)可得

$$\tan \alpha = \frac{z_0}{y_0} = \frac{M_z}{M_y} \cdot \frac{I_y}{I_z} = \frac{I_y}{I_z} \tan \varphi \tag{11.3}$$

式中,角度 $\varphi$ 是截面的合弯矩矢量 $M$ 与 $y$ 轴间的夹角。因为 $I_y$、$I_z$ 恒为正值,所以由式(11.3)可知,截面的中性轴与合弯矩矢量在同一象限内。若 $I_y \neq I_z$,则 $\alpha \neq \varphi$,而且都不为零。说明梁在变形时,各截面的挠度既不在截面合弯矩的作用面内,也不在梁的形心主惯性面内,这种弯曲称为斜弯曲。若 $I_y = I_z$,则该梁横截面内过截面形心的任意一条直线都是截面的形心主惯性轴,包括梁轴的任一纵截面都是形心主惯性平面。各截面的挠度都发生在本截面的合弯矩作用面内。这种情况下,若各横截面上的合弯矩都作用在同一纵截面内(即各横截面上 $\frac{M_z}{M_y}$ 为常数),梁的挠曲线是一条平面曲线,梁的弯曲为平面弯曲;否则,各个截面的挠度将不在同平面中,挠曲线将是一条空间曲线,就整个梁的变形来说已不是平面弯曲,但就梁的每一个横截面来说却具有平面弯曲的特征。这种情况下,如果要计算横截面上任意一点的正应力,则可用平面弯曲正应力公式由合弯矩 $M$ 计算,因为各横截面上正应力的分布与平面弯曲横截面上正应力的分布相同,中性轴为每个截面上与合弯矩矢量重合的直线。

斜弯曲梁横截面的中性轴将截面划分为拉应力和压应力两个区,拉应力区距中性轴

最远的点即最大拉应力点,压应力区距中性轴最远的点即最大压应力点。为了得出最大拉应力点和最大压应力点,作截面边界与中性轴平行的两条切线,如图 11.2(b) 所示,两个切点 $D_1(y_1,z_1)$ 和 $D_2(y_2,z_2)$ 即分别为最大拉应力点和最大压应力点。将这两点的坐标代入到式(11.1)中,即可得到指定截面的最大拉应力 $\sigma_{t,max}$ 和最大压应力 $\sigma_{c,max}$。如果截面是矩形、箱形、工字形等具有棱角的截面,则离中性轴最远的角点即最大拉应力点或最大压应力点。这种情况下,可以不必确定中性轴,运用应力分布图或应力正负号分布图可以直接确定最大拉应力点和最大压应力点。如矩形截面,截面上的弯矩如图11.3(a)所示,其中 $M_y$、$M_z$ 单独作用时的正应力 $\sigma'$、$\sigma''$ 的分布图示于图 11.3(b) 中,$\sigma'_{t,max}$、$\sigma''_{t,max}$ 的共同作用点就是截面上的最大拉应力点,即图 11.3(b) 中的点 $D_1$。同理,$\sigma'_{c,max}$ 和 $\sigma''_{c,max}$ 的共同作用点就是截面上的最大压应力点,即图 11.3(b) 中的点 $D_2$。图 11.3(c) 中绘出了 $M_y$、$M_z$ 单独作用时的正应力 $\sigma'$、$\sigma''$ 的正负号分布图,在全正号区中的角点 $D_1$ 就是最大拉应力点,在全负号区中的角点 $D_2$ 就是最大压应力点。用这样的方法确定最大拉应力和最大压应力点十分直观、简便。

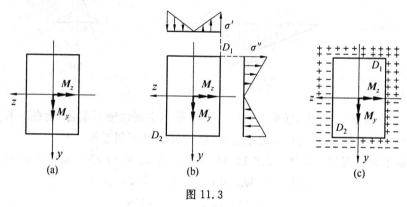

图 11.3

强度计算时,先判断危险截面,再用上述方法判断危险点。危险点处于单向应力状态。对于塑性材料制成的梁,只需找出危险截面上绝对值最大的应力建立强度条件,即

$$|\sigma|_{max} = \left| \frac{M_y z}{I_y} + \frac{M_z y}{I_z} \right|_{max} \leqslant [\sigma] \tag{11.4a}$$

对矩形、工字形等一类截面,式(11.4a) 可以简化为

$$\sigma_{max} = \frac{M_y}{W_y} + \frac{M_z}{W_z} \leqslant [\sigma] \tag{11.4b}$$

式(11.4) 中 , $M_y$、$M_z$ 为危险截面上的弯矩分量。

利用式(11.4) 可以解决斜弯曲梁强度方面的三类问题。但是,在利用式(11.4b) 进行截面设计时,因为式中 $W_y$、$W_z$ 均为未知量,需采用试算法。先将其变成如下形式

$$\frac{1}{W_y} \left( M_y + \frac{W_y}{W_z} M_z \right) \leqslant [\sigma] \tag{11.5}$$

试算时,先设定比值 $W_y/W_z$,算出 $W'_y$,确定截面尺寸(如果是型钢截面,可查附录2);之后,根据算出的截面尺寸,计算 $W'_z$,验证比值 $W'_y/W'_z$ 是否与前面设定的比值相同或很接近。否则,再设 $W_y/W_z$ 的值,重复上述过程。一般经过 2 ~ 3 次试算,即可得到比较满意的结果。如果是选择工字钢截面,一般 $W_z/W_y \approx 5 \sim 15.5$。

对横截面没有两个对称轴的梁,截面的形心与弯心不重合。但对一般实体截面梁,截面抗扭刚度较大,弯心与形心偏离较小,通过截面形心的横向力在截面中产生的扭矩很小,可以不考虑扭转的影响。只要沿两个形心主惯性轴的横向力都通过截面形心,则梁的变形即可认为是斜弯曲。但对开口薄壁截面梁,产生斜弯曲的横向力必须通过截面弯心。

**【例 11.1】**　图 11.4(a) 所示桥式吊车行车大梁,横截面为工字钢 32a(见图 11.4(b)),材料为 Q235 钢,$[\sigma]=170$ MPa,梁长 $l=4$ m。起重小车行进中起吊重物时,荷载 $F$ 的方向偏离大梁纵向垂直对称面的角度 $\varphi$ 最大可达 $15°$,若荷载 $F=30$ kN,试校核该梁的强度。

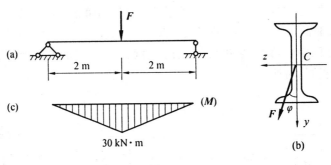

图 11.4

**解**　工字梁的 $I_y \neq I_z$,横向力过弯心但与形心主惯性轴不重合,梁在 $F$ 作用下的变形为斜弯曲。当荷载 $F$ 移动至梁的中点时,该梁处于最不利工作状况。

绘出最不利工况的弯矩图,如图 11.4(c) 所示,$M_{max}=30$ kN·m。分解 $M_{max}$,得

$$M_{ymax}=M_{max}\sin\varphi \approx 7.76 \text{ kN·m}$$
$$M_{zmax}=M_{max}\cos\varphi \approx 29 \text{ kN·m}$$

查型钢表,得 32a 工字钢的抗弯截面模量

$$W_y=70.8 \text{ cm}^3, \quad W_z=692.2 \text{ cm}^3$$

将以上各量代入强度条件,可得

$$\sigma_{max}=\frac{M_{ymax}}{W_y}+\frac{M_{zmax}}{W_z}=\frac{7.76\times10^3 \text{ N·m}}{70.8\times10^{-6} \text{ m}^3}+\frac{29\times10^3 \text{ N·m}}{692.2\times10^{-6} \text{ m}^3}\approx$$

$$109.6 \text{ MPa}+41.9 \text{ MPa}\approx 152 \text{ MPa}\leqslant[\sigma]=160 \text{ MPa}$$

该梁强度满足要求。

若荷载 $F$ 的方向没有偏离大梁纵向垂直对称面,即 $\varphi=0$,则梁的弯曲为平面弯曲,最大正应力

$$\sigma'_{max}=\frac{M_z}{W_z}=\frac{30\times10^3 \text{ N·m}}{692.2\times10^{-6} \text{ m}^3}\approx 43.3 \text{ MPa}$$

可以看出,尽管荷载偏角 $\varphi$ 并不大,但是 $\sigma_{max}\approx 3.5\sigma'_{max}$。造成这种情况的原因是由于梁在 $xz$ 平面的抗弯截面因数 $W_y$ 与 $xy$ 平面的抗弯截面因数 $W_z$ 之比较低。因此,工程中应尽可能避免斜弯曲,对不可避免的斜弯曲,应设法减小两个形心主惯性平面抗弯截面系数的比值。例如,工厂中和建筑工地中的行车梁一般都做成箱形。

**【例 11.2】**　图 11.5(a) 所示简支梁的截面为 200 mm×200 mm×2 mm 的边角钢，作用在梁上的荷载 $F=25$ kN，$F$ 的方位示于图 11.5(a)、(c) 之中。试求该梁危险截面危险点上的应力。

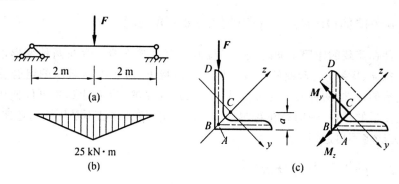

图 11.5

**解**　由题设条件绘出梁的弯矩图，如图 11.5(b) 所示，$M_{max}=\dfrac{Fl}{4}=25$ kN·m，发生在梁的中间截面，该截面即梁的危险截面。截面有一个对称轴 $z$，形心 $C$ 和弯心 $A$ 均在此轴上，如图 11.5(c) 所示。图中 $y$、$z$ 两个轴即为截面的形心主惯性轴。查型钢规格表(热轧等边角钢(GB 9787—1988))得，200 mm×200 mm×20 mm 的等边角钢：

$$I_y=1\ 180\ \text{cm}^4,\quad I_z=4\ 555\ \text{cm}^4,\quad a=5.69\ \text{cm}=56.9\ \text{mm}$$

荷载 $F$ 过截面的弯心，$I_y\neq I_z$，梁的变形为斜弯曲。截面内力分量：

$$M_y=M_z=M\cos 45°=25\ \text{kN·m}\times\frac{\sqrt{2}}{2}=17.6\ \text{kN·m}$$

危险点为危险截面上的 $B$、$D$ 两点(见图 11.5(d))。点 $B$ 在 $z$ 轴上坐标为

$$y_B=0,\quad z_B=-56.9\ \text{mm}/\cos 45°\approx-80.5\ \text{mm}$$

点 $D$ 的坐标为

$$y_D=-200\ \text{mm}\times\cos 45°\approx-141\ \text{mm}$$

$$z_D=(200\ \text{mm}-56.9\ \text{mm}\times2)\times\cos 45°\approx61\ \text{mm}$$

危险点的应力：

点 $B$ 为最大拉应力点

$$\sigma_{t,max}=\frac{M_y z_B}{I_y}=\frac{17.6\times10^3\text{N·m}\times80.5\times10^{-3}\text{m}}{1\ 180\times10^{-8}\text{m}^4}\approx120\times10^6\ \text{Pa}=120\ \text{MPa}$$

点 $D$ 为最大压应力点

$$\sigma_{c,max}=-\left(\frac{M_y z_D}{I_y}+\frac{M_z y_D}{I_z}\right)=$$

$$-\left(\frac{17.6\times10^3\text{N·m}\times61\times10^{-3}\text{m}}{1\ 180\times10^{-8}\text{m}^4}+\frac{17.6\times10^3\text{N·m}\times141\times10^{-3}\text{m}}{4\ 555\times10^{-8}\text{m}^4}\right)\approx$$

$$-146\ \text{MPa}$$

# 11.3 拉伸(压缩)与弯曲

## 11.3.1 拉伸(压缩)与弯曲的组合变形的概念

如果杆件在荷载的作用下同时发生了拉伸与弯曲或压缩与弯曲两种变形形式,则称杆的变形为拉伸(压缩)与弯曲的组合变形。应该指出,对压缩与弯曲的组合变形,只有大刚度小变形的杆件,两种变形才可以认为是彼此独立的,应力计算才可以使用叠加法;对小刚度大变形的杆件,轴向力在弯曲变形中也产生弯矩,这已不是压缩与弯曲的简单组合,本章的方法将不再适用。

## 11.3.2 外力及内力分析

引起直杆拉伸(压缩)与弯曲组合变形的外力,可以归纳为两种类型:一种是横向力(包括作用面平行于杆件轴线的力偶)与轴向力共同作用的情况,一种是偏心拉伸或压缩。下面分别予以讨论。

(1) 横向力与轴向力共同作用

当直杆的拉伸(压缩)与弯曲组合变形是由横向力和轴向力共同作用产生时,一般来说横向力必须过截面的弯心,对实心截面杆,横向力过形心就可以。

若杆的弯曲为平面弯曲,如 $xy$ 平面内的弯曲,截面上只有两个基本内力分量,即 $F_N$ 和 $M_z$,截面上任意一点的应力为

$$\sigma = \frac{F_N}{A} + \frac{M_z y}{I_z} \tag{11.6}$$

若弯曲为斜弯曲,横截面上的内力有 $F_N$、$M_y$ 和 $M_z$ 三个基本内力分量。例如图 11.6 所示的梁是横截面具有两个对称轴的直杆,在过其自由端形心但不与杆的轴线和截面形心主惯性轴平行的力 $F$ 作用下的变形,即属于这种情况。将力 $F$ 沿杆的轴线($x$ 轴)和横截面的形心主惯性轴($y$ 轴和 $z$ 轴)分解,则轴向分力 $F_x$ 引起轴向拉伸,横向力 $F_y$、$F_z$ 分别引起 $xz$ 和 $xy$ 平面内的弯曲。截面上任意一点的正应力计算公式为

$$\sigma = \frac{F_N}{A} + \frac{M_y z}{I_y} + \frac{M_z y}{I_z} \tag{11.7}$$

使用上述公式计算截面上一点的应力时,各项的正负号根据对应内力分量在计算点处产生的位移直接判定。

由式(11.6)或(11.7)确定的应力平面与横截面的交线即中性轴。以弯曲变形为斜弯曲的情况为例,设点($y_0$,$z_0$)为中性轴上的点,则由式(11.7)可得中性轴的方程为

$$\frac{F_N}{A} + \frac{M_y z_0}{I_y} + \frac{M_z y_0}{I_z} = 0 \tag{11.8}$$

可以看出,式(11.8)中的 $y_0$、$z_0$ 不能同时为零,即杆件在拉弯或压弯组合变形时,中性轴不过横截面的形心。一般来说,中性轴把截面划分为拉应力和压应力两个区。过截面的边界点作平行于中性轴的两条切线,如图 11.7(a) 所示,切点 $D_1(y_1, z_1)$、$D_2(y_2, z_2)$ 即拉应力和压应力区中距中性轴最远的点,也就是最大拉应力点或最大压应

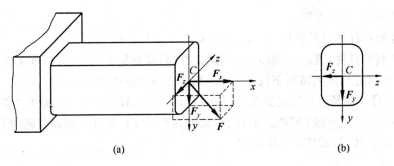

图 11.6

力点,将 $D_1(y_1,z_1)$、$D_2(y_2,z_2)$ 两点的坐标代入到式(11.7)中即可得出截面上 $\sigma_{\text{t,max}}$ 和 $\sigma_{\text{c,max}}$。

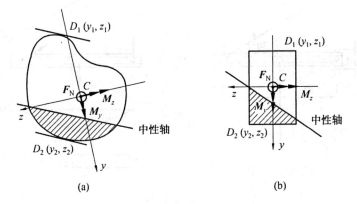

图 11.7

不难想象,在拉伸(压缩)与弯曲组合变形中,中性轴不一定位于横截面内。这种情况下截面上的应力,要么全是拉应力,要么全是压应力。

若截面是矩形、工字形、箱形等有棱角的截面,最大拉应力点或最大压应力点必在截面角点处,无须确定中性轴,可直接利用 $M_y$、$M_z$ 单独作用时的应力分布图,或应力正负号分布图即可确定最大拉应力点和最大压应力点。例如,图 11.7(b) 中,$F_N$、$M_y$、$M_z$ 在角点 $D_1(y_1,z_1)$ 处都产生拉应力,$D_1(y_1,z_1)$ 即为截面的最大拉应力点;当 $M_y$、$M_z$ 在角点 $D_2(y_2,z_2)$ 产生的压应力之和大于 $F_N$ 在截面上产生的时,$D_2(y_2,z_2)$ 即为最大压应力点。

对这类截面,最大拉应力按下式计算:

$$\sigma_{\text{t,max}} = \frac{F_N}{A} + \frac{M_y}{W_y} + \frac{M_z}{W_z} \tag{a}$$

如果截面上有压应力区存在,则绝对值最大的压应力按下式计算:

$$|\sigma_c|_{\text{max}} = \left| \frac{F_N}{A} - \frac{M_y}{W_y} - \frac{M_z}{W_z} \right| \tag{b}$$

对轴力 $F_N$ 为压力的情况,可按同样的理念分析。

在拉弯或压弯组合变形中,截面上每一点都处于单向应力状态,强度计算时按单向拉伸或压缩建立强度条件。先确定出危险截面,将危险截面上的最大拉应力或最大压应力代入强度条件中,写出方程。

对塑性材料杆件只需校核 $|\sigma|_{max}$,强度条件为 $|\sigma|_{max} \leqslant [\sigma]$。

对脆性材料杆件,当 $\sigma_{t,max}$ 和 $\sigma_{c,max}$ 同时存在时,要分别进行校核,强度条件为 $\sigma_{t,max} \leqslant [\sigma_t]$,$\sigma_{c,max} \leqslant [\sigma_c]$;多数情况下只有 $\sigma_{c,max}$,相应的强度条件为 $\sigma_{c,max} \leqslant [\sigma_c]$。

**【例 11.3】** 简易起吊装置如图 11.8(a) 所示,横梁 $AB$ 长 $l=4$ m,截面为 28a 工字钢,材料的许用应力 $[\sigma]=160$ MPa。斜杆 $BC$ 的倾角 $\theta=30°$。若起重机在梁的中点吊起重量 $F=30$ kN 的物体,试校核该梁强度。

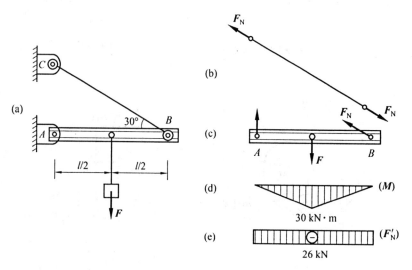

图 11.8

**解** 拉杆 $BC$ 和横梁 $AB$ 的隔离体和受力图如图 11.8(b)、(c) 所示,由横梁的平衡条件 $\sum M_{Ai} = 0$ 建立平衡方程

$$F_N l \sin \theta - F \cdot \frac{l}{2} = 0$$

解得

$$F_N = \frac{F}{2 \sin \theta} = \frac{30 \text{ kN}}{2 \times \frac{1}{2}} = 30 \text{ kN}$$

横梁 $AB$ 的内力图如图 11.8(d)、(e) 所示,横梁为等截面,弯矩最大的中间截面即为危险截面,其上内力

$$M_{max} = \frac{Fl}{4} = \frac{30 \text{ kN} \times 4 \text{ m}}{4} = 30 \text{ kN} \cdot \text{m}$$

$$F'_N = -F_N \cos 30° = -26 \text{ kN}$$

轴力为压力,横梁的变形为压、弯组合变形。危险点为危险截面上边缘的各点。

查型钢表(热轧工字钢(GB 706—88))得:工字钢 28a 的 $A=55.4$ cm²,$W_z=508$ cm³

危险点压应力的绝对值:

$$|\sigma_c|_{max} = \frac{F'_N}{A} + \frac{M_{max}}{W_z} = \frac{26 \times 10^3 \text{ N}}{55.4 \text{ cm}^2} + \frac{30 \times 10^3 \text{ N} \cdot \text{m}}{508 \text{ cm}^3} \approx 63.7 \text{ MPa} \leqslant [\sigma]$$

该梁强度满足要求。

（2）偏心拉伸（压缩）

直杆在不过截面形心的纵向力作用下的变形，称为偏心拉伸（压缩）。例如图 11.9(a) 所示矩形截面短柱在端面上受到过偏心点 $P(y_F, z_F)$ 的纵向拉力 $F$ 作用，即为偏心拉伸；反之，若 $F$ 是过偏心点 $P(y_F, z_F)$ 的纵向压力，即为偏心压缩。

如果从柱中截取任一截面，截面上的轴力 $F_N = F$，对截面形心主惯性轴 $y$、$z$ 的弯矩 $M_y = Fz_F$，$M_z = Fy_F$。$F_N$ 引起轴向拉伸，$M_y$、$M_z$ 分别引起 $xz$ 和 $xy$ 平面内的弯曲。可见杆件在偏心拉力（压力）作用下的变形属于拉伸（压缩）与弯曲的组合变形。

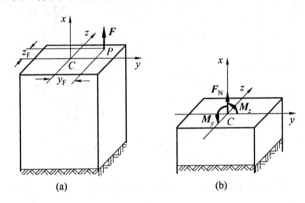

图 11.9

将 $F_N = F$、$M_y = Fz_F$，$M_z = Fy_F$ 代入式（11.7），注意到 $I_y = i_y^2 A$，$I_z = i_z^2 A$，整理后得

$$\sigma = \frac{F}{A}\left(1 + \frac{z_F z}{i_y^2} + \frac{y_F y}{i_z^2}\right) \tag{11.9}$$

式（11.9）即偏心拉（压）杆件横截面上一点正应力计算公式，使用该式时，确定式中各项正负号的方法与式（11.7）相同。令点 $(y_0, z_0)$ 为中性轴上的点，代入式（11.9），即得中性轴方程

$$1 + \frac{z_F z_0}{i_y^2} + \frac{y_F y_0}{i_z^2} = 0 \tag{11.10}$$

这是一个直线方程。设中性轴在截面形心主惯性轴 $y$、$z$ 上的截距分别为 $a_y$、$a_z$，在式（11.10）中，分别令 $y_0 = 0$，$z_0 = 0$，则得

$$z_0 = a_z = -\frac{i_y^2}{z_F}, \qquad y_0 = a_y = -\frac{i_z^2}{y_F} \tag{11.11}$$

因为 $i_y^2$、$i_z^2$ 恒为正值，所以 $a_y$ 与 $y_F$、$a_z$ 与 $z_F$ 的正负号相反。这说明中性轴与偏心力的作用点总是位于截面形心相对的两侧。

**【例 11.4】**　矩形截面柱受纵向压力 $F_1$、$F_2$ 作用，如图 11.10(a) 所示，其中 $F_1$ 的作用线与柱轴重合，$F_2$ 的作用线在 $xy$ 平面内，偏心距 $e = 200\ \text{mm}$。$F_1 = 100\ \text{kN}$，$F_2 = 45\ \text{kN}$，$b = 180\ \text{mm}$。求：

（1）欲使柱的横截面上不出现拉应力，截面尺寸 $h$ 最小应为多少；

（2）当 $h$ 确定后求柱横截面上最大压应力。

**解**　由于纵向压力的合力偏离截面形心，柱的变形为偏心压缩。截面 $m—m$ 中的内

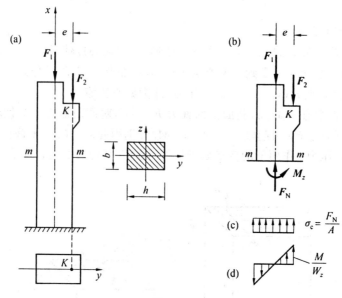

图 11.10

力
$$F_N = -(F_1 + F_2) = -145 \text{ kN}, \quad M = F_2 e = 45 \text{ kN} \times 200 \text{ mm} = 9 \times 10^3 \text{ N} \cdot \text{m}$$
截面上由轴力 $F_N$ 和弯矩 $M_z$ 产生的应力分布如图 11.10(c)、(d) 所示。

(1) 根据应力分布图可以看出,在截面左边边界由弯矩引起的拉应力最大,若使截面上不出现拉应力,应有

$$\sigma = \frac{F_N}{A} + \frac{M}{W_z} = -\frac{F_1 + F_2}{bh} + \frac{6F_2 e}{bh^2} = 0$$

解得

$$h = \frac{6F_2 e}{F_1 + F_2} = \frac{6 \times 9 \times 10^3 \text{ N} \cdot \text{m}}{(100 + 45) \times 10^3 \text{ N}} \approx 372 \text{ mm}$$

(2) 柱截面上的最大压应力

$$\sigma_{c,\max} = \frac{F_N}{A} + \frac{M}{W_z} = \frac{F_1 + F_2}{bh} + \frac{6F_2 e}{bh^2} =$$

$$\frac{145 \times 10^3 \text{ N}}{180 \text{ mm} \times 372 \text{ mm}} + \frac{6 \times 9 \times 10^3 \text{ N} \cdot \text{m}}{180 \text{ mm} \times (372 \text{ mm})^2} \approx 4.33 \text{ MPa}$$

【例 11.5】 正方形短柱如图 11.11(a)所示,力 F 沿杆的轴线作用。如果在短柱的中段某截面处开一切槽,其深度为原截面宽度的一半,如图 11.11(b)所示,试问截面中最大压应力增大几倍?

**解** 开槽前,短柱受到轴向压力作用,截面上应力均匀分布,压应力

$$\sigma_c = \frac{F}{A} = \frac{F}{4a^2} \tag{1}$$

开槽后,F 对开槽段的作用为偏心压缩,偏心距为 $a/2$,截面上的内力 $F_N' = F$,$M = \frac{1}{2}Fa$,如图 11.11(c)所示。截面上的最大压应力

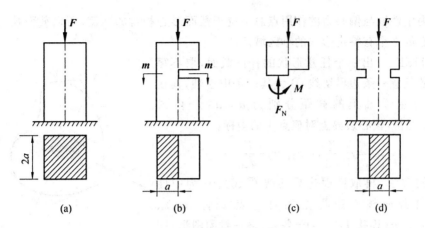

图 11.11

$$\sigma'_{c,max} = \frac{F'_N}{A'} + \frac{M}{W'} = \frac{F}{2a^2} + \frac{F \times \dfrac{a}{2}}{2a \times \dfrac{a^2}{6}} = \frac{2F}{a^2} \tag{2}$$

开槽前后最大压应力之比

$$\frac{\sigma'_{c,max}}{\sigma} = \frac{2F}{a^2} \frac{4a^2}{F} = 8$$

即开槽后的应力比开槽前增加 7 倍。由此可见,偏开槽对柱的强度影响很大,工程中应避免这种情况。为减小偏开槽带来的影响,可采用对称开槽的方法,如图 11.11(d) 所示,由于开槽后柱的变形仍为轴向压缩,开槽后的应力 $\sigma'' = \dfrac{F}{2a^2}$ 比开槽前只增加 1 倍。

# 11.4　截面核心

## 11.4.1　核心的概念

直杆在偏心拉力或压力作用下,中性轴不一定位于横截面内。如果是偏心压缩且中性轴在截面之外,则整个截面中的应力都将是压应力。如果适当调整偏心压力作用点的位置可以使中性轴恰好不从截面内部穿过,而整个截面只受压应力作用,我们把这种状态下偏心压力作用点的集合称为截面核心。在土木工程中,截面核心是一个非常重要的概念。因为在土木工程中,大量使用的是脆性材料,这类材料的抗拉性能远远低于抗压性能。在设计这类受偏心压力作用的构件时,最好不让其截面上出现拉应力,这就必须保证偏心压力作用点在截面核心范围内。

确定截面核心的关键是确定核心边界。核心边界点的特征是:当偏心压力作用于这样的点时,中性轴刚好与截面相切且不从截面内部穿过。反之,如果某条中性轴刚好是不与截面相割的边界切线,那么与其相对应的偏心压力的作用点必在截面核心的边界上。按照这样的理念,以不与截面相割的若干边界切线为中性轴,找出与这些中性轴对应的偏心压力的作用点,即截面核心边界上的若干点,连接这些点的曲线围成的小区域即截面核心。因为中性轴与偏心力的作用点总是位于截面形心相对的两侧，所以截面核心是包含截面形心的一个有特定形状的小区域。

图 11.12 示出一个任意形状的杆件截面，取不穿过截面的任意一条边界切线 ① 为其一条中性轴，其在截面形心主惯轴上的截距分别为 $a_{y1}$、$a_{z1}$。由式（11.11）可得，核心边界上对应点 1 的坐标：

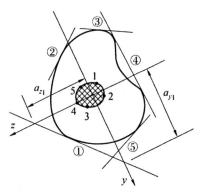

$$y_{F1} = -\frac{i_z^2}{a_{y1}}, \quad z_{F1} = -\frac{i_y^2}{a_{z1}}$$

用同样的方法，再取截面边界切线 ②、③、… 为中性轴，找出截面核心边界上的对应点 $2(y_{F2}, z_{F2})$、$3(y_{F3}, z_{F3})$，… 连接 1，2，3，… 各点，得一封闭图形，即截面核心。

图 11.12

**【例 11.6】** 试求图 11.13 所示矩形截面的核心。设矩形截面的边长分别为 $b$、$h$，截面的形心主惯性轴为 $y$、$z$。

**解** 取与矩形的边 $AB$ 重合的直线为中性轴 ①，其在 $y$、$z$ 轴上的截距分别为

$$a_{y1} = \frac{h}{2}, \quad a_{z1} = \infty$$

矩形截面的 $i_y^2 = \frac{b^2}{12}, i_z^2 = \frac{h^2}{12}$。将以上参数代入式（a）就得到与中性轴 ① 对应的截面核心边界点 1 的两个坐标

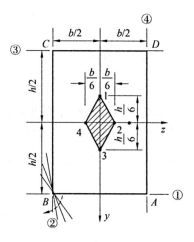

$$y_{F1} = -\frac{i_z^2}{a_{y1}} = -\frac{\frac{h^2}{12}}{\frac{h}{2}} = -\frac{h}{6}, \quad z_{F1} = -\frac{i_y^2}{a_{z1}} = 0$$

图 11.13

同样方法，可以得到与 $BC$ 边重合的中性轴 ②、与 $CD$ 边重合的中性轴 ③、与 $DA$ 边重合的中性轴 ④，在核心边界上的对应点依次为 $2\left(0, \frac{b}{6}\right)$、$3\left(\frac{h}{6}, 0\right)$、$4\left(0, -\frac{b}{6}\right)$。实际上，因为截面形状关于 $y$、$z$ 两个轴对称，截面核心的形状也关于 $y$、$z$ 两个轴对称，在得出 1、2 两点之后，3、4 两点可以利用对称性直接得出。

上面得到了核心边界上的 4 个点，要画出核心形状，尚需找出上述 4 点之间核心边界上的若干点，或找出相邻两个点间的核心边界线形。先讨论 1、2 两点之间的核心边界点。显然，这部分核心边界点应该是中性轴 ①、② 之间其他中性轴的对应点。在 ①、② 两条中性轴之间可以作无数条中性轴，但都必须过点 $B$，相当于将中性轴 ① 绕点 $B$ 顺时针旋转到中性轴 ② 时依次得到的若干中间位置。从而点 $B(y_B, z_B)$ 的坐标满足过点 $B$ 的所有中性轴的方程，由式（11.10）可得

$$1 + \frac{z_B}{i_y^2} z_F + \frac{y_B}{i_z^2} y_F = 0 \tag{b}$$

式（b）即外力作用点的轨迹方程。因为式中只有 $y_F$、$z_F$ 是变量，所以这是一个关于 $y_F$、$z_F$

的直线方程。也就是说,当中性轴从 ① 绕点 $B$ 旋转到 ② 时,相应的核心边界是连接 1、2 两点的直线。按此推理,2、3、3、4、4、1 之间的核心边界都是直线,由此得出矩形截面的核心是以截面形心为中心的菱形,即图 11.13 中有阴影线部分的面积。菱形两条对角线的长度分别是与其平行的矩形截面边长的 1/3。

综上所述,描绘截面核心边界时,一般是先确定核心边界上的一些特殊点,而后再连接这些特殊点得出截面核心。确定截面核心边界时,应把握如下要点和规律:

(1) 假定的中性轴不能与截面相割。当截面有内凹部分时,内凹段边界点的切线不能设为中性轴。这时,可过内凹段与外突部分的两个衔接点作一公切线,并把这条公切线作为中性轴,像图 11.12 中的中性轴 ④ 那样,再找出其在核心边界上的对应点。

(2) 截面边界与某形心主惯性轴垂直的切线在核心边界上的对应点一定在此形心主惯性轴上。

(3) 无论截面的形状如何,截面核心的边界总是外凸的。如果截面是对称图形,则截面核心也是对称图形,两个图形的对称轴相同。

(4) 凡是有棱角的截面,过角点与截面相切的两条中性轴在核心边界上的两个对应点之间,核心边界的形状为直线。

(5) 截面边界外凸的曲线部分,对应的核心边界也为外凸曲线。

【例 11.7】　半径为 $r$ 的半圆形截面如图 11.14 所示,试作出截面核心。

**解**　截面图形关于 $y$ 轴对称,由理论力学的结果可知,形心在 $y$ 轴上距半圆直径为 $\dfrac{4r}{3\pi}=0.425r$ 处。截面的形心主惯性轴即图 11.14 中的 $y$、$z$ 轴。

截面的惯性矩和惯性半径:

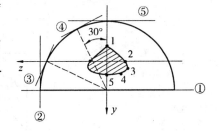

图 11.14

$$I_y=\frac{\pi r^4}{8}\approx 0.393r^4,\quad i_y^2=\frac{I_y}{A}=\frac{0.393r^4}{1.57r^2}\approx 0.25r^2$$

$$I_z=\frac{\pi r^4}{8}-\left(\frac{4r}{3\pi}\right)^2\cdot\frac{\pi r^2}{2}\approx 0.109r^4,\quad i_z^2=\frac{I_z}{A}=\frac{0.109r^4}{1.57r^2}\approx 0.069\,4r^2$$

由对称规律,图形关于 $y$ 轴对称,图形的截面核心也必关于 $y$ 轴对称。所以,只需确定截面核心的一半边界,另一半由对称性即可得出。

表 11.1　例题 11.7 截面核心边界计算表

| 中性轴编号 | | ① | ② | ③ | ④ | ⑤ |
|---|---|---|---|---|---|---|
| 中性轴的截距 | $a_y$ | $0.425r$ | $\infty$ | $-1.928r$ | $-0.730r$ | $-0.575r$ |
| | $a_z$ | $\infty$ | $r$ | $0.905r$ | $-1.264r$ | $\infty$ |
| 对应截面核心边界点 | | 1 | 2 | 3 | 4 | 5 |
| 截面核心边界点的坐标值 | $y_F$ | $-0.163r$ | $0$ | $0.036r$ | $0.095r$ | $0.121r$ |
| | $z_F$ | $0$ | $-0.25r$ | $0.276r$ | $1.098r$ | $0$ |

选取与截面边界相切的中性轴①～⑤及对应的截面核心边界点1～5如图11.14所示。各中性轴在$y$、$z$轴上的截距及对应的截面核心边界点坐标的计算列于表中。根据表中的数据画出的截面核心示于图11.14中。

# 11.5   扭转与弯曲

如果外力对构件的作用即有弯曲又有扭转,则其变形为弯扭组合变形。弯扭组合变形是杆件组合变形的一种常见形式,特别是在机械工程中,传动轴的变形一般都是弯扭组合变形。

对弹性小变形直杆,引起弯扭组合变形的外力一般情况下可分为两组,一组使杆件产生弯曲,另一组使杆件产生扭转。如果弯扭组合变形仅仅是由横向外力引起的,则至少有一个横向力的作用线不过截面弯心。例如图11.15(a)中的折轴杆,由于外力$F_y$与杆$AB$的轴线垂直又不过截面弯心,从而使杆$AB$既受到弯曲又受到扭转。机械中的传动轴通过齿轮或皮带轮传递力,这些力不过传动轴截面的形心(也是弯心),故其变形为弯扭组合变形。

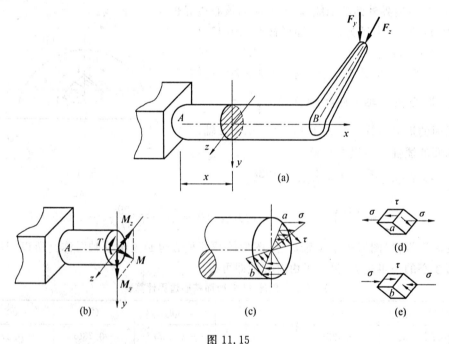

图 11.15

弯扭组合变形杆件的内力、应力及强度的计算都与杆件横截面的形状有关,横截面的形状不同,危险截面上危险点的分布及应力状态的类型也不相同。其中圆截面和矩形截面是两个典型的情况,下面结合这两个截面分别予以讨论。

## 11.5.1   圆截面杆的弯扭组合变形

圆形截面为极对称图形,截面内过形心的任意一条直线都是形心主惯性轴,且$I_y=I_z$。

不可能发生斜弯曲,截面上的正应力总可以按平面弯曲计算。因此,在求解圆截面杆的弯扭组合变形时,如果截面上有 $M_y$、$M_z$ 两个弯矩分量时,应将它们按矢量合成,合弯矩 $M = \sqrt{M_y^2 + M_z^2}$,如图 11.15(b) 所示。因为合弯矩的矢线与弯曲时截面的中性轴重合,所以合弯矩的计算有两重意义,一是确定合弯矩的大小,二是确定中性轴的位置,进而确定最大正应力作用点的位置。

由第 4 章的讨论已知,圆截面杆扭转时,截面边缘各点的最大切应力数值都相等。因此在发生弯扭组合变形时,危险截面上正应力最大的点即危险点。如图 11.15(a) 中,杆 AB 固定端截面上的 $a$、$b$ 两点即其危险点,如图 11.15(c) 所示。危险点的应力状态表示于图 11.15(d)、(e) 中,均为二向应力状态。其中切应力 $\tau$ 和正应力 $\sigma$ 分别为

$$\tau = \frac{T}{W_t}, \quad \sigma = \frac{M}{W} \tag{a}$$

危险点的三个主应力

$$\sigma_2 = 0, \quad \begin{matrix} \sigma_1 \\ \sigma_3 \end{matrix} = \frac{\sigma}{2} \pm \sqrt{\left(\frac{\sigma}{2}\right)^2 + \tau^2} \tag{b}$$

若圆杆由抗拉、抗压强度相同的塑性材料制成,应按第三或第四强度理论建立强度条件。

若按第三强度理论建立强度条件,将式(b) 中 $\sigma_1$、$\sigma_3$ 的表达式代入式(10.21) 中,整理后得到强度条件的简化表达式

$$\sqrt{\sigma + 4\tau^2} \leqslant [\sigma] \tag{11.12}$$

若按第四强度理论建立强度条件,将式(b) 代入表达式(10.22) 中,整理后得到强度条件的简化表达式

$$\sqrt{\sigma^2 + 3\tau^2} \leqslant [\sigma] \tag{11.13}$$

式(11.12) 和(11.13) 是根据图 11.15(d) 或 11.15(e) 中单元体的应力得来的,因此只要二向应力状态有如上特征,式(11.12) 和(11.13) 就适用。将式(a) 代入式(11.12)、(11.13),注意到,对圆截面杆 $W_t = 2W = \frac{\pi d^3}{16}$,第三和第四强度理论的表达式可以进一步简化为

$$\frac{1}{W} \sqrt{M^2 + T^2} \leqslant [\sigma] \tag{11.14}$$

和

$$\frac{1}{W} \sqrt{M^2 + 0.75T^2} \leqslant [\sigma] \tag{11.15}$$

式(11.14)、(11.15) 是用内力表达的圆截面杆弯扭组合变形强度条件表达式。用这两个表达式解决圆截面杆弯扭组合变形强度方面的问题时,因为无需计算应力,使计算过程得到简化。但是应该注意公式(11.14) 和(11.15) 的使用条件:圆截面杆、截面上只有 $M$ 和 $T$ 作用。

当圆截面杆发生拉伸(压缩)与弯曲、扭转的组合变形时,横截面上的内力包括轴力 $F_N$、弯矩 $M$ 和扭矩 $T$。由于轴力 $F_N$ 和弯矩 $M$ 都产生正应力,所以危险点上的应力分量

$$\tau = \frac{T}{W_t}, \quad \sigma = \frac{F_N}{A} + \frac{M}{W} \tag{c}$$

这种情况下式(11.14)和(11.15)不再适用,应利用式(11.12)或(11.13)进行强度计算。

### 11.5.2 矩形截面杆的弯扭组合变形

矩形截面杆发生弯扭组合变形时,由于$W_t \neq 2W$,式(11.14)和(11.15)不再适用。而且,若截面上有两个弯矩分量$M_y$、$M_z$作用,将发生斜弯曲,不能再将$M_y$、$M_z$按矢量合成。此外,矩形截面杆横截面上切应力的分布比较复杂,弯曲正应力最大的地方,扭转切应力不一定大。因此,当矩形截面杆发生弯扭组合变形时,应根据各弯矩分量和扭矩在截面上产生的应力的分布规律,判断出危险截面上危险点的位置,再计算出各内力分量在危险点产生的应力的大小及其正负号,确定危险点的应力状态。

矩形截面杆在弯矩$M_y$、$M_z$和扭矩$T$作用下,危险点的应力状态有两种:一种在矩形截面的角点处,如图11.16(a)中的$a$、$b$两点,其横截面上的切应力$\tau = 0$,应力状态为单向应力状态($M_y$和$M_z$在点$a$均产生拉应力,在点$b$均产生压应力)强度条件与斜弯曲梁的强度条件相同;另一种在矩形截面长边或短边中点,如图11.16(a)中的$c$、$d$两点,其横截面上既有正应力又有切应力,属于二向应力状态。若按第三强度理论建立强度条件,表达式即式(11.12);若按第四强度理论建立强度条件,表达式即式(11.13)。

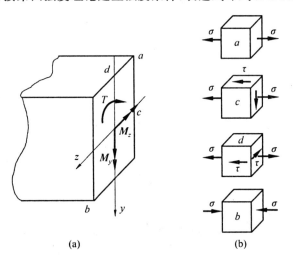

图 11.16

【例11.8】 图11.17(a)表示的齿轮传动轴中,齿轮1上作用有向下的切向力$F_1 = 5$ kN,齿轮2上作用有水平向外的切向力$F_2 = 10$ kN。已知齿轮1的直径$D_1 = 300$ mm,齿轮2的直径$D_2 = 150$ mm,传动轴材料的许用应力为$[\sigma] = 100$ MPa。试按第四强度理论设计传动轴的直径$d$。

**解** 由已知条件作出传动轴的计算简图如图11.17(b)所示,图中

$$M_e = F_1 \cdot \frac{D_1}{2} = F_2 \cdot \frac{D_2}{2} = 10 \text{ kN} \times \frac{150 \text{ mm}}{2} = 750 \text{ N} \cdot \text{m}$$

根据传动轴的计算简图,画出其内力图,包括$T$图、$M_y$图和$M_z$图,分别如图11.17(c)、(d)、(e)所示。由内力图可以看出,该轴的危险截面为2截面。危险截面上的

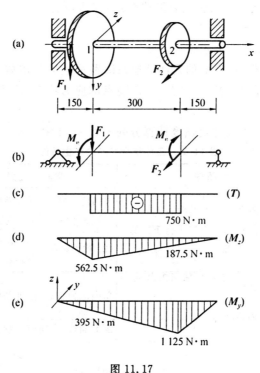

图 11.17

内力分量：$T = 750 \text{ N} \cdot \text{m}, M_y = 187.5 \text{ N} \cdot \text{m}, M_z = 1\,125 \text{ N} \cdot \text{m}$。

按第四强度理论建立强度条件，由式(11.15)得

$$\frac{1}{W}\sqrt{M_y^2 + M_z^2 + 0.75T^2} \leqslant [\sigma]$$

将危险截面上的内力分量值代入上式，注意到 $W = \pi d^3/32$，得

$$d^3 \geqslant \frac{32}{\pi[\sigma]}\sqrt{M_y^2 + M_z^2 + 0.75T^2} =$$

$$\frac{32}{3.14 \times 100 \text{ MPa}}\sqrt{(1\,125 \text{ N} \cdot \text{m})^2 + (187.5 \text{ N} \cdot \text{m})^2 + 0.75 \times (750 \text{ N} \cdot \text{m})^2}$$

解得

$$d \geqslant 51 \times 10^{-3} \text{m} = 51 \text{ mm}$$

即按第四强度理论设计该轴直径，应取 51 mm。

可见，对于圆截面杆弯扭组合变形强度方面的问题，由于是用内力直接建立强度条件，一般来说计算本身并不复杂，关键是判断危险截面及确定危险截面上各内力分量的数值或表达式，解决这个问题的得力工具是正确地绘出各内力分量的内力图，尤其是当荷载比较复杂时。

## 本章小结

(1) 本章主要概念

① 在弹性小变形条件下，组合变形的概念和判断方法；

② 细长杆件组合变形的三种主要形式是:斜弯曲,拉伸(压缩)与弯曲(包括偏心拉、压),弯扭组合变形。

对每种组合变形的学习要点:

a. 产生条件(包括荷载,截面的几何性质);b. 截面上的基本内力分量,危险截面上应力分量及分布特点,危险点的判断方法;c. 危险点的应力状态、应力分量的计算方法及强度条件。

三种组合变形的产生条件及强度计算分列于表 11.2 中。

**表 11.2　三种组合变形的产生条件**

| 组合类型 | 产生条件 | 危险点应力状态及强度条件 |
|---|---|---|
| 斜弯曲 | (1) 截面的两个形心主惯性矩 $I_y \neq I_z$;<br>(2) 过弯心的横向力不都平行于梁的同一形心主惯性轴。 | 单向应力状态,强度条件<br>(1) $[\sigma_t] = [\sigma_c]$ 的塑性材料:$\|\sigma\|_{max} \leqslant [\sigma]$<br>(2) 脆性材料:$\begin{cases} \sigma_{t,max} \leqslant [\sigma_t] \\ \sigma_{c,max} \leqslant [\sigma_c] \end{cases}$ |
| 拉伸(压缩)与弯曲 | (1) 过弯心的横向力和轴向力共同作用;<br>(2) 偏心拉力或压力。 | 单向应力状态,强度条件同上 |
| 弯曲与扭转 | (1) 弯曲与扭转荷载同时作用;<br>(2) 如果只有横向力,必有不过弯心的横向力存在。 | 圆截面杆,二向应力状态,截面上 $F_N = 0$ 时<br>塑性材料:$\begin{cases} \sigma_{r3} = \dfrac{1}{W}\sqrt{M^2 + T^2} \leqslant [\sigma] \\ \sigma_{r4} = \dfrac{1}{W}\sqrt{M^2 + 0.75T^2} \leqslant [\sigma] \end{cases}$<br>矩形截面杆,塑性材料<br>$\begin{cases} 单向应力状态: \sigma_{max} \leqslant \|\sigma\| \\ 二向应力状态: \begin{cases} \sigma_{r3} = \sqrt{\sigma^2 + 4\tau^2} \leqslant [\sigma] \\ \sigma_{r4} = \sqrt{\sigma^2 + 3\tau^2} \leqslant [\sigma] \end{cases} \end{cases}$ |

(2) 解决杆件组合变形强度问题的基本思路和方法

对杆件组合变形的强度计算,首先是判断组合变形的类型;之后是计算内力,判断危险截面和危险点,确定危险点应力状态及应力分量的计算;最后,选用适宜的强度理论,建立强度条件。

(3) 判断组合变形的类型时涉及的杆件截面的几何性质,主要是截面的形心、弯心、惯性矩和形心主惯性轴。

截面核心的概念在土木工程中有重要意义。要掌握核心计算要点、基本公式及注意问题。

# 思　考　题

11.1　直杆在横向力和纵向力共同作用产生的拉伸(压缩)与弯曲组合变形,横向力须满足什么条件?

11.2　若压缩与弯曲组合变形杆件横截面上的内力分量有 $F_N$、$M_y$、$M_z$。试写出 $\|\sigma_c\|_{max}$ 和可能的 $\sigma_{t,max}$ 的算式。

11.3　圆截面杆的横截面上有两个互相垂直的弯矩分量 $M_y$ 和 $M_z$，则截面上的最大弯曲正应力为 $\sigma_{\max} = \dfrac{M_y}{W_y} + \dfrac{M_z}{W_z}$ 对否？若截面上的内力分量为 $F_N$、$M$、$T$，则 $\sigma_{r3} = \dfrac{F_N}{A} + \dfrac{\sqrt{M^2 + T^2}}{W}$ 对否？

11.4　简述截面弯心和截面核心的力学含义。圆截面和正方形截面的核心是什么形状？特征尺寸有多大？计算图 11.18 所示 ⊥ 形截面的截面核心时中性轴应如何选？试定性地绘出其核心的大致形状。图中 $y$、$z$ 轴为截面的形心主惯性轴。

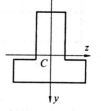

图 11.18

11.5　试指出等截面直杆（包括实体截面和开口薄壁截面）在下列荷载作用下的变形形式。

(1) 纵向力 { 通过截面形心 / 不通过截面形心

(2) 横向力 { 通过截面弯心 { 平行形心主惯轴 / 不平行形心主惯轴 } / 不通过截面弯心

(3) 外力偶 { 作用面与梁的形心主惯面平行 / 作用面与梁的形心主惯面不平行

11.6　图 11.19 所示的自由端受集中力 $F$ 作用的悬臂梁，横截面形状分别如图 11.19(b)、(c)、(d)、(e)、(f)、(g)、(h) 所示，图中正交的两条细线为截面的形心主惯性轴、$A$ 为弯心，力在杆端截面的位置表示于各图中。试判断各杆的变形形式。若使各杆发生平面弯曲，试画出外力 $F$ 作用线的大致位置。

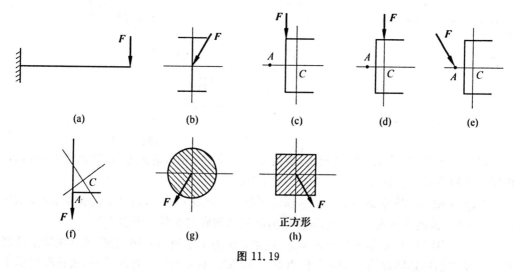

图 11.19

## 习　题

11.1　图 11.20 所示悬臂梁，长 $l = 1$ m，截面为工字钢 No.32a，自由端受集中荷载 $F$ 作用，已知 $F$ 的作用线与 $y$ 轴夹角 $\varphi = 5°$，$F = 20$ kN。试求梁中最大的正应力。

**11.2** 图 11.21 所示梁中,集中力 $F_1$、$F_2$ 分别作用在竖向和水平对称面内,已知 $F_1=18$ kN,$F_2=15$ kN,$l=1.5$ m,$a=1$ m,$b=100$ mm,$h=150$ mm。若材料的许用应力 $[\sigma]=160$ MPa,试校核该梁强度,并指明危险点的位置。

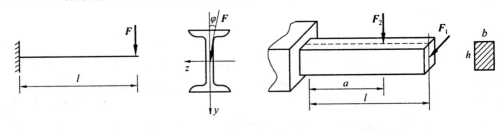

图 11.20                    图 11.21

**11.3** 矩形截面简支梁如图 11.22 所示,$F$ 的作用线通过截面形心且与 $y$ 轴成 $\varphi=15°$ 角,已知 $l=4$ m,$b=80$ mm,$h=120$ mm,材料的容许应力 $[\sigma]=160$ MPa。试求该梁容许承受的最大荷载。

**11.4** 图 11.23 所示木制楼梯斜梁,受铅垂均布荷载作用,已知 $l=4$ m,$b=120$ mm,$h=200$ mm,$q=3.0$ kN/m。

(1) 作轴力图和弯矩图,确定危险截面;

(2) 求危险截面上最大的拉应力。

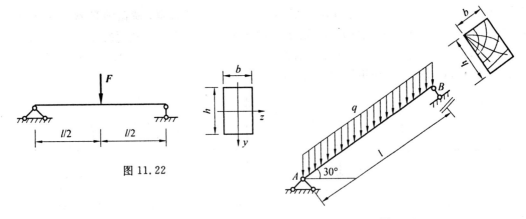

图 11.22

图 11.23

**11.5** 斜梁 $AB$ 如图 11.24 所示,横截面为边长 100 mm 的正方形,铅垂力 $F=3$ kN,作用在梁的中点。求最大拉应力和最大压应力。

**11.6** 图 11.25 中给出了两座水坝的剖面图。水深均为 $h$,混凝土的密度 $\rho=2.2\times10^3$ kg/m³。试问当坝底截面不出现拉应力时两水坝底宽 $b$ 各等于多少?

**11.7** 图 11.26 所示一简易吊车架,横梁 $AB$ 为工字钢 No.16,电葫芦可在梁上往复移动。设电葫芦连同起吊重物的重量为 $F_P=18$ kN,不考虑梁自身的重量,试计算横梁中绝对值最大的正应力。

**11.8** 图 11.27 所示托架的横梁 $AD$ 由一对槽钢构成。已知梁上的荷载 $F=36$ kN,$a=3$ m,$b=1$ m,材料的许用应力 $[\sigma]=140$ MPa。试选择横梁槽钢型号。

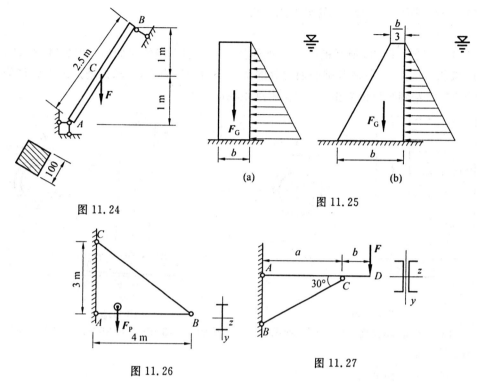

图 11.24

图 11.25

图 11.26

图 11.27

11.9    图 11.28 所示板件,$F = 12$ kN,$[\sigma] = 100$ MPa。试求切口的允许深度。

11.10    如图 11.29 所示,混凝土柱高 $l = 3$ m,矩形截面边长 $h = 320$ mm,$b = 200$ mm。混凝土密度 $\rho = 2.2 \times 10^3$ kg/m³,柱顶偏心压力 $F$ 作用在截面的对称轴 $y$ 上,偏心距 $e = 80$ mm。试计算:若使截面不出现拉应力,最大压力允许有多大?

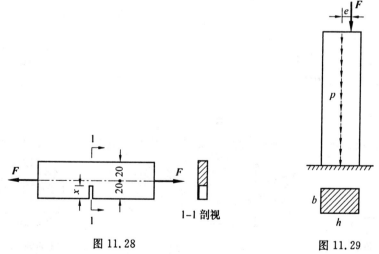

图 11.28

图 11.29

11.11    如图 11.30 所示,砖砌塔式建筑高 $h = 48$ m,塔重沿高度均匀分布 $p = 70$ kN/m,塔的外径 $D_1 = 3.8$ m,内径 $D_2 = 2.8$ m,基础埋深 $h_1 = 5.0$ m,基础和填土总重 $F_P = 2\,000$ kN,最大风载 $q = 1.21$ kN/m,地基土的许用压力 $[\sigma] = 0.3$ MPa。试求:

(1) 塔底截面(地面处)上的最大压应力;

(2) 基础的直径 $D$。

11.12 若图 11.30 所示的砖塔由于地基的不均匀沉降发生倾斜,如图 11.31 所示,在不计风载的条件下,若使基础底面边界的最小压力刚好为零,试求该塔的最大允许倾角 $\theta$。计算时,设基础和填土总重 $F_P$ 的作用点距地面 3 m。

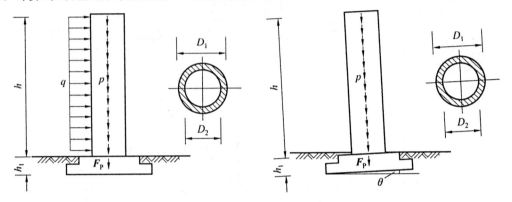

图 11.30　　　　　　　　　　　　　图 11.31

11.13 锚链环如图 11.32(a) 所示。已知:拉力 $F = 3$ kN,$r = 35$ mm,环杆直径 $d = 20$ mm。

(1) 试求环杆横截面上的拉应力;

(2) 如果环杆截面从中部焊缝开裂,如图 11.32(b) 所示,试求环杆横截面上的最大拉应力 $\sigma_{t,max}$。

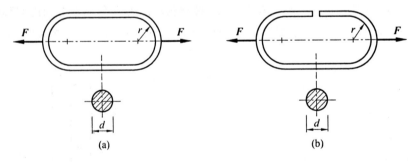

(a)　　　　　　　　　　　　(b)

图 11.32

11.14 试绘出图 11.33 所示截面核心的大致形状,并总结截面核心形状的规律。

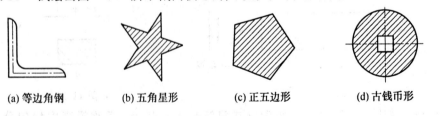

(a) 等边角钢　　(b) 五角星形　　(c) 正五边形　　(d) 古钱币形

图 11.33

11.15 试绘出图 11.34 所示截面的截面核心。

11.16　确定工字钢 No.18 和槽钢 No.22a 截面的核心。

11.17　圆片石板切割机如图 11.35 所示,切削力 $F_z=4$ kN,径向力 $F_y=1.46$ kN,刀具直径 $D=90$ mm,切割机材料的许用应力 $[\sigma]=80$ MPa。试按第三强度理论设计切割机主轴直径 $d$。

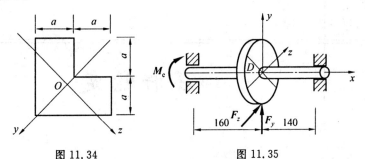

图 11.34　　　　　　　　图 11.35

11.18　如图 11.36 所示,位于水平平面内的半圆形悬臂杆,半径 $r=200$ mm,自由端受集中力作用。截面为正方形,边长 $a=30$ mm。已知 $F=1.3$ kN,材料的许用应力 $[\sigma]=160$ MPa。试按第四强度理论校核其强度。

11.19　手摇提升机如图 11.37 所示,轴的直径 $d=30$ mm,材料为 Q235 钢,许用应力 $[\sigma]=160$ MPa。试按第四强度理论确定提升机的最大起吊重量 $F_P$。

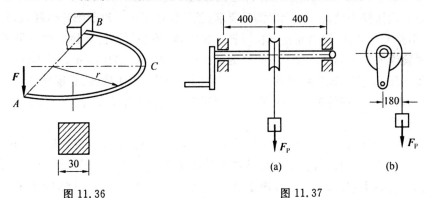

图 11.36　　　　　　　　图 11.37

11.20　汽罐如图 11.38 所示,同时受内压及均布荷载作用。已知内压 $p=3.4$ MPa,$q=50$ kN/m,汽罐的平均直径 $D=1\,600$ mm,壁厚 $t=35$ mm,材料的许用应力 $[\sigma]=80$ MPa。试用第四强度理论校核汽罐强度。(计算时取 $W_z \approx \dfrac{\pi D^2 t}{4}$)

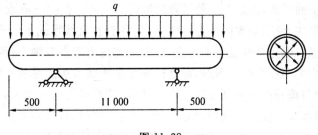

图 11.38

# 第*12*章

## 压杆稳定

## 12.1　压杆稳定性的概念

### 12.1.1　稳定性的概念

在第 2 章中,我们对轴向压缩杆件已经做过一些讨论,但只讨论了其强度和变形计算。因为对短压杆来说,强度、刚度满足要求,就能正常工作。对于细长压杆,这只是必要条件,而不是充分条件,因为要使细长压杆正常工作,还必须保持其稳定性。可以做一个简单的实验说明这个问题。取一段直径为 8 mm、长为 60 ～ 70 mm 的圆木杆,用手在两端沿轴线加压,要使其破坏将很难。但是若取同样材质、同样截面、长度在 1 000 mm 以上的直杆,再用手沿杆的轴线在两端加压,可以发现直杆在不大的压力作用下就会因变弯而破坏。

分析其原因可以注意到,短压杆在轴向压力作用下始终保持着直线形式下的平衡,即使受到临时的横向干扰,其直线平衡形式也不会改变,杆的变形只有轴向压缩。因此,杆中的内力只有轴力,其大小完全取决于荷载,与变形的大小无关。这样的平衡称为稳定平衡。在稳定平衡中,构件的工作可靠性只取决于强度和刚度。

细长的压杆平衡形式随荷载的增加在变化。压力较小时可以保持直线形式下的平衡,受到瞬间的横向干扰时平衡形式虽有短时间的改变,但还可以回到原始的平衡位置,这时的平衡是稳定平衡;当压力增加到一定的数值 $F_{cr}$ 时,再受到偶然的横向干扰,杆件不能再保持直线下的平衡,而是在一种微弯的形式下平衡。在同一荷载 $F_{cr}$ 的作用下,平衡可以有不同的形式,说明当轴向压力达到 $F_{cr}$ 时压杆在直线形式下的平衡是不稳定的,工程上称其为失稳。因为杆件发生了弯曲,截面上的内力不仅有轴力,而且还有弯矩,可见这种情况下的内力不仅取决于荷载,而且还与变形形式有关。尽管此时材料仍处于弹性范围,但是应力与荷载已不再是线性关系。此后,若荷载再稍有增加,变形就会有较大的增加,变形的增加又会使内力增加,如此循环的结果,导致杆件在不大的荷载下即失去承载能力,这种失效是由于失稳造成的,而不是由于强度或刚度的不足。这也就是细长压杆与短压杆的区别。因此,对于细长压杆,除考虑强度、刚度以外,还必须考虑其稳定性。

### 12.1.2　临界状态和临界荷载

细长压杆在轴向压力作用下,从稳定平衡到失稳破坏,这个过程是连续变化的,中间必有一个从稳定到失稳的分界状态,这个状态称为临界状态。因为临界状态是个分界状态,对压杆稳定性的研究有特殊的意义。若将临界状态作用在压杆上的力称为临界力,以 $F_{cr}$ 表示,显然,当加在压杆上的力 $F < F_{cr}$ 时,压杆的平衡是稳定的;当 $F \geqslant F_{cr}$ 时,压杆将失稳。所以,临界力 $F_{cr}$ 就是压杆是否稳定的判据,对压杆稳定性的研究,关键是确定压杆的临界力。

临界力 $F_{cr}$ 的数值可以通过实验测定,也可以用理论计算。为了建立稳定性的直观概念,我们先介绍一个测定临界力 $F_{cr}$ 的实验。

取一细长直杆,将其下端固定,上端处于自由状态,如图 12.1(a) 所示。然后,在其自由端施加轴向压力,让压力从很小的数值开始连续增加,并随时观察实验现象,可以注意到:

(1) 压力 $F$ 值较小时,压杆将在直线下保持平衡。若给压杆一个瞬间横向干扰,压杆将在直线平衡位置左右摆动,但经过几次摆动后会很快恢复到原来的直线平衡位置,如图 12.1(a) 所示,这表明,这时压杆的平衡是稳定的。

(2) 逐渐增加压力 $F$,可以发现,再受到瞬间横向干扰,压杆在其直线平衡位置附近左右摆动的速度在逐渐减缓,恢复原始平衡位置变得越来越困难。当压力 $F$ 增加到某一数值时,再受到横向干扰后,压杆不能再回到原来直线下的平衡,而是在被干扰成的微弯状态下处于平衡,如图 12.1(b) 所示。由前述概念可知,这就是临界状态。这时的荷载即临界荷载或临界力 $F_{cr}$。

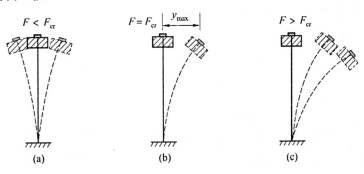

图 12.1

(3) 当 $F > F_{cr}$ 时,杆件因不能维持平衡而破坏,如图 12.1(c) 所示。

在工程实际中,稳定性问题非常重要。首先,许多构件(不止是杆件)的失稳发生在其强度破坏之前,即在小荷载下破坏;其次是失稳的发生非常突然,失稳发生前无任何迹象,一旦发生,瞬间瓦解,以至于人们猝不及防,所以更具危险性。例如,1907 年加拿大圣劳伦斯河上的魁北克大桥,一座跨度为 548 m 的钢桥,在施工过程中,由于两根受压杆件失稳,而导致全桥突然坍塌;1912 年,德国汉堡一座煤气库由于其一根受压槽钢的失稳,致使其完全破坏。

也正是由于稳定性问题的上述特性,使得稳定性的理论研究尤为重要。

# 12.2 细长中心受压直杆临界力的欧拉公式

理论上对细长压杆临界力的确定是由瑞典数学家欧拉(Euler)完成的。欧拉研究的压杆是压杆的一个理想模型,即由理想材料做成的几何直杆,荷载沿杆的轴线作用。这样的压杆在轴向压力作用下,如果不受到横向干扰,即使压力超过 $F_{cr}$,其平衡形式也不会改变。但当轴向压力达到或超过 $F_{cr}$ 后,横向干扰一旦出现,就会立即失稳。工程实际中的压杆不可能具备理想模型的条件,横向干扰(如材料的缺陷、荷载的偏心等)几乎是事先就存在的,所以当 $F = F_{cr}$ 时,压杆明显弯曲,但尚能保持平衡,所以实际中的压杆是以微弯状态下的平衡作为临界状态的标志。

理论和实验确定结果表明,影响压杆稳定性的因素比较多。压杆的临界压力 $F_{cr}$ 与压杆材料的力学性能、截面的几何性质,杆的长度、两端约束等因素都有关系。在确定 $F_{cr}$ 时,要综合考虑这些因素。作为教材,为使讨论更能体现基本原理和要点,先讨论比较典型的、有代表性的压杆,得出其临界力 $F_{cr}$ 的计算公式,再将结果引申。

在各种形式的压杆中,两端铰支的细长压杆比较具有典型性和代表性。

## 12.2.1 两端铰支细长压杆的临界力

设有细长弹性直杆,两端为球形铰座(对任何方向的转动都不受限制),各纵面的抗弯刚度为 $EI$。设此杆在轴向压力作用下,在微弯的状态下保持平衡,如图 12.2(a) 所示。根据临界力的概念,这时作用在杆上的压力即临界力 $F_{cr}$。注意此时压杆是在微弯的状态下保持平衡,截面上的基本内力分量有轴力也有弯矩。因为导致压杆失稳的是弯曲变形的发生,所以 $F_{cr}$ 应根据压杆的弯曲变形来确定。

在图 12.2 所示坐标系中,设压杆在距原点 $O$ 为 $x$ 处的挠度为 $y(x)$,则由平衡可得该截面的弯矩

$$M(x) = F_{cr} y(x) \tag{a}$$

在研究压杆稳定性问题时,规定压力为正。因为压杆在临界状态时,挠度很小,挠曲线满足梁的挠曲线近似微分方程,从而有

$$\frac{\mathrm{d}^2 y(x)}{\mathrm{d}x^2} = -\frac{M(x)}{EI} = -\frac{F_{cr}}{EI} y(x) \tag{b}$$

引用记号

$$k^2 = \frac{F_{cr}}{EI} \tag{c}$$

于是压杆的挠曲线近似微分方程可写成

$$\frac{\mathrm{d}^2 y(x)}{\mathrm{d}x^2} + k^2 y(x) = 0 \tag{d}$$

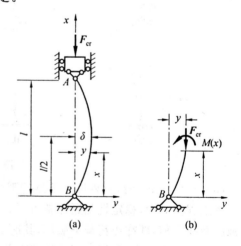

图 12.2

式(d)为二阶常系数线性齐次微分方程,其通解为

$$y(x) = A\sin kx + B\cos kx \tag{e}$$

式中，$A$、$B$ 及 $k$ 为积分常数。该压杆的位移边界条件为

$$y(0) = 0, \quad y(l) = 0 \tag{f}$$

将式（f）代入式（e），得

$$\left. \begin{array}{l} B = 0 \\ A\sin kl + B\cos kl = 0 \end{array} \right\} \tag{g}$$

式（g）是关于 $A$、$B$ 的齐次线性方程组，其有非零解的条件是

$$\begin{vmatrix} 0 & 1 \\ \sin kl & \cos kl \end{vmatrix} = 0 \tag{h}$$

由此解得 $\sin kl = 0$，则有 $k = \dfrac{n\pi}{l}(n = 0, 1, 2, \cdots)$。式中，$n$ 的取值由挠曲线的形状确定。根据压杆临界状态的概念，使压杆在微弯状态下保持平衡的最小压力才是临界力，依次验证，只能取 $n = 1$。从而

$$k = \frac{\pi}{l} \tag{i}$$

综合上述讨论可得

$$y(x) = A\sin\frac{\pi}{l}x \tag{12.1}$$

式（12.1）即两端铰支细长压杆临界状态下的挠曲线近似方程，这是一条半波正弦曲线。式中 $A$ 为压杆中点$(x = \dfrac{l}{2})$ 的挠度。由于讨论中采用了挠曲线的近似微分方程，$A$ 的数值不能确定。将式（i）代入式（c），得

$$F_{cr} = \frac{\pi^2 EI}{l^2} \tag{12.2}$$

式（12.2）即两端铰支细长压杆弹性稳定的临界力计算公式，也称欧拉公式。式中 $EI$ 为压杆的抗弯刚度。应该说明：当此类压杆各纵面的抗弯刚度不同时，压杆的失稳将首先发生在刚度最弱的平面内，因此公式中的 $EI$ 应取 $EI_{\min}$。

从式（12.2）可以注意到，当压杆的材料和截面几何性质确定之后，挠曲线的形状是决定压杆临界力 $F_{cr}$ 的唯一因素。如果把 $l$ 看成是正弦曲线半波波长，欧拉公式（12.2）的物理含义即为：细长压杆的临界力与压杆在挠曲面内的抗弯刚度 $EI$ 成正比，与正弦曲线半波长度的平方成反比，比例系数为 $\pi^2$。

### 12.2.2　杆端为其他约束的细长压杆的临界力

当压杆两端约束为其他形式时，临界力的计算可按照上面同样的方法进行，但是，有的问题过程比较复杂（参考后面的例 12.2）。为了简化，可采用比较法。比较的要点是压杆挠曲线的形状。从上面对两端铰支细长压杆临界力公式的讨论可知，细长压杆的临界力是由挠曲线的形状决定的。当挠曲线的形状为半波正弦曲线时，其临界力可由式（12.2）确定。由此可以推理：只要挠曲线的形状是半波正弦曲线，其临界力就可以用式（12.2）计算。有了这样一个结论，就可以比较容易地得出其他约束下细长压杆临界力的

公式。下面介绍几种典型约束下压杆的临界力。

**1. 长度为 $l$ 的两端固定中心受压细长直杆**

两端固定的细长压杆在临界状态下,挠曲线的形状如图 12.3(a) 所示,$C$、$D$ 两点为曲线的两个拐点,到两端的距离各为 $\dfrac{l}{4}$。在两个拐点之间的部分是半波正弦曲线,长为 $0.5l$。根据上述讨论,这段压杆的临界力可用欧拉公式(12.2)计算。将式(12.2)中的 $l$ 改成 $0.5l$,于是得到

$$F_{cr} = \frac{\pi^2 EI}{(0.5)^2} \tag{12.3}$$

事实上,当 $C$、$D$ 两点间的压杆失稳时,整个压杆也就失稳了。所以式(12.3)也就是两端固定的细长压杆临界力公式。

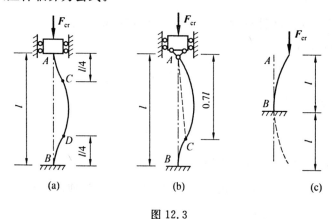

图 12.3

**2. 长度为 $l$,一端固定、一端铰支的中心受压细长直杆**

一端固定、另一端铰支的细长压杆临界状态挠曲线的形状如图 12.3(b) 所示。在距固定端为 $0.3l$ 处,挠曲线有一拐点 $C$,挠曲线 $AC$ 部分的形状相当于半波正弦曲线,半波长度约为 $0.7l$。它的临界压力可用欧拉公式计算,将式(12.2)中的 $l$ 改成 $0.7l$,即得到这种细长压杆临界力的公式:

$$F_{cr} = \frac{\pi^2 EI}{(0.7l)^2} \tag{12.4}$$

**3. 长度为 $l$,一端固定、一端自由的中心受压细长直杆**

长度为 $l$,一端固定、另一端自由的细长压杆,临界状态挠曲线的形状如图 12.3(c) 中实线所示,若设想将该曲线向下做镜像延伸,得到的挠曲线是一条长为 $2l$ 的半波正弦曲线。所以其临界压力等于长为 $2l$、两端铰支的细长压杆的临界压力,即

$$F_{cr} = \frac{\pi^2 EI}{(2l)^2} \tag{12.5}$$

综合上述结果,各种支承条件下等截面细长压杆临界力的公式汇总列于表 12.1 中。

**表 12.1　各种支承条件下等截面细长压杆临界力欧拉公式**

| 支承情况 | 两端铰支 | 一端固定<br>一端铰支 | 两端固定 | 一端固定<br>一端自由 |
|---|---|---|---|---|
| 失稳时挠<br>曲线形状 | | | | |
| 临界力 $F_{cr}$<br>欧拉公式 | $F_{cr} = \dfrac{\pi^2 EI}{l^2}$ | $F_{cr} \approx \dfrac{\pi^2 EI}{(0.7l)^2}$ | $F_{cr} = \dfrac{\pi^2 EI}{(0.5l)^2}$ | $F_{cr} = \dfrac{\pi^2 EI}{(2l)^2}$ |
| 长度因数 $\mu$ | $\mu = 1$ | $\mu \approx 0.7$ | $\mu = 0.5$ | $\mu = 2$ |

### 12.2.3　欧拉公式的一般表达式

表 12.1 所示几种细长压杆临界力的欧拉公式从物理意义上完全相似,即细长压杆的临界力正比于压杆在挠曲面内的抗弯刚度 $EI$ 与挠曲线中正弦曲线半波波长之比,比例系数是常数 $\pi^2$。如果将长度为 $l$ 的各种细长压杆,在临界状态下挠曲线中半波正弦曲线的长度记为 $\mu l$,则上述各个压杆的欧拉公式可以写成统一的形式,即

$$F_{cr} = \frac{\pi^2 EI}{(\mu l)^2} \tag{12.6}$$

式(12.6)即计算细长压杆临界力的欧拉公式的一般表达式。式中,$\mu$ 称为长度因数;$\mu l$ 称为压杆的相当长度。欧拉公式(12.6)中长度因数 $\mu$ 的物理意义是将约束对细长压杆临界力的影响当量地转换为压杆长度对临界力的影响,所以 $\mu$ 是长度当量因数。约束越强,$\mu$ 越小,$F_{cr}$ 越高。如两端固定,$\mu=0.5$;反之,约束越弱,$\mu$ 越大,$F_{cr}$ 越低,如两端铰支 $\mu=1$。

需要指出的是,欧拉公式的推导中应用了弹性小挠度的微分方程,因此公式只适用于细长压杆的弹性稳定问题。另外,上述各个 $\mu$ 值都是对理想约束而言的,实际工程中的约束不可能如此理想。以两端固定的细长压杆来说,通常杆端的约束都有一定的弹性特征,$\mu$ 值一般在 0.5 与 1 之间。当约束限制杆端转动的刚度很大时(相当于两端固定),取 $\mu$ 值接近于 0.5;限制杆端的转动刚度很小时(相当于两端铰支),取 $\mu$ 值接近于 1。对于工程中常用的支座,长度因数 $\mu$ 可从有关设计手册或规范中查到。

**【例 12.1】**　如图 12.4 所示,矩形截面压杆的上端自由,下端固定。已知 $b=20$ mm,$h=40$ mm,$l=1$ m,材料的弹性模量 $E=200$ GPa。若此压杆为细长压杆,试计算

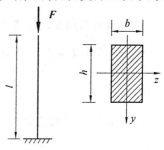

图 12.4

压杆的临界荷载。

**解** 压杆一端固定、一端自由，$\mu = 2$。设截面的两个形心主惯性轴 $y$、$z$ 如图 12.4 所示，因为 $h > b$，弯曲时最小刚度面为 $xz$ 平面，中性轴为 $y$ 轴。截面 $y$ 对轴的惯性矩为最小惯性矩，其算式为 $I_{min} = I_y = \dfrac{hb^3}{12}$，得

$$F_{cr} = \frac{\pi^2 EI_y}{(\mu l)^2} = \frac{3.14^2 \times 200 \times 10^3 \text{ MPa} \times 40 \text{ mm} \times (20 \text{ mm})^3}{12 \times (2 \times 1\,000 \text{ mm})^2} \approx 13.2 \text{ kN}$$

**【 * 例 12.2】** 一端固定、一端自由的等刚度细长直压杆如图 12.5 所示，长为 $l$，抗弯刚度为 $EI$。试推导其临界力的欧拉公式，并求出压杆挠曲线的形状。

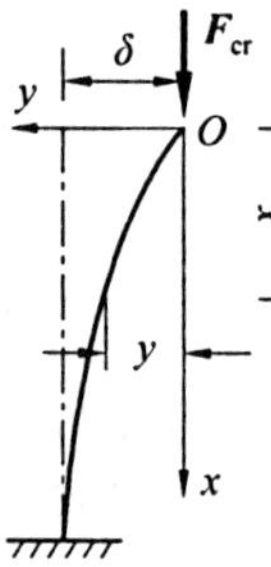

**解** 压杆临界状态下的挠曲线及坐标系示于图 12.5 中，自由端的挠度为 $-\delta$。挠曲线的微分方程为

$$\frac{d^2 y}{dx^2} = -\frac{M(x)}{EI} = -\frac{F_{cr} y}{EI}$$

令

$$k^2 = \frac{F_{cr}}{EI} \qquad ①$$

图 12.5

微分方程的解为

$$y(x) = A\sin kx + B\cos kx \qquad ①$$

边界条件：$x = 0$，$y = 0$；$x = l$，$\dfrac{dy}{dx} = 0$。

将边界条件代入上式，得

$$B = 0$$
$$Ak\cos kl = 0 \qquad ③$$

因为 $Ak \neq 0$，由式 ③ 得

$$\cos kl = 0$$

由此可得

$$k = \frac{\pi}{2l}$$

将 $k$ 的值代入式 ①，得

$$F_{cr} = \frac{\pi^2 EI}{(2l)^2} \qquad ④$$

这个结果与用比较法得出的式(12.14)完全相同。

将 $B = 0$ 和 $k = \dfrac{\pi}{2l}$ 代入式 ②，得

$$y(x) = A\sin \frac{\pi}{2l}x$$

式中 $A$ 为常数。再将边界条件 $x = l$，$y = \delta$ 代入上式，最后得

$$y(x) = \delta\sin \frac{\pi}{2l}x \qquad ⑤$$

式 ⑤ 即该压杆的挠曲线方程。

【 * 例 12.3】　试推导一端固定、一端铰支细长压杆临界力的欧拉公式。

**解**　一端固定、一端铰支的细长压杆临界状态的计算简图如图 12.6(a) 所示。因为杆件平衡,临界状态下,上端铰支座应有横向反力 $F_B$。于是挠曲线的微分方程应为

$$\frac{\mathrm{d}^2 y}{\mathrm{d}x^2} = -\frac{M(x)}{EI} = -\frac{F}{EI}y + \frac{F_B(l-x)}{EI}$$

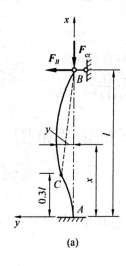
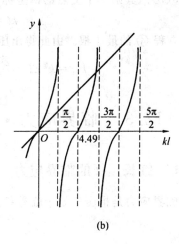

(a)　　　　　　　　　　　　　(b)

图 12.6

令 $k^2 = \dfrac{F}{EI}$,上式可以写成

$$\frac{\mathrm{d}^2 y}{\mathrm{d}x^2} + k^2 y = \frac{F_B(l-x)}{EI}$$

该微分方程的通解为

$$y = A\sin kx + B\cos kx + \frac{F_B}{F}(l-x) \qquad ①$$

求出 $y$ 的一阶导数为

$$\frac{\mathrm{d}y}{\mathrm{d}x} = Ak\cos kx - Bk\sin kx - \frac{F_B}{F} \qquad ②$$

由挠曲线在固定端处的边界条件:$x=0$,$y=0$,$\dfrac{\mathrm{d}y}{\mathrm{d}x}=0$,可得

$$B = -\frac{F_B l}{F}, \quad A = \frac{F_B}{kF}$$

将 $A$,$B$ 带入式 ①,即得

$$y = \frac{F_B}{F}\left[\frac{1}{k}\sin kx - l\cos kx + (l-x)\right] \qquad ③$$

最后,由铰支端的边界条件 $x=l$ 时,$y=0$,得

$$\frac{F_B}{F}\left(\frac{1}{k}\sin kl - l\cos kl\right) = 0$$

因为杆在微弯状态下平衡时,$F_B$ 不可能为零,故

$$\frac{1}{k}\sin kl - l\cos kl = 0$$

即

$$\tan kl = kl \qquad\qquad\qquad ④$$

式 ④ 是超越方程,可用图解法求解。以 $kl$ 为横坐标,作出正切曲线 $\tan kl$ 和斜直线 $y = kl$(见图 12.5(b)),其第一个交点的横坐标

$$kl = 4.49$$

显然是满足方程 ④ 的最小根。由此得出压杆临界力的欧拉公式为

$$F_{cr} = k^2 EI = \frac{20.16EI}{l^2} \approx \frac{\pi^2 EI}{(0.7l)^2}$$

# 12.3　临界应力·欧拉公式的适用范围

## 12.3.1　细长压杆的临界应力

压杆的临界应力是指压杆处于临界状态时,其横截面上的平均应力,用 $\sigma_{cr}$ 表示。其定义式为

$$\sigma_{cr} = \frac{F_{cr}}{A} \qquad\qquad (12.7)$$

对细长压杆,将欧拉公式(12.6)代入式(12.7),可得

$$\sigma_{cr} = \frac{F_{cr}}{A} = \frac{\pi^2 EI}{(\mu l)^2 A}$$

注意到式中 $I/A$ 即截面惯性半径的平方: $i^2 = \dfrac{I}{A}$,代入上式,并令

$$\lambda = \frac{\mu l}{i} \qquad\qquad (12.8)$$

整理后得

$$\sigma_{cr} = \frac{\pi^2 E}{\lambda^2} \qquad\qquad (12.9)$$

式(12.9)即细长压杆临界应力的欧拉公式,式中的 $\lambda$ 称为压杆的柔度,也称长细比。对压杆来说柔度 $\lambda$ 是一个非常重要的参数。由式(12.8)可以看出,$\lambda$ 是一个无因次量,它综合地反映了压杆的长度、约束、截面几何性质($A$、$I$)对压杆稳定性的影响。从式(12.9)可以看出,柔度越大,临界应力 $\sigma_{cr}$ 越小,压杆的稳定性越不好。

计算压杆临应力时应注意如下问题:

(1)同一根压杆各纵面的柔度不一定相同,在柔度最大的平面内($\lambda_{max}$ 所在的纵面),稳定性最小。所以,计算 $\sigma_{cr}$ 时首先要确定在各纵面中柔度最大的纵面及其数值。由式(12.8)可以注意到两个基本情况:若各纵面的 $\mu l$ 相同,则 $\lambda_{max}$ 在最小惯性平面内;若各纵面的 $\mu l$ 不同,要分别计算出各纵面的 $\lambda$ 值,比较后再得出 $\lambda_{max}$。

(2)压杆的局部削弱对临界力 $F_{cr}$ 无影响。因为压杆的临界力公式是根据挠曲线的形状确定的,局部削弱对其挠曲线形状并无影响,但是对压杆的强度有影响。所以,计算

压杆临界应力 $\sigma_{cr}$ 时,面积 $A$ 用横截面的毛面积;而对压杆进行强度计算时,$A$ 用净面积。

（3）正确判断压杆两端约束性质,以决定 $\mu$ 的数值。实际问题中,同一根压杆在不同的纵面内支承情况可能不同。例如图 12.7 中的压杆,在 $xy$ 内 $A$ 端固定、$B$ 端自由,在 $xz$ 内则 $A$ 端固定、$B$ 端铰支。

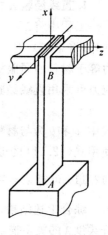

图 12.7

### 12.3.2　欧拉公式的适用范围

建立细长压杆临界力的欧拉公式时,引用了线弹性小变形条件下挠曲线的近似微分方程,所以用欧拉公式得出的临界应力 $\sigma_{cr}$ 应小于材料的比例极限 $\sigma_p$,即

$$\sigma_{cr}=\frac{\pi^2 E}{\lambda^2}\leqslant\sigma_p$$

上式即欧拉公式的适用范围。为了使用方便,将上式写为

$$\lambda\geqslant\pi\sqrt{\frac{E}{\sigma_p}}=\lambda_p \tag{12.10}$$

式(12.10)即用柔度表示的压杆临界应力欧拉公式的使用条件。式中,$\lambda_p$ 是细长压杆的最小柔度,其数值仅与材料的力学性质有关。例如 Q235 钢,取 $E=206$ GPa,$\sigma_p=200$ MPa,则由式(12.9)可得

$$\lambda_p=\pi\sqrt{\frac{E}{\sigma_p}}=\pi\sqrt{\frac{205\text{ MPa}}{200\text{ MPa}}}\approx100$$

表 12.2 给出了一些常见材料的 $\lambda_p$ 的数值,可供参考。

**表 12.2　常用材料的 $a$、$b$ 和 $\lambda_p$ 值**

| 材料 | 应力单位 /MPa | $a$/MPa | $b$/MPa | $\lambda_p$ | $\lambda_s$ |
|---|---|---|---|---|---|
| Q235 钢 | $\sigma_s=235,\sigma_b=372$ | 304 | 1.12 | 100 | 61 |
| 优质碳钢 | $\sigma_s=306,\sigma_b=470$ | 460 | 2.57 | 100 | 60 |
| 硅钢 | $\sigma_s=353,\sigma_b=510$ | 578 | 3.74 | 100 | 60 |
| 灰口铸铁 | | 332 | 1.45 | 80 | |
| 铬钼钢 | | 981 | 5.30 | 55 | |
| 硬铝 | | 372 | 2.14 | 50 | |
| 木材 | | 28.7 | 0.19 | 80 | |

### 12.3.3　临界应力的经验公式和临界应力总图

在工程中大量的压杆都不是细长压杆,其柔度 $\lambda<\lambda_p$。实验表明,除了很短的压杆不存在稳定性之外,那些稍长的压杆也存在稳定性问题。工程中,非细长压杆的临界应力通常用经验公式计算。经验公式是在大量实验和实践资料的基础上得出的一些拟合公式。常见的经验公式有直线经验公式和抛物线经验公式。

**1. 直线经验公式**

工程中将 $\lambda \geqslant \lambda_p$ 的压杆称为大柔度杆，即前面所说的细长压杆，临界应力用欧拉公式计算；将 $\lambda \leqslant \lambda_s$ 的压杆称为短压杆（亦称短粗杆），不存在稳定性问题。这里，$\lambda_s$ 是临界应力等于材料的屈服极限 $\sigma_s$ 时的柔度；将 $\lambda_s \leqslant \lambda \leqslant \lambda_p$ 的压杆称为中柔度杆（中长压杆），临界应力可采用直线经验公式计算。直线经验公式为

$$\sigma_{cr} = a - b\lambda \tag{12.11}$$

式中，$a$ 和 $b$ 为与材料性能有关的常数，单位为 MPa，几种常用材料的 $a$ 和 $b$ 值见表 12.2。使用式（12.11）的最小柔度 $\lambda_s$ 可用式（12.11）得出，根据 $\lambda_s$ 的物理含义，令 $\sigma_{cr} = \sigma_s$，代入式（12.11）可得 $\lambda_s = \dfrac{a - \sigma_s}{b}$。

综合上述结果，可将各类压杆的临界应力 $\sigma_{cr}$ 与压杆柔度 $\lambda$ 的关系描绘于 $\lambda - \sigma_{cr}$ 坐标系中，得到临界应力随柔度 $\lambda$ 的变化曲线，称为临界应力总图。由直线经验公式和欧拉公式作出的临界应力总图如图 12.8 所示。临界应力总图中，给出了各类压杆的临界应力 $\sigma_{cr}$ 的计算公式及公式的适用范围。从图中可以直观地看出，非细长压杆失稳时临界应力 $\sigma_{cr} > \sigma_p$，属于弹塑性稳定问题。

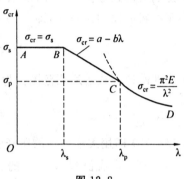

图 12.8

**2. 抛物线经验公式**

采用抛物线经验公式时，将压杆分为大柔度和小柔度两类。由结构钢和低合金钢制成的小柔度压杆，宜采用抛物线经验公式。我国在结构钢设计规范中采用的是我国自己通过实验建立的抛物线公式

$$\sigma_{cr} = \sigma_s \left[ 1 - \alpha \left( \frac{\lambda}{\lambda_c} \right)^2 \right] \tag{12.12}$$

式中，$\alpha$ 是由材料性质决定的系数，对低碳钢和 16Mn 钢，$\alpha = 0.43$；$\lambda_c$ 是使用经验公式和欧拉公式的分界柔度。令式（12.12）中 $\lambda = \lambda_c$，$\sigma_{cr} = \dfrac{\pi^2 E}{\lambda_c^2}$，可得

$$\lambda_c = \pi \sqrt{\frac{E}{0.57\sigma_s}}$$

但实际上，按上式算出的 $\lambda_c > \lambda_p$。例如 Q235 钢，$E = 206$ GPa，$\sigma_s = 235$ MPa。代入上式得 $\lambda_c = 123$。这是因为式（12.12）是经验公式，是大量实验的统计结果，按此算出的 $\lambda_c$ 更符合实际。出现这个情况的原因，是因为实际工程中的压杆不可避免地存在初始曲率、荷载偏心等因素，不可能处于理想状态。采用 $\lambda_c$ 作为经验公式和欧拉公式的分界柔度，相当于对欧拉公式的适用范围作了修正，能更好地反映压杆实际。

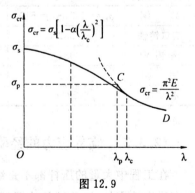

图 12.9

由抛物线经验公式和欧拉公式作出的临界应力总图如图 12.9 所示。

**【例 12.4】**　木制压杆如图 12.10 所示,截面为 120 mm×200 mm 的矩形,长为 4 m,其支承情况是:在最大刚度平面内弯曲时为两端铰支;在最小刚度平面内弯曲时为两端固定,木柱为松木,其弹性模量 $E=10$ GPa。试求木柱的临界力和临界应力。

**解**　设该压杆最大刚度面为 $xz$ 平面,最小刚度面为 $xy$ 平面。计算简图绘于图 12.10(a)、(b) 中。

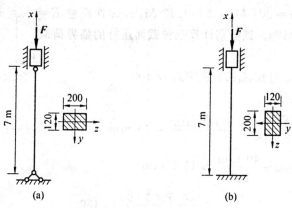

图 12.10

同一根压杆不同纵面的稳定性不同时,柔度小的纵面内稳定性好。所以求木柱的临界力和临界应力时,首先应计算此木柱在最大、最小刚度面内的柔度。

查表 12.2,得出木杆的材料常数和 $\lambda_p$:$a=28.7$ MPa,$b=0.19$ MPa,$\lambda_p=80$。

(1) 最大刚度平面内的柔度

由图 12.10(a) 可知,最大刚度平面的中性轴为 $y$ 轴,惯性半径为

$$i_y = \frac{200 \text{ mm}}{2\sqrt{3}} \approx 57.7 \text{ mm}$$

此平面内,杆的两端铰支,$\mu=1$, 压杆柔度

$$\lambda_{xx} = \frac{\mu l}{i_y} = \frac{1 \times 7\,000 \text{ mm}}{57.7 \text{ mm}} \approx 121 > \lambda_p = 80$$

此平面内压杆为大柔度杆。

(2) 最小刚度平面为 $xy$ 平面,中性轴为 $z$ 轴,惯性半径为

$$i_z = \frac{120 \text{ mm}}{2\sqrt{3}} \approx 34.6 \text{ mm}$$

此平面内,杆的两端固定,$\mu=0.5$, 压杆柔度

$$\lambda_{xy} = \frac{\mu l}{i_z} = \frac{0.5 \times 7\,000 \text{ mm}}{34.6 \text{ mm}} \approx 101 > \lambda_p = 80$$

此平面内压杆也是大柔度杆。

比较可知 $\lambda_{xx} > \lambda_{xy}$,该杆的稳定性取决于 $xz$ 平面内的稳定。故临界应力为

$$\sigma_{cr} = \frac{\pi^2 E}{\lambda_{xx}^2} = \frac{3.14^2 \times 10^4 \text{ MPa}}{121^2} \approx 6.73 \text{ MPa}$$

临界力

$$F_{cr} = A\sigma_{cr} = (120 \text{ mm} \times 200 \text{ mm}) \times 6.73 \text{ MPa} \approx 161 \times 10^3 \text{ N} = 161 \text{ kN}$$

计算此问题时,也可以先计算出两个纵面内的临界力,再比较,但计算过程比较繁琐。另外,对大柔度杆,当既要求计算临界应力又要求计算临界力时,先计算临界应力比较简便。

**【例 12.5】** 两端固定的压杆如图 12.11 所示,材料为 Q235 钢,截面分别为矩形、圆形和正方形,截面积均为 $A = 32 \times 10^2 \text{ mm}^2$,材料的 $a = 304 \text{ MPa}$,$b = 1.12 \text{ MPa}$,弹性模量 $E = 206 \text{ GPa}$,$\sigma_p = 200 \text{ MPa}$。试分别计算三种截面压杆的临界荷载 $F_{cr}$。

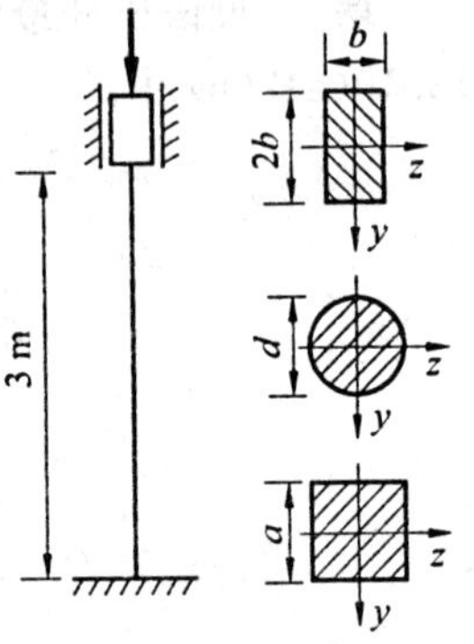

**解** 查表 12.2 可知,Q235 钢的 $\lambda_p \approx 100$。

矩形截面压杆:

$$b = \sqrt{\frac{A}{2}} = \sqrt{\frac{32 \times 10^2 \text{ mm}^2}{2}} = 40 \text{ mm}$$

$$i_{min} = \frac{40 \text{ mm}}{2\sqrt{3}} \approx 11.5 \text{ mm}$$

$$\lambda = \frac{0.5 \times 3\,000}{11.5} \approx 130$$

图 12.11

可知此矩形截面压杆为大柔度杆,临界力

$$F_{cr} = \frac{\pi^2 E}{\lambda^2} A = \frac{9.86 \times 2 \times 10^5 \text{ MPa}}{130^2} \times 32 \times 10^2 \text{ mm}^2 \approx 373.4 \text{ kN}$$

圆截面压杆:

$$d = \sqrt{\frac{4A}{\pi}} = 63.8 \text{ mm}, \quad i = \frac{d}{4} = 15.95 \text{ mm}$$

$$\lambda = \frac{0.5 \times 3\,000 \text{ mm}}{15.95 \text{ mm}} \approx 94 < \lambda_p$$

可知此圆形截面压杆为中柔度杆,临界力

$$F_{cr} = (a - b\lambda)A = (304 \text{ MPa} - 1.12 \text{ MPa} \times 94) \times 32 \times 10^2 \text{ mm}^2 \approx 636 \text{ kN}$$

正方形压杆:

$$a = \sqrt{A} = \sqrt{32 \times 10^2 \text{ mm}^2} \approx 56.6 \text{ mm}, \quad i = \frac{56.6 \text{ mm}}{2\sqrt{3}} \approx 16.3 \text{ mm}$$

$$\lambda = \frac{0.5 \times 3\,000 \text{ mm}}{16.3 \text{ mm}} \approx 92$$

可知此正方形截面压杆也为中柔度杆,临界力

$$F_{cr} = (a - b\lambda)A = (304 \text{ MPa} - 1.12 \text{ MPa} \times 92) \times 32 \times 10^2 \approx 643 \text{ kN}$$

比较可知,同样面积的三种压杆,正方形截面的临界压力最高。

# 12.4 压杆稳定性条件及实用计算

工程中对压杆稳定性计算常采用两种方法,即稳定安全因数法和稳定因数法。

### 12.4.1　稳定安全因数法

稳定性校核的基本理念是压杆的实际稳定性储备不能低于对其稳定性储备的规定值。实际稳定性储备用稳定储备因数 $n$ 表示。如果压杆的临界力为 $F_{cr}$，工作压力为 $F$，则 $n=\dfrac{F_{cr}}{F}$；规定的稳定性储备用稳定安全因数 $n_{st}$ 表示，它是 $n$ 的最低许用限值。于是，压杆的稳定性条件可写为

$$n=\frac{F_{cr}}{F}\geqslant n_{st} \tag{12.13}$$

稳定安全因数 $n_{st}$ 一般要大于强度安全因数。因为实际中的压杆不可能像设计中的那样理想。一些不可避免的因素，如杆件的初曲率、荷载偏心、截面上的残余应力等因素都会降低临界力的大小。

稳定安全因数 $n_{st}$ 的值可从有关设计规范和手册中查得。

当压杆有局部削弱时，对被削弱的截面要进行强度校核。

**【例 12.6】**　图 12.12 所示结构中，$AB$ 为刚性梁，尺寸如图所示。$BD$ 杆长 $l_{BD}=400$ mm，其截面为矩形，边长 $b=\dfrac{\sqrt{3}}{2}$ cm，$h=\sqrt{3}$ cm，材料为 Q235 钢，弹性模量 $E=200$ GPa。$F=5$ kN，稳定安全因数 $n_{st}=2$，试校核杆 $BD$ 的稳定性。

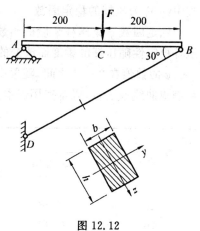

图 12.12

**解**　(1) 求杆 $BD$ 的轴向压力 $F_N$

由平衡方程 $\sum M_{Ai}=0$，可以得出

$$F_N\sin 30°\times 400\ \text{mm}-F\times 200\ \text{mm}=0$$

解得

$$F_N=F=5\ \text{kN}$$

(2) 计算压杆的临界力

$BD$ 两端简支

$$\mu=1$$
$$A=bh=1.5\ \text{cm}^2=150\ \text{mm}^2$$

杆 $BD$ 稳定性最弱的纵面为杆 $BD$ 的轴线与横截面的 $y$ 轴确定的平面（纸面）。故

$$i=\frac{b}{2\sqrt{3}}=\frac{\dfrac{\sqrt{3}}{2}\ \text{cm}}{2\sqrt{3}}=2.5\ \text{mm}$$

压杆的柔度

$$\lambda=\frac{\mu l_{BD}}{i}=\frac{400\ \text{mm}}{2.5\ \text{mm}}=160>\lambda_p$$

此压杆为大柔度杆。临界力用欧拉公式计算：

$$F_{cr}=\frac{\pi^2 E}{\lambda^2}A=\frac{9.86\times 200\times 10^3\ \text{MPa}}{(160)^2}\times 150\ \text{mm}^2\approx 11.6\ \text{kN}$$

（3）校核杆 $BD$ 的稳定性。压杆的稳定安全因数

$$n = \frac{F_{cr}}{F_N} = \frac{11.6 \text{ kN}}{5 \text{ kN}} = 2.32 > n_{st} = 2$$

计算结果表明，杆 $BD$ 的稳定性足够。

## 12.4.2　稳定因数法

在工程实际中，一种常用的方法是利用压杆稳定许应力 $[\sigma]_{st}$ 建立稳定性条件。因为压杆的临界应力与压杆柔度有关，所以当压杆的材料确定之后，压杆稳定许应力 $[\sigma]_{st}$ 是压杆柔度 $\lambda$ 的函数。工程上确定 $[\sigma]_{st}$ 的方法是将材料在轴向压缩时强度许用应力 $[\sigma]$ 乘以稳定因数 $\varphi$，即

$$[\sigma]_{st} = \varphi[\sigma]$$

据此建立稳定性条件

$$\sigma = \frac{F}{A} \leqslant \varphi[\sigma] \tag{12.14}$$

式中，$\varphi$ 称为压杆的稳定因数。

稳定因数 $\varphi$ 是压杆柔度的函数，即 $\varphi = \varphi(\lambda)$。这样建立的稳定性条件能较好地反映压杆稳定性随压杆的柔度而改变的特点，也无需划分大柔度、中柔度和小柔度。

$\varphi$ 的数值在 $0 \sim 1$ 之间，随柔度 $\lambda$ 的增加而降低。为了方便，工程上已将 $\varphi - \lambda$ 的关系绘制成曲线或表格，以备查用。本教材中的表 12.3 为一节选表。

**表 12.3　压杆稳定因数**

| $\lambda = \dfrac{\mu l}{i}$ | $\varphi$ | | | |
|---|---|---|---|---|
| | Q235 钢 | 16Mn 钢 | 铸铁 | 木材 |
| 0 | 1.000 | 1.000 | 1.00 | 1.00 |
| 10 | 0.995 | 0.993 | 0.97 | 0.99 |
| 20 | 0.981 | 0.973 | 0.91 | 0.97 |
| 30 | 0.958 | 0.940 | 0.81 | 0.93 |
| 40 | 0.927 | 0.895 | 0.69 | 0.87 |
| 50 | 0.888 | 0.840 | 0.57 | 0.80 |
| 60 | 0.842 | 0.776 | 0.44 | 0.71 |
| 70 | 0.789 | 0.705 | 0.34 | 0.60 |
| 80 | 0.731 | 0.627 | 0.26 | 0.48 |
| 90 | 0.669 | 0.546 | 0.20 | 0.38 |
| 100 | 0.604 | 0.462 | 0.16 | 0.31 |
| 110 | 0.536 | 0.384 | | 0.26 |
| 120 | 0.466 | 0.325 | | 0.22 |
| 130 | 0.401 | 0.279 | | 0.18 |
| 140 | 0.349 | 0.242 | | 0.16 |
| 150 | 0.306 | 0.213 | | 0.14 |
| 160 | 0.272 | 0.188 | | 0.12 |
| 170 | 0.243 | 0.168 | | 0.11 |
| 180 | 0.218 | 0.151 | | 0.10 |
| 190 | 0.197 | 0.136 | | 0.09 |
| 200 | 0.180 | 0.124 | | 0.08 |

利用稳定性条件,可以解决稳定性方面的三类问题:即稳定性校核、设计截面、确定许用荷载。

在利用式(12.14)设计压杆截面时,由于稳定因数 $\varphi=\varphi(\lambda)$ 与截面 $A$ 是两个相依量,截面尺寸未确定之前,$\varphi$ 也是未知量。解决这类问题时通常采用试算法(或称逐次渐进法),即先设定一个 $\varphi$ 值,然后用式(12.14)算出截面积 $A$,按设计要求确定截面尺寸,再据此算出设计压杆的柔度 $\lambda$,得出相应的稳定因数 $\varphi'$。比较 $\varphi'$ 与 $\varphi$,误差达到 5% 以内,设计合理,完成设计。否则,循环上述过程,直至满足要求。试算法的详细过程可见例12.8。

**【例 12.7】**　两端铰支的压杆,截面为 16 号工字钢,如图 12.13 所示。由于结构需求,在 $C-C$ 截面处腹板上钻有 $d=20$ mm 的小孔。已知轴向荷载 $F=200$ kN,杆长 $l=2$ m。材料为 Q235 钢,$E=206$ MPa,$\sigma_\mathrm{p}=200$ MPa,$\alpha=0.43$。试校核该压杆的稳定性。

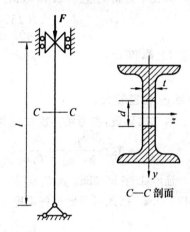

图 12.13

**解**　(1) 校核稳定性

查型钢表,得 16 号工字钢的有关参数

$$A=26.1 \text{ cm}^2, \quad t=6 \text{ mm}$$

$$i_y=1.89 \text{ cm}, \quad i_z=6.58 \text{ cm}$$

$$\lambda_\mathrm{p}=\pi\sqrt{\frac{E}{\sigma_\mathrm{p}}}=\pi\sqrt{\frac{206\times10^3 \text{ MPa}}{200 \text{ MPa}}}\approx101$$

压杆两端铰支,$\mu=1$,又 $i_y<i_z$,则必有 $\lambda_{xz}>\lambda_{xy}$,即该压杆在 $xz$ 平面内的稳定性小于 $xy$ 平面内的稳定性。

该压杆在 $xz$ 平面内的柔度

$$\lambda_{xz}=\lambda_{\max}=\frac{\mu l}{i_y}=\frac{1\times2\,000 \text{ mm}}{18.9 \text{ mm}}\approx106$$

查稳定因数表 12.4,用直线插值法得

$$\varphi=0.563$$

$$\sigma=\frac{F}{A\varphi}=\frac{200\times10^3 \text{ N}}{26.1\times10^2 \text{ mm}^2\times0.563}\approx136 \text{ MPa}<[\sigma]=160 \text{ MPa}$$

该压杆稳定性足够。

(2) 校核强度

该压杆有局部削弱,需进行强度校核。削弱部位的最小截面积

$$A_{\min}=A-dt=26.1\times10^2 \text{ mm}^2-20\text{mm}\times6\text{mm}=24.9\times10^2 \text{ mm}^2$$

$$\sigma=\frac{F}{A_{\min}}=\frac{200\times10^3 \text{ N}}{24.9\times10^2 \text{ mm}^2}\approx80.3 \text{ MPa}<[\sigma]=160 \text{ MPa}$$

该压杆强度也足够。

综合检查,此压杆安全。

**【例 12.8】**　一端固定、一端自由的钢柱,长 $l=1.5$ m,轴向压载 $F=400$ kN。若材料的许用压应力 $[\sigma]=160$ MPa,试为该压杆选择适宜的工字钢截面。

**解** 用试算法设计。由题设条件,压杆的尺寸因数 $\mu = 2$。

第一次试设,取 $\varphi_1 = 0.5$,由稳定性条件(12.14)设计压杆截面积:

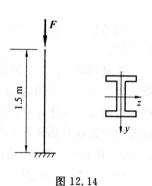

图 12.14

$$A_1 = \frac{F}{\varphi_1 [\sigma]} = \frac{400 \times 10^3 \text{ N}}{0.5 \times 160 \text{ MPa}} = 5 \times 10^3 \text{ mm}^2 = 50 \text{ cm}^2$$

查型钢表,选取工字钢 25a,其截面积 $A'_1 = 48.5 \text{ cm}^2$,与 $A_1$ 接近。从表中查得 $i'_{1,\min} = 2.403 \text{ cm}$。据此可得此压杆柔度

$$\lambda'_1 = \frac{\mu l}{i_{1,\min}} = \frac{2 \times 150 \text{ cm}}{2.403 \text{ mm}} \approx 125$$

查表 12.4,得

$$\varphi'_1 = 0.432 < \varphi_1 = 0.5$$

$\varphi'_1$ 与 $\varphi_1$ 偏差较大。

第二次试设:参考第一次试设的结果,降低 $\varphi$ 值。取 $\varphi_2 = 0.46$,再按上述过程计算:

$$A_2 = \frac{F}{\varphi_2 [\sigma]} = \frac{400 \times 10^3 \text{ N}}{0.46 \times 160 \text{ MPa}} = 5.43 \times 10^3 \text{ mm}^2 = 54.3 \text{ cm}^2$$

选取工字钢 28a,其截面积 $A'_2 = 55.5 \text{ cm}^2$,与 $A_2$ 接近。从表中得到 $i'_{2,\min} = 2.495 \text{ cm}$。据此可得此压杆柔度

$$\lambda'_2 = \frac{\mu l}{i_{2,\min}} = \frac{2 \times 150 \text{ cm}}{2.495 \text{ mm}} \approx 120$$

查表 12.4,得

$$\varphi'_2 = 0.466 > \varphi_2 = 0.46$$

$$\frac{\varphi'_2 - \varphi_2}{\varphi_2} \times 100\% = 1.3\%$$

结果表明,此设计的压杆截面与实际情况符合。为了可靠,对结果进行稳定性验算。

$$\sigma = \frac{F}{\varphi_2 A'_2} = \frac{400 \times 10^3 \text{ N}}{0.46 \times 55.5 \times 10^2 \text{ mm}^2} \approx 156.7 \text{ MPa} < [\sigma] = 160 \text{ MPa}$$

设计合理。

# 12.5 提高压杆稳定性的措施

提高压杆的稳定性,也就是提高压杆的临界应力 $\sigma_{cr}$。由压杆临界应力总图可知,各种柔度的压杆,临界应力 $\sigma_{cr}$ 都随柔度 $\lambda$ 的减小而增加。因此在压杆的设计中,除材料因素外,对柔度的设计是核心问题。柔度设计可从几个方面考虑。

## 12.5.1 选择合理的截面形状

对压杆截面的选择有两个基本原则。

(1) 尽可能地减小压杆的最大柔度

由压杆柔度的定义式(12.8)可以看出,压杆截面的惯性半径 $i$ 越大,压杆的柔度 $\lambda$ 越

小。在压杆截面积一定的条件下，要提高截面的惯性半径，就应该使材料远离截面的形心。例如，将实心的圆截面（见图 12.15(a)）改成空心度适当的空心圆截面（见图 12.15(b)），起重机的臂做成空心正方形截面（见图 12.16）等，都是根据这个原理。

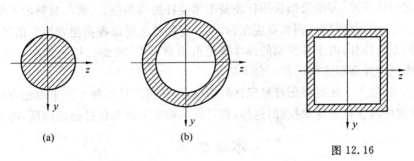

(a)          (b)

图 12.15            图 12.16

（2）使压杆在各纵面的柔度相同

从稳定性的角度讲，压杆在任意一个纵面的稳定性太强都没有意义，因为失稳总是从稳定性最弱的纵面内发生。按着这样的理念，设计压杆时应使压杆在各纵面的柔度相同，以使压杆在各纵面内的稳定性相等，这样才可以充分发挥材料的作用。

如果是设计只在两端有约束且在各纵面内 $\mu l$ 相同的压杆，则应使压杆横截面对各形心轴的惯性矩相同，从而使各纵面的 $\lambda = \mu l / i$ 相同。这样的截面都是中心对称图形。如圆形或空心圆形、正方形等。若压杆的 $\mu l$ 在各纵面内不同，则应使压杆在 $\mu l$ 较大的纵面内惯性半径也大，在 $\mu l$ 较小的纵面内惯性半径也小，以使各纵面的 $\lambda$ 接近相同。例如图 12.17 所示的两端有柱形铰的连杆，横截面为工字形，惯性半径 $i_z > i_y$。连杆在 $xy$ 纵面内两端铰支，在 $xz$ 平面内接近两端固定。若使 $i_z \Rightarrow 2i_y$，于是两个纵面内的柔度 $\lambda_{xy} = \dfrac{l}{i_z}$ 和

$\lambda_{xz} \approx \dfrac{0.5l}{i_y}$ 比较接近，连杆在两个纵面内的稳定性也接近相等。

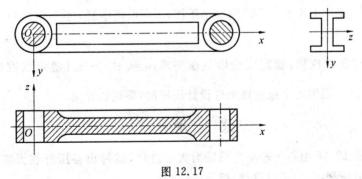

图 12.17

## 12.5.2　改善压杆的约束条件

改变压杆的约束条件对临界力的影响较大。例如将两端铰支的压杆改为两端固定，压杆的临界应力增至原来的 4 倍；若在杆的中间增加一个连杆支座则压杆的长度减小了一半，压杆的临界应力增至原来的 2 倍。一般来说，改善压杆的约束，减小杆的弯曲变形，

都可以提高压杆的稳定性。

### 12.5.3  合理选择材料

由上述讨论可知,无论是细长压杆还是中柔度杆的临界应力,都与材料的力学性能有关。一般来说,选用好材料,例如高强度钢,在一定程度上可以提高稳定性。但是,对于由钢材制成的细长压杆,由于各种钢的弹性模量值相差不大,而细长杆的柔度 $\lambda$ 又比较大,选用高强度钢对提高稳定性的作用并不明显。

最后指出,除了上述提高压杆稳定性的措施外,还可以从结构方面采取相应的措施。例如,将结构中的压杆转换成拉杆,这样,就可以从根本上避免压杆稳定问题,等等。

## 本章小结

(1) 稳定性是压杆正常工作的必要条件之一。对压杆稳定性的研究关键是确定临界力 $F_{cr}$。

(2) 本章的基本概念和学习的要点

① 压杆稳定性、临界状态和临界力的概念;

② 各种压杆临界力和临界应力的计算方法不同。根据压杆的柔度,将压杆分为大柔度、中柔度和小柔度三类。

大柔度杆($\lambda \geqslant \lambda_p$),用欧拉公式计算,工作的可靠性主要取决于稳定性。

中柔度杆($\lambda_s \leqslant \lambda < \lambda_p$),用经验公式计算,工作的可靠性取决于强度、刚度、稳定性三个方面。

短压杆($\lambda < \lambda_s$),不存在稳定性问题,工作的可靠性取决于强度和刚度。

③ 压杆柔度:$\lambda = \dfrac{\mu l}{i}$,是稳定性计算中的首要参数,它综合地反映了压杆两端的约束、杆长和截面几何性质对压杆稳定性的影响。压杆的柔度决定了压杆的类型、临界力的计算方法及安全、正常工作的条件。同一个压杆,不同纵面中的 $\lambda$ 不一定相同,$\lambda_{max}$ 的纵面稳定性最弱。

④ 压杆稳定性校核:稳定安全因数法要求:$n = \dfrac{F_{cr}}{F} \geqslant n_{st}$;稳定因数法要求:$\dfrac{F}{A} \leqslant \varphi[\sigma]$,$\varphi = \varphi(\lambda)$。运用这个稳定性条件设计压杆时,要用试算法。

## 思　考　题

12.1　图 12.18 中各压杆均为圆截面大柔度杆,试写出各压杆临界应力计算式(图 12.18(b) 中的压杆,上端可以滑动,但不能转动)。

12.2　图 12.19 中的压杆,截面尺寸如图所示。压杆在 $xz$ 平面内有三个支座 $A$、$B$、$C$,在 $xy$ 平面内有两个支座 $A$、$B$。试确定此压杆可能最先失稳的纵面。

12.3　试判断以下四种说法对否?

(1) 临界力是使压杆丧失稳定的最小荷载。

(2) 临界力是压杆维持直线稳定平衡状态的最大荷载。

(3) 压杆横截面的 $I_y > I_z$，则杆件失稳一定在平面 $xz$ 内。

(4) 同一压杆，柔度 $\lambda_{xz} > \lambda_{xy}$，则该压杆在 $xz$ 平面内的稳定性比 $xy$ 平面内的稳定性好。

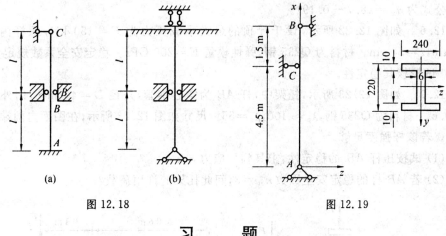

图 12.18　　　　　　　　　　　　　　　　　　图 12.19

# 习　题

**12.1**　圆截面压杆的直径 $d = 25$ mm，长度为 $l$。压杆的材料为 Q235 钢，$E = 200$ GPa，比例极限 $\sigma_p = 200$ MPa。试求其临界应力 $\sigma_{cr}$ 及临界荷载 $F_{cr}$：(a) 两端铰支，$l = 60$ cm；(b) 两端固定，$l = 150$ cm；(c) 一端固定、一端铰支，$l = 100$ cm；(d) 一端固定、一端自由，$l = 40$ cm。

**12.2**　三根圆截面压杆，直径均为 $d = 160$ mm，材料为 Q235 钢，$E = 200$ GPa，$\sigma_s = 240$ MPa。两端均为铰支，长度 $l_1 = 5$ m，$l_2 = 2.5$ m，$l_3 = 1.5$ m。试求各杆的临界压力 $F_{cr}$。

**12.3**　如图 12.20 所示，两端固定的细长压杆，截面为 16a 槽钢，已知材料的比例极限 $\sigma_p = 200$ MPa，弹性模量 $E = 200$ GPa。试求此压杆的临界力适用于欧拉公式时的最小长度 $l_{min}$。

**12.4**　图 12.21 所示立柱由两根 10 号槽钢组成，立柱的两端为球铰，柱长 $l = 6$ m，试求两槽钢间距 $a$ 值取多少时立柱的临界力最大？并求出最大临界力的大小。已知材料的弹性模量 $E = 200$ GPa，比例极限 $\sigma_p = 200$ MPa。

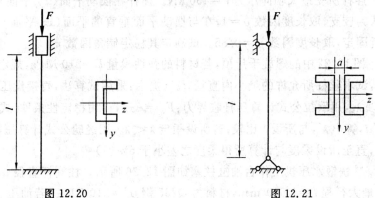

图 12.20　　　　　　　　　　　　　　　　　　图 12.21

12.5　木柱的一端固定、一端铰支，其截面为 120 mm×180 mm 的矩形，长度为 $l=$ 4 m。木材的 $E=10$ kN，$\sigma_p=20$ MPa。试求该木柱的临界应力 $\sigma_{cr}$。木柱临界应力的直线经验公式为 $\sigma_{cr}=28.7-0.19\lambda$。

12.6　如图 12.22 所示，设千斤顶的最大承载压力为 $F=150$ kN，螺杆内径 $d=$ 52 mm，$l=50$ cm。材料为 Q235 钢，弹性模量 $E=200$ GPa。稳定安全系数规定为 $n_{st}=$ 3.0。试校核其稳定性。

12.7　如图 12.23 所示，托架中，杆 $AB$ 为空心钢管，外径 $D=40$ mm，内外径之比 $\alpha=0.6$。材料为 Q235 钢，$\lambda_p\approx100$，$\lambda_s=55$。尺寸如图 12.23 所示，在图面内两端可视为铰支。若该杆强度足够。

(1) 试按压杆 $AB$ 的稳定性，求其临界应力 $\sigma_{cr}$；

(2) 若 $AB$ 杆的稳定安全因数 $n_{st}=3$，问此托架的许用荷载？

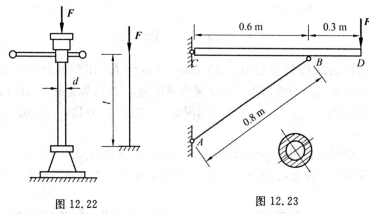

图 12.22　　　　　　图 12.23

12.8　图 12.24 所示结构中，$AB$ 为空心圆截面杆，其外径 $D=80$ mm，空心度 $\alpha=$ 0.5，$BC$ 为正方形实心杆，边长 $a=70$ mm。杆的 $A$ 端固定，$B$、$C$ 两处均为铰支。两杆材料均为 Q235 钢，材料的弹性模量 $E=210$ GPa。若取稳定安全因数 $n_{st}=2.5$，试求此杆的许用荷载。

12.9　内燃机副连杆如图 12.25 所示，截面为工字形，材料为 Q235 钢，$l=$ 3 100 mm。连杆所受最大轴向压力 $F=450$ kN。连杆在摆动平面（$xy$ 平面）内发生弯曲时，两端可认为铰支，取长度因数 $\mu=1$；在与摆动平面垂直的平面（$xz$ 平面）内发生弯曲时，两端接近固定，取长度因数 $\mu=0.85$。试确定其稳定储备因数 $n$。

12.10　图 12.22 中的螺旋千斤顶，若材料的弹性模量 $E=210$ MPa，规定稳定安全系数 $n_{st}=4.2$，试求丝杠所允许的最小内直径 $d$。（提示：采用试算法，直接设压杆柔度 $\lambda$，若所设柔度 $\lambda\geqslant\lambda_p$，用欧拉公式计算压杆临界力：$F_{cr}=A\sigma_{cr}$，再用稳定性条件（式（12.13））算出压杆直径 $d$，算出 $\lambda'$，与所设 $\lambda$ 比较；若所设柔度 $\lambda<\lambda_p$，用经验公式计算压杆临界力，重复上述过程，直至所设柔度与计算所得柔度之差小于 5%。）

12.11　某快锻水压机工作台油缸柱塞如图 12.26 所示。柱塞杆直径 $d=100$ mm，在油缸内的最大行程 $l=1$ 600 mm，材料为 Q235 钢，$E=210$ GPa。若油压 $p=32$ MPa，油缸直径 $D=140$ mm。试求柱塞的稳定储备因数。（提示，柱塞杆可简化为两端铰支的压杆。

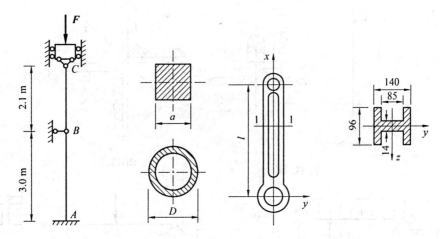

图 12.24　　　　　　　　　　　　　　　　图 12.25

12.12　在图 12.27 所示铰接杆系 $ABC$ 中，$AB$ 和 $BC$ 皆为细长压杆，且截面相同，材料一样。若因在 $ABC$ 平面内失稳而破坏，并规定 $0 < \theta < \pi$，试确定 $F$ 为最大值时的 $\theta$ 角。

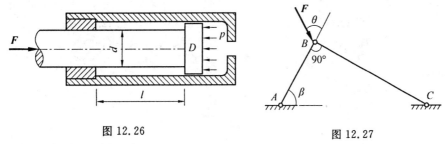

图 12.26　　　　　　　　　　　　　　　　图 12.27

12.13　图 12.28 所示压杆的两端为球铰，由两根 110 mm×110 mm×12 mm 的等边角钢铆接而成，铆钉孔直径为 23 mm，压杆长 $l=2.4$ m，轴向压力 $F=550$ kN。材料为 Q235 钢，许用应力 $[\sigma]=160$ MPa，若取 $n_{st}=2.0$，试校核压杆的稳定性。（提示：这种压杆既要校核稳定性，也要校核强度）

12.14　某刚架受压杆长 4 m，用两个等边角钢与缀板焊成一体，并符合钢结构设计规范中实腹式 b 类截面中心受压杆的要求，截面形式如图 12.29 所示，材料为 Q235 钢，$[\sigma]=170$ MPa。试求该杆所能承受的压力。

12.15　梁、柱结构如图 12.30 所示，已知梁的截面为 16 号工字形，材料为 Q235 钢，弹性模量 $E=200$ GPa，许用应力 $[\sigma]=170$ MPa；柱的截面为圆形，直径 $d=100$ mm，弹性模量 $E=12$ GPa。欲使结构安全工作，试确定均布荷载集度 $q$ 的许用值。

12.16　如图 12.31 所示，18 号工字钢梁 $AB$ 的 $A$ 端铰支在基础上，$B$ 端铰支于箱形钢管 $BC$ 上。梁的中点受到集中力作用，$F=40$ kN。钢管的内、外正方形边长分别为 20 mm 和 30 mm，两端均为铰支。梁及钢管同为 Q235 钢，材料的许用应力 $[\sigma]=170$ MPa。试校核结构的安全性。

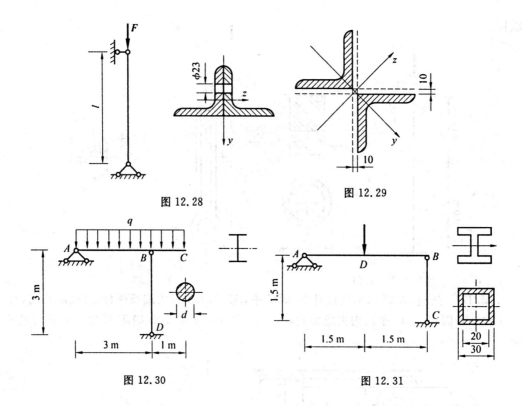

图 12.28

图 12.29

图 12.30

图 12.31

# 第13章

# 能量法基础

利用功和能的概念及方法解决变形体或结构的变形、位移等的计算方法，统称为能量法。

能量法是一个普遍的方法，在固体力学中有广泛的应用，尤其在结构的分析中，更具有其他方法无与伦比的长处，同时它也是用有限单元法求解固体力学问题的重要基础。

能量法的内容包括如下几个方面：

(1)功和能的概念及计算，如功的计算，应变能的计算等；

(2)能量法的基本原理和定理，能量法的原理和定理比较多，本书只介绍功能原理，莫尔积分和卡氏定理；

(3)能量法原理及方法的应用，如用能量法计算结构的变形、位移、内力等。

材料力学研究的主要对象是单杆结构，而且主要研究线弹性范围内受力构件的行为。因此，这里只介绍在荷载作用下，线弹性范围内计算杆件位移最常用的能量原理和方法。

关于功和应变能的计算已在前面的章节中分别作了介绍，其中最基本也是最重要的概念是：

(1)静荷载作用下，弹性结构的应变能在数值上等于外力功，这就是功能原理。功能原理是能量法的基础，同时也给出了应变能的计算依据和计算方法。

(2)弹性应变能的大小与加载的过程无关，仅仅决定于荷载的最后值。

## 13.1 计算位移的莫尔积分法

### 13.1.1 莫尔积分的推证

莫尔积分或莫尔定理是杆件或结构位移计算中应用较广的一种能量法。下面以平面静定梁为例导出该定理。推导中，用 $F$ 代表广义力（$F$ 可以是力也可以是力偶等），用 $\Delta$ 代表广义位移（$\Delta$ 可以是线位移也可以是角位移等）。为了简单，设梁的刚度 $EI$ 为常数。

设某梁在任意一组荷载 $F_1,F_2,\cdots,F_n$ 作用下的挠曲线如图 13.1(a) 所示，梁上任一点（或任意截面）$C$ 的位移为 $\Delta$。为了得出 $\Delta$ 的计算式，莫尔的方法是在梁上再加一个与欲求位移相对应的单位力 $F_0=1$，这是一个虚设的广义单位力（原本不存在的力）。

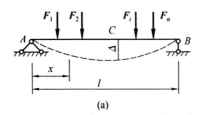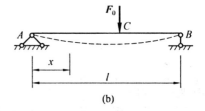

图 13.1

设荷载单独作用时,如图 13.1(a) 所示,梁中的应变能为

$$V_{\mathrm{s}} = \sum \int_{l_i} \frac{M^2(x)}{2EI} \mathrm{d}x \qquad\qquad (\mathrm{a})$$

单位力 $F_0 = 1$ 单独作用时,如图 13.1(b) 所示,梁中的应变能为

$$V_0 = \sum \int_{l_i} \frac{M_0^2(x)}{2EI} \mathrm{d}x \qquad\qquad (\mathrm{b})$$

现在要计算荷载和虚拟单位力 $F_0 = 1$ 共同作用下梁中的应变能。根据功能原理,弹性应变能的大小与加载的过程无关,仅仅决定于荷载的最后值。因此,$M_\Sigma$ 可设计两个加载方案。

(1) 同时加载

同时加载即将荷载加到梁上的同时,将单位力也加到指定位置 $C$ 处,如图 13.2(a) 所示。按这种加载方案,梁上任意截面 $x$ 处的弯矩为

$$M_\Sigma(x) = M(x) + M_0(x) \qquad\qquad (\mathrm{c})$$

式中,$M_\Sigma(x)$ 为荷载 $F_1, F_2, \cdots, F_n$ 和 $F_0 = 1$ 共同在 $x$ 截面产生的弯矩。

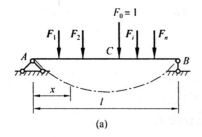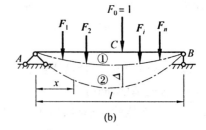

图 13.2

梁中的总应变能

$$V'_{\mathrm{e}\Sigma} = \sum \int_{l_i} \frac{M_\Sigma^2(x)\,\mathrm{d}x}{2EI} \qquad\qquad (\mathrm{d})$$

将式(c) 代入式(d),展开并代入式(a)、(b),得到

$$V'_{\mathrm{e}\Sigma} = \sum \int_{l_i} \frac{[M(x) + M_0(x)]^2}{2EI} \mathrm{d}x = V_{\mathrm{e}} + V_0 + \sum \int_{l_i} \frac{M(x)M_0(x)}{EI} \mathrm{d}x \qquad (\mathrm{e})$$

(2) 分步加载

在 $C$ 处先加单位力 $F_0 = 1$,梁的挠曲线为图 13.2(b) 中的曲线①,这个挠曲线显然与图 13.1(b) 中的挠曲线完全相同,梁中的应变能 $V_0$ 与式(b) 相同。之后,再在梁上施加荷载 $F_1, F_2, \cdots, F_n$,梁的挠曲线从位置① 移至位置②(见图 13.2(b))。这时梁中新增加的应

变能包括两部分：一部分是荷载在这一位移中做功而储存于梁中的应变能。因为梁的变形为线弹性变形，梁的变形位移与荷载成正比。施加 $F_0 = 1$ 之后再施加荷载 $F_1, F_2, \cdots,$ $F_n$，梁的挠曲线从位置①移至位置②时的位移，与梁只在荷载 $F_1, F_2, \cdots, F_n$ 作用下从初始状态移至位置①（见图 13.1(a)）是一样的。因此，这一部分应变能 $V_\varepsilon$ 仍按式(a)计算。另一部分是挠曲线从位置①移至位置②时，单位力在与其相应的位移 $\Delta$ 上做功而储存于梁中的应变能，其大小为 $1 \times \Delta$。

按分步加载方案，总的应变能等于上述三部分应变能的总和，即

$$V''_{\varepsilon\Sigma} = \sum \int_{l_i} \frac{M_0^2(x)}{2EI} \mathrm{d}x + \sum \int_{l_i} \frac{M^2(x)}{2EI} \mathrm{d}x + 1 \times \Delta \tag{f}$$

因为两种加载方式的应变能应该相等，即

$$V'_{\varepsilon\Sigma} = V''_{\varepsilon\Sigma} \tag{g}$$

将式(e)、(f)代入式(g)，整理后即得

$$\Delta = \int_{l_i} \frac{M(x) M_0(x)}{EI} \mathrm{d}x \tag{13.1}$$

上述推导中，$l_i$ 是弯矩 $M(x)$ 和 $M_0(x)$ 共同的定义域。

式(13.1)即计算直杆结构在荷载作用下弹性位移的莫尔积分。该式是通过一个弯曲变形的特例（图 13.1 所示梁）得出的，但是推证中并未涉及弯曲变形的特点，所以有普遍意义，可用于计算线弹性杆件结构的各种位移。

如果杆件为平面曲杆，在小曲率（杆轴的曲率半径与截面高度之比大于 5）的情况下，可以忽略剪力和轴力对变形的影响，可得计算曲杆弯曲变形位移的莫尔积分

$$\Delta = \sum \int_{l_i} \frac{M(s) M_0(s) \mathrm{d}s}{EI} \tag{13.2}$$

式中，$M(s)$、$M_0(s)$ 分别为荷载和单位力（广义）作用下曲杆截面上的弯矩。$l_i$ 为 $M(s)$、$M_0(s)$ 定义域内曲杆轴线的弧长。

同样道理，可得下列计算位移的莫尔积分公式：

圆轴扭转

$$\Delta = \sum \int_{l_i} \frac{T(x) T_0(x) \mathrm{d}x}{GI_\mathrm{p}} \tag{13.3}$$

组合变形

$$\Delta = \sum \int_{l_i} \frac{M(x) M_0(x)}{EI} \mathrm{d}x + \sum \int_{l_i} \frac{T(x) T_0(x)}{GI_\mathrm{p}} \mathrm{d}x + \sum \int_{l_i} \frac{F_\mathrm{N}(x) F_\mathrm{N0}(x)}{EA} \mathrm{d}x$$

$$\tag{13.4}$$

桁架

$$\Delta = \sum_{i=1}^{n} \frac{F_{\mathrm{N}i} F_{\mathrm{N}0i} l_i}{EA_i} \tag{13.5}$$

以上各式中，$\Delta$ 为广义位移；$M(x)$、$T(x)$、$F_\mathrm{N}(x)$ 或 $F_{\mathrm{N}i}(x)$ 分别为荷载作用下杆内的弯矩、扭矩和轴力；$M_0(x)$、$T_0(x)$、$F_{\mathrm{N}0}(x)$ 或 $F_{\mathrm{N}0i}(x)$ 分别为单位广义力作用下杆内的弯矩、扭矩和轴力；$EI$、$GI_\mathrm{p}$、$EA$ 或 $EA_i$ 分别为杆的抗弯、抗扭、抗拉（压）刚度。

从上面推导的过程可以注意到,莫尔积分的要点是在欲求位移处施加相应的单位力,其物理实质是将求位移 $\Delta$ 的计算转化成单位力 $F_0 = 1$(广义力)在该位移上功的计算,因为在数值上 $\Delta = \pm F_0 \times \Delta = \pm 1 \times \Delta$。推导的依据是:功能原理和弹性应变能与加载过程无关,仅仅决定于荷载的最后值。其巧妙之处在于用能量法求位移避免了复杂的几何关系,简化了位移的计算。

### 13.1.2 关于广义单位力

用莫尔积分法计算杆件结构指定点或指定面的位移时,一个重要的步骤是在该点或该面处虚设"相应"的单位力。这里"相应"的含义有两个:一是位置相应,即欲求哪个点或哪个面的位移,就在那个点或那个面处虚设单位力。二是性质相应,即欲求什么样的位移就虚设什么样的单位力。概括来说,求线位移时,虚力是单位力,如图 13.3(a) 所示;求角位移时,虚力是单位力偶,如图 13.3(b) 所示;求两点的相对挠度和线位移时,虚力是一对单位力,如图 13.3(c)、(d) 所示;求两个面的相对角位移时,虚力是一对单位力偶,如图 13.3(e) 所示。广义单位力的方向可以任意假设,但是必须与所求位移的方位一致。最后计算结果如果为正号,说明该处位移的实际方向与所设相应单位力的方向一致,否则相反。

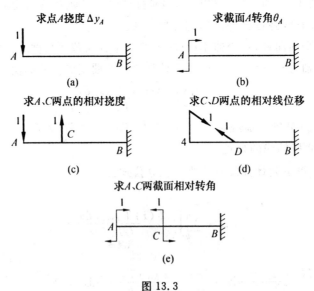

图 13.3

用莫尔积分法求位移时,结构上有两种力系,一种是作用在结构上的真实荷载,一种是虚设的单位力。在建立荷载和单位力的内力方程时坐标原点的选取应相同。因为莫尔积分中的算式是虚力在实际位移上的微功。例如,$\dfrac{M(x)M_0(x)}{EI}\mathrm{d}x$ 是弯矩 $M_0(x)$(虚设单位力产生的虚弯矩)在其作用截面的转角 $\dfrac{M(x)\,\mathrm{d}x}{EI}$(荷载产生的实际转角)上所做的微功等。

【例 13.1】 试用莫尔积分法求图 13.4(a) 所示外伸梁 $C$ 端的挠度 $y_C$ 和转角 $\theta_C$。设

梁的刚度为 $EI$。

**解**　(1) 求 $C$ 端的挠度 $y_C$

先求出梁在荷载作用下的支反力，其大小和方向如图 13.4(a) 所示。在梁的 $C$ 端加单位力 $F_0=1$，如图 13.4(b) 所示，同时求出 $F_0=1$ 作用下的支反力，结果示于图 13.4(b) 中。根据结构特点，在建立梁的弯矩方程时需分 $AB$ 和 $BC$ 两段。为使积分计算简便，分别取梁的两个端点 $A$、$C$ 为坐标原点，荷载及单位力单独作用时的弯矩方程：

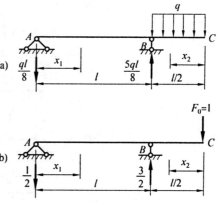

图 13.4

$AB$ 段 $(0 \leqslant x_1 \leqslant l)$

$$M(x_1) = -\frac{1}{8}qlx_1, \quad M_0(x_1) = -\frac{1}{2}x_1$$

$BC$ 段 $(0 \leqslant x_2 \leqslant l/2)$

$$M(x_2) = -\frac{1}{2}qx_2^2, \quad M_0(x_2) = -x_2$$

代入莫尔积分后，得点 $C$ 挠度

$$y_C = \int_0^l \frac{M(x_1)M_0(x_1)}{EI}dx_1 + \int_0^{\frac{l}{2}} \frac{M(x_2)M_0(x_2)}{EI}dx_2 =$$

$$\frac{1}{EI}\left[\int_0^l \left(-\frac{qlx_1}{8}\right)\left(-\frac{x_1}{2}\right)dx_1 + \int_0^{\frac{l}{2}}\left(-\frac{qx_2^2}{2}\right)(-x_2)dx_2\right] = \frac{11ql^4}{384EI}$$

计算结果为正，表明点 $C$ 的挠度与所设单位力的方向相同，即方向向下。

(2) 求 $C$ 端的转角 $\theta_C$

荷载的弯矩方程同上。在梁的 $C$ 端加单位力偶 $M_0=1$ 并求出支反力，如图 13.4(c) 所示。单位力偶作用时的弯矩方程：

$AB$ 段 $(0 \leqslant x_1 \leqslant l)$

$$M_0(x_1) = -\frac{x_1}{l}$$

$BC$ 段 $(0 \leqslant x_2 \leqslant l/2)$

$$M_0 = -1$$

将两种荷载的弯矩方程代入莫尔积分后，$C$ 端面的转角为

$$\theta_C = \frac{1}{EI}\left[\int_0^l M(x_1)M_0(x_1)dx_1 + \int_0^{\frac{l}{2}} M(x_2)M(x_2)dx_2\right] =$$

$$\frac{1}{EI}\left[\int_0^l \left(-\frac{qlx_1}{8}\right)\left(-\frac{x_1}{l}\right)dx_1 + \int_0^{\frac{l}{2}}\left(-\frac{qx_2^2}{2}\right)(-1)dx_2\right] = \frac{ql^3}{16EI}$$

计算结果为正，表明 $C$ 端的转角 $\theta_C$ 与所设单位力偶的转向相同，即顺时针方向。

**【例 13.2】**　试求图 13.5(a) 中等刚度简支梁两端面的相对转角 $\theta_{AB}$。梁上受均布荷载作用，集度为 $q$，设梁的刚度为 $EI$。

**解**　在梁的两端面 $A$、$B$ 处加一对单位力偶，如图 13.5(b) 所示。荷载和单位力偶的在梁中产生的弯矩表达式：

5565467890

材料力学

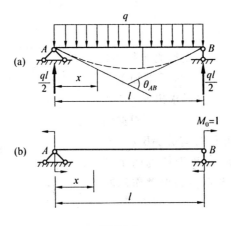

图 13.5

$$M(x)=\frac{ql}{2}x-\frac{qx^2}{2}\quad(0\leqslant x\leqslant l)$$

$$M_0(x)=-1\quad(0\leqslant x\leqslant l)$$

该梁两端面的相对转角

$$\theta_{AB}=\int_0^l\frac{M(x)M_0(x)}{EI}\mathrm{d}x=\frac{1}{EI}\int_0^l(\frac{qlx}{2}-\frac{qx^2}{2})(-1)\,\mathrm{d}x=-\frac{ql^3}{12EI}$$

**【例 13.3】**　半径为 $R$ 的半圆形悬臂曲梁，如图
13.6(a) 所示，截面为圆形，直径为 $d$，自由端 $A$ 处受到与
轴线平面垂直、方向向下的集中力 $F$ 作用，设曲杆的抗弯
刚度为 $EI$，抗扭刚度为 $GI_p$。试用莫尔积分求曲杆 $A$ 端的
竖直位移。

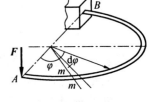

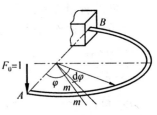

**解**　曲杆在自由端与轴线平面垂直集中力作用下的
变形为弯扭组合变形。在曲梁的 $A$ 端加竖直向下的单位
力 $F_0=1$，如图 13.6(b) 所示。取与直径夹角为 $\varphi$ 的任意
截面 $m-m$，荷载及单位力的内力方程为

图 13.6

弯矩

$$M(\varphi)=FR\sin\varphi$$
$$M_0(\varphi)=R\sin\varphi$$

扭矩

$$T(\varphi)=FR(1-\cos\varphi)$$
$$T_0(\varphi)=R(1-\cos\varphi)$$

上面各方程的定义域均为 $(0\leqslant\varphi<\pi)$。计算 $A$ 端竖向位移的莫尔积分为

$$y_A=\int_l\frac{M(\varphi)M_0(\varphi)}{EI}\mathrm{d}s+\int_l\frac{T(\varphi)T_0(\varphi)}{GI_p}\mathrm{d}s$$

对圆弧，$\mathrm{d}s=R\mathrm{d}\varphi$。将荷载、单位力的内力方程及 $\mathrm{d}s$ 的表达式代入上式，得

$$y_A=\int_0^\pi\frac{FR^3\sin^2\varphi}{EI}\mathrm{d}\varphi+\int_0^\pi\frac{FR^3(1-\cos\varphi)^2}{GI_p}\mathrm{d}\varphi=\frac{\pi FR^3}{2EI}+\frac{3\pi FR^3}{2GI_p}=\frac{16FR^3}{d^4}(\frac{2}{E}+\frac{3}{G})$$

296

**【例 13.4】**　图 13.7(a) 所示三角形桁架中,各杆拉压刚度为 $EA$,结点 $D$ 处受竖直向下的集中力 $F$ 作用,试求 $BD$ 杆的转角 $\beta$。

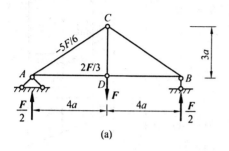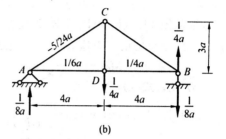

图 13.7

**解**　桁架中各杆在荷载作用下的支座反力和各杆轴力示于图 13.7(a) 中,由于结构对称,图中只表示出杆 $AC$、$AD$ 和 $DC$ 的轴力。

以杆 $BD$ 为力臂加单位力偶矩 $M_0 = 1$,组成力偶的两个力的大小为 $\dfrac{1}{4a}$,方向如图 13.7(b) 所示。在单位力偶作用下,杆 $AC$、$AD$ 和 $DC$ 的轴力示于图 13.7(b) 中。杆 $BC$ 和杆 $BD$ 的轴力分别与杆 $AC$、$AD$ 的轴力相同。

按式(13.4) 计算杆 $BD$ 的转角

$$\beta = \frac{1}{EA}\left[\left(\frac{2F}{3} \times \frac{1}{6a} \times 4a\right) \times 2 + \left(-\frac{5F}{6}\right) \times \left(-\frac{5}{24a}\right) \times 5a \times 2 + F \times \frac{1}{4a} \times 3a\right] =$$

$$\frac{1}{EA}\left[\frac{8F}{9} + \frac{125F}{72} + \frac{3F}{4}\right] = \frac{27F}{8EA}$$

结果为正,说明 $BD$ 的转角 $\beta$ 与虚加单位力偶的转向相同。

本例中,由于 $A$、$B$ 两点都没有竖向位移,所以也可以先求点 $D$ 的竖向位移 $\Delta_{Dy}$,再根据几何关系得出 $\beta = \dfrac{\Delta_{Dy}}{4a}$。

# 13.2　计算莫尔积分的图乘法

用莫尔积分求位移的计算很多时候可以简化。下面结合式(13.2) 的积分来讨论。该积分为

$$\Delta = \int_l \frac{M(s)M_0(s)}{EI}\mathrm{d}s$$

可以注意到:若杆件某段为等刚度直杆,$EI$ 为常量,对弧长的积分转变为对直线长度的积分(式中,$\mathrm{d}s$ 变为 $\mathrm{d}x$),于是上面的积分可以简化为

$$\Delta = \frac{1}{EI}\int_l M(x)M_0(x)\,\mathrm{d}x \tag{a}$$

从弯矩图的线形上来分析,在单位力作用下直杆段的弯矩图都是直线或折线。取单位力弯矩图为直线的一段杆,设该段杆的荷载的弯矩图和单位力的弯矩图分别如图

13.8(a)、(b) 所示,其中 $M_0(x)$ 图为一斜直线,设该直线与 $x$ 的夹角为 $\alpha$。若取该斜直线(或其延长线)与 $x$ 轴的交点 $O$ 为坐标原点,建立 $x-M$ 坐标系如图 13.8 所示,则从图 13.8(b) 可以看出,该段杆中距点 $O$ 为 $x$ 的截面上,单位力的弯矩值 $M_0(x)$ 可写成

$$M_0(x) = x\tan\alpha \qquad\qquad (b)$$

将式(b) 代入式(a),得

$$\Delta = \frac{1}{EI}\int_l M(x)\, x\tan\alpha\, dx = \frac{\tan\alpha}{EI}\int_l x M(x)\, dx \quad (c)$$

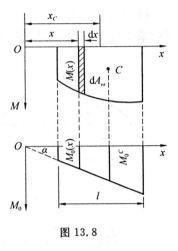

图 13.8

式中,$M(x)\,dx$ 为 $M(x)$ 图中阴影部分的微面积 $dA_\omega$(见图 13.8(a)),注意到 $xM(x)\,dx = x\,dA_\omega$ 为该微面积 $dA_\omega$ 对 $M$ 轴的静矩,积分 $\int_l xM(x)\,dx$ 为该段梁的 $M(x)$ 图的面积对 $M$ 轴的静矩。由静矩与形心的关系,式(c) 中的积分可写为

$$\int_l xM(x)\,dx = \int_l x\,dA_\omega = A_\omega x_C \qquad\qquad (d)$$

式中,$A_\omega$ 为该段梁 $M(x)$ 图的面积;$x_C$ 为 $M(x)$ 图的形心到 $M$ 轴的距离。

将式(d) 代入式(c),得到 $\Delta = \dfrac{\tan\alpha}{EI}\cdot A_\omega x_C$,从图 13.8(b) 可注意到,$x_C\tan\alpha = M_0^C$,$M_0^C$ 为该段梁弯矩图的形心对应的单位力弯矩图的纵坐标。于是得到

$$\Delta = \frac{A_\omega M_0^C}{EI} \qquad\qquad (13.6)$$

式(13.6) 即莫尔积分的图形互乘法公式。该公式将计算等刚度直梁变形位移的莫尔积分简化为图形间的互乘运算,这种求位移的方法即称为莫尔积分的图形互乘法,简称图乘法。

使用图乘法时需注意:

(1) 必须是等刚度直杆,而且在等刚度长度内单位力弯矩 $M_0(x)$ 的图形为一条直线(不能是折线)。如果杆件分段等刚度,在每一段内满足上述条件,则应分段计算,再求代数和;如果某段等刚度梁荷载弯矩图($M(x)$ 图)为一直线段,单位力弯矩图为只有一个尖点的折线,则式(13.6) 可写为

$$\Delta = \frac{A_{\omega 0}M^C}{EI}$$

式中,$A_{\omega 0}$ 为该段梁单位力弯矩图的面积;$M^C$ 为该段梁单位力弯矩图的形心对应的荷载弯矩图的纵坐标。

(2) 式(13.6) 中,$M_0^C$ 是单位力弯矩图($M_0(x)$ 图)中与荷载弯矩图($M(x)$ 图)的面积形心 $C$ 对应的单位力弯矩值。$A_\omega$ 和 $M_0^C$ 均为代数量,当荷载与单位力的弯矩图在基线($x$ 轴)的同侧时,乘积 $A_\omega M_0^C$ 取正号,异侧取负号。

(3) 为使图乘法的计算更简便,荷载的 $M(x)$ 图必须是标准图形。标准图形的面积和形心位置都有简单的计算公式。图 13.9 中给出了几种常见标准图形的特征、面积和形心

的计算公式,供使用时参考。应该强调,抛物线标准图形必须有顶点,顶点的几何含义是曲线在该点的切线与基线平行或重合。

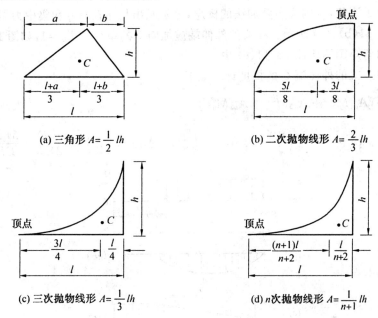

(a) 三角形 $A=\dfrac{1}{2}lh$　　(b) 二次抛物线形 $A=\dfrac{2}{3}lh$

(c) 三次抛物线形 $A=\dfrac{1}{3}lh$　　(d) $n$ 次抛物线形 $A=\dfrac{1}{n+1}lh$

图 13.9

如果荷载的 $M(x)$ 图不是标准图形,可以根据叠加原理作相宜改变,将其变成几个标准图形的叠加。例如,将梯形(见图 13.10(a)) 变为两个三角形的叠加;将与基线交叉的直线形(见图 13.10(b)) 变为位于基线两侧的两个三角形;将任意的二次抛物线变为梯形和标准二次抛物线(见图 13.10(c))的叠加等。

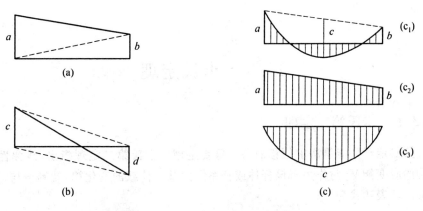

图 13.10

为了方便,在绘制弯矩图时采用区段叠加法,可以使每段梁的弯矩图都是标准图形的叠加。例如,图 13.10(c) 中的弯矩图就是用区段叠加法绘出的只有均布荷载作用下的一段直杆的弯矩图。该段弯矩图由一个梯形和一个标准二次抛物线形叠加而成,梯形又可以分为两个三角形,等等。

【例 13.5】 外伸梁上荷载如图 13.11(a) 所示,抗弯刚度 $EI$ 为常量,试求其外伸端 $C$ 的挠度 $y_C$。

解 为了清楚,本例应用叠加法的概念,分别画出均布荷载 $q$ 和集中力偶矩 $M_e$ 的弯矩图如图 13.11(b)、(c) 所示。在梁的外伸端虚加向下的单位力 $F_0=1$,如图 13.11(d) 所示,单位力的弯矩图示于图 13.11(e) 中。

用图乘法,梁的外伸端 $C$ 的挠度计算如下:

$$y_C = \frac{1}{EI}[A_{\omega 1}M_0^{C_1} + A_{\omega 2}M_0^{C_2} + A_{\omega 3}M_0^{C_3}] =$$

$$\frac{1}{EI}\left[\frac{2}{3}\frac{ql^2}{8}\times l \times \left(\frac{a}{2}\right) - \frac{1}{2}M_e l \times \left(\frac{2a}{3}\right) - M_e a \times \left(\frac{a}{2}\right)\right] = \frac{qal^3}{24EI} - \frac{M_e a}{EI}\left(\frac{l}{3} + \frac{a}{2}\right)$$

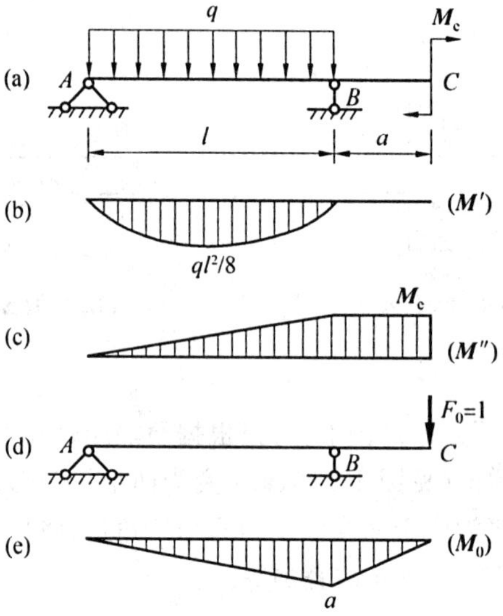

图 13.11

# 13.3 卡氏定理

## 13.3.1 卡氏第二定理

卡氏第二定理是能量法求位移的另一重要定理。卡氏第二定理指出:线弹性杆件或杆系结构的应变能 $V_e$ 对作用于该杆件或杆系上的某一荷载的变化律,就等于与该力相对应的位移。其表达式为

$$\Delta_i = \frac{\partial V_e}{\partial F_i} \tag{13.7}$$

卡氏第二定理的推证依据依然是功能原理和应变能的数值仅仅决定于荷载的最后值这两个基本概念。为叙述方便,推证仍以梁为例。

设图 13.12(a) 中的梁在一组静荷载 $F_1, F_2, \cdots, F_n$ 作用下的变形为线弹性,与各荷载相应的最后位移为 $\Delta_1, \Delta_2, \cdots, \Delta_i, \cdots, \Delta_n$。在变形过程中,梁内储存的应变能等于荷载的

功,即应变能为荷载及位移的函数。因为在线弹性变形范围内,变形位移与荷载呈线性关系,从而可以把应变能表达为荷载的函数,即

$$V_e = f(F_1, F_2, \cdots, F_n) \tag{a}$$

倘若某一荷载 $F_i$ 有一微小增量 $\mathrm{d}F_i$,其他荷载不变,如图 13.12(b) 所示,则梁中应变能的增量可表示为 $\mathrm{d}V_e = \dfrac{\partial V_e}{\partial F_i}\mathrm{d}F_i$,这时梁中总的应变能为

$$V'_{e\Sigma} = V_e + \frac{\partial V_e}{\partial F_i}\mathrm{d}F_i \tag{b}$$

改变加载次序,先在梁上加 $\mathrm{d}F_i$,而后再加 $F_1, F_2, \cdots, F_n$,如图 13.12(c) 所示。在线弹性条件下,力的独立作用原理成立,前后两个力系不会互相影响。先加 $\mathrm{d}F_i$ 时,$\mathrm{d}F_i$ 在其作用点处产生的与其相应的位移为 $\mathrm{d}\Delta_i$,梁内的应变能为 $\dfrac{1}{2}\mathrm{d}F_i\mathrm{d}\Delta_i$;再施加荷载 $F_1, F_2, \cdots, F_n$ 时,梁的变形增量与初加这组荷载时梁的变形相同,在 $F_i$ 处与 $F_i$ 相应的位移增量也与初加这组荷载时的 $\Delta_i$ 相同。这一过程中,梁中应变能的增量有两部分:一部分为荷载的功,仍为式(a)所表示的 $V_e$;一部分为 $\mathrm{d}F_i$ 在相应位移 $\Delta_i$ 上的功 $\mathrm{d}F_i\Delta_i$。按后一种加载方式,梁中储存的总应变能为

$$V''_{e\Sigma} = \frac{1}{2}\mathrm{d}F_i\mathrm{d}\Delta_i + \mathrm{d}F_i\Delta_i + V_e \tag{c}$$

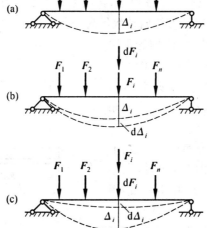

图 13.12

因为在线弹性变形中,应变能只决定于荷载的最后值,所以两种加载方式的应变能应相等,即

$$V'_{e\Sigma} = V''_{e\Sigma} \tag{d}$$

将(b)、(c) 两式代入式(d),忽略式(c) 中的二阶微量,即得式(13.7),卡氏第二定理得到推证。因为推证中,只是限定线弹性变形条件,并未涉及结构类型和变形形式,故该定理适用于所有线弹性变形结构及其各种变形形式。

应该强调的是,用卡氏定理求某位移时,该位移处必须有相应的作用力。如果没有相应的作用力,则虚设一个与欲求位移相应的广义力 $F_f$,将其作为荷载中的一个力,运算之后再令其为零(参看例 13.6)。

用卡氏第二定理计算位移,最后结果若为正号,表明所求位移与该处相应的广义力(或虚设的广义力)同向;若为负号,则反向。

### 13.3.2 卡氏定理计算位移的步骤

卡氏定理的表达式(13.7)中,应变能 $V_\varepsilon$ 的算式是一个积分。以梁为例,将应变能 $V_\varepsilon$ 的计算式代入卡氏定理的表达式中,得到

$$\Delta_i = \frac{\partial V_\varepsilon}{\partial F_i} = \frac{\partial}{\partial F_i} \int \frac{M^2(F_1, F_2, \cdots, F_n, x)}{2EI(x)} dx \tag{e}$$

式中,积分变量是 $x$,求导变量是 $F_i$,二者彼此独立。因此,积分和求导的次序可以交换,即先求偏导后求积分,卡氏定理的计算式变为如下形式

$$\Delta_i = \int \frac{M(F_1, F_2, \cdots, F_n, x)}{EI} \frac{\partial M(F_1, F_2, \cdots, F_n, x)}{\partial F_i} dx \tag{13.8}$$

显然,按式(13.8)计算位移 $\Delta_i$ 比先得出应变能关于荷载的函数后求导简单。

综上讨论,用卡氏定理求位移的主要步骤是:

(1) 写出各杆的内力方程,如 $F_N(x)$、$T(x)$、$M(x)$;

(2) 计算内力方程对荷载 $F_i$ 的偏导数,欲求哪个位移,就对与那个位移相应的广义力求偏导;如果与计算位移相应的力是虚设力,将内力对该虚设力求偏导后,即可令其为零;

(3) 将内力方程及其对广义力的偏导数代入积分式,完成积分运算。

**【例 13.6】** 弯曲刚度均为 $EI$ 的静定组合梁 $ABC$ 受力如图 13.13(a)所示,梁的变形为线弹性,不计切应变对梁变形的影响,试用卡氏第二定理求该梁中间铰 $B$ 两侧截面的相对转角。

**解** 因为 $B$ 铰两侧无力偶作用,在用卡氏定理计算其两侧截面的相对转角时,在中间铰两侧虚设一对外力偶 $M_f$(见图 13.13(b))。

两段梁的受力分析如图 13.13(c)所示。分别写出两段梁的弯矩方程并对 $M_f$ 求偏导数:

$AB$ 梁    $(0 < x_1 < l)$

$$M(x) = -\frac{ql}{2} x_1 - \frac{M_f x_1}{l} - M_f$$

$$\frac{\partial M(x)}{\partial M_f} = -1 - \frac{x_1}{l}$$

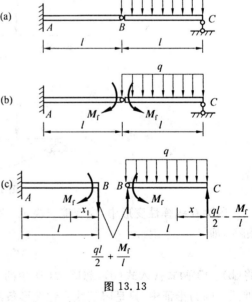

图 13.13

$BC$ 梁 $(0 \leqslant x < l)$

$$M(x) = \frac{ql}{2}x - \frac{M_\mathrm{f}}{l}x - \frac{qx^2}{2}, \qquad \frac{\partial M(x)}{\partial M_\mathrm{f}} = -\frac{x}{l}$$

由卡氏第二定理表达式(式(13.7))计算 $\Delta\theta_B$，令 $M_\mathrm{f} = 0$，得

$$\Delta\theta_B = \int_0^l \frac{\left(-\frac{qlx_1}{2}\right)\left(-1-\frac{x_1}{l}\right)}{EI}\mathrm{d}x_1 + \int_0^l \frac{\left(\frac{qlx}{2}-\frac{qx^2}{2}\right)\left(-\frac{x}{l}\right)}{EI}\mathrm{d}x =$$

$$\frac{1}{EI}\left[\left(\frac{ql^3}{4}+\frac{ql^3}{6}\right)+\left(-\frac{ql^3}{6}+\frac{ql^3}{8}\right)\right] = \frac{3ql^3}{8EI}$$

计算结果为正，表明相对转角 $\Delta\theta_B$ 的转向与图 13.13(b) 中虚设外力偶 $M_\mathrm{f}$ 的转向相同。

能量法原理简化了杆件及其结构变形位移的计算，在工程中应用很广泛。例如，在用力法求解超静定结构时，用能量法计算变形相容方程中荷载和多余约束力引起的位移就比较简便，降低了解题难度。

## 本章小结

本章讨论了能量法的基本概念和用能量法计算线弹性杆件结构位移的基本方法。
(1) 能量法的理论基础
① 功能原理，即应变能在数值上等于外力功；
② 应变能的数值与加载过程无关，仅仅取决于荷载的最后值。
(2) 能量法学习的两个基本内容
① 杆件及其结构应变能的计算(前面已经讨论)；
② 用能量法计算线弹性结构位移的基本原理、定理和方法。

在用能量求位移时要根据具体问题，选用合适的方法。对每种方法都要注意正确的使用条件。

应用莫尔积分及其图乘法，要加相应的单位力(广义)，这是一个虚拟的力状态，它与所要求的实际位移之间没有因果关系，但二者之间必须有做功上的对应关系。图乘法只适用于等刚度直杆，在计算段内荷载或单位力的弯矩图中有一个是直线段的情况。在绘内力图比较娴熟的条件下，图乘法比较直观简便。

应用卡氏第二定理：要有与指定位移相应的荷载(广义)；若没有，应先虚设相应的荷载。将内力方程对该虚设力求偏导后，即令其为零。

## 思　考　题

13.1　欲求图 13.14 所示结构中的指定位移，试加上相应的单位力。

13.2　用莫尔积分或莫尔积分的图乘法求位移时，所加相应单位力有没有单位？为什么？

13.3　作用在图 13.15 所示悬臂梁上 $A$、$B$ 两点的力均为 $F$，方向竖直向下。欲用卡氏第二定理求点 $A$ 铅垂位移，应如何处理？有人用莫尔积分求解此题时，结果与卡氏第二定理得出的正负号相反，应作何解释？

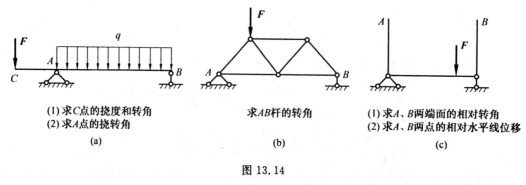

(1) 求C点的挠度和转角　　　　　求AB杆的转角　　　　(1) 求A、B两端面的相对转角
(2) 求A点的挠转角　　　　　　　　　　　　　　　　　　(2) 求A、B两点的相对水平线位移

　(a)　　　　　　　　　　　　(b)　　　　　　　　　　(c)

图 13.14

13.4　用图乘法求结构的指定位移时,对弯矩图的表示有何要求？ 如何确定算式中各项的正负号?

13.5　受均布荷载作用的悬臂梁,如图 13.16 所示,梁的抗弯刚度为 $EI$。试求其中间截面 $C$ 的转角。（提示:将 $CB$ 段的弯矩图变成标准图形的叠加）

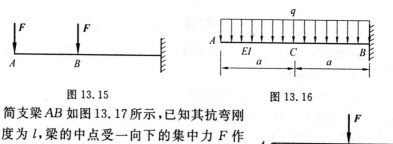

图 13.15　　　　　　　　　图 13.16

13.6　简支梁 $AB$ 如图 13.17 所示,已知其抗弯刚度为 $EI$,长度为 $l$,梁的中点受一向下的集中力 $F$ 作用。欲用莫尔积分法计算其 $A$ 端转角 $\theta_A$,试写出荷载及单位力的弯矩方程,并说明建立这两种内力方程时应注意什么。

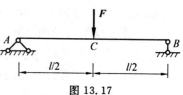

图 13.17

# 习　　题

13.1　图 13.18 中悬臂梁的长度为 $l$,材料的弹性模量为 $E$,截面分别为圆形和矩形,如图 13.18(b)、(c) 所示。梁的自由端受集中力 $F$ 作用,其与 $y$ 轴正向夹角为 $\theta$。试分别计算两种截面梁的应变能。

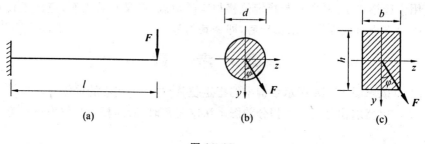

　(a)　　　　　　　　　　　(b)　　　　　　　　　(c)

图 13.18

13.2　计算图 13.19 所示 $\frac{1}{4}$ 圆弧曲杆的应变能。设曲杆的抗弯刚度为 $EI$。

13.3　如图 13.20 所示,自由端受集中力偶 $M_e$ 作用的悬臂梁,长度为 $l$,抗弯刚度为 $EI$。试分别用功能原理、卡氏定理、莫尔积分及其图乘法计算自由端的挠度。

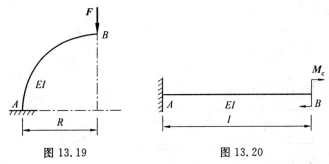

图 13.19　　　　　　　图 13.20

13.4　图 13.21 所示铰接正四边形结构中,各杆的拉压刚度均为 $EA=10^5$ kN。图中边框各杆长度 $a=0.5$ m,荷载 $F=20$ kN。试求 $AC$ 两点的相对位移 $\Delta_{AC}$。

13.5　三角形桁架如图 13.22 所示,三根杆的材料、横截面积均相同,作用于点 $C$ 的力 $F$ 竖直向下。已知材料的弹性模量 $E=200$ GPa,$A=300$ mm²,$F=15$ kN。试求结点 $C$ 的水平位移 $\Delta_H$ 和垂直位移 $\Delta_V$。

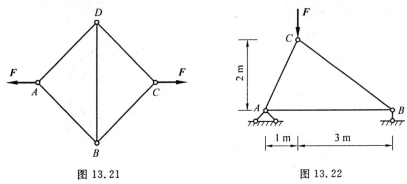

图 13.21　　　　　　　图 13.22

13.6　试求图 13.23 所示桁架点 $D$ 的水平位移 $\Delta_H$ 和竖直位移 $\Delta_V$。已知各杆的刚度 $EA$ 均相同。

13.7　试计算图 13.24 所示刚架点 $A$ 的水平位移 $\Delta_{AH}$ 和转角 $\theta_A$。设刚架各杆刚度为 $EI$,尺寸、荷载如图 13.24 所示。

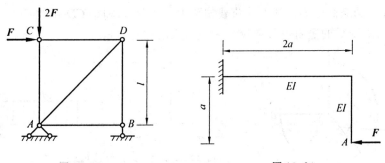

图 13.23　　　　　　　图 13.24

13.8　伸臂梁的刚度为 $EI$,约束、荷载及长度尺寸如图 13.25 所示,试求其 $C$ 端的转角和 $D$ 截面挠度。

13.9　如图 13.26 所示,位于水平面内的 1/4 圆弧平面曲杆的 $A$ 端固定,$B$ 端自由。铅垂集中力 $F$ 作用于点 $B$。试计算该曲杆 $B$ 端的铅垂位移。设曲杆的抗弯刚度 $EI$ 和抗扭刚度 $GI_p$ 均为常量。

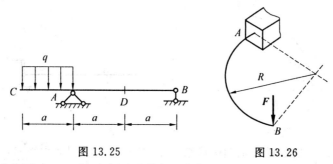

图 13.25　　　　　图 13.26

13.10　试求图 13.27 所示半圆形曲杆 $B$ 端的水平位移,曲杆在图面内的抗弯刚度 $EI$ 已知。

13.11　有切口的平面细圆环如图 13.28 所示,环的半径为 $R$,截面为圆形,其直径为 $d$。在环的切口 $A$、$B$ 处作用有等值反向的一对竖向力 $F$,材料的弹性模量为 $E$。试求其在力的作用下切口的张开量。

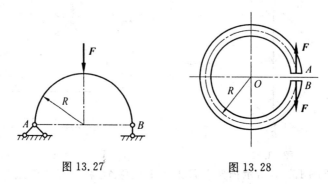

图 13.27　　　　　图 13.28

13.12　如图 13.29 所示,铅垂平面内的等刚度平面曲杆的轴为 $\frac{3}{4}$ 圆弧,刚度为 $EI$,$A$ 端固定。$BC$ 为水平刚杆,自由端 $C$ 与曲杆的曲率中心重合。竖直集中力 $F$ 作用于 $C$ 处。试求曲杆 $B$ 截面的水平位移和竖直位移。

13.13　两跨静定梁及其上的荷载如图 13.30 所示,辅梁 $CD$ 用铰 $C$ 与主梁 $ABC$ 连接。试求该梁铰 $C$ 的竖直位移和铰 $C$ 两侧截面的相对转角。

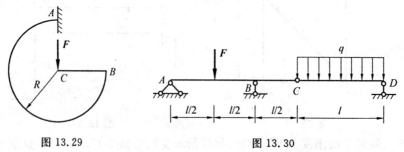

图 13.29　　　　　图 13.30

13.14　如图 13.31 所示,直角刚架位于水平面内,$\angle ABC = 90°$,承受竖向均布荷载 $q$

作用,试求点 $C$ 竖向位移。已知 $q=2$ kN/m, $a=0.6$ m, $b=0.4$ m,各杆直径 $d=30$ mm。材料的弹性模量 $E=210$ GPa, $G=80$ GPa。

13.15　图 13.32 所示刚架中各杆刚度均为 $EI$,伸臂端 $B$ 处作用有外力偶矩 $M_e$,设压杆 $CD$ 的稳定性足够,试画该刚架的弯矩图。

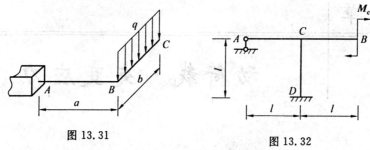

图 13.31　　　　　　图 13.32

13.16　试作图 13.33 所示刚架的弯矩图。各杆刚度为 $EI$。

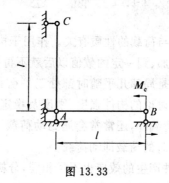

图 13.33

# 第14章

# 动荷载·交变应力

## 14.1 概 述

构件或结构的受力和变形与荷载的性质有关。作用于构件上的荷载可分为动荷载和静荷载。静荷载是从零开始增加、到一定的数值以后就不再变化或变化缓慢的荷载,静荷载作用下的构件无论从整体还是局部几乎随时都处于平衡状态,质点的加速度和惯性力可以忽略不计。在前面各章中讨论的构件强度、刚度及稳定性的问题都是在静荷载作用下的问题。在工程中,除了静荷载外,还常常会遇到动荷载。概括地说,构件中或整体或局部有不可忽视的加速度产生时的荷载即动荷载。

动荷载的类型很多,对构件产生的效应也不尽相同,分析方法也不一样。为了研究方便,根据其随时间变化情况及构件加速度的特点,通常将动荷载作如下分类:①在动荷载作用下,构件的加速度可以测量或计算,而且在计算构件的加速度时可以不考虑构件的变形。这类动荷载归结为简单惯性力问题。②构件中的全部或部分质点瞬间产生很高加速度的问题,即冲击问题。③构件内的应力随时间做周期性变化的情形,称为交变应力。④构件在动荷载的作用下,在其平衡位置附近振动,即振动问题。本章将重点讨论前三类动荷载问题。

## 14.2 简单惯性力问题

当构件内的质点有加速度产生时,同时也就受到惯性力的作用。惯性力是体积力,各质点惯性力的大小等于其质量与其加速度的乘积。即

$$\mathrm{d}F_{di} = \mathrm{d}m_i a_i \qquad (\mathrm{a})$$

惯性力的方向与加速度的方向相反。

当加速度很大时,惯性力可以达到很大的数值,成为影响构件强度的主要因素。在计算惯性力时,若物体在荷载及惯性力作用下的变形不大,可按刚体确定加速度,之后再计算惯性力,可以这样处理的问题,就是简单惯性力问题。

对简单惯性力问题,动应力计算的基本方法是动静法,即在构件的各点处加上惯性力

后,应力、变形等的计算均按求解静荷载问题处理,应力、应变关系,材料的弹性模量等都与静载下相同。所以简单惯性力问题的核心问题是惯性力的计算及确定其分布规律。

有些构件的自身质量与作用在其上的重物的质量相比很小,可以不考虑构件自身质量的惯性力。如用绳索起吊较大的重物时,绳索的质量一般不考虑;连接于构件上的重物的惯性力,可作为集中荷载加在其质心上。

简单惯性力存在的范围很广,但其基本形式只有两种,即匀加速直线运动和匀速转动的惯性力问题。

### 14.2.1  杆件做匀加速直线运动时的动应力问题

杆件做匀加速直线运动时,体内各质点的加速度相同,从而各质点的惯性力也相同。为便于学习和掌握,分两个情况讨论。

**1. 有惯性力的轴向拉(压)问题**

设图 14.1(a) 中的直杆长度为 $l$,截面积为 $A$ ,材料的容重为 $\gamma$,在外力作用下沿其轴线方向加速向上运动,加速度的大小为 $a$。

在这种情况下,作用于杆件上的荷载为重力和惯性力,二者都是分布力系。由于该杆为均质的等截面直杆,且沿竖直方向运动,两种力都可以合成为轴向力,其中重力集度

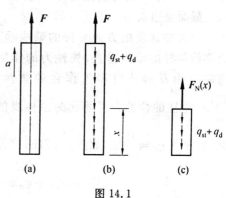

图 14.1

$$q_{st} = \gamma A \qquad (a)$$

惯性力集度

$$q_d = \frac{\gamma A a}{g} = \frac{a}{g} q_{st} \qquad (b)$$

惯性力的方向与加速度 $a$ 的方向相反。在本例设定条件下,$q_d$ 的方向与 $q_{st}$ 相同,如图 14.1(b) 所示。 加上惯性力后,杆中任一截面的轴力

$$F_{Nd}(x) = (q_{st} + q_d) x = q_{st}\left(1 + \frac{a}{g}\right) x = \gamma A x\left(1 + \frac{a}{g}\right) \qquad (c)$$

式中,$\gamma A x = q_{st} x$,是 $x$ 截面在静荷载作用下的轴力 $F_{Nst}(x)$。取因数

$$k_d = 1 + \frac{a}{g} \qquad (14.1)$$

则

$$F_{Nd}(x) = k_d F_{Nst} \qquad (14.2)$$

即动轴力等于静轴力扩大 $k_d$ 倍,因此称 $k_d$ 为动荷因数。

荷载一旦确定,动荷载下的应力、变形强度等的计算与静荷载相同。按照静荷载轴向拉(压)杆件横截面上正应力的分布规律,图 14.1(a) 中直杆横截面上的动应力

$$\sigma_d = \frac{F_{Nd}(x)}{A} = \gamma x\left(1 + \frac{a}{g}\right) \qquad (d)$$

其中,$\gamma x$ 为 $x$ 截面上的静应力 $\sigma_{st}$,所以有

$$\sigma_d = k_d \sigma_{st} \qquad (14.3)$$

同理,杆件在动荷下的轴向变形也有

$$\Delta l_d = k_d \Delta l_{st} \tag{14.4}$$

可以看出,动荷因数就是动荷载与静荷载或动应力与静应力、动变形与静变形之间的比例关系。不过应该指出,并不是所有的惯性力问题都可以得出动荷因数。

该杆的最大动应力发生在靠近 $x=l$ 的截面上,动荷载下的强度条件为

$$\sigma_{d,max} = k_d \sigma_{st,max} \leqslant [\sigma] \tag{14.5}$$

式中,$[\sigma]$ 是材料在静荷载作用下的许用应力。

**2. 有惯性力的弯曲问题**

图 14.2(a) 为一高空作业施工车工作台示意图,施工车以加速度 $a$ 向前运动。设工作台重为 $F_{G1}$,由高为 $l$ 的均质柱支持,均质柱的重量为 $F_{G2}$,截面是边长为 $d$ 的正方形。

因为加速度的方向与杆的轴线垂直,惯性力亦将与杆的轴线垂直,惯性力的作用使立柱弯曲。由动静法可得工作台的惯性力 $F_d = \dfrac{F_{G1}}{g} a$,立柱的惯性力可简化为沿柱高的均布荷

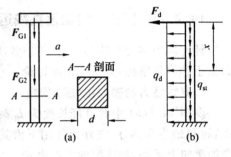

图 14.2

载,其集度 $q_d = \dfrac{F_{G2}}{gl} a$,如图 14.2(b) 所示。立柱中任意截面的内力

$$F_N = F_{G1} + q_{st} x = F_{G1} + \frac{F_{G2}}{l} x \quad (0 < x < l)$$

$$M(x) = F_d x + \frac{1}{2} q_d x^2 = \frac{F_{G1} a}{g} x + \frac{F_{G2} a}{2gl} x^2 \quad (0 \leqslant x < l)$$

立柱的横截面上既有轴向压力又有弯矩,产生压弯组合变形。

当 $x=l$ 时,即在工作台立柱的固定端,轴力和弯矩最大,其中

$$F_N = F_{G1} + F_{G2}$$

$$M_{max} = \frac{la}{g} \left( F_{G1} + \frac{F_{G2}}{2} \right)$$

故立柱的固定端即是其危险截面,最大的压应力发生在固定端截面左边界上各点,其大小

$$\sigma_{d,max} = \frac{F_N}{A} + \frac{M_{max}}{W} = \frac{F_{G1} + F_{G2}}{d^2} + \frac{6la}{gd^3} \left( F_{G1} + \frac{F_{G2}}{2} \right)$$

如若进行强度和变形位移计算,方法亦与静荷载时相同。

## 14.2.2　杆件做匀速转动时的动应力计算

杆件绕转动轴做匀速转动时,一般情况下各质点到转动轴的距离不同,不同质点的向心加速度、惯性力大小也不同,但是惯性力的方向都是指向转动轴的。

**1. 直杆的旋转问题**

直杆绕转动轴以较高的速度旋转时,杆的自重可以忽略不计。如果惯性力的作用线与杆的轴线重合,杆件在惯性力作用下的变形为轴向变形;如果惯性力的作用线与杆的轴

线不重合,杆件将产生弯曲变形或组合变形。

图 14.3(a) 表示一个长度为 $b$、材料密度为 $\rho$、横截面积为 $A$ 的横臂 $CD$ 固结在立柱上,以匀角速度 $\omega$ 绕 $AB$ 轴转动。在重力比较小、立柱横截面尺寸不大、惯性力可以忽略的情况下,结构中立柱和横臂所受的荷载主要来自横臂中的惯性力。横臂中各点的加速度与该点到转动轴的距离成正比,为方便,取横臂自由端 $D$ 为坐标原点,则横臂上任一截面处的向心加速度

$$a_{\mathrm{n}} = (b-x)\omega^2 \tag{e}$$

惯性力沿横臂轴线的分布集度

$$q_{\mathrm{d}} = \rho A a_{\mathrm{n}} = \rho A (b-x)\omega^2 \tag{f}$$

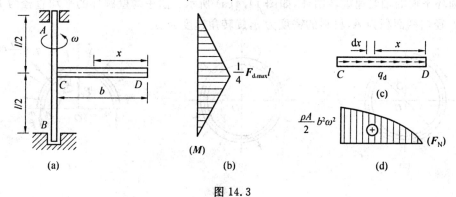

图 14.3

设微段 $\mathrm{d}x$ 的惯性力为 $\mathrm{d}F_{\mathrm{d}}$,则

$$\mathrm{d}F_{\mathrm{d}} = q_{\mathrm{d}}\mathrm{d}x = \rho A (b-x)\omega^2 \mathrm{d}x \tag{g}$$

横臂中任一截面上的轴力

$$F_{\mathrm{N}}(x) = \int_0^x \mathrm{d}F_{\mathrm{d}} = \int_0^x \rho A (b-x)\omega^2 \mathrm{d}x = \frac{\rho A}{2}\left[b^2 - (b-x)^2\right]\omega^2 \tag{h}$$

式(h)表明,横臂中的轴力按二次抛物线规律变化,如图 14.3(d) 所示。当 $x = b$ 时

$$F_{\mathrm{N,max}} = F_{\mathrm{d,max}} = \frac{\rho A}{2}b^2\omega^2 \tag{i}$$

在 $F_{\mathrm{d,max}}$ 作用下,立柱的弯矩图示于图 14.3(b) 中,最大的弯矩值

$$M_{\mathrm{max}} = \frac{1}{4}F_{\mathrm{d,max}}l = \frac{\rho A}{8}lb^2\omega^2 \tag{j}$$

有了上述结果,即可计算立柱和横臂的应力、强度和变形。

**【例 14.1】**　设图 14.3(a) 中的立柱 $AB$ 和横臂 $CD$ 为直径相同的圆杆,$d = 80$ mm,横臂 $CD$ 与立柱 $AB$ 垂直且固连。柱长 $l = 1.2$ m,横臂长度 $b = 0.6$ m。若立柱 $AB$ 以匀角速度 $\omega = 40$ s$^{-1}$ 转动,材料的密度 $\rho = 7.8 \times 10^3$ kg/m$^3$,许用应力 $[\sigma] = 70$ MPa。试校核轴 $AB$ 和横臂 $CD$ 的强度。

**解**　横臂的最大动轴力发生在与立柱相连的截面上。根据式(i),该截面的应力

$$\sigma_{\mathrm{max}}^{CD} = \frac{\rho b^2\omega^2}{2} = \frac{7.8 \times 10^3 \text{ kg/m}^3 \times (0.6 \text{ m})^2 \times (40 \text{ s}^{-1})^2}{2} \approx 2.25 \text{ MPa} < [\sigma] = 70 \text{ MPa}$$

立柱的最大动弯矩发生在梁的中间截面,利用弯曲正应力公式和本节中式(j)的结

果,可得

$$\sigma_{\text{d,max}} = \frac{M_{\text{max}}}{W} = \frac{\rho A l b^2 \omega^2}{8 \times \pi d^3 / 32} = \frac{\rho l b^2 \omega^2}{d} =$$

$$\frac{7.8 \times 10^3 \, \text{kg/m}^3 \times 1.2 \, \text{m} \times (0.6 \, \text{m})^2 \times (40 \, \text{s}^{-1})^2}{0.08 \, \text{m}} \approx$$

$$67.4 \, \text{MPa} < [\sigma] = 70 \, \text{MPa}$$

结论:该立柱和横臂的强度足够。

**2. 匀速旋转圆环或圆筒的应力和变形**

工程中有一些旋转薄壁筒式结构,如飞轮的轮缘等,计算时可以简化为绕通过圆心、垂直圆环平面的轴匀速旋转圆环,如图 14.4(a) 所示。图中薄壁圆环的平均直径为 $D$,壁厚为 $t$,径向截面积为 $A$,材料的密度为 $\rho$,旋转角速度为 $\omega$。

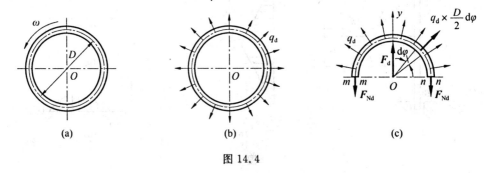

图 14.4

由于薄壁圆环做等角速度转动,因而环内各点只有向心加速度 $a_n$,且可认为环内各点的向心加速度都与圆环中线上各点的向心加速度相等,从而有 $a_n = \frac{D}{2}\omega^2$。根据动静法,作用于圆环上的离心惯性力沿圆环轴线均匀分布,如图 14.4(b) 所示。设均布惯性力的集度为 $q_d$,则

$$q_d = \frac{\rho A D}{2}\omega^2 \tag{k}$$

将环沿直径切开,取其一半为隔离体(见图 14.4(c))。由对称性可断定各截面上的内力 $F_{\text{Nd}}$ 相等。由平衡条件 $\sum F_{yi} = 0$,可得

$$2F_{\text{Nd}} = \int_0^\pi q_d \frac{D}{2}\sin\varphi \, d\varphi = q_d D$$

$$F_{\text{Nd}} = \frac{1}{2}q_d D = \frac{\rho A}{4}D^2\omega^2$$

由于环壁很薄,可认为在圆环横截面 $m-m$(或 $n-n$)上正应力均匀分布,因此圆环横截面上的正应力

$$\sigma_d = \frac{F_{\text{Nd}}}{A} = \frac{\rho D^2 \omega^2}{4} = \rho v^2$$

圆环的强度条件为

$$\sigma_d = \frac{\rho D^2 \omega^2}{4} = \rho v^2 \leqslant [\sigma] \tag{14.6}$$

由式(14.6)可以注意到,圆环内的动应力数值与横截面尺寸无关。为保证圆环安全,只能将圆环的转速限制在一定范围内。实际上,这一结论适用于简单惯性力在杆件横截面上产生的动应力均匀分布的所有情况。前面的讨论已验证了这一结论。

# 14.3　杆件受冲击时的应力和变形计算

## 14.3.1　冲击的概念及简化计算

构件在荷载等因素作用下局部或全部质点的速度突然改变时就会造成冲击。例如,用落锤打桩时,高速飞行的飞机及快速行驶的船只突然转弯时,带有飞轮的高速旋转圆轴突然卡轴时都会产生猛烈冲击。上述例子中,锻锤等称为冲击件,桩、飞机等称为被冲击件。

冲击是一个复杂的过程。当冲击发生时,冲击物与被冲击物之间在极短的时间内完成能量的剧烈传递和转变。被冲击物的部分或全部质点的相对位置急剧改变,并以很高的速度向相邻质点传递,形成应变波。要精确地分析被冲击物的冲击应力和变形,应考虑弹性体内应力波的传播,其计算较为复杂。作为一种估算,工程中对冲击速度较低(远小于音速 —— 应力波的传播速度)、冲击物的能量足以使被冲击的整个杆件结构产生与静荷载下相似的线弹性变形的情况,通常采用一种较为粗略但偏于安全的简化计算方法。由于整个过程时间极短,各质点加速度很难确定,所以简化计算采用能量法,简化要点(计算模型)如下:

(1)忽略冲击物变形的影响,认为冲击物是有质量无变形的刚体;忽略冲击接触表面可能发生的塑性变形,认为被冲击物是弹性体。当被冲击物在冲击力作用下位移(包括变形位移)速度比较小,且位移也很小的情况下,无需考虑被冲击物的质量。这样,被冲击物就相当于一个弹簧。整个系统简化为质量(冲击件)弹簧(被冲击件)系统。例如,图14.5(a)中自由下落的重物对梁的冲击系统,简化后就得到如图 14.5(b)所示的质量弹簧系统。实际上,图 14.5(b)中的弹簧可以是各种被冲击件的简化形式,并不局限于梁,冲击方式也不限于自由落体或哪一种冲

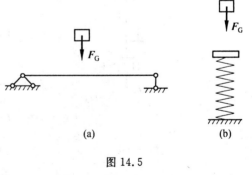

图 14.5

击形式,只是各种情况下的简化弹簧的刚度不同。当冲击应力在线弹性范围时,在动荷载下弹簧的刚度系数与静荷载下的相同。据此,简化弹簧的刚度系数可按下式计算:

$$k = \frac{F_{st}}{\Delta_{st}} = \frac{F_d}{\Delta_d} \tag{14.7}$$

式中,$\Delta_d$ 为被冲击物在冲击点处由动荷载 $F_d$ 作用引起的动荷位移;$\Delta_{st}$ 是将 $F_G$ 按静载方式加于被冲击件的冲击点处该点的静荷位移。

(2)冲击物一旦与受冲构件接触,二者就不再分开,整个系统只有一个自由度。实际

上,对于弹性冲击,当冲击位移达到最大时,冲击力消失,被冲击构件要产生回弹,但这对上述假设没有影响。因为对冲击问题,最大的冲击力发生在首冲,之后有无回弹并不重要。

(3)假设冲击过程中没有能量损失,整个系统为保守用系统

如果用 $T$ 表示系统的动能,$V$ 表示势能,$V_e$ 表示应变能,则冲击过程中的任一瞬时应有

$$T + V + V_e = 常数 \tag{14.8}$$

可以注意到,因为不考虑被冲击物的质量,所以动能 $T$ 和势能 $V$ 只能是冲击物的能量;同样,因为冲积物是刚体,体内不会吸收弹性应变能,所以 $V_e$ 只是被冲击物的应变能。如果冲击结束时 $T = 0$,$V = 0$,则等式(14.8)右边的常数即被冲击物在冲击结束时的应变能,即在这一状态下,系统的全部能量都转换为被冲击物的应变能。

上述假设即冲击问题简化计算的基础。因为没考虑被冲击物的质量和冲击中的能量损失,计算结果偏于安全。

根据公式计算出冲击荷载后,即可计算构件受到冲击时的动应力。

【例 14.2】 绞盘起重装置如图 14.6(a)所示,钢吊索的下端悬挂一重量为 $F_P = 50$ kN 的重物,并以等速度 $v = 1$ m/s 下降。当吊索长度放至 $l = 20$ m 时,滑轮 $O$ 突然被卡住。现在讨论吊索受到的冲击荷载 $F_d$ 及冲击应力 $\sigma_d$。设吊索横截面积 $A = 6$ cm²,材料的弹性模量 $E = 170$ GPa,滑轮的重量可略去不计。

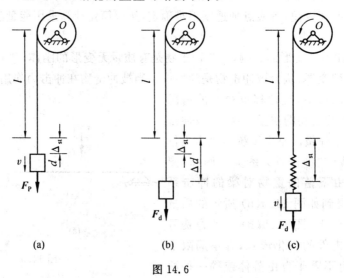

图 14.6

**解** 当滑轮突然被卡住后,重物的速度将由 $v$ 瞬间下降到零,吊索因而受到冲击。取整个系统为研究对象,定义冲击结束瞬时位置为零势能位置,冲击发生前的瞬时为第一状态,如图 14.6(a)所示;冲击结束的瞬时为第二状态,如图 14.6(b)所示。系统在第一状态的能量包括:

动能 $$T = \frac{F_P}{2g}v^2 \tag{1}$$

应变能　　　　　　　　　　$$V_{\varepsilon 1}=\frac{1}{2}k\Delta_{\text{st}}^{2} \tag{2}$$

势能　　　　　　　　　　$$V=F_{\text{P}}(\Delta_{\text{d}}-\Delta_{\text{st}}) \tag{3}$$

式中，$\Delta_{\text{d}}$ 为冲击结束瞬间，重物产生的最大动位移。

系统在第二状态时冲击已经结束，系统的能量只有钢丝绳中的应变能，其值为

$$V_{\varepsilon 2}=\frac{1}{2}k\Delta_{\text{d}}^{2} \tag{4}$$

由于系统的能量守恒，两个状态的能量应相等，从而得

$$\frac{F_{\text{P}}}{2g}v^{2}+\frac{1}{2}k\Delta_{\text{st}}^{2}+F_{\text{P}}(\Delta_{\text{d}}-\Delta_{\text{st}})=\frac{1}{2}k\Delta_{\text{d}}^{2} \tag{5}$$

根据式(14.7)，上式中弹簧刚度系数 $k=\dfrac{F_{\text{P}}}{\Delta_{\text{st}}}$，代入式(5)，整理后得

$$\Delta_{\text{d}}^{2}-2\Delta_{\text{st}}\Delta_{\text{d}}+\left(\Delta_{\text{st}}^{2}-\frac{\Delta_{\text{st}}v^{2}}{g}\right)=0$$

解此方程，取 $\Delta_{\text{d}}$ 的最大值，可得

$$\Delta_{\text{d}}=\Delta_{\text{st}}\left(1+\sqrt{\frac{v^{2}}{g\Delta_{\text{st}}}}\right) \tag{6}$$

工程中定义 $\dfrac{\Delta_{\text{d}}}{\Delta_{\text{st}}}$ 为动荷因数，由式(6)可得此问题的动荷因数为

$$k_{\text{d}}=1+\sqrt{\frac{v^{2}}{g\Delta_{\text{st}}}} \tag{7}$$

于是，动位移可表示为

$$\Delta_{\text{d}}=k_{\text{d}}\Delta_{\text{st}} \tag{8}$$

在线弹性范围内，力与位移成正比，因此有

$$F_{\text{d}}=k_{\text{d}}F_{\text{P}} \tag{9}$$

将式(9)两边都除以钢丝绳的横截面积 $A$，即得

$$\sigma_{\text{d}}=k_{\text{d}}\sigma_{\text{st}} \tag{10}$$

根据题设参数，可得静荷载作用下的应力和位移

$$\sigma_{\text{st}}=\frac{F_{\text{P}}}{A}=\frac{50\times10^{3}\,\text{N}}{6\times10^{2}\,\text{mm}^{2}}=83.3\,\text{MPa}$$

$$\Delta_{\text{st}}=\frac{F_{\text{P}}l}{EA}=\frac{50\times10^{3}\,\text{N}\times20\times10^{3}\,\text{mm}}{170\times10^{3}\,\text{MPa}\times6\times10^{2}\,\text{mm}^{2}}\approx9.8\,\text{mm}$$

将 $\Delta_{\text{st}}$ 代入式(7)可得

$$k_{\text{d}}=1+\sqrt{\frac{1\,(\text{m/s})^{2}}{9.8\,(\text{m/s}^{2})\times9.8\times10^{-3}\,\text{m}}}\approx4.23$$

动荷载和动应力为

$$F_{\text{d}}=k_{\text{d}}F_{\text{P}}=4.23\times50\,\text{kN}\approx211\,\text{kN}$$

$$\sigma_{\text{d}}=k_{\text{d}}\sigma_{\text{st}}=4.23\times83.3\,\text{MPa}\approx352\,\text{MPa}$$

由此计算结果可以看到，作用于钢索上的动荷载和动应力较高。若在上述绞盘的吊索与重物之间安置一个刚度系数 $k_{1}=400\,\text{kN/m}$ 的弹簧，如图 14.8(c)所示，再计算吊索

受到的冲击荷载,则有

$$\Delta_{st} = \frac{F_P l}{EA} + \frac{F_P}{k_1} = 9.8 \text{ mm} + \frac{50 \text{ kN}}{400 \text{ kN/m}} \approx 135 \text{ mm}$$

动荷系数

$$k_d = 1 + \sqrt{\frac{1 \text{ (m/s)}^2}{9.8 \text{ m/s}^2 \times 135 \times 10^{-3} \text{m}}} \approx 1.87$$

冲击荷载

$$F_d = k_d F_P = 1.87 \times 50 \text{ kN} = 93.5 \text{ kN}$$

可以看出,增加缓冲(器)可以降低冲击荷载。这是因为增设缓冲弹簧后,使重物的能量在冲击过程中大部分转变为弹簧的应变能,从而降低了吊索中应变能的增加。工程中,常采用这种方法提高构件的抗冲击能力。在不能安装缓冲器的情况下,为了提高构件的抗冲击能力,可以设法增大被冲击件的静变形,但要避免将构件局部削弱,不然将会造成应力集中和最大静荷应力的增加。

### 14.3.2 自由落体冲击和水平冲击

自由落体冲击和水平冲击是冲击中的两个特殊情况。当冲击件是自由下落的重物或做水平直线运动的物体时,冲击即自由落体冲击或水平冲击。由于冲击件和被冲击件彼此分离,冲击发生前被冲击件中没有应变能,系统的能量完全集中在冲击物上,冲击结束时完全转化为被冲击件的应变能。

**1. 自由落体冲击**

图 14.7 表示一自由落体冲击系统的简化计算模型,图中的弹簧代表受冲击构件,重量为 $F_P$ 的重物自弹簧顶端以上 $h$ 处自由落下。冲击发生后,当重物的运动速度降至为零时弹簧的变形达到最大。若取最大冲击位移位置为零势能位置,并取重物开始下落瞬时计算冲击发生前系统的能量,则整个系统的能量即为冲击物的势能

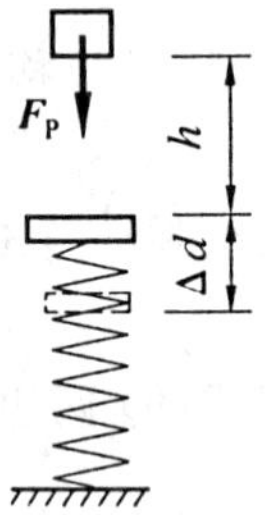

$$V = F_P(h + \Delta_d) \qquad (a)$$

冲击结束时,系统的能量完全转化为被冲击件的应变能,其计算式为

$$V_e = \frac{1}{2} k \Delta_d^2 \qquad (b)$$

根据能量守恒,$V = V_e$,于是得到

$$F_P(h + \Delta_d) = \frac{1}{2} k \Delta_d^2 \qquad (c)$$

根据式(14.7),弹簧的刚度系数 $k = \frac{F_P}{\Delta_{st}}$,代入式(c),整理后得

$$\Delta_d^2 - 2\Delta_{st}\Delta_d - 2h\Delta_{st} = 0 \qquad (d)$$

解方程(d),取 $\Delta_d$ 的最大值,得

$$\Delta_d = \Delta_{st}\left(1 + \sqrt{1 + \frac{2h}{\Delta_{st}}}\right) \qquad (14.9)$$

由动荷因数定义,式(14.9)括号中的项即自由落体冲击的动荷因数

图 14.7

$$k_d = 1 + \sqrt{1 + \frac{2h}{\Delta_{st}}} \qquad (14.10)$$

得出动荷因数的表达式以后,动荷载和动应力都可以用静荷载和静应力表示:

$$F_d = k_d F_{st}$$

$$\sigma_d = k_d \sigma_{st}$$

即动荷载、动应力分别等于静荷载、静应力乘以动荷因数。

由式(14.10)可以注意到,当 $h=0$ 时,$k_d=2$。这种情况称为突加荷载,即作用于结构上的荷载是一瞬间加到结构上去的。突加荷载的内力、应力、位移等是相应静荷载所引起的 2 倍。

**2. 水平冲击**

图 14.8 表示一水平冲击系统,由于冲击过程在同一水平发生,冲击物没有势能改变。冲击前系统的能量为冲击物的动能 $\frac{F_P}{2g}v^2$,冲击结束时,系统的能量全部转化为被冲击件的应变能 $\frac{1}{2}k\Delta_d^2$。由能量守恒可得

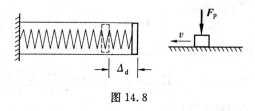

图 14.8

$$\frac{F_P}{2g}v^2 = \frac{1}{2}k\Delta_d^2 \qquad (e)$$

弹簧的刚度系数

$$k = \frac{F_P}{\Delta_{st}} \qquad (f)$$

式中的 $\Delta_{st}$ 是设想在构件的冲击点处施加一个大小正好等于冲击物重量的水平力 $F_P$ 时的位移,这样设想的目的是为了从式(e)的两边消去 $F_P$,得出动荷因数的最简单的表达式。

将式(f)代入式(e),整理后得到

$$\Delta_d = \Delta_{st}\sqrt{\frac{v^2}{g\Delta_{st}}} \qquad (g)$$

由此可得水平冲击的动荷因数

$$k_d = \sqrt{\frac{v^2}{g\Delta_{st}}} \qquad (14.11)$$

**【例 14.3】** 卷扬机安装于梁 $AB$ 的中点,如图 14.9 所示。梁由两根 No.20b 的工字钢组成,长为 $l$。卷扬机的钢索长为 $s$,下设一承重托盘。已知:$l=4$ m,$s=12$ m,钢索截面积 $A=400$ mm$^2$,$E_索=170$ GPa,$E_梁=200$ GPa。试求当重量 $F_P=2$ kN 的物体自 $h=400$ mm 高处自由下落于托盘上时,梁及钢索内的正应力。不计卷扬机、梁及钢索的自重。

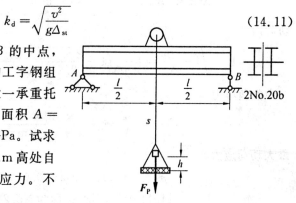

图 14.9

**解** 由上述讨论可知,计算自由落体冲击

问题,只要算出动荷因数,则其他量的计算都可以转变为静荷载问题。根据自由落体冲击动荷因数的公式(14.10),计算动荷因数 $k_d$ 的关键是计算被冲击体系在冲击点处的静位移 $\Delta_{st}$,仍然是静荷载问题。在本例中,$\Delta_{st}$ 包括两部分,即梁 $AB$ 中点的挠度和钢索的伸长。

查型钢表(GB 706 — 88)中工字钢 2No.20b,得 $I_z = 2 \times 2\,500\ \mathrm{cm^4}$,$W_z = 2 \times 250\ \mathrm{cm^3}$。

$$\Delta_{st} = \frac{F_P l^3}{48 E_{梁} I_z} + \frac{F_P s}{E_{索} A} = \frac{4}{15}\ \mathrm{mm} + \frac{6}{17}\ \mathrm{mm} \approx 0.62\ \mathrm{mm}$$

动荷因数

$$k_d = 1 + \sqrt{1 + \frac{2h}{\Delta_{st}}} = 1 + \sqrt{1 + \frac{2 \times 400\ \mathrm{mm}}{0.62\ \mathrm{mm}}} \approx 36.9$$

梁的绝对最大正应力出现在中间截面的上、下边缘点,其静荷最大正应力

$$\sigma_{st, max}^{梁} = \frac{M_{st, max}}{W_z} = \frac{F_P l}{4 W_z} = \frac{2 \times 10^3\ \mathrm{N} \times 4 \times 10^3\ \mathrm{mm}}{4 \times (2 \times 250 \times 10^3\ \mathrm{mm^3})} = 4\ \mathrm{MPa}$$

动荷最大正应力

$$\sigma_{d, max}^{梁} = k_d \sigma_{st, max}^{梁} = 36.9 \times 4\ \mathrm{MPa} = 147.6\ \mathrm{MPa}$$

钢索中的静荷应力、动荷应力分别为

$$\sigma_{st}^{索} = \frac{F_P}{A} = \frac{2 \times 10^3\ \mathrm{N}}{400\ \mathrm{mm^2}} = 5\ \mathrm{MPa}$$

$$\sigma_{d}^{索} = k_d \sigma_{st}^{索} = 36.9 \times 5\ \mathrm{MPa} = 184.5\ \mathrm{MPa}$$

**【例 14.4】** 图 14.10 中的木桩下端固定、上端自由,截面为圆形,桩长 $l = 7\ \mathrm{m}$,直径 $d = 400\ \mathrm{mm}$。材料的弹性模量 $E = 10 \times 10^3$ MPa。重 $F_P = 4\ \mathrm{kN}$ 的重锤 $W$ 从距桩顶 $h = 0.2\ \mathrm{m}$ 处自由落下,试求桩内最大动应力 $\sigma_{d, max}$。

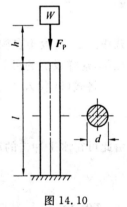

图 14.10

**解** 按照自由落体冲击问题的解题思路,先计算动荷因数:设想将 $F_P$ 作为静荷载加于桩的顶端,桩顶的变形位移

$$\Delta_{st} = \frac{F_P l}{EA} = \frac{4 \times 10^3\ \mathrm{N} \times 7 \times 10^3\ \mathrm{mm}}{10 \times 10^3\ \mathrm{MPa} \times \frac{3.14}{4} \times (400\ \mathrm{mm})^2} \approx 2.23 \times 10^{-2}\ \mathrm{mm}$$

动荷因数

$$k_d = 1 + \sqrt{1 + \frac{2h}{\Delta_{st}}} = 1 + \sqrt{1 + \frac{2 \times 0.2 \times 10^3\ \mathrm{mm}}{2.23 \times 10^{-2}\ \mathrm{mm}}} \approx 135$$

桩中静荷应力

$$\sigma_{st} = \frac{F_P}{A} = \frac{4 \times 10^3\ \mathrm{N} \times 4}{3.14 \times (400\ \mathrm{mm})^2} \approx 0.032\ \mathrm{MPa}$$

最大动荷应力

$$\sigma_{d, max} = k_d \sigma_{st} = 135 \times 0.032\ \mathrm{MPa} = 4.32\ \mathrm{MPa}$$

**【例 14.5】** 图 14.11 所示钢梁,截面为 No.22a 工字钢,梁长 $l = 4\ \mathrm{m}$,材料的弹性模量 $E = 200\ \mathrm{GPa}$,许用应力 $[\sigma] = 170\ \mathrm{MPa}$。一个重 $F_P = 4\ \mathrm{kN}$ 的物体自高度 $h = 8\ \mathrm{cm}$ 处自

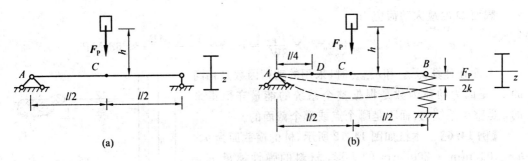

图 14.11

由落下。

（1）试校核该梁强度；

（2）若右支座改用弹簧支座，弹簧的刚度系数 $k = 10^3$ kN/m，此时梁的强度如何？$D$ 截面上最大动荷应力等于多少？

**解**　查型钢表（GB 706—88），工字钢 No.22a 的截面几何性质

$$I_z = 3\,400 \text{ cm}^4, W_z = 309 \text{ cm}^3$$

（1）当 $F_P$ 为静荷载作用于梁上点 $C$ 时，点 $C$ 的静位移和静应力分别为

$$\Delta_{\text{st}}^{(1)} = \frac{F_P l^3}{48EI} = \frac{4 \text{ kN} \times (4 \text{ m})^3}{48 \times 200 \text{ GPa} \times 3\,400 \text{ cm}^4} \approx 0.78 \text{ mm}$$

$$\sigma_{\text{st,max}} = \frac{F_P l}{4W_z} = \frac{4 \text{ kN} \times 4 \text{ m}}{4 \times 309 \text{ cm}^3} \approx 12.9 \text{ MPa}$$

动荷因数

$$k_{\text{d}}^{(1)} = 1 + \sqrt{1 + \frac{2h}{\Delta_{\text{st}}^{(1)}}} = 1 + \sqrt{1 + \frac{2 \times (80 \text{ mm})}{0.78 \text{ mm}}} \approx 15.4$$

最大动荷应力

$$\sigma_{\text{d,max}} = k_{\text{d}}^{(1)} \sigma_{\text{st,max}} = 15.4 \times 12.9 \text{ MPa} \approx 199 \text{ MPa} > [\sigma] = 170 \text{ MPa}$$

梁的强度不够。

（2）梁的右端弹性支座的静荷位移

$$\Delta_{\text{st}}' = \frac{\dfrac{F_P}{2}}{k} = \frac{2 \text{ kN}}{10^3 \text{ kN/m}} = 2 \text{ mm}$$

当梁的右端为弹性支座时，冲击点的静荷位移应包括弹性支座的变形在梁的中点 $C$ 引起的静荷位移 $\Delta_{\text{st}}'/2$，故点 $C$ 总的静荷位移

$$\Delta_{\text{st}}^{(2)} = \Delta_{\text{st}}^{(1)} + \frac{\Delta_{\text{st}}'}{2} = 0.78 \text{ mm} + \frac{2 \text{ mm}}{2} = 1.78 \text{ mm}$$

动荷因数

$$k_{\text{d}}^{(2)} = 1 + \sqrt{1 + \frac{2h}{\Delta_{\text{st}}^{(2)}}} = 1 + \sqrt{1 + \frac{2 \times 80 \text{ mm}}{1.78 \text{ mm}}} \approx 10.5$$

梁中最大动荷应力

$$\sigma_{\text{d,max}}^{(2)} = k_{\text{d}}^{(2)} \sigma_{\text{st,max}} = 10.5 \times 12.9 \text{ MPa} \approx 135 \text{ MPa} < [\sigma] = 170 \text{ MPa}$$

此时梁是安全的。

截面 $D$ 的最大动荷应力

$$\sigma_{d,max}^{D} = k_d^{(2)}\, \sigma_{st,max}^{D} = k_d^{(2)} \times \frac{F_P l}{8 W_z} = 10.5 \times \frac{12.9 \text{ MPa}}{2} \approx 68 \text{ MPa}$$

上面在计算 $\sigma_{d,max}^{(2)}$ 和 $\sigma_{d,max}^{D}$ 时,采用的动荷因数是相同的,这是因为动荷因数是根据整个系统的能量守恒得来的,是整个系统的,而不是哪个点或哪个截面的。

**【例 14.6】** 木桩如图 14.12 所示,桩的横截面为 $b \times h = 100 \text{ mm} \times 200 \text{ mm}$ 的矩形,材料的弹性模量 $E = 10$ GPa。在点 $C$ 处被一水上漂浮物体 $G$ 沿水平方向冲击。已知点 $C$ 距杆的下端 $a = 4 \text{ m}$,物体的重量 $F_P = 1 \text{ kN}$,物体的运动速度 $v = 1.5 \text{ m/s}$。试求桩中最大的冲击应力。

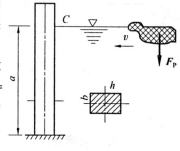

图 14.12

**解** 根据对水平冲击问题的讨论,设想将大小为 $F_P$ 的水平力施加于冲击点 $C$,桩上点 $C$ 的静荷位移和桩中最大静荷应力分别为

$$\Delta_{st} = \frac{F_P a^3}{3 E I_z} = \frac{10^3 \text{ N} \times (4 \times 10^3 \text{ mm})^3}{3 \times (10 \times 10^3 \text{ MPa}) \times \dfrac{100 \text{ mm} \times (200 \text{ mm})^3}{12}} = 32 \text{ mm}$$

$$\sigma_{st,max} = \frac{M_{max}}{W_z} = \frac{F_P a}{W_z} = \frac{10^3 \text{N} \times 4 \times 10^3 \text{ mm}}{\dfrac{100 \text{ mm} \times (200 \text{ mm})^2}{6}} = 6 \text{ MPa}$$

水平冲击的动荷因数

$$k_d = \sqrt{\frac{v^2}{g \Delta_{st}}} = \sqrt{\frac{(1.5 \text{ m/s})^2}{9.8 \text{ m/s}^2 \times 32 \times 10^{-3} \text{m}}} \approx 2.68$$

最大动荷应力

$$\sigma_{d,max} = k_d \sigma_{st,max} = 16.1 \text{ MPa}$$

# 14.4 交变应力和疲劳破坏的概念

## 14.4.1 交变应力的概念

工程中有许多构件承受着随时间循环重复变化的应力作用。这种变化有的是由于荷载的周期性变化、有的是由于构件的相对运动、也有的是由于构件内外温度的周期性改变引起的。例如工作齿轮某一齿根点 $A$(见图 14.13(a))的应力,在传动过程中,齿轮每旋转一周,这个齿就啮合一次,每次啮合,作用于该齿上啮合力为 $F$,从而点 $A$ 的弯曲正应力 $\sigma$ 就由零增加到某一最大值,然后再回到零。齿轮不停地旋转,点 $A$ 的应力就不断地重复上述过程。若建立一个 $\sigma-t$ 坐标系,在此坐标系中齿根点 $A$ 的应力随时间变化的曲线如图14.13(b) 所示;又例如图 14.14(a) 所示的火车轮轴,运行中来自车厢的压力 $F_P$ 大小、方向不变,但是由于轮轴的转动,截面边缘上任一点 $K$ 到中性轴的距离 $y = r \sin \omega t$ 随时间周期性变化,其应力 $\sigma = \dfrac{My}{I_z}$ 也随时间周期性变化,该点的 $\sigma-t$ 曲线如图 14.14(b) 所示;

再如受活载作用的吊车梁中的应力,内燃机机壳中的热应力等都是随时间交替变化的。概括起来说,这些随时间做周期性变化的应力,称为交变应力,也称循环应力或重复应力。

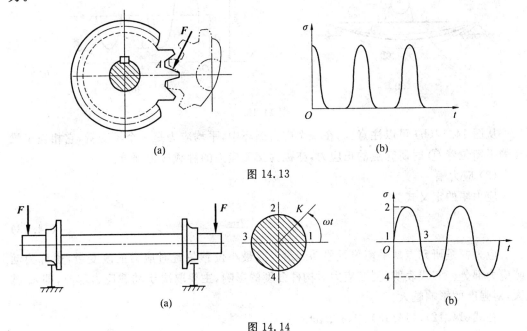

(a)　　　　　　　　　　(b)

图 14.13

(a)　　　　　　　　　　(b)

图 14.14

## 14.4.2　交变应力的基本参数

交变应力对构件强度的影响因其循环规律不同而异,为此首先要确定表征交变应力循环特性的参数。为了便于理解表征交变应力循环特性各参数的物理意义,讨论结合一个工程实例来进行。

图 14.15(a) 表示一个简支梁,在其跨度中点安放一个重为 $F_w$ 的电机。在电机重量作用下梁的挠曲线如图 14.15(a) 中曲线 ① 所示;由于电机转子有偏心,该梁在竖直方向还受到电机转子离心惯性力的垂直分量 $F_y = F_1 \sin \omega t$ 的作用,在 $F_y$ 的周期性干扰下,梁的挠曲线在其静平衡位置附近振动,其最大位移曲线和最小位移曲线如图 14.15(a) 中曲线 ②、③ 所示。梁中除中性层以外各点的应力将随时间做周期性变化。如果从梁的中性层以下的部位任取一点,其应力随时间变化的曲线(这种曲线亦称应力谱) 如图 14.15(b) 所示。应力每重复一次,称为一个应力循环。根据对交变应力下材料强度的实验研究和应力谱可知,表征一个交变应力的循环特性需要以下参数:

(1) 最大循环应力 $\sigma_{max}$ 和最小循环应力 $\sigma_{min}$

谱线中应力最高值称为最大循环应力 $\sigma_{max}$,应力的最低值称为最小循环应力 $\sigma_{min}$。

(2) 平均应力

平均应力的定义为

$$\sigma_m = \frac{\sigma_{max} + \sigma_{min}}{2} \tag{14.12}$$

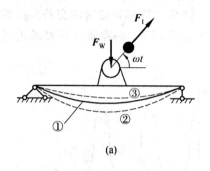

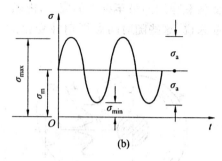

图 14.15

从图 14.17(b) 可以注意到,在一个应力循环中,平均应力是一个不变量,它相当于梁在静平衡位置 ① 时研究点的正应力,亦称为交变应力的静载应力部分。

(3) 应力幅

应力幅的定义式为

$$\sigma_a = \frac{\sigma_{max} - \sigma_{min}}{2} \qquad (14.13)$$

应力幅是研究点从平衡位置移动到最大或最小位移位置时应力的改变量,也称为动载应力部分。实践表明,交变应力对构件强度的影响,主要取决于动载应力部分,即 $\sigma_a$ 越大,对强度的影响越大。

在式(14.12)、(14.13)中,$\sigma_{max}$、$\sigma_{min}$ 都是代数量。

(4) 循环特征

应力循环中绝对值最小的应力 $\sigma_{min}$ 与绝对值最大的应力 $\sigma_{max}$ 之比称为循环特征或应力比,用 $r$ 表示,则

$$r = \frac{\sigma_{min}}{\sigma_{max}} \qquad (14.14)$$

循环特征 $r$ 是一个代数量,$r$ 的正负表示一个应力循环中应力是否改变正负号。如果应力正负号不改变,则 $r > 0$;如果应力正负号改变,则 $r < 0$;若绝对值最小的应力 $\sigma_{min} = 0$,则 $r = 0$。按上述约定,$r$ 的变化范围在 $+1$ 和 $-1$ 之间,即 $-1 \leqslant r \leqslant +1$。

若 $r = -1$,此时 $\sigma_{max} = -\sigma_{min}$,$\sigma_m = 0$,$\sigma_a = \sigma_{max}$,应力谱与图 14.16(b) 中火车轮轴表面点的应力谱类同,这种应力循环称为对称循环。

若 $r = 0$,此时 $\sigma_{min} = 0$,$\sigma_m = \sigma_a = \frac{1}{2}\sigma_{max}$,应力谱与图 14.15(b) 中工作齿轮的齿根点的应力谱类同。这种应力循环称为脉动循环。

若 $r = +1$,此时 $\sigma_{max} = \sigma_{min} = \sigma_m$,$\sigma_a = 0$,这就是静载情况。

如果作用于构件上的交变应力,循环特征 $r$ 不是一个确定值,这种交变应力为不稳定的交变应力,这里不再讨论。

循环特征 $r$ 是研究交变应力的主要参数,它可以表明一个应力循环的变化情况:变化大小、变化范围(应力正负号是否改变)、对称程度($r$ 的值与 $-1$ 的接近程度)。

【例 14.7】 已知呈正弦规律变化的交变应力,$\sigma_{max} = 160$ MPa,$\sigma_{min} = 60$ MPa,试求平均应力、应力幅和循环特征 $r$。

**解**　平均应力　　　　$\sigma_m = \dfrac{\sigma_{max} + \sigma_{min}}{2} = 110\ \text{MPa}$

应力幅　　　　　　　$\sigma_a = \dfrac{\sigma_{max} - \sigma_{min}}{2} = 50\ \text{MPa}$

循环特征　　　　　　$r = \dfrac{\sigma_{min}}{\sigma_{max}} = 0.375$

### 14.4.3　疲劳破坏的概念

金属材料在交变应力下的失效与在静荷应力下的失效有本质上的不同。工程实践观察和实验研究结果表明,交变应力作用下的构件是在最大工作应力不高的情况下,经过长期作用,脆性断裂而破坏,这种破坏称为疲劳破坏。疲劳破坏有如下明显特征:

(1) 破坏时的最大应力远低于材料的强度极限,甚至低于材料的屈服极限。破坏时最大工作应力的数值与循环次数有关,循环次数增加,最大工作应力降低。

(2) 即使是塑性材料制成的构件,破坏前也没有明显的塑性变形,破坏是突然发生的,没有明显的预兆。

(3) 构件的断口明显分为两个区,一个是光滑区,一个是晶粒状的粗糙区。 图 14.16(a)、(b) 分别是气锤杆的拉伸—压缩疲劳破坏断口和钢轨的弯曲疲劳断口的照片,从照片上可以很清楚地看出断口的光滑区和粗糙区。

关于疲劳破坏的机制,早期人们的认识并不清楚,误以为是材料长期负荷、劳累过度、性质发生变化而造成的。后来的实验研

(a)　　　　　　　　　(b)

图 14.16

究发现,上述认识并不符合实际,因疲劳而破坏的构件,材料本身的力学性能并无改变。实验结果表明,疲劳破坏的真实原因,实际上是由于微裂纹的产生和发展。工程中构件的材料不可避免地存在一些缺陷,如气泡、砂眼、杂质及微小裂纹,构件表面也会有一些加工刻痕及形状改变。当构件受力时,这些部位就会产生应力集中。在足够大的应力交替作用下,材料首先在应力集中严重的部位产生细小裂纹,形成"疲劳源"。细小裂纹的出现,在裂纹的尖端产生更严重的应力集中,随着循环次数的增加,裂纹的扩展不断加剧,导致微小裂纹的集结、沟通,形成宏观裂纹,使构件截面削弱。当构件截面削弱到一定程度时,将会在一些偶然因素(如不大的震动、冲撞等)的作用下突然断裂。断口的两个区,则是由于在交变应力作用下,裂纹两侧断面不断开合产生研磨,长期作用的结果使先期产生裂纹的区域磨光,当构件突然断裂时,未经研磨的区域断面较为粗糙。

### 14.4.4　研究疲劳强度的基本思路

解决构件的疲劳强度也要从两个方面讨论,一方面是计算构件在最不利工况下的最大、最小工作应力 $\sigma_{max}$ 和 $\sigma_{min}$;另一方面是确定材料在交变应力长期作用下的承载能力,这方面与静荷问题有很大不同。交变应力作用下的材料,是在工作应力远远小于材料静

荷承载能力的情况下失效的。材料失效的原因不是因为超载，而是因为应力的长期作用。因此，在研究交变应力下材料的承载能力时必须与循环特征和应力的循环次数联系起来，也就是要建立在循环特征 $r$ 下最大循环应力 $\sigma_{\max}$ 与循环次数 $N$ 之间的关系，根据 $\sigma_{\max} - N$ 的关系，得出许用应力，建立强度条件。

# 14.5　对称循环下材料持久极限的测定

### 14.5.1　持久极限的概念

实验观察可知，金属材料在交变应力下的疲劳强度与其在静荷下的力学性能、变形形式、循环特征 $r$ 及应力循环次数 $N$ 有关。当材料、循环特征 $r$、变形形式一定时，最大应力 $\sigma_{\max}$ 越高，循环次数 $N$ 越低；反之，最大应力越低，循环次数 $N$ 越高。当最大应力 $\sigma_{\max}$ 降低至某一值时，材料可以经受"无数次"这样的应力循环而不发生疲劳破坏。我们将材料经受"无数次"应力循环而不发生疲劳破坏的最大应力 $\sigma_{\max}$ 称为材料的持久极限。

材料的持久极限是由疲劳实验测定的。

### 14.5.2　疲劳实验

疲劳实验在疲劳试验机上进行。图 14.17 是对称弯曲疲劳试验机的工作原理示意图。实验时，将材料做成直径为 $7 \sim 10$ mm 的光滑小试件 $6 \sim 10$ 根。试件受力后，中间部分产生纯弯曲，弯矩 $M = Fa$，试件截面上的最大弯曲应力 $\sigma = \dfrac{M}{W} = \dfrac{Fa}{W}$。实验开始后，电动机带动试件一起旋转，每旋转一周，截面上各点的应力就经受一次对称循环。应力循环的次数可由计数器自动显示。

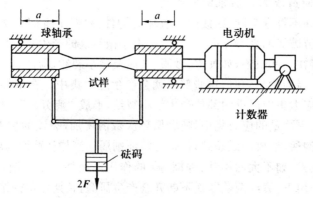

图 14.17

实验时要选择好荷载 $F$ 的大小，使第一根试件的 $\sigma_{\max_1}$ 约等于试件材料强度极限 $\sigma_b$ 的 $60\%$，经过 $N_1$ 次循环后，试件断裂，则 $N_1$ 称为材料在 $\sigma_{\max 1}$ 下的疲劳寿命。然后对第二根试件进行同样的实验，但要使第二根试件的 $\sigma_{\max 2}$ 略低于 $\sigma_{\max 1}$，相应的循环次数 $N_2$ 也会比 $N_1$ 大一些，依次进行，直至最后一根试件。之后，在 $\sigma_{\max} - N$ 坐标系中标出每根试件的实验结果对应点，连接这些实验点的光滑曲线如图 14.18 所示，该曲线称为疲劳曲线，简称

为 $S-N$ 曲线（$S$ 代表正应力 $\sigma$ 或切应力 $\tau$）。图 14.19 是 40Cr 钢在弯曲对称循环应力下的 $S-N$ 曲线。可以看出，试件的疲劳寿命随 $\sigma_{max}$ 的减小而增加，当应力小到某一值时，曲线趋于水平。这表明当应力小于此值时，试样疲劳破坏前的循环次数可以"无限"增加。作出曲线的水平渐近线，此渐近线的纵坐标值即为该材料在"无限次"的应力循环下不会发生疲劳破坏的应力最高值，称为材料的持久极限，以 $\sigma_r$ 表示，下标 $r$ 代表循环特征。例如，对称循环的循环特征 $r=-1$，材料的持久极限表示为 $\sigma_{-1}$。实际上，实验不可能无限期地进行下去；另外，对铜、铝等有色金属及合金等，疲劳曲线本来就没有水平阶段。所以，工程中通常根据实验的统计结果规定一个足够大的循环次数 $N_0$ 代替无限长的疲劳寿命，这个规定的循环次数 $N_0$ 称为循环基数，并将与循环基数 $N_0$ 对应的 $\sigma_{max}$ 作为持久极限，或称为名义持久极限。一般钢材的循环基数 $N_0=2\times10^6\sim2\times10^7$。

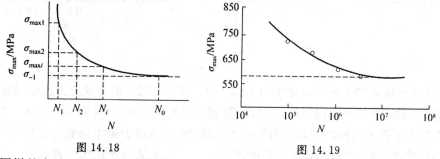

图 14.18　　　　　　　图 14.19

用同样的方法，可以在其他疲劳试验机上测出材料在其他变形形式下的对称循环持久极限，如轴向拉压对称循环的持久极限 $\sigma_{-1}$，扭转对称循环的持久极限 $\tau_{-1}$ 等。

利用疲劳曲线可以确定出与任一疲劳寿命 $N$ 相对应的最大应力 $\sigma_{max}$，为交变应力下构件的强度设计提供依据。

# 14.6　影响构件持久极限的因素

## 14.6.1　影响构件持久极限的因素

材料的持久极限是由光滑小试件得出的，工程中的实际构件在尺寸、外形、表面质量等诸多方面都与光滑小试件不同，这些因素都会产生应力集中，影响构件的持久极限。

（1）应力集中的影响

由于使用及工艺等方面的需要，工程实际中的构件避免不了总有外形上的突变，如轴肩、小孔、键槽等。在邻近截面突变处将产生应力集中，加剧了疲劳裂纹的形成和扩展，导致构件的持久极限降低。应力集中对构件持久极限的影响程度可由有效应力集中因数 $K_\sigma$ 来计算。有效应力集中因数 $K_\sigma$ 的定义是：没有应力集中的光滑小试件在对称循环下的持久极限 $\sigma_{-1}$ 与同样尺寸、但有应力集中的光滑试件在对称循环下的持久极限 $\sigma_{-1,k}$ 之比，即

$$K_\sigma=\frac{\sigma_{-1}}{\sigma_{-1,k}}$$

(14.15)

因为 $\sigma_{-1} > \sigma_{-1,k}$，所以 $K_\sigma > 1$。$K_\sigma$ 的值在有关的手册中可以查到。作为示例，图 14.20(a)、(b) 和图 14.21 分别示出了阶梯轴在纯弯曲、扭转和轴向拉压三种情况下钢材的有效应力集中因数（$K_\sigma$ 或 $K_\tau$）曲线。各图中曲线只适用于 $D/d = 2$，$d = 30$ mm ～ 50 mm 的情况。当 $D/d \neq 2$ 时，可采用下式进行修正：

$$K_\sigma = 1 + \xi [(K_\sigma)_0 - 1] \qquad (14.16)$$

式中，$(K_\sigma)_0$ 是 $D/d = 2$ 时的有效应力集中因数，$\xi$ 是 $D/d < 2$ 时的修正因数。

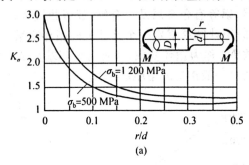
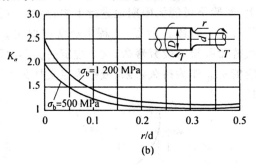

(a)　　　　　　　　　　　　　　(b)

图 4.20

关于 $\xi - D/d$ 的关系曲线绘于图 14.22 中。其他情况下的有效应力集中因数读者可参考有关文献。从这些曲线可以注意到：① 钢材的强度极限 $\sigma_b$ 越高，$K_\sigma$ 越大。这说明：① 交变应力下强度高的材料对应力集中更敏感；② 有效应力集中因数与变形形式有关；③ 截面尺寸改变越急剧，有效应力集中因数越大。因此适当地选择构件材料、减缓构件外形变化的急剧程度，可以降低应力集中的影响。

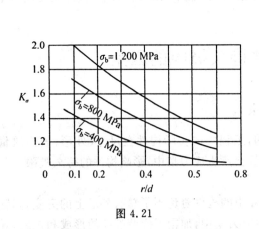
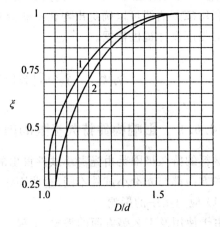

图 4.21　　　　　　　　　　　　图 4.22

曲线 1—弯曲与拉压；曲线 2—扭转

(2) 构件尺寸的影响

根据对实际构件和大试件的实验结果，可知 $\sigma_{-1}$ 的数值随试件尺寸的增加而减小。其原因，一是构件的尺寸越大，包含的自然缺陷越多，产生疲劳裂纹的可能性越多；二是在最大应力相同的情况下大试件的应力梯度小，高应力区比较大（参看图 14.23）。同样的缺陷在较大的循环应力下形成疲劳裂纹的可能性和裂纹扩展的速率更高。构件尺寸对构件持久极限的影响程度可由尺寸因数 $\varepsilon_\sigma$ 来确定。尺寸因数 $\varepsilon_\sigma$ 的定义式为

$$\varepsilon_\sigma = \frac{\sigma_{-1,\mathrm{d}}}{\sigma_{-1}} \tag{14.17}$$

式中,$\sigma_{-1,\mathrm{d}}$ 代表大尺寸光滑试样的对称循环持久极限;$\sigma_{-1}$ 为标准光滑试样的对称循环持久极限。

　　一般情况下 $\varepsilon_\sigma < 1$。作为示例,图 14.24 中绘出了一部分尺寸因数曲线。尺寸因数也和材料的强度极限、变形形式等因素有关。尺寸越大,材料的强度极限越高,尺寸影响越严重。

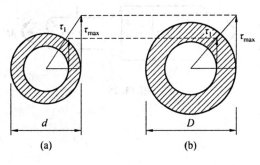

图 4.23

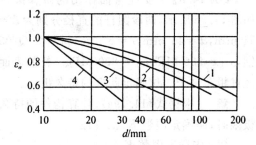

图 14.24

曲线 1— 由碳钢制成的,没有应力集中区的零件;曲线 2— 由合金钢制成的,没有应力集中区的零件和由碳钢制成的有应力集中区的零件;曲线 3— 由合金钢制成的,有应力集中区的零件;曲线 4— 由任何钢材制成的,有显著应力集中区的零件(例如,有切槽型的应力集中区)

**(3) 构件表面质量的影响**

　　一般来说,构件中的最大应力多发生在构件的表面点,当构件的表面光洁度不高,有加工划痕或擦伤等缺陷时,更容易形成疲劳源。因此,构件的表面光洁度和表面加工质量也是影响构件持久极限的重要因素。构件表面条件对构件持久极限的影响程度通过表面质量因数 $\beta$ 来表示。构件的表面质量因数 $\beta$ 的定义式为

$$\beta = \frac{\sigma_{-1,\beta}}{\sigma_{-1}} \tag{14.18}$$

式中,$\sigma_{-1,\beta}$ 表示对称循环时各种不同表面加工条件下试件的持久极限;$\sigma_{-1}$ 为表面磨光的试件的持久极限。

　　为便于参考,图 14.25 绘出几条不同表面光洁度的表面质量因数曲线。可以看出,当构件的表面质量低于磨光的试件时,$\beta < 1$;当构件的表面经过抛、磨、辗压、喷丸以及淡化、碳化等强化处理后,表面质量高于磨光的试件时,$\beta > 1$。还应指出,钢材的强度极限 $\sigma_\mathrm{b}$ 越高,持久极限受表面质量影响越大。所以对高强度钢构件,对表面加工质量有更高的要求。

　　综合考虑以上三个因素,构件在对称循环下的持久极

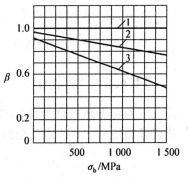

图 14.25

1— 抛光;2— 精车;3— 粗车

限可表示为

$$\sigma_{-1}^0 = \frac{\varepsilon_\sigma \beta}{K_\sigma} \sigma_{-1} \tag{14.19a}$$

$$\tau_{-1}^0 = \frac{\varepsilon_\tau \beta}{K_\tau} \tau_{-1} \tag{14.19b}$$

上述三个因素是影响构件持久极限的普遍因素,对每一构件都存在。除上述因素外,对某些构件还有可能受到其他因素的影响,如腐蚀等,影响程度的评价方法可仿照上述方法进行。

**【例14.8】** 受纯弯曲作用的阶梯圆杆如图14.26所示,两段圆杆的直径分别为 $D=$ 54 mm,$d=45$ mm,$r=5$ mm,材料为Q235 钢,$\sigma_{-1}=280$ MPa,$\sigma_b=800$ MPa。杆的表面经过粗车加工。试确定此杆的持久极限。

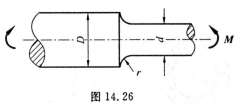

图 14.26

**解** 根据式(14.19a),计算构件的持久极限时,需确定因数 $K_\sigma$、$\varepsilon_\sigma$ 和 $\beta$。

(1) 先确定因数 $K_\sigma$

由已知参数可以算出

$$\frac{r}{d} = \frac{5 \text{ mm}}{45 \text{ mm}} \approx 0.111$$

根据 $r/d = 0.111$、$D/d = 2$ 由图14.20(a)查得:$\sigma_b = 500$ MPa,$K_\sigma = 1.5$;$\sigma_b = 1\,200$ MPa,$K_\sigma = 1.75$。用线性内插,可求得 $\sigma = 800$ MPa 时,$(K_\sigma)_0 = 1.61$。

本例中 $\dfrac{D}{d} = \dfrac{72 \text{ mm}}{60 \text{ mm}} = 1.2 \neq 2$,$(K_\sigma)_0$,需要修正。根据图14.22中的曲线1查出修正系数 $\xi = 0.78$,由修正公式(14.16)得

$$K_\sigma = 1 + \xi[(K_\sigma)_0 - 1] = 1 + 0.78(1.61 - 1) \approx 1.48$$

(2) 确定因数 $\varepsilon_\sigma$ 和 $\beta$

查图14.24中曲线2,得 $\varepsilon_\sigma = 0.76$;查图14.25曲线3,得 $\beta = 0.73$。

将 $K_\sigma$、$\varepsilon_\sigma$ 和 $\beta$ 的上述值代入式(14.19(a))得

$$\sigma_{-1}^0 = \frac{\varepsilon_\sigma \beta}{K_\sigma} \sigma_{-1} = \frac{0.76 \times 0.73}{1.48} \times 280 \text{ MPa} \approx 105 \text{ MPa}$$

### 14.6.2 对称循环下构件的疲劳强度

在对称循环应力作用下,构件的对称循环持久极限也就是构件在这种状态下工作的极限承载能力。若规定安全因数为 $n$,则构件的许用应力

$$[\sigma_{-1}^0] = \frac{\sigma_{-1}^0}{n} = \frac{\varepsilon_\sigma \beta}{K_\sigma} \frac{\sigma_{-1}}{n} \tag{14.20}$$

要保证构件有足够的疲劳强度,则构件在危险点处的最大工作应力 $\sigma_{max}$ 不能超过构件的许用应力,于是强度条件应表达为

$$\sigma_{max} \leqslant [\sigma_{-1}^0] = \frac{\varepsilon_\sigma \beta}{K_\sigma} \frac{\sigma_{-1}}{n} \tag{14.21}$$

按式(14.21)解决疲劳强度问题,称为"许用应力法"。在工程实际中更多使用的是"安全因数法",即将疲劳强度条件表达为

$$n_\sigma = \frac{\sigma_{-1}^0}{\sigma_{\max}} = \frac{\sigma_{-1}}{\dfrac{K_\sigma}{\varepsilon_\sigma \beta}\sigma_{\max}} \geqslant n \qquad (14.22a)$$

式中,$n_\sigma$ 为构件的实际安全储备因数;$n$ 为规定的安全因数,$n$ 的数值根据有关设计规范确定。

注意到对称循环下 $\sigma_{\max} = \sigma_a$,上述强度条件也可以表达为

$$n_\sigma = \frac{\sigma_{-1}^0}{\sigma_a} = \frac{\sigma_{-1}}{\dfrac{K_\sigma}{\varepsilon_\sigma \beta}\sigma_a} \geqslant n \qquad (14.22b)$$

完全类似,当构件在对称循环切应力下工作时,疲劳强度条件为

$$n_\tau = \frac{\tau_{-1}}{\dfrac{K_\tau}{\varepsilon_\tau \beta}\tau_a} \geqslant n \qquad (14.23)$$

再次强调,上述疲劳强度条件(14.21)~(14.23)仅适用于对称循环的情况。

【例 14.9】 已知车轴受载时的弯矩图如图 14.27(a) 所示,车轴尺寸(见图 14.27(b))$D = 60$ mm,$d = 50$ mm,$r = 5$ mm。轴的材料为 Q238 钢,$\sigma_b = 900$ MPa,$\sigma_{-1} = 360$ MPa。轴的表面经过精车加工,规定轴的安全因数 $n = 1.5$。试校核其强度。

**解** 车轴在图示荷载作用下,运动中受对称循环应力作用。为校核轴的疲劳强度,先确定轴的因数 $K_\sigma$、$\varepsilon_\sigma$ 和 $\beta$。由已知条件可以算出

$$\frac{D}{d} = 1.2, \quad \frac{r}{d} = 0.1$$

根据 $r/d = 0.1$、$D/d = 2$ 由图 14.20(a) 查得:$\sigma_b = 500$ MPa,$K_\sigma = 1.55$;$\sigma_b = 1\,200$ MPa,$K_\sigma = 1.78$。用线性内插,可求得 $\sigma_b = 900$ MPa 时,$(K_\sigma)_0 = 1.68$。

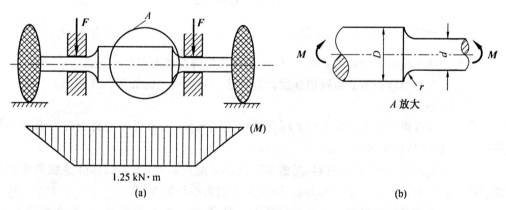

图 14.27

根据图 14.22 中的曲线 1 查出修正系数 $\xi = 0.78$,由修正公式(14.16)得

$$K_\sigma = 1 + \xi[(K_\sigma)_0 - 1] = 1 + 0.78(1.68 - 1) \approx 1.53$$

查图 14.24 曲线 2,得 $\varepsilon_\sigma = 0.75$;查图 14.25 曲线 2,得 $\beta = 0.87$。

轴的最大工作应力：

$$\sigma_{max} = \frac{M_{max}}{W} = \frac{1.25 \times 10^3 \, \text{N} \cdot \text{m}}{\dfrac{3.14 \times (50 \times 10^{-3} \, \text{m})^3}{32}} = 102 \times 10^6 \, \text{Pa} = 102 \, \text{MPa}$$

因为是对称循环，$r = -1$，$\sigma_a = \sigma_{max}$。

将 $K_\sigma$、$\varepsilon_\sigma$、$\beta$、$\sigma_{max}$ 和 $n$ 代入式（14.22）得

$$n_\sigma = \frac{\sigma_{-1}}{\dfrac{K_\sigma}{\varepsilon_\sigma \beta} \sigma_a} = \frac{360 \, \text{MPa}}{\dfrac{1.53}{0.75 \times 0.87} \times 102 \, \text{MPa}} \approx 1.51 > n = 1.5$$

该轴工作安全。

# 本章小结

本章讨论了构件在动荷载作用下的强度问题，内容包括简单惯性力问题、冲击问题和交变应力问题。对不同的动荷载，解决问题的理念和方法不同。

（1）简单惯性力问题：采用动静法，即加上惯性力按静荷载问题处理。简单惯性力问题的核心问题是惯性力的计算及确定其分布规律。

（2）冲击问题的简化计算：把冲击系统简化为质量弹簧系统，构件的变形在线弹性范围内，冲击荷载下弹簧的刚度系数与静荷载时相同。简化计算的基本理念是冲击过程中，系统的能量守恒：

$$T + V + V_\varepsilon = 常数$$

计算的要点是冲击发生前与冲击结束后系统的能量。

自由落体冲击和水平冲击是冲击问题的两个特例，在这两种简单情况下，可以得出动荷载效应与相应的静荷载效应间的简单对应关系，即

$$\sigma_d = k_d \sigma_{st}, \quad \Delta_d = k_d \Delta_{st}$$

可以得出动荷因数公式：自由落体冲击 $k_d = 1 + \sqrt{1 + \dfrac{2h}{\Delta_{st}}}$，水平冲击 $k_d = \sqrt{\dfrac{v^2}{g \Delta_{st}}}$。除冲击荷载的理念和简化计算的方法之外，全部计算都转变成静荷载问题。

简单惯性力问题和冲击问题的强度计算方法与静载问题的处理方法相同。

（3）交变应力

交变应力对构件强度的影响因其循环规律不同而异，循环规律由交变应力循环特性参数确定，这些参数包括 $\sigma_{max}$、$\sigma_{min}$、$\sigma_m$、$\sigma_a$ 和 $r$。

在交变应力下，不管什么材料，其破坏形式都是脆性断裂，破坏的原因是疲劳源的形成和扩展。材料的失效不是因为超载，而是因为应力的长期作用。

对疲劳强度研究的思路与静载问题基本一致，二者主要差别在于：① 在交变应力下，材料的承载能力与应力的循环次数有关，极限应力是材料的持久极限；② 对应力集中敏感，因此要考虑构件形状的改变、尺寸、表面质量等对应力集中的影响因素，将材料的持久极限修正后得出构件的持久极限，建立强度条件。

对称应力循环下构件的疲劳强度条件：

$$n_\sigma = \frac{\sigma_{-1}^0}{\sigma_{\max}} = \frac{\sigma_{-1}}{\dfrac{K_\sigma}{\varepsilon_\sigma \beta}\sigma_{\max}} \geq n$$

# 思　考　题

**14.1** 图 14.28 所示折轴杆 $ABC$ 以匀角速度绕水平轴转动,试指出水平轴所受荷载及变形形式。

**14.2** 装在轴上的钢质圆盘带一圆孔,如图 14.29 所示,圆孔直径 $d = 300\ \text{mm}$,圆盘厚度 $t = 30\ \text{mm}$,轴的转速 $\omega = 40\ \text{rad/s}$,钢的密度 $\rho = 7\,800\ \text{kg/m}^3$。试计算圆盘对轴产生的动荷载的大小。

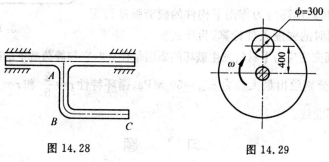

图 14.28　　　　　　　　图 14.29

**14.3** 自由落体冲击的动荷系数表达式 $k_\mathrm{d} = 1 + \sqrt{1 + \dfrac{2h}{\Delta_{\mathrm{st}}}}$ 中,$\Delta_{\mathrm{st}}$ 的含义是什么? 如何计算?

**14.4** 同一根杆,在图 14.30 所示三种情况下受冲击,试问杆内的冲击应力是否相同? 并写出计算式。图 14.30(a) 为重物(重量为 $F_\mathrm{P}$) 直接冲击到刚性盘上;图 14.30(b) 为在杆的顶端置有一刚度系数为 $k$ 的弹簧,重物冲击到刚性盘上;图 14.30(c) 为同一弹簧置于刚性盘上,重物冲击到弹簧上。

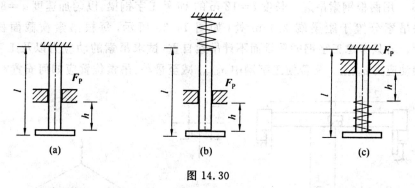

(a)　　　　　　(b)　　　　　　(c)

图 14.30

**14.5** 图 14.31 所示伸臂梁,当荷载 $F_\mathrm{G}$ 以静荷方式加于 $B$ 处时,$A$、$B$ 两点的挠度分别为 $\Delta_{\mathrm{st}}^A = -0.1\ \text{mm}$ 和 $\Delta_{\mathrm{st}}^B = 0.5\ \text{mm}$。现将此荷载以冲击方式加于 $B$ 处,动荷因数 $k_\mathrm{d} = 3$。试问 $B$ 处的动挠度有多大? $A$ 处呢?

**14.6** 计算图 14.32 所示交变应力的循环特性 $r$。

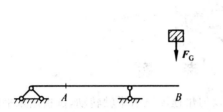

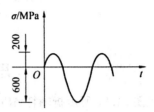

图 14.31　　　　　　　　　　图 14.32

14.7　带小孔的钢质薄壁圆筒,在图 14.33 所示两端力偶的反复作用下,疲劳裂纹将从小孔处沿何方向延伸?

14.8　同种材料制成的不同构件的持久极限是否相同,为什么? 在对称循环应力作用下构件的疲劳强度可否采用静荷载作用时的强度条件计算,为什么?

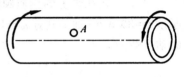

图 14.33

14.9　试问交变应力下材料发生破坏的原因是什么? 它与静荷载下的破坏有何区别?

14.10　试分别绘出最大应力 $\sigma_{max}=50\text{ MPa}$、循环特性 $r=\dfrac{2}{5}$ 和 $r=-\dfrac{2}{5}$ 的两种交变应力的应力循环曲线。

# 习　　题

14.1　用钢索起吊 $F_P=50\text{ kN}$ 的重物,在 2 s 内匀加速上升 8 m。试求钢索横截面上的轴力 $F_{Nd}$,不考虑钢索的质量。

14.2　如图 14.34 所示,桥式起重机在梁桥的中点处吊起 $F_P=50\text{ kN}$ 的重物后以不变的速度 $v=1\text{ m/s}$ 沿轨道移动。当梁桥突然停止时,由于惯性重物继续向前摆动。已知梁桥由两根型号为 No.10 的槽钢构成,吊索横截面积 $A=500\text{ mm}^2$,试问此时吊索内及梁内最大应力? 不考虑自重及重物摆动引起的斜弯曲的影响。

14.3　用两根钢索吊起一长度 $l=12\text{ m}$ 的 16 号工字钢梁,以匀加速度 $a=8\text{ m/s}^2$ 上升。两根吊索分置于距梁端 2.4 m 处,如图 14.35 所示,每根吊索横截面积为 $A=108\text{ mm}^2$。若只考虑工字钢的重量而不计吊索自重,试求吊索的动应力以及工字钢在危险点处的动应力 $\sigma_{d,max}$。又若使工字钢中 $\sigma_{d,max}$ 减至最小,吊索位置应如何安置?

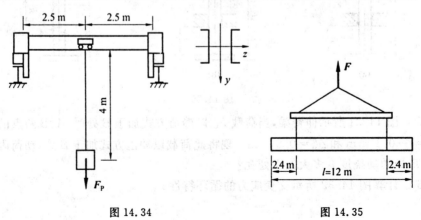

图 14.34　　　　　　　　　　图 14.35

14.4　一端带有重球的均质杆以角速度 $\omega$ 绕铅垂轴转动,如图 14.36 所示。已知杆长为 $l$,杆的横截面积为 $A$,杆重为 $F_P$,球重 $F_G$。试求杆的伸长。

14.5　直径为 $d$ 的圆轴 $AB$,以匀角速度 $\omega=5$ rad/s 转动,在跨中和伸臂端各有一个重 $F_P=2$ kN 的重球以细杆与轴连接,位于互相垂直的两平面内,如图 14.37 所示。已知 $d=40$ mm,$l=0.6$ m,$h=0.3$ m,材料的许用应力 $[\sigma]=170$ MPa。试校核该轴强度。

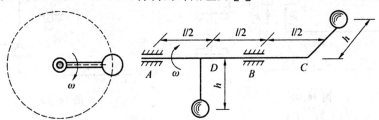

图 14.36　　　　　　　　　　图 14.37

14.6　如图 14.38 所示,卷扬机的绳索卷起重为 $F_{P1}=40$ kN 的物体,以匀加速度 $a=5$ m/s 向上运动。鼓轮直径 $D=1.2$ m,重量 $F_{P2}=4$ kN,安装在轴的中点。轴长 $l=1$ m,材料的许用应力 $[\sigma]=100$ MPa,试按第三强度理论设计轴的直径。

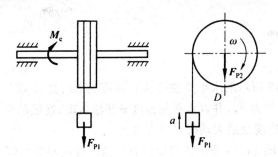

图 14.38

14.7　重量为 $F_P=3$ kN 的重物,自高度 $h=25$ mm 处自由落下,冲击到伸臂梁的点 $C$ 处,如图 14.39 所示,已知梁的截面为工字钢 No.20b,其弹性模量 $E=210$ GPa。试求梁内最大的冲击正应力(不计梁的自重)。

14.8　矩形截面水平梁 $AB$ 的左端为铰座,右端由立柱 $BC$ 支承。矩形截面的边 $a=60$ mm,$b=40$ mm。立柱采用圆截面,如图 14.40 所示,圆截面直径 $d=20$ mm。一重为 $F_P=1$ kN 的重物自高度 $h$ 处自由下落,冲击到梁的中点 $D$。已知:$l=1$ m,$H=0.6$ m,$h=100$ mm,梁和柱材料的弹性模量 $E=200$ GPa。柱的稳定安全因数 $n_{st}=2.2$。试校核该柱的稳定性。

14.9　重量 $F_P=2$ kN 的重物,自高度 $h=50$ mm 处自由下落,冲击到矩形截面钢梁的 $C$ 端,如图 14.41 所示。梁的 $A$ 端连在弹簧 $AD$ 上,弹簧的刚度系数 $k=200$ N/mm。已知:钢的弹性模量 $E=210$ GPa,矩形截面的高 $h=60$ mm,宽 $b=30$ mm。试求梁内的最大冲击应力。

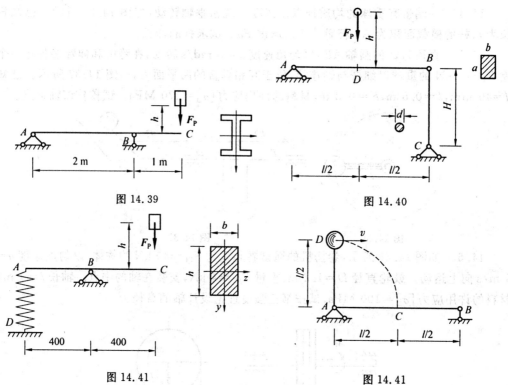

图 14.39    图 14.40

图 14.41    图 14.41

**14.10**    图 14.42 所示的水平简支梁 AB,刚度为 EI,其 A 端与一带球形重物的竖杆 AD 铰接。重物的重量为 $F_P$,并以水平初速度 $v$ 开始运动,在梁的中点 C 与梁发生冲击。试求:梁的最大动荷挠度及最大动荷正应力值。

**14.11**    试计算图 14.43 所示各交变应力的循环特性和应力幅。

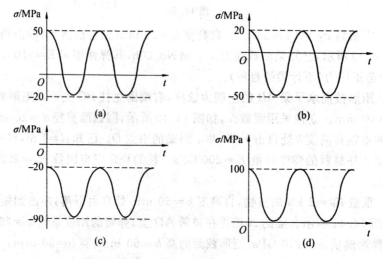

图 14.43

**14.12**    重物通过轴承垂直加于圆轴之上,如图 14.44 所示,而轴在 $\theta = \pm 30°$ 的范围内摆动。试求危险截面上的点 1、2、3、4 的应力变化的循环特性。

14.13　图 14.45 所示钢轴,受到对称循环交变弯矩 $M_e$=800 N·m 的作用。已知材料的强度极限 $\sigma_b$=600 MPa,弯曲对称循环持久极限 $\sigma_{-1}$=250 MPa。规定的轴的安全因数 $n$=1.8,轴的表面磨削加工,试校核该轴强度。

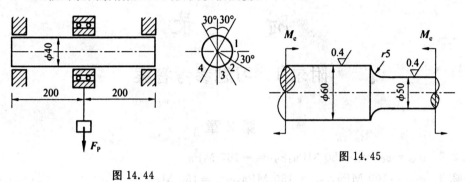

图 14.44

图 14.45

# 附　　录

## 附录1　习题参考答案

### 第 2 章

2.2　$\sigma_{AB}=\sigma_{CD}=-150$ MPa，$\sigma_{BC}=-167$ MPa

2.3　$\sigma_{1-1}=100$ MPa，$\sigma_{2-2}=150$ MPa，$\sigma_{3-3}=180$ MPa

2.4　$\sigma_{ab}=58.7$ MPa，$\tau_{ab}=-49.2$ MPa；$\sigma_{ac}=41.3$ MPa，$\tau_{ac}=49.2$ MPa

2.5　$\Delta l=1.83$ mm

2.6　$\Delta_{y,D}=2.31$ mm

2.7　$\Delta_{x,C}=\Delta_{y,C}=0.397$ mm

2.8　$\sigma_{max}=204$ MPa

2.9　$F_{max}=190$ kN

2.10　$(1)\alpha=36.9°，F=1.56A[\sigma]$；$(2)\alpha=60°，F_{max}=1.73A[\sigma]$

2.11　$a=56$ mm

2.12　$(2)\sigma_{max}=100$ MPa；$(3)[\sigma]=160$ MPa，$\Delta l=0.175$ mm

2.13　不等边角钢 40 mm×25 mm×3 mm

2.14　$D_1\geqslant 39$ mm

2.15　$F_{max}=67.4$ kN

2.16　$\sigma_{max}=19.2$ MPa，不安全。

2.17　杆 $AB$：2∟56 mm×4 mm；杆 $AC$：2∟40 mm×4 mm

2.18　$a=662$ mm，$b=1\ 146$ mm

2.19　$(1)V_\varepsilon=5F^2a/2EA$；$(2)V_\varepsilon=3F^2a/4EA$

### 第 3 章

3.1　铜丝 $\tau=50.9$ MPa，销子 $\tau=61.1$ MPa

3.2　$D=50.2$ mm

3.3　$\tau=70.7$ MPa $>[\tau]$，销钉强度不够，应改用 $d\geqslant 32.6$ mm 的销钉

3.4　$\tau=15.9$ MPa $<[\tau]$，安全

3.5　$\sigma_{bs}=135$ MPa

3.6　$d=63$ mm

3.7　$F\leqslant 430$ N

3.8　$l=308$ mm

3.9　$\tau = 30.4$ MPa，$\sigma_{bs} = 44$ MPa

3.10　$d = 3.75$ mm

3.11　$D \approx 1.23d, b \approx 0.32d, h = 2.04d, H = 2.58d$

3.12　$\tau = 52.6$ MPa，$\sigma_{bs} = 90.9$ MPa，$\sigma = 167$ MPa

3.13　$\tau = 30.0$ MPa

# 第 4 章

4.1　$T_{max} = 4$ kN・m

4.2　0.5

4.3　$|T_{max}| = 5.73$ kN・m

4.4　$m = 17.6$ N・m

4.5　$\tau_{max} = 99.5$ MPa

4.6　$\tau_{1,max} : \tau_{2,max} = 1.33$

4.7　$d_1 : d_2 = 1 : 1.26$

4.8　(2) $\tau_{max} = 12.1$ MPa　(3) 主动轮与从动轮 2 交换位置后，$\tau_{max} = 7.26$ MPa

4.9　$\tau_{1,max} : \tau_{2,max} : \tau_{3,max} = 1 : 1.15 : 1.47$

4.10　$D = 66.6$ mm，$d = 53.3$ mm

4.11　(1)$T_{max} = 636.6$ kN・m；(2)$\tau_{max} = 29$ MPa$< [\tau]$；(3)$\varphi = 13.85°$

4.12　$D/d = 0.805$

4.13　(1)$\tau_{max} = 93.3$ MPa$< [\tau]$，$\varphi = 1.81(°) : m < [\varphi] = 2(°) : m$

　　　(2)$D_2 = 46.6$ mm　(3)$\dfrac{G_{空}}{G} = \dfrac{A_{空}}{A} = 0.339$

4.14　$\tau_{max} = 16.4$ MPa，$\varphi = 0.394(°) : m$

4.15　$[P]_{max} = 55.5$ W

4.16　(1)$T_{max} = 20$ kN・m　(2)$\tau_{max} = 8.66$ MPa

4.17　(1)$\tau_{1,max} = 7.25$ MPa　(2)$\tau_{max} = 7.1$ MPa　(3)$\tau_{max} = 531$ MPa

# 第 5 章

5.1　$S_x = \dfrac{r^3}{3}, \bar{y} = \dfrac{4r}{3\pi}$

5.2　(a)$S_x = 24\ 025$ mm³　(b)$S_x = -10^5$ mm³

5.4　$I_{x1} = \dfrac{7bh^3}{9}$

5.5　$I_x = 0.422a^4$

5.6　$I_x = \dfrac{\sqrt{3}\,a^4}{16}$

5.7　(a)$I_x = 1.88 \times 10^6$ mm⁴　(b)$I_x = 20.1 \times 10^6$ mm⁴

5.8　$I_x = 0.555d^4$

5.9 $I_x = \dfrac{bh^3}{3}, I_y = \dfrac{b^3h}{3}, I_p = \dfrac{bh(h^2+b^2)}{3}, I_{xy} = \dfrac{b^2h^2}{4}$

5.10 $a = 9.43$ cm

5.11 $I_{max} = 1814 \times 10^4$ mm$^4$, $I_{min} = 1\,148 \times 10^4$ mm$^4$

5.12 $I_x = 131.4 \times 10^5$ mm$^4$

5.13 $I_{max} = 14\,428$ cm$^4$

5.15 $\alpha_0 = 18.76°$, $I_{min} = 0.181a^4$, $I_{max} = 0.369a^4$

5.17 $\alpha_0 = 18.94°$, $I_{min} = 4.16 \times 10^5$ mm$^4$, $I_{max} = 29.2 \times 10^5$ mm$^4$

# 第6章

6.1 (a)$F_{s1} = 45$ kN, $M_1 = -56.25$ kN·m; $F_{s2} = 35$ kN, $M_2 = -16.25$ kN·m; $F_{s3} = 30$ kN, $M_3 = 0$

(b)$F_{s1} = 30$ kN, $M_1 = 45$ kN·m; $F_{s2} = 0$, $M_2 = 45$ kN·m; $F_{s3} = 0$, $M_3 = 45$ kN·m; $F_{s4} = -30$ kN, $M_4 = 0$

(c)$F_{s1} = 15.7$ kN, $M_1 = -12$ kN·m; $F_{s2} = 15.7$ kN, $M_2 = 35$ kN·m; $F_{s3} = -14.3$ kN, $M_3 = 35.1$ kN·m; $F_{s4} = -14.3$ kN, $M_4 = -8$ kN·m

(d)$F_{s1} = -3$ kN, $M_1 = 10$ kN·m; $F_{s2} = -19$ kN, $M_2 = -12$ kN·m; $F_{s3} = 0$, $M_3 = -12$ kN·m; $F_{s4} = 0$, $M_4 = -12$ kN·m

6.2 (3) (a) $|F_s|_{max} = 10$ kN, $|M|_{max} = 8$ kN·m

(b) $|F_s|_{max} = F$, $|M|_{max} = 0.5Fl$

(c) $|F_s|_{max} = 11.5$ kN, $|M|_{max} = 11.02$ kN·m

(d) $|F_s|_{max} = 6$ kN, $|M|_{max} = 3$ kN·m

6.4 (a) $|F_s|_{max} = \dfrac{4}{3}qa$, $|M|_{max} = \dfrac{5}{6}qa^2$

(b) $|F_s|_{max} = 0.875ql$, $|M|_{max} = 0.375ql^2$

(c) $|F_s|_{max} = F_P$, $|M|_{max} = 1.5F_Pa$

(d) $|F_s|_{max} = 45$ kN, $|M|_{max} = 26.25$ kN·m

6.5 (a)$F_s$ 图对称，$F_{s,max} = \dfrac{ql}{4}$；$M$ 图反对称，$|M|_{max} = \dfrac{ql^2}{32}$

(b)$F_s$ 图反对称，$F_{s,max} = 40$ kN；$M$ 图对称，$|M|_{max} = 40$ kN·m

6.7 $a = 0.207l$

*6.8 $F_{N,max} = 30$ kN, $F_s = 30$ kN, $M_{max} = 25.16$ kN·m

6.9 $|F_s|_{max} = \dfrac{ql}{3}$, $|M|_{max} = \dfrac{ql^2}{9\sqrt{3}}$

6.11 悬臂梁，$A$ 端固定，$F_B = 10$ kN, $q_{CB} = 10$ kN/m($\downarrow$)

6.12 简支梁，$M_{e1} = 40$ kN·m, $M_{e2} = 20$ kN·m

6.13 (a)$M_C = 42$ kN·m (b)$M = 60$ kN·m

6.14 $|M|_{max} = 120$ kN·m

6.15 $M_{max} = 27.4$ kN·m

6.16　$x_0 = \dfrac{2l-d}{4}$，$|M|_{max} = \dfrac{F(2l-d)^2}{8l}$

## 第 7 章

7.1　$\dfrac{D}{d} = \dfrac{E}{\sigma_{0.2}}$

7.2　(1)$\sigma_{(1)} = 92.6$ MPa，$\sigma_{(2)} = 46.3$ MPa　(2)$\sigma_{max} = 156$ MPa

7.3　$|\sigma|_{cmax} = 91.5$ MPa，$\sigma_{t,max} = 57.4$ MPa

7.4　$|\sigma|_{cmax} = 18.8$ MPa，$\sigma_{t,max} = 12$ MPa

7.5　$\sigma_{max} = 155$ MPa

7.6　$\sigma_t = 43.8$ MPa，$|\sigma_c|_{max} = 98$ MPa

7.7　$\sigma_{max} = 175$ MPa，$\tau = 57.6$ MPa

7.8　$q = 32.6$ kN/m，$d = 24.2$ mm

7.9　(a)$F \leqslant 26.5$ kN　(b)$F \leqslant 58.8$ kN

7.10　$q_{max} = 5.75$ kN/m

7.11　$b = 554$ mm

7.12　$[F]_{max} = 28.3$ kN

7.13　$\sigma_{max} = 133.3$ MPa，$\tau_{max} = 20$ MPa

7.14　工字钢 40c，$W_z = 1\,190$ cm³，比计算值小 4%，工程允许。

7.15　两层不黏接：$\sigma_{max} = \dfrac{3ql^2}{2a^3}$；两层黏接：$\sigma'_{max} = \dfrac{3ql^2}{4a^3}$

7.16　题 7.2 中 $\tau_{max} = 9.38$ MPa，题 7.4 中 $\tau_{max} = 2.59$ MPa

7.17　$\tau_{max} = 1.2$ MPa

7.18　$\Delta l = -1.6$ mm

7.19　$\sigma_{max} = 185$ MPa，$\tau_{max} = 24.8$ MPa

7.20　(1)$\sigma_{max}^{板} = 22.3$ MPa　(2)$\sigma_{max}^{木} = 8.36$ MPa　(3)$\tau = 0.78$ MPa

7.21　$q = 4.8$ kN/m

7.22　$F_{max} = 3.33$ kN

7.23　计算值 $W_z = 438$ cm³，选工字钢 No.25b，$W_z = 422.72$ cm³。

## 第 8 章

8.2　(a) $y_A = \dfrac{ql^4}{8EI}(\downarrow)$，$\theta_A = -\dfrac{ql^3}{6EI}$

(b)$y_B = \dfrac{M_e l^2}{2EI}(\downarrow)$，$\theta_B = \dfrac{M_e l}{EI}$

8.3　(a)$\theta_A = \dfrac{M_e l}{6EI}$，$\theta_B = -\dfrac{M_e l}{3EI}$，$y_C = \dfrac{M_e l^2}{16EI}$

(b)$\theta_A = \dfrac{7q_0 l^3}{360EI}$，$\theta_B = -\dfrac{q_0 l^3}{45EI}$，$y_C = \dfrac{5q_0 l^4}{786EI}(\downarrow)$

8.4 (a) $f_{max} = \dfrac{0.795qa^4}{EI}$, $\theta_{max} = \theta_A = \dfrac{8qa^3}{9EI}$

(b) $f_{max} = \dfrac{41ql^4}{384EI}$, $\theta_{max} = \dfrac{7ql^3}{48EI}$

8.5 $y_C = \dfrac{M_e l^2}{6EI}$, $\theta_C = \dfrac{2M_e l}{3EI}$

8.7 $\dfrac{M_{e1}}{M_{e2}} = \dfrac{1}{2}$

8.8 $\theta_A = \dfrac{ql^3}{72EI}$

8.9 $\theta_B = -\dfrac{5qa^3}{6EI}$

8.10 $\theta_B = \dfrac{qa^3}{3EI}$, $y_C = -\dfrac{5qa^4}{24EI}$

*8.11 $y_C = \dfrac{l^2}{2R} - \dfrac{(EI)^2}{6F^2R^3}$

8.12 $y = \dfrac{Fx^3}{3EI}$

8.13 $y = \dfrac{Fx^2(l-x)^2}{3lEI}$

8.14 $F_1 = \dfrac{F}{4}$

8.15 $y_{max} = 15$ mm

8.16 工字钢 No. 18

8.17 $q = 4.44$ kN/m

# 第 9 章

9.1 $y_A = \dfrac{2(\sqrt{2}-1)Fl}{EA}$

9.2 $F_{N1} = F_{N2} = F_{N3} = 2F/(2+3\sqrt{3})$, $F_{N4} = F_{N5} = 3F/(2+3\sqrt{3})$

9.3 $F_{N1} = F_{N2} = 8.28$ kN

9.4 $F = 62.3$ kN, $\sigma = 88.2$ MPa

9.5 $\sigma_1 = 79$ MPa, $\sigma_2 = 27.3$ MPa

9.6 最大拉伸轴力 $F_{N,A} = 7F/4$, 最大压缩轴力 $F_{N,B} = -5F/4$

9.7 $\varphi_{AC} = 0.41°$

9.8 $\tau_{max} = 30.6$ MPa

9.9 $F_{s,max} = \dfrac{5qa}{8}$, $M_{max} = \dfrac{qa^2}{8}$

9.10 $M_{max} = \dfrac{3Fl}{8}$

9.11 梁 $AB$ 与 $EC$ 间 $F' = \dfrac{9F}{17}$；梁 $C$ 与 $CD$ 间 $F'' = \dfrac{8F}{17}$

9.12　$M_{\max} = 0.195Fl$

9.13　$F_c = \dfrac{52a}{4} + \dfrac{6EI}{a^3}\delta$

# 第 10 章

10.1　(a) $\sigma_{60^\circ} = 12.5$ MPa, $\tau_{60^\circ} = -65$ MPa

(b) $\sigma_{-22.5^\circ} = -21.2$ MPa, $\tau_{-22.5^\circ} = -21.2$ MPa

(c) $\sigma_\alpha = 70$ MPa, $\tau_\alpha = 0$

10.2　(a) $\tau = 0.6$ MPa, $\sigma = -3.84$ MPa

(b) $\tau = -1.08$ MPa, $\sigma = -0.625$ MPa

10.3　(a) $\sigma_1 = 57$ MPa, $\sigma_3 = -7$ MPa, $\alpha_0 = -19^\circ20'$, $\tau_{\max} = 32$ MPa

(b) $\sigma_1 = 73.9$ MPa, $\sigma_3 = -33.9$ MPa, $\alpha_0 = -34^\circ6'$, $\tau_{\max} = 53.9$ MPa

(c) $\sigma_1 = 25$ MPa, $\sigma_3 = -25$ MPa, $\alpha_0 = -45^\circ$, $\tau_{\max} = 25$ MPa

(d) $\sigma_1 = 80$ MPa, $\sigma_2 = 50$ MPa, $\alpha_0 = 0^\circ$, $\tau_{\max} = 15$ MPa

(e) $\sigma_1 = 37$ MPa, $\sigma_3 = -27$ MPa, $\alpha_0 = -19^\circ20'$, $\tau_{\max} = 32$ MPa

10.4　(1) $\sigma_1 = 150$ MPa, $\sigma_2 = 75$ MPa, $\tau_{极} = 37.5$ MPa

(2) $\sigma_\alpha = 131$ MPa, $\tau_\alpha = -32.5$ MPa

10.5　$\sigma_x = -33.3$ MPa, $\tau_x = -\tau_y = -57.7$ MPa

10.7　$\alpha = 31^\circ$,　$F = 27.2$ kN

10.8　$\sigma_1 = 56.1$ MPa, $\sigma_2 = 0$, $\sigma_3 = -16.1$ MPa, $\tau_{\max} = 36.1$ MPa, $\alpha_0 = -28.15^\circ$

10.9　(1) $\mu = \dfrac{1}{3}$, $E = 69$ GPa　(2) $\gamma_{xy} = 3.1 \times 10^{-3}$

10.10　$G = \dfrac{8M_e}{\pi d^3 \varepsilon}$

10.12　(a) $\sigma_{r1} = \sigma_1 = 50$ MPa, $\sigma_{r2} = 50$ MPa, $\sigma_{r3} = 100$ MPa, $\sigma_{r4} = 100$ MPa

(b) $\sigma_{r1} = 52.17$ MPa, $\sigma_{r2} = 49.8$ MPa, $\sigma_{r3} = 94.3$ MPa, $\sigma_{r4} = 93.3$ MPa

(c) $\sigma_{r1} = 130$ MPa, $\sigma_{r2} = 130$ MPa, $\sigma_{r3} = 160$ MPa, $\sigma_{r4} = 140$ MPa

10.13　$\sigma_{r1} = 24.3$ MPa

10.14　$\sigma_{r3} = 900$ MPa, $\sigma_{r4} = 842$ MPa

10.15　$\sigma_{r3} = 300$ MPa, $\sigma_{r4} = 264$ MPa, 安全。

10.16　按第三强度理论设计 $t = 14.2$ mm, 按第四强度理论设计 $t = 12.3$ mm

10.17　中间截面上下边缘: $\sigma_{r4} = 172$ MPa $> [\sigma]$, 但仅超过 1.2%;

两支座内侧截面中性轴上的点: $\sigma_{r4} = 141.2$ MPa;

集中载荷作用截面上的点 $a$ 处, $\sigma_{r4} = 157.7$ MPa $< [\sigma]$;

结论: 该梁安全。

10.18　$\sigma_{r2} = 25.6$ MPa, $\sigma_{rM} = 25.6$ MPa, 安全。

10.19　$F = 8$ kN, $m = 8$ N·m, $\sigma_{r4} = 123.8$ MPa

# 第 11 章

11.1  $\sigma_{max} = 53.4$ MPa

11.2  $\sigma_{max} = 148$ MPa $\leqslant [\sigma]$,安全

11.3  $F_{max} = 22.7$ kN

11.4  $(2)\sigma_{t,max} = 6.38$ MPa

11.5  $\sigma_{t,max} = 6.75$ MPa,$\sigma_{c,max} = 6.99$ MPa

11.6  (a) $b = 0.674h$,(b)$b = 0.64h$

11.7  $|\sigma|_{max} = 132$ MPa

11.8  （槽钢 No.18a）

11.9  5.2 mm

11.10  $F_{max} = 129.6$ kN

11.11  $(1)\sigma_{c,max} = 1.02$ MPa  $(2)D = 5.72$ m

11.12  $\theta = 2.17°$

11.13  $(1)\sigma = 4.78$ MPa  $(2)\sigma_{t,max} = 143$ MPa

11.16  工字钢 No.18:菱形,长对角线为 120.4 mm,短对角线为 17 mm;槽钢 22a,四边形,长对角线为 136.6 mm,短对角线为 32.6 mm。

11.17  $d = 36$ mm

11.18  $C$ 截面:$\sigma_{r4} = 98.9$ MPa,$B$ 截面:$\sigma_{r4} = 160$ MPa

11.19  $F_P = 1.67$ kN

11.20  $\sigma_{r3} = 60.5$ MPa,  $\sigma_{r4} = 67$ MPa

# 第 12 章

12.1  $(a)\sigma_{cr} = 200$ MPa,$F_{cr} = 98.4$ kN;$(b)\sigma_{cr} = 137$ MPa,$F_{cr} = 67.2$ kN;$(c)\sigma_{cr} = 157$ MPa,$F_{cr} = 75.5$ kN;$(d)\sigma_{cr} = 120$ MPa,$F_{cr} = 58.9$ kN

12.2  $F_{cr} = 2\,532$ kN,$F_{cr} = 4\,702$ kN,$F_{cr} = 4\,823$ kN

12.3  $l_{min} = 3.64$ m

12.4  $a = 4.34$ cm,$F_{cr} = 217$ kN

12.5  $\sigma_{cr} = 15.1$ MPa

12.6  $n = 3.08 > n_{st} = 3.0$,安全

12.7  $(1)F_{AB,cr} = 80.6$ kN;(2) $F_{cr} = 26.7$ kN

12.8  $F_{cr} = 375$ kN

12.9  $n = 2.55$

12.10  $d = 59.3$ mm

12.11  $n = 3.7$

12.12  $\theta = \arctan(\cot^2\beta)$

12.13  $n = 2.05$,$\sigma_{max} = 122.5$ MPa,结构工作安全。

12.14  $F_{cr} = 557.5$ kN

12.15　$[q]=24.2$ kN/m

12.16　梁 $\sigma_{max}=162$ MPa，柱杆 $\sigma=142.8$ MPa

## 第 13 章

13.3　$y_B=\dfrac{M_e^2 l}{2EI}$，$\theta_B=\dfrac{M_e l}{EI}$

13.4　$\Delta_{AC}=0.342$ mm

13.5　$\Delta_H=0.347$ mm，$\Delta_V=0.717$ mm

13.6　$\Delta_H=\dfrac{Fl}{EA}(1+2\sqrt{2})$，$\Delta_V=\dfrac{Fl}{EA}$

13.7　$\Delta_{AH}=\dfrac{7Fa^3}{3EI}$，$\theta_A=\dfrac{5Fa^2}{2EI}$

13.8　$\theta_C=\dfrac{qa^3}{2EI}$（逆时针），$\Delta_D=\dfrac{qa^4}{8EI}(\uparrow)$

13.9　$y_B=\dfrac{\pi FR^3}{4EI}+\dfrac{FR^3}{GI_p}\left(\dfrac{3\pi}{4}-2\right)$

13.10　$\Delta_H=\dfrac{FR^3}{2EI}(\rightarrow)$

13.11　$\Delta_{AB}=\dfrac{3\pi FR^3}{EI}$

13.12　$\Delta_H=\dfrac{FR^3}{2EI}$，$\Delta_V=\left(1+\dfrac{3\pi}{4}\right)\dfrac{FR^3}{EI}$

13.13　$\Delta_{CV}=\dfrac{l^3}{32EI}(2ql-F)$，$\theta=\dfrac{1}{EI}\left(\dfrac{ql^3}{6}-\dfrac{3Fl^2}{32}\right)$

13.14　$\Delta=\dfrac{qb}{EI}\left(\dfrac{b^3}{8}+\dfrac{a^3}{3}\right)+\dfrac{qb^3 a}{2GI_p}=13.7$ mm$(\downarrow)$

13.15　立柱的固端截面弯矩 $M_D=\dfrac{M_e}{4}$，左侧受拉

13.16　支座 $C$ 的约束反力 $F_C=\dfrac{M_e}{4l}(\leftarrow)$

## 第 14 章

14.1　$F_{Nd}=70.4$ kN

14.2　吊索：$\sigma_d=\dfrac{F_P v^2}{gAl}=102.6$ MPa；梁：$\sigma_{d,max}=168$ MPa

14.3　$\sigma_{d,max}=62.1$ MPa，各距梁端 2.484 m 处

14.4　$\Delta l=\dfrac{l^2\omega^2}{3gEA}(3F_G+F_P)$

14.5　$C$ 端小球在最下方时，$\sigma_{d,max}=169$ MPa

14.6　$d=159$ mm

14.7　$\sigma_{d,max}=125$ MPa

14.8　$n=2.3$

14.9　$\sigma_{d,max}=187$ MPa

14.10　$k_d = 1 + \sqrt{1 + \dfrac{gl + v^2}{g} \cdot \dfrac{48EI}{F_P l^3}}$，$\Delta_{d,max} = k_d \dfrac{F_P l^3}{48EI}$，$\sigma_{d,max} = k_d \dfrac{F_P l}{4W}$

14.11　(a)$r = -\dfrac{2}{5}$，$\sigma_a - 35$ MPa；(b)$r = -\dfrac{2}{5}$，$\sigma_a = 35$ MPa；(c)$r = \dfrac{2}{9}$，$\sigma_a = 35$ MPa；(d)$r = 0$，$\sigma_a = 50$ MPa

14.12　点 1：$r = -1$；点 2：$r = 0$；点 3：$r = 0.87$；h 噗 4：$r = \dfrac{1}{2}$

14.13　$n_g = 2.19$

# 附录 2　型钢规格表

## 表 1　热轧等边角钢 (GB9787—88)

符号意义:

b——边宽度;
d——边厚度;
r——内圆弧半径;
$r_1$——边端内圆弧半径;
I——惯性矩;
i——惯性半径;
W——截面系数;
$z_0$——重心距离。

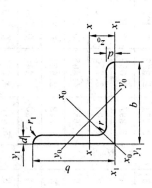

| 角钢号数 | 尺寸/mm b | d | r | 截面面积 /cm² | 理论质量 /(kg/m) | 外表面积 /(m²/m) | $I_x$ /cm⁴ | $i_x$ /cm | $W_x$ /cm³ | $I_{x_0}$ /cm⁴ | $i_{x_0}$ /cm | $W_{x_0}$ /cm³ | $I_{y_0}$ /cm⁴ | $i_{y_0}$ /cm | $W_{y_0}$ /cm³ | $I_{x_1}$ /cm⁴ | $z_0$ /cm |
|---|---|---|---|---|---|---|---|---|---|---|---|---|---|---|---|---|---|
| | | | | | | | x—x | | | $x_0$—$x_0$ | | | $y_0$—$y_0$ | | | $x_1$—$x_1$ | |
| 2 | 20 | 3 | 3.5 | 1.132 | 0.889 | 0.078 | 0.40 | 0.59 | 0.29 | 0.63 | 0.75 | 0.45 | 0.17 | 0.39 | 0.20 | 0.81 | 0.60 |
| | | 4 | | 1.459 | 1.145 | 0.077 | 0.50 | 0.58 | 0.36 | 0.78 | 0.73 | 0.55 | 0.22 | 0.38 | 0.24 | 1.09 | 0.64 |
| 2.5 | 25 | 3 | | 1.432 | 1.124 | 0.098 | 0.82 | 0.76 | 0.46 | 1.29 | 0.95 | 0.73 | 0.34 | 0.49 | 0.33 | 1.57 | 0.73 |
| | | 4 | | 1.859 | 1.459 | 0.097 | 1.03 | 0.74 | 0.59 | 1.62 | 0.93 | 0.92 | 0.43 | 0.48 | 0.40 | 2.11 | 0.76 |
| 3.0 | 30 | 3 | 4.5 | 1.749 | 1.373 | 0.117 | 1.46 | 0.91 | 0.68 | 2.31 | 1.15 | 1.09 | 0.61 | 0.59 | 0.51 | 2.71 | 0.85 |
| | | 4 | | 2.276 | 1.786 | 0.117 | 1.84 | 0.90 | 0.87 | 2.92 | 1.13 | 1.37 | 0.77 | 0.58 | 0.62 | 3.63 | 0.89 |
| 3.6 | 36 | 3 | | 2.109 | 1.656 | 0.141 | 2.58 | 1.11 | 0.99 | 4.09 | 1.39 | 1.61 | 1.07 | 0.71 | 0.76 | 4.68 | 1.00 |
| | | 4 | | 2.756 | 2.163 | 0.141 | 3.29 | 1.09 | 1.28 | 5.22 | 1.38 | 2.05 | 1.37 | 0.70 | 0.93 | 6.25 | 1.04 |
| | | 5 | | 3.382 | 2.654 | 0.141 | 3.95 | 1.08 | 1.56 | 6.24 | 1.36 | 2.45 | 1.65 | 0.70 | 1.09 | 7.84 | 1.07 |

参考数值

续表1

参考数值

| 角钢号数 | 尺寸/mm | | | 截面面积 /cm² | 理论质量 /(kg/m) | 外表面积 /(m²/m) | x—x | | | x₀—x₀ | | | y₀—y₀ | | | x₁—x₁ | z₀/cm |
|---|---|---|---|---|---|---|---|---|---|---|---|---|---|---|---|---|---|
| | b | d | r | | | | $I_x$ /cm⁴ | $i_x$ /cm | $W_x$ /cm³ | $I_{x_0}$ /cm⁴ | $i_{x_0}$ /cm | $W_{x_0}$ /cm³ | $I_{y_0}$ /cm⁴ | $i_{y_0}$ /cm | $W_{y_0}$ /cm³ | $I_{x_1}$ /cm⁴ | |
| 4.0 | 40 | 3 | | 2.359 | 1.852 | 0.157 | 3.59 | 1.23 | 1.23 | 5.69 | 1.55 | 2.01 | 1.49 | 0.79 | 0.96 | 6.41 | 1.09 |
| | | 4 | | 3.086 | 2.422 | 0.157 | 4.60 | 1.22 | 1.60 | 7.29 | 1.54 | 2.58 | 1.91 | 0.79 | 1.19 | 8.56 | 1.13 |
| | | 5 | 5 | 3.791 | 2.976 | 0.156 | 5.53 | 1.21 | 1.96 | 8.76 | 1.52 | 3.10 | 2.30 | 0.78 | 1.39 | 10.74 | 1.17 |
| 4.5 | 45 | 3 | | 2.659 | 2.088 | 0.177 | 5.17 | 1.40 | 1.58 | 8.20 | 1.76 | 2.58 | 2.14 | 0.89 | 1.24 | 9.12 | 1.22 |
| | | 4 | | 3.486 | 2.736 | 0.177 | 6.65 | 1.38 | 2.05 | 10.56 | 1.74 | 3.32 | 2.75 | 0.89 | 1.54 | 12.18 | 1.26 |
| | | 5 | | 4.292 | 3.369 | 0.176 | 8.04 | 1.37 | 2.51 | 12.74 | 1.72 | 4.00 | 3.33 | 0.88 | 1.81 | 15.25 | 1.30 |
| | | 6 | 5 | 5.076 | 3.985 | 0.176 | 9.33 | 1.36 | 2.95 | 14.76 | 1.70 | 4.64 | 3.89 | 0.88 | 2.06 | 18.36 | 1.33 |
| 5 | 50 | 3 | | 2.971 | 2.332 | 0.197 | 7.18 | 1.55 | 1.96 | 11.37 | 1.96 | 3.22 | .98 | 1.00 | 1.57 | 12.50 | 1.34 |
| | | 4 | | 3.897 | 3.059 | 0.197 | 9.26 | 1.54 | 2.56 | 14.70 | 1.94 | 4.16 | 3.82 | 0.99 | 1.96 | 16.69 | 1.38 |
| | | 5 | | 4.803 | 3.770 | 0.196 | 11.21 | 1.53 | 3.13 | 17.79 | 1.92 | 5.03 | 4.64 | 0.98 | 2.31 | 20.90 | 1.42 |
| | | 6 | 5.5 | 5.688 | 4.465 | 0.196 | 13.05 | 1.52 | 3.68 | 20.68 | 1.91 | 5.85 | 5.42 | 0.98 | 2.63 | 25.14 | 1.46 |
| 5.6 | 56 | 3 | | 3.343 | 2.624 | 0.221 | 10.19 | 1.75 | 2.48 | 16.14 | 2.20 | 4.08 | 4.24 | 1.13 | 2.02 | 17.56 | 1.48 |
| | | 4 | | 4.390 | 3.446 | 0.220 | 13.18 | 1.73 | 3.24 | 20.92 | 2.18 | 5.28 | 5.46 | 1.11 | 2.52 | 23.43 | 1.53 |
| | | 5 | | 5.415 | 4.251 | 0.220 | 16.02 | 1.72 | 3.97 | 25.42 | 2.17 | 6.42 | 6.61 | 1.10 | 2.98 | 29.33 | 1.57 |
| | | 8 | 6 | 8.367 | 6.568 | 0.219 | 23.63 | 1.68 | 6.3 | 37.37 | 2.11 | 9.44 | 9.89 | 1.09 | 4.16 | 47.24 | 1.68 |

续表 1

| 角钢号数 | 尺寸/mm b | 尺寸/mm d | 尺寸/mm r | 截面面积/cm² | 理论质量/(kg/m) | 外表面积/(m²/m) | 参考数值 $x-x$ $I_x$/cm⁴ | $x-x$ $i_x$/cm | $x-x$ $W_x$/cm³ | $x_0-x_0$ $I_{x_0}$/cm⁴ | $x_0-x_0$ $i_{x_0}$/cm | $x_0-x_0$ $W_{x_0}$/cm³ | $y_0-y_0$ $I_{y_0}$/cm⁴ | $y_0-y_0$ $i_{y_0}$/cm | $y_0-y_0$ $W_{y_0}$/cm³ | $x_1-x_1$ $I_{x_1}$/cm⁴ | $z_0$/cm |
|---|---|---|---|---|---|---|---|---|---|---|---|---|---|---|---|---|---|
| 6.3 | 63 | 4 | 7 | 4.978 | 3.907 | 0.248 | 19.03 | 1.96 | 4.13 | 30.17 | 2.46 | 6.78 | 7.89 | 1.26 | 3.29 | 33.35 | 1.70 |
| | | 5 | | 6.143 | 4.822 | 0.248 | 23.17 | 1.94 | 5.08 | 36.77 | 2.45 | 8.25 | 9.57 | 1.25 | 3.90 | 41.73 | 1.74 |
| | | 6 | | 7.288 | 5.721 | 0.247 | 27.12 | 1.93 | 6.00 | 43.03 | 2.43 | 9.66 | 11.20 | 1.24 | 4.46 | 50.14 | 1.78 |
| | | 8 | | 9.515 | 7.469 | 0.247 | 34.46 | 1.90 | 7.75 | 54.56 | 2.40 | 12.25 | 14.33 | 1.23 | 5.47 | 67.11 | 1.85 |
| | | 10 | | 11.657 | 9.151 | 0.246 | 41.09 | 1.88 | 9.39 | 64.85 | 2.36 | 14.56 | 17.33 | 1.22 | 6.36 | 84.31 | 1.93 |
| 7 | 70 | 4 | 8 | 5.570 | 4.372 | 0.275 | 26.39 | 2.18 | 5.14 | 41.80 | 2.74 | 8.44 | 10.99 | 1.40 | 4.17 | 45.74 | 1.86 |
| | | 5 | | 6.875 | 5.397 | 0.275 | 32.21 | 2.16 | 6.32 | 51.08 | 2.73 | 10.32 | 13.34 | 1.39 | 4.95 | 57.21 | 1.91 |
| | | 6 | | 8.160 | 6.406 | 0.275 | 37.77 | 2.15 | 7.48 | 59.93 | 2.71 | 12.11 | 15.61 | 1.38 | 5.67 | 68.73 | 1.95 |
| | | 7 | | 9.424 | 7.398 | 0.275 | 43.09 | 2.14 | 8.59 | 68.35 | 2.69 | 13.81 | 17.82 | 1.38 | 6.34 | 80.29 | 1.99 |
| | | 8 | | 10.667 | 8.373 | 0.274 | 48.17 | 2.12 | 9.68 | 76.37 | 2.68 | 15.43 | 19.98 | 1.37 | 6.98 | 91.92 | 2.03 |
| 7.5 | 75 | 5 | 9 | 7.412 | 5.818 | 0.295 | 39.97 | 2.33 | 7.32 | 63.30 | 2.92 | 11.94 | 16.63 | 1.50 | 57.77 | 70.56 | 2.04 |
| | | 6 | | 8.979 | 6.905 | 0.294 | 46.95 | 2.31 | 8.64 | 74.38 | 2.90 | 14.02 | 19.51 | 1.49 | 6.67 | 84.55 | 2.07 |
| | | 7 | | 10.160 | 7.976 | 0.294 | 53.57 | 2.30 | 9.93 | 84.96 | 2.89 | 16.02 | 2.18 | 1.48 | 7.44 | 98.71 | 2.11 |
| | | 8 | | 11.503 | 9.030 | 0.294 | 59.96 | 2.28 | 11.20 | 95.07 | 2.88 | 17.93 | 24.86 | 1.47 | 8.19 | 112.97 | 2.15 |
| | | 10 | | 14.126 | 11.089 | 0.293 | 71.98 | 2.26 | 13.64 | 113.92 | 2.84 | 21.48 | 30.05 | 1.46 | 9.56 | 141.71 | 2.22 |

续表 1

| 角钢号数 | 尺寸/mm | | | 截面面积/cm² | 理论质量/(kg/m) | 外表面积/(m²/m) | 参考数值 | | | | | | | | | | |
|---|---|---|---|---|---|---|---|---|---|---|---|---|---|---|---|---|
| | | | | | | | x—x | | | x0—x0 | | | y0—y0 | | | x1—x1 | z0/cm |
| | b | d | r | | | | $I_x$/cm⁴ | $i_x$/cm | $W_x$/cm³ | $I_{x_0}$/cm⁴ | $i_{x_0}$/cm | $W_{x_0}$/cm³ | $I_{y_0}$/cm⁴ | $i_{y_0}$/cm | $W_{y_0}$/cm³ | $I_{x_1}$/cm⁴ | |
| 8 | 80 | 5 | 9 | 7.912 | 6.211 | 0.315 | 48.79 | 2.48 | 8.34 | 77.33 | 3.13 | 13.67 | 20.25 | 1.60 | 6.66 | 85.36 | 2.15 |
| | | 6 | | 9.397 | 7.376 | 0.314 | 57.35 | 2.47 | 9.87 | 90.98 | 3.11 | 16.08 | 23.72 | 1.59 | 7.65 | 102.50 | 2.19 |
| | | 7 | | 10.860 | 8.525 | 0.314 | 65.58 | 2.46 | 11.37 | 104.07 | 3.10 | 18.40 | 27.09 | 1.58 | 8.58 | 119.70 | 2.23 |
| | | 8 | | 12.303 | 9.658 | 0.314 | 73.49 | 2.44 | 12.83 | 116.60 | 3.08 | 20.61 | 30.39 | 1.57 | 9.46 | 136.97 | 2.27 |
| | | 10 | | 15.126 | 11.874 | 0.313 | 88.43 | 2.42 | 15.64 | 140.09 | 3.04 | 24.76 | 36.77 | 1.56 | 11.08 | 171.74 | 2.35 |
| 9 | 90 | 6 | 10 | 10.637 | 8.350 | 0.354 | 82.77 | 2.79 | 12.61 | 131.26 | 3.51 | 20.63 | 34.28 | 1.80 | 9.95 | 145.87 | 2.44 |
| | | 7 | | 12.301 | 9.656 | 0.354 | 94.83 | 2.78 | 14.54 | 150.47 | 3.50 | 23.64 | 39.18 | 1.78 | 11.19 | 170.30 | 2.48 |
| | | 8 | | 13.944 | 10.946 | 0.353 | 106.47 | 2.76 | 16.42 | 168.97 | 3.48 | 26.55 | 43.97 | 1.78 | 12.35 | 194.80 | 2.52 |
| | | 10 | | 17.167 | 13.476 | 0.353 | 128.58 | 2.74 | 20.07 | 203.90 | 3.45 | 32.04 | 53.26 | 1.76 | 14.52 | 244.07 | 2.59 |
| | | 12 | | 20.306 | 15.940 | 0.352 | 149.22 | 2.71 | 23.57 | 236.21 | 3.41 | 37.12 | 62.22 | 1.75 | 16.49 | 293.76 | 2.67 |
| 10 | 100 | 6 | 12 | 11.932 | 9.366 | 0.393 | 114.95 | 3.01 | 15.68 | 181.98 | 3.90 | 25.74 | 47.92 | 2.00 | 12.69 | 200.07 | 2.67 |
| | | 7 | | 13.796 | 10.830 | 0.393 | 131.86 | 3.09 | 18.10 | 208.97 | 3.89 | 29.55 | 54.74 | 1.99 | 14.26 | 233.54 | 2.71 |
| | | 9 | | 15.638 | 12.276 | 0.393 | 148.24 | 3.08 | 20.47 | 235.07 | 3.88 | 33.24 | 61.41 | 1.98 | 15.75 | 267.09 | 2.76 |
| | | 10 | | 19.261 | 15.120 | 0.392 | 179.51 | 3.05 | 25.06 | 284.68 | 3.84 | 40.26 | 74.35 | 1.96 | 18.54 | 334.48 | 2.84 |
| | | 12 | | 22.800 | 17.898 | 0.391 | 208.90 | 3.03 | 29.48 | 330.95 | 3.81 | 46.80 | 86.84 | 1.95 | 21.08 | 402.34 | 2.91 |
| | | 14 | | 26.256 | 20.611 | 0.391 | 236.53 | 3.00 | 33.73 | 374.06 | 3.77 | 52.90 | 99.00 | 1.94 | 23.44 | 470.75 | 2.99 |
| | | 16 | | 29.627 | 23.257 | 0.390 | 262.53 | 2.98 | 37.82 | 414.16 | 3.74 | 58.57 | 110.89 | 1.94 | 25.63 | 539.80 | 3.06 |

续表 1

| 角钢号数 | 尺寸/mm | | | 截面面积/cm² | 理论质量/(kg/m) | 外表面积/(m²/m) | 参考数值 | | | | | | | | | | | |
| | b | d | r | | | | x—x | | | x₀—x₀ | | | y₀—y₀ | | | x₁—x₁ | z₀/cm |
| | | | | | | | $I_x$/cm⁴ | $i_x$/cm | $W_x$/cm³ | $I_{x_0}$/cm⁴ | $i_{x_0}$/cm | $W_{x_0}$/cm³ | $I_{y_0}$/cm⁴ | $i_{y_0}$/cm | $W_{y_0}$/cm³ | $I_{x_1}$/cm⁴ | |
| 11 110 | 110 | 7 | 12 | 15.196 | 11.928 | 0.433 | 177.16 | 3.41 | 22.05 | 280.94 | 4.30 | 36.12 | 73.38 | 2.20 | 17.51 | 310.64 | 2.96 |
| | | 8 | | 17.238 | 13.532 | 0.433 | 199.46 | 3.40 | 24.95 | 316.49 | 4.28 | 40.69 | 82.42 | 2.19 | 19.39 | 355.20 | 3.01 |
| | | 10 | | 21.261 | 16.690 | 0.432 | 242.19 | 3.38 | 30.60 | 384.39 | 4.25 | 49.42 | 99.98 | 2.17 | 22.91 | 444.65 | 3.09 |
| | | 12 | | 25.200 | 19.782 | 0.431 | 282.55 | 3.35 | 36.05 | 448.17 | 4.22 | 57.62 | 116.93 | 2.15 | 26.15 | 534.60 | 3.16 |
| | | 14 | | 29.056 | 22.809 | 0.431 | 320.71 | 3.32 | 41.31 | 508.01 | 4.18 | 65.31 | 133.40 | 2.14 | 29.14 | 625.16 | 3.24 |
| 12.5 125 | 125 | 8 | 14 | 19.750 | 15.504 | 0.492 | 297.03 | 3.88 | 32.52 | 470.89 | 4.88 | 53.28 | 123.16 | 2.50 | 25.86 | 521.01 | 3.37 |
| | | 10 | | 24.373 | 19.133 | 0.491 | 361.67 | 3.85 | 39.97 | 573.89 | 4.85 | 64.93 | 149.46 | 2.48 | 30.62 | 651.93 | 3.45 |
| | | 12 | | 28.912 | 22.696 | 0.491 | 423.16 | 3.83 | 41.17 | 671.44 | 4.82 | 75.96 | 174.88 | 2.46 | 35.03 | 783.42 | 3.53 |
| | | 14 | | 33.367 | 26.193 | 0.490 | 481.65 | 3.80 | 54.16 | 763.73 | 4.78 | 86.41 | 199.57 | 2.45 | 39.13 | 915.61 | 3.61 |
| 14 140 | 140 | 10 | 14 | 27.373 | 21.488 | 0.551 | 514.65 | 4.34 | 50.58 | 817.27 | 5.46 | 82.56 | 212.04 | 2.78 | 39.20 | 915.11 | 3.82 |
| | | 12 | | 32.512 | 25.522 | 0.551 | 603.68 | 4.31 | 59.80 | 958.79 | 5.43 | 96.85 | 248.57 | 2.76 | 45.02 | 1099.28 | 3.90 |
| | | 14 | | 37.567 | 29.490 | 0.550 | 688.81 | 4.28 | 68.75 | 1093.56 | 5.40 | 110.47 | 284.06 | 2.75 | 50.45 | 1284.22 | 3.98 |
| | | 16 | | 42.539 | 33.393 | 0.549 | 770.24 | 4.26 | 77.46 | 1221.81 | 5.36 | 123.42 | 318.67 | 2.74 | 55.55 | 1470.07 | 4.06 |

续表 1

| 角钢号数 | 尺寸/mm b | d | r | 截面面积/cm² | 理论质量/(kg/m) | 外表面积/(m²/m) | x—x $I_x$/cm⁴ | $i_x$/cm | $W_x$/cm³ | $x_0$—$x_0$ $I_{x_0}$/cm⁴ | $i_{x_0}$/cm | $W_{x_0}$/cm³ | $y_0$—$y_0$ $I_{y_0}$/cm⁴ | $i_{y_0}$/cm | $W_{y_0}$/cm³ | $x_1$—$x_1$ $I_{x_1}$/cm⁴ | $z_0$/cm |
|---|---|---|---|---|---|---|---|---|---|---|---|---|---|---|---|---|---|
| 16 | 160 | 10 | 16 | 31.502 | 24.729 | 0.630 | 779.53 | 4.98 | 66.70 | 1237.30 | 6.27 | 109.36 | 321.76 | 3.20 | 52.76 | 1365.33 | 4.31 |
| | | 12 | | 37.441 | 29.391 | 0.630 | 916.58 | 4.95 | 78.98 | 1455.68 | 6.24 | 128.67 | 377.49 | 3.18 | 60.74 | 1639.57 | 4.39 |
| | | 14 | | 43.296 | 33.987 | 0.629 | 1048.36 | 4.92 | 90.95 | 1665.02 | 6.20 | 147.17 | 431.70 | 3.16 | 68.24 | 1914.68 | 4.47 |
| | | 16 | | 49.067 | 38.518 | 0.629 | 1175.08 | 4.89 | 102.63 | 1865.57 | 6.17 | 164.89 | 484.59 | 3.14 | 75.31 | 2190.82 | 4.55 |
| 18 | 180 | 12 | | 42.241 | 33.159 | 0.710 | 1321.35 | 5.59 | 100.82 | 2100.10 | 7.05 | 165.00 | 542.61 | 3.58 | 78.41 | 2332.80 | 4.89 |
| | | 14 | | 48.896 | 38.383 | 0.709 | 1514.48 | 5.56 | 116.25 | 2407.42 | 7.02 | 189.14 | 625.53 | 3.56 | 88.38 | 2723.48 | 4.97 |
| | | 16 | 16 | 55.467 | 43.542 | 0.709 | 1700.99 | 5.54 | 131.13 | 2703.37 | 6.98 | 212.40 | 6898.60 | 3.55 | 97.83 | 3115.29 | 5.05 |
| | | 18 | | 61.955 | 48.634 | 0.708 | 1875.12 | 5.50 | 145.64 | 2988.24 | 6.94 | 234.78 | 762.01 | 3.51 | 105.14 | 3502.43 | 5.13 |
| 20 | 200 | 14 | | 54.642 | 42.894 | 0.788 | 2103.55 | 6.20 | 144.70 | 3343.26 | 7.82 | 236.40 | 863.83 | 3.98 | 111.82 | 3734.10 | 5.46 |
| | | 16 | | 62.013 | 48.680 | 0.788 | 2366.15 | 6.18 | 163.65 | 3760.89 | 7.79 | 265.93 | 971.41 | 3.96 | 123.96 | 4270.39 | 5.54 |
| | | 18 | 18 | 69.301 | 54.401 | 0.787 | 2620.64 | 6.15 | 182.22 | 4164.54 | 7.75 | 294.48 | 1076.74 | 3.94 | 135.52 | 4808.13 | 5.62 |
| | | 20 | | 76.505 | 60.056 | 0.787 | 2867.30 | 6.12 | 200.42 | 4554.55 | 7.72 | 322.06 | 1180.04 | 3.93 | 146.55 | 5347.51 | 5.69 |
| | | 24 | | 90.661 | 71.168 | 0.785 | 3338.25 | 6.07 | 236.17 | 5294.97 | 7.64 | 374.41 | 1381.53 | 3.90 | 166.65 | 6457.16 | 5.87 |

参考数值

注：截面图中的 $r_1=\dfrac{1}{3}d$，表中 $r$ 值的数据用于孔型设计，不做交货条件。

## 表 2　热轧不等边角钢(GB 9788—88)

符号意义:

B——长边宽度;　　　　b——短边宽度;
d——边厚度;　　　　　r——内圆弧半径;
$r_1$——边端内圆弧半径;　$I$——惯性矩;
$i$——惯性半径;　　　　$W$——截面系数;
$x_0$——重心距离;　　　$y_0$——重心距离;

| 角钢号数 | 尺寸/mm | | | | 截面面积 /cm² | 理论质量 /(kg·m⁻¹) | 外表面积 /(m²·m⁻¹) | 参考数值 | | | | | | | | | | | | |
|---|---|---|---|---|---|---|---|---|---|---|---|---|---|---|---|---|---|---|---|---|
| | | | | | | | | $x-x$ | | | $y-y$ | | | $x_1-x_1$ | | $y_1-y_1$ | | $u-u$ | | | |
| | $B$ | $b$ | $d$ | $r$ | | | | $I_x$ /cm⁴ | $i_x$ /cm | $W_x$ /cm³ | $I_y$ /cm⁴ | $i_y$ /cm | $W_y$ /cm³ | $I_{x_1}$ /cm⁴ | $y_0$ /cm | $I_{y_1}$ /cm⁴ | $x_0$ /cm | $I_u$ /cm⁴ | $i_u$ /cm | $W_u$ /cm³ | $\tan \alpha$ |
| 2.5/1.6 | 25 | 16 | 3 | 3.5 | 1.162 | 0.912 | 0.080 | 0.70 | 0.78 | 0.43 | 0.22 | 0.44 | 0.19 | 1.56 | 0.86 | 0.43 | 0.42 | 0.14 | 0.34 | 0.16 | 0.392 |
| | | | 4 | | 1.499 | 1.176 | 0.079 | 0.88 | 0.77 | 0.55 | 0.27 | 0.43 | 0.24 | 2.09 | 0.90 | 0.59 | 0.46 | 0.17 | 0.34 | 0.20 | 0.381 |
| 3.2/2 | 32 | 20 | 3 | | 1.492 | 1.171 | 0.102 | 1.53 | 1.01 | 0.72 | 0.46 | 0.55 | 0.30 | 3.27 | 1.08 | 0.82 | 0.49 | 0.28 | 0.43 | 0.25 | 0.382 |
| | | | 4 | | 1.939 | 1.522 | 0.101 | 1.93 | 1.00 | 0.93 | 0.57 | 0.54 | 0.39 | 4.37 | 1.12 | 1.12 | 0.53 | 0.35 | 0.42 | 0.32 | 0.374 |
| 4/2.5 | 40 | 25 | 3 | 4 | 1.890 | 1.484 | 0.127 | 3.08 | 1.28 | 1.15 | 0.93 | 0.70 | 0.49 | 5.39 | 1.32 | 1.59 | 0.59 | 0.56 | 0.54 | 0.40 | 0.385 |
| | | | 4 | | 2.467 | 1.936 | 0.127 | 3.93 | 1.26 | 1.49 | 1.18 | 0.69 | 0.63 | 8.53 | 1.37 | 2.14 | 0.63 | 0.71 | 0.54 | 0.52 | 0.381 |
| 4.5/2.8 | 45 | 28 | 3 | 5 | 2.149 | 1.687 | 0.143 | 4.45 | 1.44 | 1.47 | 1.34 | 0.79 | 0.62 | 9.10 | 1.47 | 2.23 | 0.64 | 0.80 | 0.61 | 0.51 | 0.383 |
| | | | 4 | | 2.806 | 2.203 | 0.143 | 5.69 | 1.42 | 1.91 | 1.70 | 0.78 | 0.80 | 12.13 | 1.51 | 3.00 | 0.68 | 1.02 | 0.60 | 0.66 | 0.380 |
| 5/3.2 | 50 | 32 | 3 | 5.5 | 2.431 | 1.908 | 0.161 | 6.24 | 1.60 | 1.84 | 2.02 | 0.91 | 0.82 | 12.49 | 1.60 | 3.31 | 0.73 | 1.20 | 0.70 | 0.68 | 0.404 |
| | | | 4 | | 3.177 | 2.494 | 0.160 | 8.02 | 1.59 | 2.39 | 2.58 | 0.90 | 1.06 | 16.65 | 1.65 | 4.45 | 0.77 | 1.53 | 0.69 | 0.87 | 0.402 |
| 5.6/3.6 | 56 | 36 | 3 | 6 | 2.743 | 2.153 | 0.181 | 8.88 | 1.80 | 2.32 | 2.92 | 1.03 | 1.05 | 17.54 | 1.78 | 4.70 | 0.80 | 1.73 | 0.79 | 0.87 | 0.408 |
| | | | 4 | | 3.590 | 2.818 | 0.180 | 11.45 | 1.79 | 3.03 | 3.76 | 1.02 | 1.37 | 23.39 | 1.82 | 6.33 | 0.85 | 2.23 | 0.79 | 1.13 | 0.408 |
| | | | 5 | | 4.415 | 3.466 | 0.180 | 13.86 | 1.77 | 3.71 | 4.49 | 1.01 | 1.65 | 29.25 | 1.87 | 7.94 | 0.88 | 2.67 | 0.78 | 1.36 | 0.404 |

续表 2

| 角钢号数 | 尺寸/mm | | | | 截面面积/cm² | 理论质量/(kg·m⁻¹) | 外表面积/(m²·m⁻¹) | 参考数值 | | | | | | | | | | | | | | |
|---|---|---|---|---|---|---|---|---|---|---|---|---|---|---|---|---|---|---|---|---|---|---|
| | | | | | | | | x—x | | | y—y | | | x₁—x₁ | | y₁—y₁ | | u—u | | | |
| | B | b | d | r | | | | $I_x$/cm⁴ | $i_x$/cm | $W_x$/cm³ | $I_y$/cm⁴ | $i_y$/cm | $W_y$/cm³ | $I_{x_1}$/cm⁴ | $y_0$/cm | $I_{y_1}$/cm⁴ | $x_0$/cm | $I_u$/cm⁴ | $i_u$/cm | $W_u$/cm³ | $\tan\alpha$ |
| 6.3/4 | 63 | 40 | 4 | 7 | 4.058 | 3.185 | 0.202 | 16.49 | 2.02 | 3.87 | 5.23 | 1.14 | 1.70 | 33.30 | 2.04 | 8.63 | 0.92 | 3.12 | 0.88 | 1.40 | 0.398 |
| | | | 5 | | 4.993 | 3.920 | 0.202 | 20.02 | 2.00 | 4.74 | 6.31 | 1.12 | 2.71 | 41.63 | 2.08 | 10.86 | 0.95 | 3.76 | 0.87 | 1.71 | 0.396 |
| | | | 6 | | 5.908 | 4.638 | 0.201 | 23.36 | 1.96 | 5.59 | 7.29 | 1.11 | 2.43 | 49.98 | 2.12 | 13.12 | 0.99 | 4.34 | 0.86 | 1.99 | 0.393 |
| | | | 7 | | 6.802 | 5.339 | 0.201 | 26.53 | 1.98 | 6.40 | 8.24 | 1.10 | 2.78 | 58.07 | 2.15 | 15.47 | 1.03 | 4.97 | 0.86 | 2.29 | 0.389 |
| 7/4.5 | 70 | 45 | 4 | 7.5 | 4.547 | 3.570 | 0.226 | 23.17 | 2.26 | 4.86 | 7.55 | 1.29 | 2.17 | 45.92 | 2.24 | 12.26 | 1.02 | 4.40 | 0.98 | 1.77 | 0.410 |
| | | | 5 | | 5.609 | 4.403 | 0.225 | 27.95 | 2.23 | 5.92 | 9.13 | 1.28 | 2.65 | 57.10 | 2.28 | 15.39 | 1.06 | 5.40 | 0.98 | 2.19 | 0.407 |
| | | | 6 | | 6.647 | 5.218 | 0.225 | 32.54 | 2.21 | 6.95 | 10.62 | 1.26 | 3.12 | 68.35 | 2.32 | 18.58 | 1.09 | 6.35 | 0.98 | 2.59 | 0.404 |
| | | | 7 | | 7.657 | 6.011 | 0.225 | 37.22 | 2.20 | 8.03 | 12.01 | 1.25 | 3.57 | 79.99 | 2.36 | 21.84 | 1.13 | 7.16 | 0.97 | 2.94 | 0.402 |
| (7.5/5) | 75 | 50 | 5 | 8 | 6.125 | 4.808 | 0.245 | 34.86 | 2.39 | 6.83 | 12.61 | 1.44 | 3.30 | 70.00 | 2.40 | 21.04 | 1.17 | 7.41 | 1.10 | 2.74 | 0.435 |
| | | | 6 | | 7.260 | 5.699 | 0.245 | 41.12 | 2.38 | 8.12 | 14.70 | 1.42 | 3.88 | 84.30 | 2.44 | 25.37 | 1.21 | 8.54 | 1.08 | 3.19 | 0.435 |
| | | | 8 | | 9.467 | 7.431 | 0.244 | 52.39 | 2.35 | 10.52 | 18.53 | 1.40 | 4.99 | 112.50 | 2.52 | 34.23 | 1.29 | 10.87 | 1.07 | 4.10 | 0.429 |
| | | | 10 | | 11.590 | 9.098 | 0.244 | 62.71 | 2.33 | 12.79 | 21.96 | 1.38 | 6.04 | 140.80 | 2.60 | 43.43 | 1.36 | 13.10 | 1.06 | 4.99 | 0.423 |
| 8/5 | 80 | 50 | 5 | 8 | 6.375 | 5.005 | 0.255 | 41.96 | 2.56 | 7.78 | 12.82 | 1.42 | 3.32 | 85.21 | 2.60 | 21.06 | 1.14 | 7.66 | 1.10 | 2.74 | 0.388 |
| | | | 6 | | 7.560 | 5.935 | 0.255 | 49.49 | 2.56 | 9.25 | 14.95 | 1.41 | 3.91 | 102.53 | 2.65 | 25.41 | 1.18 | 8.85 | 1.08 | 3.20 | 0.387 |
| | | | 7 | | 8.724 | 6.848 | 0.255 | 56.16 | 2.54 | 10.58 | 16.96 | 1.39 | 4.48 | 119.33 | 2.69 | 29.82 | 1.21 | 10.18 | 1.08 | 3.70 | 0.384 |
| | | | 8 | | 9.867 | 7.745 | 0.254 | 62.83 | 2.52 | 11.92 | 18.85 | 1.38 | 5.03 | 136.41 | 2.73 | 34.32 | 1.25 | 11.38 | 1.07 | 4.16 | 0.381 |

续表 2

| 角钢号数 | 尺寸/mm B | b | d | r | 截面面积/cm² | 理论质量/(kg·m⁻¹) | 外表面积/(m²·m⁻¹) | 参考数值 x-x $I_x$/cm⁴ | $i_x$/cm | $W_x$/cm³ | y-y $I_y$/cm⁴ | $i_y$/cm | $W_y$/cm³ | x₁-x₁ $I_{x_1}$/cm⁴ | $y_0$/cm | y₁-y₁ $I_{y_1}$/cm⁴ | $x_0$/cm | u-u $I_u$/cm⁴ | $i_u$/cm | $W_u$/cm³ | tan α |
|---|---|---|---|---|---|---|---|---|---|---|---|---|---|---|---|---|---|---|---|---|---|
| 9/5.6 | 90 | 56 | 5 | 9 | 7.212 | 5.661 | 0.287 | 60.45 | 2.90 | 9.92 | 18.32 | 1.59 | 4.21 | 121.32 | 2.91 | 29.53 | 1.25 | 10.98 | 1.23 | 3.49 | 0.385 |
| | | | 6 | | 8.557 | 6.717 | 0.286 | 71.03 | 2.88 | 11.74 | 21.42 | 1.58 | 4.96 | 145.59 | 2.95 | 35.58 | 1.29 | 12.90 | 1.23 | 4.13 | 0.384 |
| | | | 7 | | 9.880 | 7.756 | 0.286 | 81.01 | 2.86 | 13.49 | 24.36 | 1.57 | 5.70 | 169.60 | 3.00 | 41.71 | 1.33 | 14.67 | 1.22 | 4.72 | 0.382 |
| | | | 8 | | 11.183 | 8.779 | 0.286 | 91.03 | 2.85 | 15.27 | 27.15 | 1.56 | 6.41 | 194.17 | 3.04 | 47.93 | 1.36 | 16.34 | 1.21 | 5.29 | 0.380 |
| 10/6.3 | 100 | 63 | 6 | 10 | 9.617 | 7.550 | 0.320 | 99.06 | 3.21 | 14.64 | 30.94 | 1.79 | 6.35 | 199.71 | 3.24 | 50.50 | 1.43 | 18.42 | 1.38 | 6.02 | 0.394 |
| | | | 7 | | 11.111 | 8.722 | 0.320 | 113.45 | 3.20 | 16.88 | 35.26 | 1.78 | 7.29 | 233.00 | 3.28 | 59.14 | 1.47 | 21.00 | 1.38 | 6.78 | 0.394 |
| | | | 8 | | 12.584 | 9.878 | 0.319 | 127.37 | 3.18 | 19.08 | 39.39 | 1.77 | 8.21 | 266.32 | 3.32 | 67.88 | 1.50 | 23.50 | 1.37 | 8.24 | 0.391 |
| | | | 10 | | 15.467 | 12.142 | 0.319 | 153.81 | 3.15 | 23.32 | 47.12 | 1.74 | 9.98 | 333.06 | 3.40 | 85.73 | 1.58 | 28.33 | 1.35 | 8.37 | 0.387 |
| 10/8 | 100 | 80 | 6 | 10 | 10.637 | 8.350 | 0.354 | 107.04 | 3.17 | 15.19 | 61.24 | 2.40 | 10.16 | 199.83 | 2.95 | 102.68 | 1.97 | 31.65 | 1.72 | 9.60 | 0.627 |
| | | | 7 | | 12.301 | 9.656 | 0.354 | 122.73 | 3.16 | 17.52 | 70.08 | 2.39 | 11.71 | 233.20 | 3.00 | 119.98 | 2.01 | 36.17 | 1.72 | 10.80 | 0.626 |
| | | | 8 | | 13.944 | 10.946 | 0.353 | 137.92 | 3.14 | 19.81 | 78.58 | 2.37 | 13.21 | 266.61 | 3.04 | 137.37 | 2.05 | 40.58 | 1.71 | 13.12 | 0.625 |
| | | | 10 | | 17.167 | 13.476 | 0.353 | 166.87 | 3.12 | 24.24 | 94.65 | 2.35 | 16.12 | 333.63 | 3.12 | 172.48 | 2.13 | 49.10 | 1.69 | 6.53 | 0.622 |
| 11/7 | 110 | 70 | 6 | 10 | 10.637 | 8.350 | 0.354 | 133.37 | 3.54 | 17.85 | 42.92 | 2.01 | 7.90 | 265.78 | 3.53 | 69.08 | 1.57 | 25.36 | 1.54 | 7.50 | 0.403 |
| | | | 7 | | 12.301 | 9.656 | 0.354 | 153.00 | 3.53 | 20.60 | 49.01 | 2.00 | 9.09 | 310.07 | 3.57 | 80.82 | 1.61 | 28.95 | 1.53 | 8.45 | 0.402 |
| | | | 8 | | 13.944 | 10.946 | 0.353 | 172.04 | 3.51 | 23.30 | 54.87 | 1.98 | 10.25 | 354.39 | 3.62 | 92.70 | 1.65 | 32.45 | 1.53 | 10.29 | 0.401 |
| | | | 10 | | 17.167 | 13.476 | 0.353 | 208.39 | 3.48 | 28.54 | 65.88 | 1.96 | 12.48 | 443.13 | 3.70 | 116.83 | 1.72 | 39.20 | 1.51 | | 0.397 |

续表 2

| 角钢号数 | 尺寸/mm B | b | d | r | 截面面积/cm² | 理论质量/(kg·m⁻¹) | 外表面积/(m²·m⁻¹) | 参考数值 x—x $I_x$/cm⁴ | $i_x$/cm | $W_x$/cm³ | y—y $I_y$/cm⁴ | $i_y$/cm | $W_y$/cm³ | $x_1$—$x_1$ $I_{x_1}$/cm⁴ | $y_0$/cm | $y_1$—$y_1$ $I_{y_1}$/cm⁴ | $x_0$/cm | u—u $I_u$/cm⁴ | $i_u$/cm | $W_u$/cm³ | $\tan\alpha$ |
|---|---|---|---|---|---|---|---|---|---|---|---|---|---|---|---|---|---|---|---|---|---|
| 12.5/8 | 125 | 80 | 7 | 11 | 14.096 | 11.066 | 0.403 | 227.98 | 4.02 | 26.86 | 74.42 | 2.30 | 12.01 | 454.99 | 4.01 | 120.32 | 1.80 | 43.81 | 1.76 | 9.92 | 0.408 |
|  |  |  | 8 |  | 15.989 | 12.551 | 0.403 | 256.77 | 4.01 | 30.41 | 83.49 | 2.28 | 13.56 | 519.99 | 4.06 | 137.85 | 1.84 | 49.15 | 1.75 | 11.18 | 0.407 |
|  |  |  | 10 |  | 19.712 | 15.474 | 0.402 | 312.04 | 3.98 | 37.33 | 100.67 | 2.26 | 16.56 | 650.09 | 4.14 | 173.40 | 1.92 | 59.45 | 1.74 | 13.64 | 0.404 |
|  |  |  | 12 |  | 23.351 | 18.330 | 0.402 | 364.41 | 3.95 | 44.01 | 116.67 | 2.24 | 19.43 | 780.39 | 4.22 | 209.67 | 2.00 | 69.35 | 1.72 | 16.01 | 0.400 |
| 14/9 | 140 | 90 | 8 | 12 | 18.038 | 14.160 | 0.453 | 365.64 | 4.50 | 38.48 | 120.69 | 2.59 | 17.34 | 730.53 | 4.50 | 195.79 | 2.04 | 70.83 | 1.98 | 14.31 | 0.411 |
|  |  |  | 10 |  | 22.261 | 17.475 | 0.452 | 445.50 | 4.47 | 47.31 | 140.03 | 2.56 | 21.22 | 913.20 | 4.58 | 245.92 | 2.12 | 85.82 | 1.96 | 17.48 | 0.409 |
|  |  |  | 12 |  | 26.400 | 20.724 | 0.451 | 521.59 | 4.44 | 55.87 | 169.79 | 2.54 | 24.95 | 1096.09 | 4.66 | 296.89 | 2.19 | 100.21 | 1.95 | 20.54 | 0.406 |
|  |  |  | 14 |  | 30.456 | 23.908 | 0.451 | 594.10 | 4.42 | 64.18 | 192.10 | 2.51 | 28.54 | 1279.26 | 4.74 | 348.82 | 2.27 | 114.13 | 1.94 | 23.52 | 0.403 |
| 16/10 | 160 | 100 | 10 | 13 | 25.315 | 19.872 | 0.512 | 668.69 | 5.14 | 62.13 | 205.03 | 2.85 | 26.56 | 1362.89 | 5.24 | 336.59 | 2.28 | 121.74 | 2.19 | 21.92 | 0.390 |
|  |  |  | 12 |  | 30.054 | 23.592 | 0.511 | 784.91 | 5.11 | 73.49 | 239.06 | 2.82 | 31.28 | 1635.56 | 5.32 | 405.94 | 2.36 | 142.33 | 2.17 | 25.79 | 0.388 |
|  |  |  | 14 |  | 34.709 | 27.247 | 0.510 | 896.30 | 5.08 | 84.56 | 271.20 | 2.80 | 35.83 | 1908.50 | 5.40 | 476.42 | 2.43 | 162.23 | 2.16 | 29.56 | 0.385 |
|  |  |  | 16 |  | 39.281 | 30.835 | 0.510 | 1003.04 | 5.05 | 95.33 | 301.60 | 2.77 | 40.24 | 2181.79 | 5.48 | 548.22 | 2.51 | 182.57 | 2.16 | 33.44 | 0.382 |
| 18/11 | 180 | 110 | 10 | 14 | 28.373 | 22.273 | 0.571 | 956.25 | 5.80 | 78.96 | 278.11 | 3.13 | 32.49 | 1940.40 | 5.89 | 447.22 | 2.44 | 166.50 | 2.42 | 26.88 | 0.376 |
|  |  |  | 12 |  | 33.712 | 26.464 | 0.571 | 1124.72 | 5.78 | 93.53 | 325.03 | 3.10 | 38.32 | 2328.38 | 5.98 | 538.94 | 2.52 | 194.87 | 2.40 | 31.66 | 0.374 |
|  |  |  | 14 |  | 38.967 | 30.589 | 0.570 | 1286.91 | 5.75 | 107.76 | 369.55 | 3.08 | 43.97 | 2716.60 | 6.06 | 631.95 | 2.59 | 222.30 | 2.39 | 36.32 | 0.372 |
|  |  |  | 16 |  | 44.139 | 34.649 | 0.569 | 1443.06 | 5.72 | 121.64 | 411.85 | 3.06 | 49.44 | 3105.15 | 6.14 | 726.46 | 2.67 | 248094 | 2.38 | 40.87 | 0.369 |
| 20/12.5 | 200 | 125 | 12 | 14 | 37.912 | 29.761 | 0.641 | 1570.90 | 6.44 | 116.73 | 483.16 | 3.57 | 49.99 | 3193.85 | 6.54 | 787.74 | 2.83 | 285.79 | 2.74 | 41.23 | 0.392 |
|  |  |  | 14 |  | 43.867 | 34.436 | 0.6400 | 1800.97 | 6.41 | 134.65 | 550.83 | 3.54 | 57.44 | 3726.17 | 6.02 | 922.47 | 2.91 | 326.58 | 2.73 | 47.34 | 0.390 |
|  |  |  | 16 |  | 49.739 | 39.045 | 0.639 | 2023.35 | 6.38 | 152.18 | 615.44 | 3.52 | 64.69 | 4258.86 | 6.70 | 1058.86 | 2.99 | 366.21 | 2.71 | 53.22 | 0.388 |
|  |  |  | 18 |  | 55.526 | 43.588 | 0.639 | 2238.30 | 6.35 | 169.33 | 677.19 | 3.49 | 71.74 | 4792.00 | 6.78 | 1197.13 | 3.06 | 404.83 | 2.70 | 59.18 | 0.385 |

注:1. 括号内型号不推荐使用。

2. 截面图中的 $r_1=1/3d$ 及表中 $r$ 数据用于孔型设计,不做交货条件。

## 表3　热轧槽钢(GB707—88)

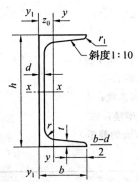

斜度1:10

符号意义:

$h$——高度;　　　　　$r_1$——腿端圆弧半径;

$b$——腿宽度;　　　　$I$——惯性矩;

$d$——腰厚度;　　　　$W$——截面系数;

$t$——平均腿厚度;　　$i$——惯性半径;

$r$——内圆弧半径;　　$z_0$——$y-y$轴与$y_1-y_1$轴间距。

| 型号 | 尺寸/mm | | | | | | 截面面积/cm² | 理论质量/(kg·m⁻¹) | 参考数值 | | | | | | | |
|---|---|---|---|---|---|---|---|---|---|---|---|---|---|---|---|---|
| | | | | | | | | | $x-x$ | | | $y-y$ | | | $y_1-y_1$ | $z_0$ |
| | $h$ | $b$ | $d$ | $t$ | $r$ | $r_1$ | | | $W_x$ /cm³ | $I_x$ /cm⁴ | $i_x$ /cm | $W_y$ /cm³ | $I_y$ /cm⁴ | $i_y$ /cm | $I_{y_1}$ /cm⁴ | cm |
| 5 | 50 | 37 | 4.5 | 7 | 7.0 | 3.5 | 6.928 | 5.438 | 10.4 | 26.0 | 1.94 | 3.55 | 8.30 | 1.10 | 20.9 | 1.35 |
| 6.3 | 63 | 40 | 4.8 | 7.5 | 7.5 | 3.8 | 8.451 | 6.634 | 16.1 | 50.8 | 2.45 | 4.50 | 11.9 | 1.19 | 28.4 | 1.36 |
| 8 | 80 | 43 | 5.0 | 8 | 8.0 | 4.0 | 10.248 | 8.045 | 25.3 | 101 | 3.15 | 5.79 | 16.6 | 1.27 | 37.4 | 1.43 |
| 10 | 100 | 48 | 5.3 | 8.5 | 8.5 | 4.2 | 12.748 | 10.007 | 39.7 | 198 | 3.95 | 7.8 | 25.6 | 1.41 | 54.9 | 1.52 |
| 12.6 | 126 | 53 | 5.5 | 9 | 9.0 | 4.5 | 15.692 | 12.318 | 62.1 | 391 | 4.95 | 10.2 | 38.0 | 1.57 | 77.1 | 1.59 |
| 16ₐ | 140 | 58 | 6.0 | 9.5 | 9.5 | 4.8 | 18.516 | 14.535 | 80.5 | 564 | 5.52 | 13.0 | 53.2 | 1.70 | 107 | 1.71 |
| 16ᵦ | 140 | 60 | 8.0 | 9.5 | 9.5 | 4.8 | 21.316 | 16.733 | 87.1 | 609 | 5.35 | 14.1 | 61.1 | 1.69 | 121 | 1.67 |
| 16a | 160 | 63 | 6.5 | 10 | 10.0 | 5.0 | 21.962 | 17.240 | 108 | 866 | 6.28 | 16.3 | 73.3 | 1.83 | 144 | 1.80 |
| 16 | 160 | 65 | 8.5 | 10 | 10.0 | 5.0 | 25.162 | 19.752 | 117 | 935 | 6.10 | 17.6 | 83.4 | 1.82 | 161 | 1.75 |
| 18a | 180 | 68 | 7.0 | 10.5 | 10.5 | 5.2 | 25.699 | 20.174 | 141 | 1270 | 7.04 | 20.0 | 98.6 | 1.96 | 190 | 1.88 |
| 18 | 180 | 70 | 9.0 | 10.5 | 10.5 | 5.2 | 29.299 | 23.000 | 152 | 1370 | 6.84 | 21.5 | 111 | 1.95 | 210 | 1.84 |
| 20a | 220 | 77 | 7.0 | 11.5 | 11.5 | 5.8 | 31.846 | 24.999 | 218 | 2390 | 8.67 | 28.2 | 158 | 2.23 | 298 | 2.10 |
| 22 | 220 | 79 | 9.0 | 11.5 | 11.5 | 5.8 | 36.246 | 28.453 | 234 | 2570 | 8.42 | 30.1 | 176 | 2.21 | 326 | 2.03 |
| a | 250 | 78 | 7.0 | 12 | 12.0 | 6.0 | 34.917 | 27.410 | 270 | 3370 | 9.82 | 30.6 | 176 | 2.24 | 322 | 2.07 |
| 25b | 250 | 80 | 9.0 | 12 | 12.0 | 6.0 | 39.917 | 31.335 | 282 | 3530 | 9.41 | 32.7 | 196 | 2.22 | 353 | 1.96 |
| c | 250 | 82 | 11.0 | 12 | 12.0 | 6.0 | 44.917 | 35.260 | 295 | 3690 | 9.07 | 35.9 | 218 | 2.21 | 384 | 1.92 |
| a | 280 | 82 | 7.5 | 12.5 | 12.5 | 6.2 | 40.034 | 31.427 | 340 | 4760 | 10.9 | 35.7 | 218 | 2.33 | 388 | 2.10 |
| 28b | 280 | 84 | 9.5 | 12.5 | 12.5 | 6.2 | 45.634 | 35.823 | 366 | 5130 | 10.6 | 37.9 | 242 | 2.30 | 428 | 2.02 |
| c | 280 | 86 | 11.5 | 12.5 | 12.5 | 6.2 | 51.234 | 40.219 | 393 | 5500 | 10.4 | 40.3 | 268 | 2.29 | 463 | 1.95 |
| a | 320 | 88 | 8.0 | 14 | 14.0 | 7.0 | 48.513 | 38.083 | 475 | 7600 | 12.5 | 46.5 | 305 | 2.50 | 552 | 2.24 |
| 32b | 320 | 90 | 10.0 | 14 | 14.0 | 7.0 | 54.913 | 43.107 | 509 | 8140 | 12.2 | 49.2 | 336 | 2.47 | 593 | 2.16 |
| c | 320 | 92 | 12.0 | 14 | 14.0 | 7.0 | 61.313 | 48.131 | 543 | 8690 | 11.9 | 52.6 | 374 | 2.47 | 643 | 2.09 |
| a | 360 | 96 | 9.0 | 16 | 16.0 | 8.0 | 60.910 | 47.814 | 660 | 11900 | 14.0 | 63.5 | 455 | 2.73 | 818 | 2.44 |
| 36b | 360 | 98 | 11.0 | 16 | 16.0 | 8.0 | 68.110 | 53.466 | 703 | 12700 | 13.6 | 66.9 | 497 | 2.70 | 880 | 2.37 |
| c | 360 | 100 | 13.0 | 16 | 16.0 | 8.0 | 75.310 | 59.118 | 746 | 13400 | 13.4 | 70.0 | 536 | 2.67 | 948 | 2.34 |
| a | 400 | 100 | 10.5 | 18 | 18.0 | 9.0 | 75.068 | 58.928 | 879 | 17600 | 15.3 | 78.8 | 592 | 2.81 | 1070 | 2.49 |
| 40b | 400 | 102 | 12.5 | 18 | 18.0 | 9.0 | 83.068 | 65.208 | 932 | 18600 | 15.0 | 82.5 | 640 | 2.78 | 1140 | 2.44 |
| c | 400 | 104 | 14.5 | 18 | 18.0 | 9.0 | 91.068 | 71.488 | 986 | 19700 | 14.7 | 86.2 | 688 | 2.75 | 1220 | 2.42 |

表 4 热轧工字钢(GB 706—88)

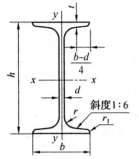

符号意义：

$h$——高度；  $r_1$——腿端圆弧半径；

$b$——腿宽度；  $I$——惯性矩；

$d$——腰厚度；  $W$——截面系数；

$t$——平均腿厚度；  $i$——惯性半径；

$r$——内圆弧半径；  $S$——半截面的静矩。

| 型号 | 尺寸/mm | | | | | | 截面面积 /cm² | 理论质量 /(kg·m⁻¹) | 参考数值 | | | | | | |
|---|---|---|---|---|---|---|---|---|---|---|---|---|---|---|---|
| | | | | | | | | | $x-x$ | | | | $y-y$ | | |
| | $h$ | $b$ | $d$ | $t$ | $r$ | $r_1$ | | | $I_x$ /cm⁴ | $W_x$ /cm³ | $i_x$ /cm | $I_x:S_x$ | $I_y$ /cm⁴ | $W_y$ /cm³ | $i_y$ /cm |
| 10 | 100 | 68 | 4.5 | 7.6 | 6.5 | 3.3 | 14.345 | 11.261 | 245 | 49.0 | 4.14 | 8.59 | 33.0 | 9.72 | 1.52 |
| 12.6 | 126 | 74 | 5.0 | 8.4 | 7.0 | 3.5 | 18.118 | 14.223 | 488 | 77.5 | 5.20 | 10.8 | 46.9 | 12.7 | 1.61 |
| 14 | 140 | 80 | 5.5 | 9.1 | 7.5 | 3.8 | 21.516 | 16.890 | 712 | 102 | 5.76 | 12.0 | 64.4 | 16.1 | 1.73 |
| 16 | 160 | 88 | 6.0 | 9.9 | 8.0 | 4.0 | 26.131 | 20.513 | 1130 | 141 | 6.58 | 13.8 | 93.1 | 21.2 | 1.89 |
| 18 | 180 | 94 | 6.5 | 10.7 | 8.5 | 4.3 | 30.756 | 24.143 | 1660 | 185 | 7.36 | 15.4 | 122 | 26.0 | 2.00 |
| 20a | 200 | 100 | 7.0 | 11.4 | 9.0 | 4.5 | 35.578 | 27.929 | 2370 | 237 | 8.15 | 17.2 | 158 | 31.5 | 2.12 |
| 20b | 220 | 102 | 9.0 | 11.4 | 9.0 | 4.5 | 39.578 | 31.069 | 2500 | 250 | 7.96 | 16.9 | 169 | 33.1 | 2.06 |
| 22a | 220 | 110 | 7.5 | 12.3 | 9.5 | 4.8 | 42.128 | 33.070 | 3400 | 309 | 8.99 | 18.9 | 225 | 40.9 | 2.31 |
| 22b | 220 | 112 | 9.5 | 12.3 | 9.5 | 4.8 | 46.528 | 36.524 | 3570 | 325 | 8.78 | 18.7 | 239 | 42.7 | 2.27 |
| 25a | 250 | 116 | 8.0 | 13.0 | 10.0 | 5.0 | 48.541 | 38.105 | 5020 | 402 | 10.2 | 21.6 | 280 | 48.3 | 2.40 |
| 25b | 250 | 118 | 10.0 | 13.0 | 10.0 | 5.0 | 53.541 | 42.030 | 5280 | 423 | 9.94 | 21.3 | 309 | 52.4 | 2.40 |
| 28a | 280 | 122 | 8.5 | 13.7 | 10.5 | 5.3 | 55.404 | 43.492 | 7110 | 508 | 11.3 | 24.6 | 345 | 56.6 | 2.50 |
| 28b | 280 | 124 | 10.5 | 13.7 | 10.5 | 5.3 | 61.004 | 47.888 | 7480 | 534 | 11.1 | 24.2 | 379 | 61.2 | 2.49 |
| 32a | 320 | 130 | 9.5 | 15.0 | 11.5 | 5.8 | 67.156 | 52.717 | 11100 | 692 | 12.8 | 27.5 | 460 | 70.8 | 2.62 |
| 32b | 320 | 132 | 11.5 | 15.0 | 11.5 | 5.8 | 73.556 | 57.741 | 11600 | 726 | 12.6 | 27.1 | 502 | 76.0 | 2.61 |
| 32c | 320 | 134 | 13.5 | 15.0 | 11.5 | 5.8 | 79.956 | 62.765 | 12200 | 760 | 12.3 | 26.8 | 544 | 81.2 | 2.61 |
| 36a | 360 | 136 | 10.0 | 15.8 | 12.0 | 6.0 | 76.480 | 60.037 | 15800 | 875 | 14.4 | 30.7 | 552 | 81.2 | 2.69 |
| 36b | 360 | 138 | 12.0 | 15.8 | 12.0 | 6.0 | 83.680 | 65.689 | 16500 | 919 | 14.1 | 30.3 | 582 | 84.3 | 2.64 |
| 36c | 360 | 140 | 14.0 | 15.8 | 12.0 | 6.0 | 90.880 | 71.341 | 17300 | 962 | 13.8 | 29.9 | 612 | 87.4 | 2.60 |
| 40a | 400 | 142 | 10.5 | 16.5 | 12.5 | 6.3 | 86.112 | 67.598 | 21700 | 1090 | 15.9 | 34.1 | 660 | 93.2 | 2.77 |
| 40b | 400 | 144 | 12.5 | 16.5 | 12.5 | 6.3 | 94.112 | 73.878 | 22800 | 1140 | 15.6 | 33.6 | 692 | 96.2 | 2.71 |
| 40c | 400 | 146 | 14.5 | 16.5 | 12.5 | 6.3 | 102.112 | 80.158 | 23900 | 1190 | 15.2 | 33.2 | 727 | 99.6 | 2.65 |
| 45a | 450 | 150 | 11.5 | 18.0 | 13.5 | 6.8 | 102.446 | 80.420 | 32200 | 1430 | 17.7 | 38.6 | 855 | 114 | 2.89 |
| 45b | 450 | 152 | 13.5 | 18.0 | 13.5 | 6.8 | 111.446 | 87.485 | 33800 | 1500 | 17.4 | 38.0 | 894 | 118 | 2.84 |
| 45c | 450 | 154 | 15.5 | 18.0 | 13.5 | 6.8 | 120.446 | 94.550 | 35300 | 1570 | 17.1 | 37.6 | 938 | 122 | 2.79 |
| 50a | 500 | 158 | 12.0 | 20.0 | 14.0 | 7.0 | 119.304 | 93.654 | 46500 | 1860 | 19.7 | 42.8 | 1120 | 142 | 3.07 |
| 50b | 500 | 160 | 14.0 | 20.0 | 14.0 | 7.0 | 129.304 | 101.504 | 48600 | 1940 | 19.4 | 42.4 | 1170 | 146 | 3.01 |
| 50c | 500 | 162 | 16.0 | 20.0 | 14.0 | 7.0 | 139.304 | 109.354 | 50600 | 2080 | 19.0 | 41.8 | 1220 | 151 | 2.96 |
| 56a | 560 | 166 | 12.5 | 21.0 | 14.5 | 7.3 | 135.435 | 106.316 | 65600 | 2340 | 22.0 | 47.7 | 1370 | 165 | 3.18 |
| 56b | 560 | 168 | 14.5 | 21.0 | 14.5 | 7.3 | 146.635 | 115.108 | 68500 | 2450 | 21.6 | 47.2 | 1490 | 174 | 3.16 |
| 56c | 560 | 170 | 16.5 | 21.0 | 14.5 | 7.3 | 157.835 | 123.900 | 71400 | 2550 | 21.3 | 46.7 | 1560 | 183 | 3.16 |
| 63a | 630 | 176 | 13.0 | 22.0 | 15.0 | 7.5 | 154.658 | 121.407 | 93900 | 2980 | 24.5 | 54.2 | 1700 | 193 | 3.31 |
| 63b | 630 | 178 | 15.0 | 22.0 | 15.0 | 7.5 | 167.258 | 131.298 | 98100 | 3160 | 24.2 | 53.5 | 1810 | 204 | 3.29 |
| 63c | 630 | 180 | 17.0 | 22.0 | 15.0 | 7.5 | 179.858 | 141.189 | 102000 | 3300 | 23.8 | 52.9 | 1920 | 214 | 3.27 |

注:截面图和表中标注的圆弧半径 $r$、$r_1$ 的数据用于孔型设计,不做交货条件。

# 参考文献

[1] 孙训方. 材料力学(I、II)[M]. 4 版. 北京:高等教育出版社,2002.

[2] 于光瑜,秦惠民. 材料力学[M]. 北京:高等教育出版社,1999.

[3] 刘鸿文. 材料力学[M]. 4 版. 北京:高等教育出版社,2004.

[4] 上海化工学院,无锡轻工业学院. 工程力学 (上、下册)[M]. 北京:高等教育出版社, 1999.

[5] BEER F P, JOHNSTON E R, DEWOLF J T. Mechanics of Materials[M]. 3rd ed. 北京:清华大学出版社,2003.

[6] NASH W A. Theory and Problems of Strenth of Materials[M]. 4th ed. 北京:清华大学出版社,2003.

[7] 范钦珊. 材料力学[M]. 北京:高等教育出版社,2000.

[8] 苏翼林. 材料力学[M]. 天津:天津大学出版社,2001.

[9] 沃诺克 F V,本哈姆 P P. 固体力学和材料强度[M]. 江秉琛,刘相臣,张汝清,等译. 北京:人民教育出版社,1983.

[10] 哈尔滨工业大学理论力学教研室. 理论力学[M]. 6 版. 北京:高等教育出版社,2002.

[11] 徐芝纶. 弹性力学(上册)[M]. 3 版. 北京:高等教育出版社,1990.